普通高等教育数据科学与大数据技术系列教材

数据安全理论与技术

主　编　陈　越　杨奎武　胡学先

副主编　赵　俭　魏江宏　张俭鸽　刘文钊

科学出版社

北　京

内 容 简 介

本书结合作者在数据安全领域的教学和科研实践，提出了完整的数据安全概念与体系，介绍了数据安全理论与技术知识及其前沿研究进展。本书内容包括基础篇和高级篇。基础篇介绍数据安全密码技术基础，数据保密性、完整性、认证性、访问控制、可用性，以及数据库安全和数据安全管理等内容；高级篇介绍云数据存储安全与访问安全、数据计算安全、数据可信与可追溯、数据隐私保护、数据对抗等内容。

本书可以作为数据科学与大数据技术、计算机科学与技术、网络空间安全等相关专业本科生和研究生的教科书，也可以作为大数据、计算机、信息安全等领域科研和技术人员的参考书。

图书在版编目(CIP)数据

数据安全理论与技术 / 陈越，杨奎武，胡学先主编. — 北京：科学出版社，2023.6

普通高等教育数据科学与大数据技术系列教材

ISBN 978-7-03-075882-8

Ⅰ. ①数… Ⅱ. ①陈… ②杨… ③胡… Ⅲ. ①数据处理－安全技术－高等学校－教材 Ⅳ. ①TP274

中国国家版本馆 CIP 数据核字(2023)第 109758 号

责任编辑：于海云 / 责任校对：胡小洁
责任印制：吴兆东 / 封面设计：迷底书装

科学出版社 出版
北京东黄城根北街 16 号
邮政编码：100717
http://www.sciencep.com

天津市新科印刷有限公司印刷
科学出版社发行 各地新华书店经销
*
2023 年 6 月第 一 版 开本：787×1092 1/16
2025 年 1 月第三次印刷 印张：21 1/4
字数：544 000

定价：79.00 元

(如有印装质量问题，我社负责调换)

前　言

随着物联网、云计算、人工智能等技术的飞速发展，以及人类社会信息化程度的不断提高，各类信息系统在社会生产生活中广泛应用并积累了大量数据。这些数据不但包括各类事务性活动的电子记录，还包括通过数据挖掘、机器学习等产生的新的数据和知识，逐步形成与人类认知世界和客观真实世界既紧密相连又可以高度独立演进的平行数字世界。这标志着人类社会已进入数据驱动的智能化时代，也意味着人们的生产生活和金融、交通、医疗等行业的稳定运行，乃至国家工业、农业、商业、国防等重要基础设施都严重依赖于这些数据。数据的泄露、窃取、篡改、毁损、伪造、非法使用等安全威胁，不仅会对个人生活、经济、精神造成损失和损害，甚至会对国家的政治、经济、军事和社会稳定造成重大影响。

在数字时代背景下，党的二十大报告指出，要“健全国家安全体系”。数据安全是网络空间安全的基础，是国家安全的重要组成部分，因此，厘清数据安全相关概念、完善数据安全体系、剖析数据安全理论与技术，对于培养数据安全人才，建立可信可控的数字安全屏障，加强个人信息保护，夯实国家网络空间保障体系，具有十分重要的意义。

为满足数据驱动的智能化时代的人才需求，近年来我国快速推进大数据相关专业的建设。据统计，从 2016 年至今，全国已有 600 余所高等院校新增了数据科学与大数据技术专业，相关培养方案和课程体系也日臻完善。然而，在人才培养和课程建设方面，与数据安全相关的课程设置和教学内容还比较滞后，同时也缺少既包含完整的理论和技术体系，又能反映前沿研究进展的专业教材和参考书。为此，作者结合近年来数据安全方面的教学和科研实践，梳理完善了数据安全理论与技术体系，并借鉴了国内外先进的学术科研成果，编写了本书，以期读者系统掌握数据安全理论与技术知识。本书具有以下特点。

(1) 体系完整。本书从客观世界、认知世界和数字世界的关系出发，给出完整的数据安全概念和属性，设计了涵盖法律法规与标准规范、数据安全技术、数据安全管理的数据安全体系，使读者建立完整的数据安全认识。

(2) 内容全面。本书不仅包括数据安全基础理论与技术，还针对大数据和人工智能环境下新的数据安全风险，系统介绍了云数据存储与访问安全、数据计算安全、数据可信与可追溯、数据隐私保护、数据对抗等新型数据保护和攻击技术。

(3) 适用面广。本书在内容上力争做到深入浅出，难易兼顾，既适用于本科相关专业教学，也适用于研究生教学，也可作为大数据、计算机、信息安全等领域科研和技术人员的参考书。

本书分为基础篇和高级篇，共 14 章。第 1～8 章为基础篇，着重介绍数据安全密码技术基础，数据保密性、完整性、认证性、访问控制、可用性，以及数据库安全和数据安全管理等内容；第 8~14 章为高级篇，着重介绍大数据和人工智能环境下，数据存储安全、数据访问安全、数据计算安全、数据可信与可追溯、数据隐私保护，以及数据对抗等新技术。

第 1 章给出数据和数据安全的概念，分析数据安全的威胁与需求，提出数据安全体系，使读者对数据安全有一个总体认识。第 2 章介绍密码学及其应用、密钥管理、公钥基础设施、授权管理基础设施等内容。第 3 章介绍数据保密存储、保密通信等数据保密性技术。第 4 章介绍消息认证与数字签名、数据完整性校验、时间性认证与实体认证、数字产品确权与防伪等数据完整性与认证性技术。第 5 章介绍数据访问控制的基本原理、模型、技术与实现机制。第 6 章介绍数据存储介质与系统结构、数据备份与容灾、数据容错等数据可用性技术。第 7 章介绍多级安全数据库、推理控制、隐通道分析、数据库加密等数据库安全技术。第 8 章介绍数据分类分级与等级保护、数据安全审计、数据安全风险评估、数据安全治理等数据安全管理相关内容。第 9 章针对云数据存储保密性、完整性、可用性、可验证性等安全问题，介绍云数据完整性证明、持有性证明、可恢复性证明、加密数据确定性删除与重复性删除、云数据恢复等技术。第 10 章介绍基于广播加密、基于属性加密和基于代理重加密的云数据访问安全技术。第 11 章介绍数据密文检索、同态加密、可验证计算、安全多方计算、函数加密、外包计算等数据计算安全技术。第 12 章介绍数据可信与可追溯技术，包括数据可信记录保持，以及区块链在数据可信溯源、可信存储、可信共享中的应用。第 13 章介绍身份隐私保护、数据匿名化、差分隐私保护等数据隐私保护技术，以及关系数据、社交图谱、位置轨迹等隐私保护应用。第 14 章针对数据对人工智能产生的攻击风险，介绍数据投毒攻击、对抗样本攻击、对抗样本检测与防御等技术。

本书由陈越教授负责内容规划、审改和统稿。第 1、7 章由陈越教授执笔，第 2、3、4、14 章由杨奎武副教授执笔，第 5、12、13 章由胡学先副教授执笔，第 6 章由赵俭讲师执笔，第 8 章由刘文钊助理研究员和赵俭讲师共同执笔，第 9 章由张俭鸽副教授执笔，第 10、11 章由魏江宏讲师执笔。本书内容也包含了作者科研团队及其所培养的研究生严新成、李超零、朱彧、王龙江的部分研究成果。在本书编写过程中，杨冬梅、巴阳、陈迪、张万里、张田、李可佳、郭凯威、郝增航、杨鸿健、江艳惠、杨坤雨、刘扬、徐阳、吕国华等研究生也参与了资料收集、文字编辑整理等相关的工作。本书编写参考了大量著作、论文、技术白皮书、技术标准等相关文献和互联网资料，在此对这些文献、资料的作者表示感谢。

本书得到国家自然科学基金项目(62172433，62172434)、河南省教育教学课题(2022YB0515)的支持，同时得到中国人民解放军战略支援部队信息工程大学相关教学建设项目支持，也得到了科学出版社的大力支持，作者在此一并表示衷心的感谢。

由于数据安全领域涉及范围广、发展速度快，加之作者水平所限，书中疏漏之处在所难免，恳请广大读者批评指正。

陈　越
2022 年 12 月

目　　录

基 础 篇

第 1 章　概述 ························ 1

1.1　数据与大数据 ························ 1

1.1.1　数据和大数据的定义 ························ 1

1.1.2　数据的特征 ························ 3

1.1.3　数据的分类 ························ 3

1.2　数据安全的概念、威胁与需求 ························ 5

1.2.1　数据安全的概念 ························ 5

1.2.2　数据安全的威胁 ························ 7

1.2.3　数据安全的需求 ························ 9

1.3　数据安全体系 ························ 13

1.3.1　数据安全法律法规与标准规范 ························ 15

1.3.2　数据安全管理 ························ 15

1.3.3　数据安全技术 ························ 16

第 2 章　数据安全密码技术基础 ························ 24

2.1　密码学概述 ························ 24

2.1.1　密码体制 ························ 24

2.1.2　密码分类 ························ 25

2.1.3　加密系统可证明安全性 ························ 26

2.2　对称密码体制 ························ 29

2.2.1　对称密码体制简介 ························ 29

2.2.2　DES 对称加密算法 ························ 29

2.2.3　AES 对称加密算法 ························ 31

2.2.4　国产对称加密算法 ························ 32

2.3　非对称密码体制 ························ 33

2.3.1　非对称密码体制简介 ························ 33

2.3.2　RSA 密码算法 ························ 34

2.3.3　EIGamal 和 ECC ························ 34

2.3.4　国产非对称加密算法 ························ 35

2.4　哈希函数与消息摘要 ························ 35

2.4.1　Hash 函数 ························ 35

2.4.2　消息摘要 ……… 36
2.5　密钥管理 ……… 37
2.5.1　密钥分类 ……… 38
2.5.2　密钥管理内容 ……… 39
2.5.3　秘密共享 ……… 41
2.5.4　密钥托管 ……… 42
2.5.5　密钥管理基础设施 ……… 43
2.6　公钥基础设施 ……… 44
2.6.1　PKI 的提出和定义 ……… 44
2.6.2　PKI 的组成与工作原理 ……… 44
2.6.3　数字证书 ……… 46
2.6.4　PKI 的应用 ……… 48
2.6.5　PKI 的标准 ……… 48
2.7　授权管理基础设施 ……… 50
2.7.1　PMI 的提出 ……… 50
2.7.2　PMI 系统的架构 ……… 50
2.7.3　PMI 与 PKI ……… 51
第 3 章　数据保密性 ……… 53
3.1　数据保密性概述 ……… 53
3.2　数据保密存储 ……… 53
3.2.1　数据保密存储原理 ……… 54
3.2.2　文件数据保密存储 ……… 54
3.2.3　磁盘数据保密存储 ……… 56
3.3　数据保密通信 ……… 59
3.3.1　数据保密通信原理 ……… 59
3.3.2　信道保密通信 ……… 60
3.3.3　终端保密通信 ……… 61
3.3.4　隐蔽通信 ……… 63
3.3.5　信息隐藏 ……… 64
第 4 章　数据完整性与认证性 ……… 69
4.1　数据完整性与认证性概述 ……… 69
4.2　消息认证与数字签名 ……… 70
4.2.1　消息认证 ……… 70
4.2.2　数字签名 ……… 72
4.3　数据完整性校验 ……… 76
4.3.1　常用的数据完整性校验方法 ……… 76
4.3.2　数据存储完整性校验 ……… 77

4.3.3 通信数据完整性校验……78
4.3.4 时间性认证……80
4.4 实体认证……80
4.4.1 站点认证……81
4.4.2 系统访问主体的身份认证……82
4.4.3 不可否认的数据源认证……82
4.4.4 不可否认的数据宿认证……82
4.5 数字产品确权与防伪……83
4.5.1 数字水印系统的基本框架……83
4.5.2 数字水印的算法分类……84
4.5.3 常见的数字水印算法……85
4.5.4 数字水印攻击……85
第5章 数据访问控制……87
5.1 数据访问控制基本原理……87
5.2 身份认证……89
5.2.1 基于口令的认证……89
5.2.2 基于生物特征的认证……91
5.2.3 基于智能卡的认证……93
5.2.4 基于多因子的认证……93
5.2.5 Kerberos 身份认证系统……94
5.3 数据访问控制模型……95
5.3.1 自主访问控制……95
5.3.2 强制访问控制……96
5.3.3 基于角色的访问控制……98
5.3.4 基于属性的访问控制……100
5.4 数据访问控制机制……101
5.4.1 访问控制矩阵……101
5.4.2 访问控制列表……102
5.4.3 访问控制能力表……103
第6章 数据可用性……105
6.1 数据可用性概述……105
6.1.1 数据可用性定义……105
6.1.2 数据存储介质……106
6.1.3 数据存储系统结构……107
6.2 数据备份与容灾……112
6.2.1 数据备份……113
6.2.2 数据容灾……115

6.2.3 数据灾难恢复应急响应……119
6.3 数据容错技术……120
6.3.1 基于多副本的数据容错……120
6.3.2 基于编码的数据容错……121
6.3.3 RAID 技术……124
第 7 章 数据库安全……128
7.1 数据库安全概述……128
7.1.1 数据库系统及其特点……128
7.1.2 数据库面临的安全威胁……128
7.1.3 数据库安全策略、模型与机制……130
7.1.4 数据库安全评估标准……131
7.2 多级安全数据库……132
7.2.1 多级关系模型……132
7.2.2 多级关系完整性……134
7.2.3 多级关系操作……136
7.2.4 多级安全数据库实现策略……137
7.3 数据库系统推理控制……137
7.3.1 推理问题描述……137
7.3.2 推理通道分类……139
7.3.3 推理控制……140
7.4 数据库系统隐通道……141
7.4.1 隐通道的形式化定义……141
7.4.2 数据库隐通道及其分类……143
7.4.3 数据库隐通道示例……144
7.4.4 数据库隐通道消除……147
7.5 数据库加密……147
7.5.1 数据库加密需求和要求……148
7.5.2 数据库加密的实现方法……148
7.5.3 数据库加密相关技术……149
第 8 章 数据安全管理……153
8.1 数据分类分级与等级保护……153
8.1.1 数据分类分级……153
8.1.2 等级保护中的数据安全……157
8.2 数据安全审计……163
8.2.1 数据安全审计概述……163
8.2.2 数据安全审计功能……164
8.2.3 数据安全审计过程……169

8.2.4 数据安全审计技术 ······170
8.3 数据安全风险评估 ······171
8.3.1 数据安全风险评估概述 ······171
8.3.2 数据安全风险评估实施框架 ······172
8.3.3 数据安全风险评估流程 ······174
8.4 数据安全治理 ······176
8.4.1 数据安全治理概述 ······176
8.4.2 数据安全治理管理体系 ······177
8.4.3 数据安全治理技术体系 ······178
8.4.4 数据安全治理运营体系 ······180
8.4.5 数据安全治理评价体系 ······181

高 级 篇

第 9 章 云数据存储安全 ······182
9.1 云存储系统及其安全模型 ······182
9.2 云数据完整性 ······184
9.2.1 云数据完整性证明方案 ······184
9.2.2 数据持有性证明方案 ······188
9.2.3 数据可恢复性证明方案 ······194
9.3 云数据删除 ······196
9.3.1 加密数据确定性删除 ······196
9.3.2 加密数据重复性删除 ······199
9.4 云数据恢复 ······203
第 10 章 云数据访问安全 ······205
10.1 基于广播加密的云数据访问控制 ······205
10.1.1 广播加密的基本概念 ······205
10.1.2 基于对称广播加密的云数据访问控制机制 ······207
10.1.3 基于公钥广播加密的云数据访问控制机制 ······209
10.1.4 广播加密体制的局限性及一些扩展 ······210
10.2 基于属性加密的云数据访问控制 ······211
10.2.1 基于属性加密的基本概念 ······212
10.2.2 基于属性加密的云数据访问控制框架 ······214
10.2.3 基于属性加密体制的几种具体构造方案 ······215
10.2.4 基于属性加密体制中的用户撤销与追踪问题 ······219
10.3 基于代理重加密的云数据访问控制 ······223
10.3.1 代理重加密的基本概念 ······223
10.3.2 基于代理重加密的云数据访问控制框架 ······224

10.3.3 代理重加密体制的基本构造与安全性……225
10.3.4 广播代理重加密与属性代理重加密……226
第 11 章 数据计算安全……230
11.1 密文数据检索……230
11.1.1 密文数据检索的一般框架……230
11.1.2 对称可搜索加密……231
11.1.3 公钥可搜索加密……232
11.2 同态加密……233
11.2.1 同态加密的概念和定义……233
11.2.2 部分同态加密……234
11.2.3 全同态加密……235
11.3 可验证计算……237
11.3.1 基于审计和安全硬件的可验证计算……237
11.3.2 基于计算复杂性的可验证计算……237
11.3.3 基于密码学的可验证计算……238
11.4 安全多方计算……239
11.4.1 安全多方计算的基本原理……239
11.4.2 安全两方计算……239
11.4.3 安全多方计算协议……240
11.4.4 基于安全多方计算的隐私保护数据分析……241
11.5 函数加密……242
11.5.1 函数加密的基本概念……242
11.5.2 单输入函数加密……243
11.5.3 多输入函数加密……244
11.5.4 基于函数加密的机器学习……245
11.6 外包计算……245
11.6.1 云环境下外包计算的一般模式……246
11.6.2 科学计算安全外包……246
11.6.3 密码操作安全外包……248
第 12 章 数据可信与可追溯……250
12.1 从计算环境可信到数据可信……250
12.1.1 可信计算环境……250
12.1.2 数据可信技术……253
12.2 可信记录保持技术……254
12.2.1 可信记录保持概述……254
12.2.2 可信记录保持存储体系结构……255
12.2.3 可信索引技术……257

12.2.4　可信迁移技术 ……261
12.3　区块链技术及其数据可信与溯源应用 ……262
12.3.1　区块链技术……262
12.3.2　基于区块链的数据可信溯源 ……264
12.3.3　基于区块链的数据可信存储 ……267
12.3.4　基于区块链的数据可信共享 ……270
第 13 章　数据隐私保护……274
13.1　隐私保护概述……274
13.1.1　隐私泄露的主要途径 ……274
13.1.2　隐私的定义及分类……275
13.1.3　隐私与法律法规 ……276
13.2　身份隐私保护技术 ……278
13.2.1　匿名身份认证 ……278
13.2.2　匿名凭证系统 ……280
13.3　区块链隐私保护技术 ……281
13.3.1　区块链中的身份隐私保护……281
13.3.2　区块链中的交易隐私保护……282
13.4　数据匿名化技术……282
13.4.1　*k*-匿名 ……283
13.4.2　*l*-多样性 ……284
13.4.3　*t*-紧近邻 ……285
13.5　差分隐私保护技术 ……285
13.5.1　差分隐私模型 ……285
13.5.2　差分隐私技术 ……286
13.5.3　差分隐私应用 ……287
13.6　隐私保护应用……290
13.6.1　关系数据隐私保护……290
13.6.2　社交图谱中的隐私保护 ……294
13.6.3　位置轨迹隐私保护……297
第 14 章　数据对抗 ……304
14.1　数据对抗概述……304
14.1.1　人工智能面临的安全问题……304
14.1.2　人工智能数据安全……306
14.1.3　数据对抗的概念 ……307
14.2　数据投毒攻击……308
14.2.1　数据投毒攻击原理及分类……309
14.2.2　数据投毒攻击典型方法 ……310

14.2.3 数据投毒攻击防御……313
14.3 对抗样本攻击……315
14.3.1 对抗样本概述……315
14.3.2 白盒攻击……317
14.3.3 黑盒攻击……320
14.4 对抗样本检测与防御技术……321
14.4.1 对抗样本检测……321
14.4.2 对抗样本防御……322
参考文献……325

基 础 篇

第1章 概　　述

本章首先阐释客观世界、信息世界、数字世界的关系，辨析数据和大数据的概念，并从数据安全的视角，给出数据的特性和分类；然后，给出数据安全的概念和完整的数据安全属性，在全面分析数据安全风险与需求的基础上，设计包括法律法规与标准规范、数据安全技术、数据安全管理的数据安全体系。

1.1　数据与大数据

1.1.1　数据和大数据的定义

我们所处的世界由客观世界、认知世界和数字世界组成。理解和掌握数据安全理论与技术，必须首先深入认识数字世界与客观世界、认知世界之间的关系，把握数据的定义。

客观世界是指物质的、可以感知但尚未完全感知的世界，是人的意识活动之外的一切物质及其运动的总和；它包括自然存在和人的社会存在两部分内容，前者不依赖人的活动而独立存在，后者形成于人的实践活动之中，又不以人的意识为转移。

认知世界是指人类大脑对客观世界的认识，它包括信息、知识、智慧等。我们可以把信息看作客观世界中各种事物的属性、状态及这些事物之间相互联系和相互作用在人类大脑中的具有一定意义的反映和表征；知识是通过采用归纳、演绎、比较等手段对信息进行挖掘，加以沉淀并整合到已有人类认知中所形成的结构化的有价值信息；智慧则是人类基于已有的知识，针对客观世界运动过程中产生的问题，根据获得的信息进行分析、对比、演绎从而找出解决方案的能力。

数据是指对客观事物的性质、状态以及相互关系等进行记录的可识别的、抽象的符号。数据使用的符号是约定俗成的，即是被某一人类群体所公认的，以适合在这个领域中用人工或自然的方式进行保存、传递和处理。数字世界则是数据形成的符号化世界的总称，是数据记录的虚拟世界。

数据古来有之，如人类早期用纸和笔记录的语言、文字、数字等；在信息化技术早期，数据主要采用非自动化形式，如通过键盘录入等，进入以计算机为代表的电子设备中，数据主要用于日常业务信息的管理。

随着物联网、传感技术、移动网络、脑机交互等技术的发展，数据的采集、处理、计算能力产生了质的飞跃，客观世界、认知世界、数字世界之间的鸿沟被逐步填平。客观世界的事物的状态及其关系，甚至认知世界中的信息、知识，都可以以自动化方式快速无缝地进入网络空间的电子设备中，这些结构化或者非结构化数据汇聚在一起，形成了飞速增长的大数据(Big Data)；根据互联网数据中心(Internet Data Center，IDC)发布的数据，2020 年全球数据量大约 64ZB，根据国际权威机构 Statista 的预测，到 2035 年，这一数字将达到 2142ZB(注：ZB 以字节为单位计量，1ZB(Zettabyte 十万亿亿字节，泽字节)=2^{40} GB，1ZB = 1024EB = 1024×1024PB = 1024×1024×1024TB = 1024×1024×1024×1024GB)，全球数据量即将迎来更大规模的爆发。

根据研究机构 Gartner 给出的定义，大数据是指无法在一定时间范围内用常规软件工具进行捕捉、管理和处理的数据集合，是需要新处理模式才能具有更强的决策力、洞察发现力和流程优化能力的海量、高增长率和多样化的信息资产。大数据技术通常包括用于大数据处理和计算的数据收集、数据存取、基础架构、数据处理、统计分析、数据挖掘、模型预测、结果呈现等技术，涉及分布式与并行处理、机器学习与人工智能等多个学科领域，它能够从大规模多样化的数据中通过高速捕获、发现和分析技术提取数据的价值。随着大数据技术的蓬勃发展，人工智能技术焕发出新的生机和活力，在机器的辅助下，人类的认知得到极大的扩展。

客观世界、认知世界和数字世界的关系如图 1-1 所示。客观世界的自然存在和人的社会存在被人们感知的部分进入认知世界，形成人们认识到的信息，并在此基础上形成知识和智慧；认知世界中的信息、知识和智慧可以经过符号化(编码)形成数字世界的数据，形成认知的符号化部分。然而，人类认知也有可能存在于数字世界之外，即存在于人们的大脑中的未编码的认知尚不能称为数据；客观世界的自然存在和人的社会存在也可以通过各种人们经意或者不经意设置的传感器(如物理传感器等数据采集设备、手机等移动终端、各类信息系统等)，对来自客观世界测量和采集到的对象、信号、关系、行为等进行记录并直接传递到数字世界，这些数据虽然经过编码并存储，但其中某些独立的数据记录本身可能不承载任何信息，人们通过自身或者通过机器学习等手段对数据进行解释、分析和挖掘，可以为这些数据赋予特定的含义，得到有用的信息、知识和智慧，形成数据的可解释部分；并且，对同样一份数据，不同的人或用不同的方法进行解释和分析，可能得到不同的结果。随着人工智能技术的发展，利用机器学习等技术对大数据的分析与挖掘，可以得到超越人类感官认知的信息、知识和智慧，进而拓展人们对世界的认知，并在智能系统的辅助下更充分地认识世界和改造世界。

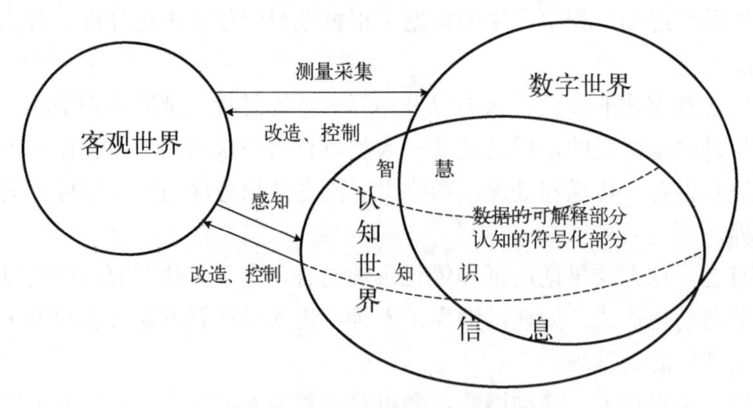

图 1-1　客观世界、认知世界和数字世界的关系

在不引起混淆的情况下，本书中的数据和大数据特指存在于网络空间(或者称为赛博空间，Cyberspace)中的电子记录，包括以特定编码(格式)形式存在的模拟数据和数字数据。这里**网络空间**主要是指信息环境中一个整体域，它由独立且相互依存的信息基础设施和网络组成，形成计算的资源和环境，包括互联网、电信网、计算机系统、存储系统、嵌入式处理器、控制器系统、传感器等。而数据则是网络空间中计算和处理的对象。

1.1.2 数据的特征

数据主要具有多样性、关联性、衍生性、时效性、动态性和目的性六大特征。

(1)多样性：数据涵盖政务、商务、医疗、金融交通等多个领域，具有数字、文字、语音、视频、图形等多种表现形式。

(2)关联性：数据之间存在联系和相互影响。各类数据之间存在的特定对应和联动关系，可以通过提取、查询、串接，形成不同的数据集合，通过将不同类型、不同来源的数据的关联运用，分析发现它们之间的内在联系，可以达到特定的目的。

(3)衍生性：数据通过加工处理能够形成具有新质的数据。针对特定的服务对象和应用目的，对原始数据进行分类、统计、重组、关联、确认、整合等加工处理，可以在原始数据的基础上形成不同层级、不同粒度的新质数据。

(4)时效性：数据通常只能在一定时间内发挥效用。数据的效用与时间关联紧密，超过特定使用时间就失去了应有价值，有时甚至导致决策失误和行动失败。

(5)动态性：数据随时间动态变化。实际应用过程中很多数据都是动态多变的，需要依据应用需求，采取定时、及时、适时等方式动态更新。

(6)目的性：对一组数据的运用通常具有特定的服务对象和应用目的，而且特定的服务对象和应用目的往往需要特定的数据来支持，因此，需要依据决策、行动的实际需求，对数据进行采集、组织、存储、处理等操作。

大数据除了具有上述特性之外，IBM 提出的以下“5V”特性一直受到业界认可。

(1)规模空前，即采集、存储和计算的数据量都非常大(Volume)。

(2)来源和种类繁多，包括网络日志、音频、视频、图片、地理位置等不同来源的结构化、半结构化和非结构化数据(Variety)。

(3)数据价值密度相对较低，需要通过强大的机器算法来挖掘数据的价值(Value)。

(4)数据增长速度快，处理速度(Velocity)和时效性要求高。

(5)数据的准确性和可信赖度高，即数据能够真实地反映现实世界状态和人类认知(如思想、心态等)及行为(Veracity)；然而，也有研究者指出，Veracity 特性有时与事实相悖，网络空间中也存在大量的虚假、错误数据。

1.1.3 数据的分类

数据是一个庞杂的大体系，通常可以从不同角度进行分类。传统的数据分类方法从数据性质、表现形式、记录形式等角度对数据进行分类。本书将从数据安全的视角，对数据进行分类。

1. 基于数据描述实体的数据分类

客观世界中的对象也称为实体，包括个体和群体；实体身份又分为主体和客体。在哲学领域，主体和客体是认识论的一对基本范畴，主体指在社会实践中对世界的认识者和改造者，包括个人、群体和整体人类；客体指与主体相对应的客观事物、外部世界，是主体认识和改造的一切对象。在数据领域，将主体定义为对数据进行采集、存储、处理、传输、交换、销毁等操作的主动实体，包括与人相关联的用户、用户组、终端、主机、应用、进程等；将客体定义为数据本身以及与数据传输、存储、计算、处理等操作所依附的处理器、存储器、服务器、网络等相关资源。

从记录实体的角度，数据可以分为以下几种。

(1) 实体身份数据：为了在数字世界中表示并唯一标识实体，对实体的身份进行编码（符号化），形成实体身份数据。例如，某一公民，其身份证号就是其实体身份数据；联网的计算机的 MAC 地址，可以作为该计算机的网络连接的实体身份数据。

(2) 实体属性数据：与实体身份数据相关联，记录实体的性质、状态、历史演变等数据。例如，记录某人的姓名、性别、年龄、喜好、行踪的数据是该实体的属性数据。

(3) 实体关系数据：实体之间存在某种具有意义的联系，如某人拥有某物、A 国和 B 国之间是盟国关系、C 与 D 在某问题上观点一致等，记录实体关系的数据称为实体关系数据。实体关系数据可以是显式的和隐式的，显式实体关系数据可直接用某种形式表示，而隐式实体关系数据可以通过对大量多源异构数据的分析挖掘得到，对实体和实体关系画像，进而建立某一领域的知识图谱；基于实体关系数据的知识图谱等技术，可广泛应用于公安侦查、金融风控、营销个性化服务和企业数据应用等场景。

(4) 事件过程数据：与实体或实体集的各种现实业务活动相关的数据，它是现实业务活动的演变在数字世界中形成的随时间变化的电子记录映像。例如，在商品生产流通环节，某商品 G 由制造商 P 生产，通过中间商或物流 M_1、M_2、…、M_n，最终到达某消费者 C 手中；公文由 A 发起，并流转到 B、C、D 进行审签处理；用户 A 在 T_1、T_2、T_3 时刻在数据 D_1、D_2、D_3 上分别做了 O_1、O_2、O_3 操作等。

(5) 聚集性数据：反映对细节性数据的综合处理结果的数据，如求和、求平均值、计数等数据。为了企事业等实体更好地进行基于数据分析的决策，可以将聚集性数据放入建立的数据仓库(Data Warehouse)。数据仓库是一个面向主题的(Subject Oriented)、集成的(Integrated)、相对稳定的(Non-Volatile)、反映历史变化(Time Variant)的数据集合，用于支持基于多维数据分析、数据挖掘的管理决策。

2. 基于数据在网络空间存在状态的数据分类

从数据在网络空间的存在状态角度，数据可分为静态数据和动态数据。静态数据是指以某种形式存储于某种存储介质和系统（如计算机硬盘、云存储、文件系统、数据库系统等）中供用户访问和处理的数据。动态数据是指在通信线路或网络中传输、在内存中处理的数据。

3. 基于数据表现形式的数据分类

从数据表现形式的角度，数据又分为结构化数据、半结构化数据和非结构化数据。结构化数据是指采用某种数据模型（如关系数据模型）表示和存储的数据；半结构化数据是指虽然没有严格数据模型，但一般包含相关标记，用来分隔语义元素以及对记录和字段进行分层，如 JSON，同一键值下存储的信息可能是数值型的，可能是文本型的，也可能是字典或者列表；非结构化数据是没有固定结构的数据，各种文档、图片、视频/音频等都属于非结构化数据，对于这类数据一般直接整体进行存储，而且一般存储为二进制的数据格式。

1.2 数据安全的概念、威胁与需求

本节首先明确数据安全的概念与属性，然后归纳数据安全面临的威胁，最后从数据应用主体、数据生命周期两个维度分析数据安全的需求。

1.2.1 数据安全的概念

2021年9月1日起施行的《中华人民共和国数据安全法》中第三条，给出了数据安全的定义，数据安全是指“通过采取必要措施，确保数据处于有效保护和合法利用的状态，以及具备保障持续安全状态的能力”。数据安全有两方面的含义：一是数据本身的安全，主要是指采用密码等技术对数据的保密性、完整性、可认证性等进行主动保护；二是数据防护的安全，主要是采用网络安全、系统安全等信息存储和处理手段对数据进行主动防护，例如，通过磁盘阵列、数据备份、异地容灾等手段保证数据的安全。

数据安全的目标就是要保证网络空间中的数据在包括采集、存储、处理、传输、交换、销毁等过程的全生命周期内安全和合规，维持数据的真实性、保密性、完整性、可用性、可认证性、不可抵赖性、可控性、隐私性等属性。这些数据安全属性的定义如下。

1. 真实性

真实性是指数据记录真实地反映了客观世界和认知世界中的事物的状态、关系和过程的特性。导致数据不真实的因素一般包括：①传感器等数据采集设备不可靠、不可信，例如，传感器由于质量不过关导致的采集数据错误；②为实现特定目的的人为因素，例如，传感器因人出于某种目的进行错误配置导致采集数据虚假；实体身份、实体属性、实体关系等数据被假冒和造假；Deepfake通过伪造某个人的讲话视频，发表违背该人本意的观点；电商的交易量刷单、好评数据的伪造等。

2. 保密性

保密性是指数据不泄露给非授权的个人、进程等实体或供其利用的特性，包括数据内容的保密性、数据通信的隐蔽性以及通信对象的不确定性等。

3. 完整性

完整性是指数据保持不被修改、破坏、插入、乱序和丢失的特性。与数据真实性不同，数据完整性更强调数据在进入网络空间之后，不被恶意或者敌对主体对数据进行篡改，使数据所表示的信息语义发生变化，进而达到特定的目的。

4. 可用性

可用性是指数据及其相关资源能够持续有效地被合法用户访问和使用的特性。数据失去可用性意味着合法用户无法访问到数据或者访问数据的响应时间达到用户无法忍受的程度。

数据在网络空间中存储和使用离不开数据所依托的相关软硬件资源，这些相关资源包括计算机、网络、服务器、存储系统、操作系统、数据库系统、应用程序等。保证这些资源本身的安全性的理论和技术，属于网络空间安全的不同的分支技术，如计算机安全、网络安全、操作系统安全等。从数据安全的范畴来说，数据可用性一般特指数据存储系统和数据库系统中的数据容错性、抗毁性和快速恢复能力。

5. 可认证性

可认证性是指数据具有可识别、可验证的特性，一般包括：①数据提供方和使用方主体的身份认证(识别和确认)，用于防止对主体身份数据的假冒和非法使用；②数据完整性验证，用于验证数据是否被非法篡改；③数据使用过程验证，用于验证电子数据的使用和流转是否与现实发生相一致。在现实的应用场景中，一般需要将身份认证和完整性验证相结合，并进一步扩展到数据使用过程验证。

6. 不可抵赖性

不可抵赖性是指数据处理主体对其处理数据的行为以及行为发生的时间、地点、位置等的不可否认性，一般包括：①数据提供方对曾经提供(如发送、存放等)相关数据的事实(事件、内容、时间等)不可抵赖；②数据获取方对曾经获取(如接收、查看等)相关数据的事实不可抵赖，也无法否认在获取数据后对其进行篡改以便另作他用的事实；③主体对数据操作(如查询、增加、修改、删除等)的事实的不可抵赖。实现不可抵赖性一般需要向第三方提供证据，证实该主体确实对数据实施过相关操作和处理。通常，数据的不可抵赖性作为数据认证性的结果一并实现。

7. 可控性

可控性是指对数据的访问、传播及内容具有控制能力的特性，一般包括控制不同主体对数据的访问权限，对主体访问数据的行为进行安全审计，对通过通信、网络传播的数据进行内容监测和控制等。

8. 隐私性

隐私性是通过对数据的匿名、脱敏等处理，达到对个人、企业等主体的隐私具有保护能力的特性。隐私是指仅与特定主体的利益或者人身发生联系，且权利人不愿为他人所知晓的私人信息、私人事务和私人领域。隐私泄露是指某些数据、信息与个体发生关联，而作为个体的人或企业等，则通过特定的个体标识信息(即主体身份及其属性数据)被准确锁定。保密性是隐私性的基础，对数据内容的保密，可以更好地进行隐私保护；隐私性是保密性的延伸和扩展，主要是指对与个体标识(如身份证号、手机号、电子邮箱、图片等)及其相关联信息(如年龄或年龄范围、性别、种族、职业、喜好、位置、行踪、健康状况、社会关系等)的保护。

与数据安全相关的一个概念是数据质量。数据质量是指数据的合用性(Fitness for Use)，即数据的适用程度，它包括完整度(Completeness，即数据是否存在缺失的状况及其程度)、准确性(Accuracy，即数据的语法和语义是否存在错误或异常及其程度)、及时性(Currency，即数据的新鲜程度，是否是现时数据而非过时的数据)、一致性(Consistency，即数据的表示规范和多个数据项之间的关系是否保持一致)等,数据质量的缺失将导致数据不好用或者失去使用价值。数据安全与数据质量有所区别,数据安全更强调数据安全属性的丧失导致的损害和后果。本书对数据质量问题不进行详细的讨论,主要关注数据安全问题。

另一些与数据安全相关的概念是信息安全、网络空间安全、计算机安全、网络安全等,这些概念相互交织,既有区别又有联系。信息安全是指保护认知世界和数字世界中一切有价值的信息,并不限于网络空间,如间谍、社会工程等各种人为因素的信息泄露等也属于信息安全的工作范畴;网络空间安全是指计算资源和环境的安全,通过保障网络空间安全,可以更好地保障网络空间中计算对象(即数据)的安全;而计算机安全、网络安全等则属于网络空间安全的分支技术。

1.2.2 数据安全的威胁

随着数字化、网络化和人工智能的发展,网络空间的范围渗透到海、陆、空、天,其触角甚至逐步延伸到每个人、每件物和每件事。数据依托网络空间而存在,因此数据安全的威胁不仅限于数据安全领域本身,而与整个网络空间安全有关。网络空间固有的脆弱性,加剧了数据安全的威胁,突出表现为高级持续性威胁(Advanced Persistent Threat,APT)等新型网络威胁层出不穷、数据基础设施频繁受到攻击、数据交易地下产业链活动猖獗、数据跨境流动监管机制面临挑战等。中国信息通信研究院和奇安信科技集团股份有限公司于 2022 年 1 月发布的《数据安全风险分析及应对策略研究》中指出,“数据应用场景和参与主体的日益多样化,使得数据伴随业务及应用在不同载体间流动和留存,贯穿于信息化和业务系统的各层面、各环节”,因此,数据安全威胁的来源也日益复杂。归纳起来,数据安全所面临的威胁主要包括物理安全威胁、电磁安全威胁、网络安全威胁、设备安全威胁、系统安全威胁、管理安全威胁、应用安全威胁、数据交换与存储安全威胁等,如图 1-2 所示。

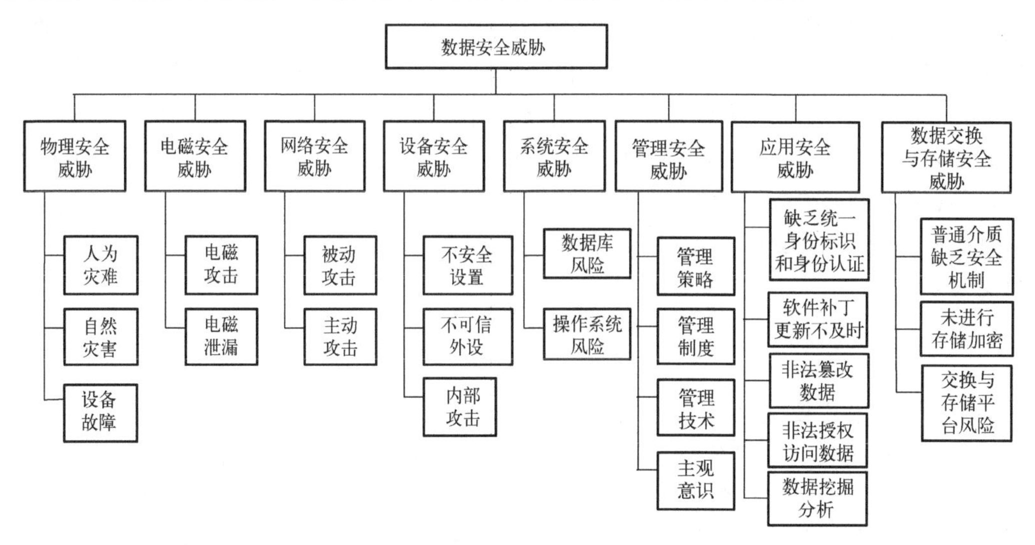

图 1-2 数据安全威胁

1. 物理安全威胁

数据面临的物理安全威胁包括突发性的重大自然灾害(如地震、泥石流、台风等)、人为造成的重大灾难事故(如火灾、数据中心被炸毁等)、设备故障(如电力系统故障、计算机硬件故障、存储介质失效等)。物理安全威胁会对数据基础设施造成极其严重乃至无法挽回的破坏，数据将不复存在，严重影响数据系统的可用性。

2. 电磁安全威胁

数据面临的电磁安全威胁主要包括电磁攻击威胁和电磁泄漏威胁。电磁攻击威胁指利用高强度电磁脉冲对电子设备的独特破坏力攻击目标电子部件，破坏数据存储与通信系统，影响数据的可用性。电磁泄漏威胁是指信息系统的设备在工作时能经过地线、电源线、信号线、寄生电磁信号或谐波等辐射出去，产生电磁泄漏。这些电磁信号如果被接收下来，经过提取处理，就可恢复出原数据，造成信息泄密。

3. 网络安全威胁

随着计算机网络的飞速发展，网络已成为承载数据应用系统的关键基础设施。然而，网络体系结构本身缺乏固有的安全性，网络的硬件、软件存在缺陷和漏洞，从而使攻击者可以利用网络发起远程攻击、非法访问、搭线窃听等活动，进而使数据丧失保密性、完整性、可用性等安全属性。网络安全威胁可以划分为被动攻击和主动攻击两大类。被动攻击包括流量分析、网络窃听、监视公共通信介质等方式，该类攻击手段隐蔽，难以觉察。主动攻击则包括攻击防护系统、植入恶意代码、篡改伪造信息、APT 等方式，达到泄露信息、传播敏感数据、拒绝服务、篡改关键数据等目的。

4. 设备安全威胁

对于连接网络的主机、服务器、移动终端、传感器等设备而言，用户名及口令的不安全设置，为攻击者假冒合法用户身份登录设备和网络提供了可能；非自主知识产权的不可信软硬件设备不可避免地存在“陷阱”和“后门”，一旦被攻击者利用，将会给数据安全带来致命的威胁；联网电子设备由于采用将程序指令存储器和数据存储器合并在一起的冯·诺依曼体系结构，为病毒的传播、木马的植入提供了便利，使得窃取、恶意篡改数据成为可能；不可信的外部设备(如打印扫描传真一体机等)在完成正常的功能的同时，也可能执行一些特殊功能的代码(如打印、扫描的同时向外部传输数据)，导致极其严重的数据安全隐患。

5. 系统安全威胁

系统安全威胁主要来自不安全的操作系统和数据库管理系统等基础软件。在系统基础软件领域，我国过去长期受制于人，很多主机、服务器等设备仍然采用国外闭源的操作系统和数据库管理系统，由于这些系统存在未知的“漏洞”和“后门”，会对数据安全造成严重的隐患。另外，系统软件补丁更新不及时、缺乏认证授权机制、没有强制访问控制功能等诸多问题，也会造成数据被泄露、篡改等诸多安全风险。

在大数据环境下，通用的大数据管理平台和技术，如 Hadoop 生态架构的 HBase/Hive、Cassandra/Spark、MongoDB 等，在身份鉴别、授权访问、密钥服务以及安全审计等方面考虑较少，整体安全保障能力仍然比较薄弱。同时，大数据应用中多采用第三方组件，对这些组件缺乏严格的测试管理和安全认证，使得大数据应用对软件漏洞和恶意后门的防范能力不足。

6. 管理安全威胁

从数据管理的角度来看，数据安全的威胁主要来自建设、管理和使用数据的主体。第一，应用系统的开发者由于缺乏统一数据安全规划，导致应用系统存在安全漏洞；第二，在应用系统运行之后，由于安全管理意识淡薄和缺乏有效的数据安全管理制度和手段，数据安全风险防范、安全评估、安全评测、应急保障能力低下；第三，由于管理或使用人员的操作失误，他们可能会误删除系统的重要文件，误配置系统的运行参数，导致系统性能下降或宕机，影响数据的完整性和可用性；第四，数据应用系统的内部管理者、维护者和使用者，也可能出于某种目的盗取数据和非法篡改数据；许多系统由于缺乏对数据系统的有效监管和审计，导致内部人员对危害数据安全的恶意行为无法追踪。

7. 应用安全威胁

应用安全威胁包括：各应用系统缺乏统一的身份标识和身份认证，难以进行全局的授权管理和访问控制；软件补丁更新不及时，会使系统存在安全漏洞，造成应用软件访问控制机制被旁路(被绕过而从底层软件访问数据)；等等。这些因素都会造成应用被非授权使用、数据被非法访问或篡改等情况。

在大数据环境下，数据类型复杂、应用范围广泛，通常要为来自不同组织或部门、不同身份与目的的用户提供服务。由于大数据应用场景中存在大量未知的用户和数据，预先设置角色及其权限十分困难。即使可以事先对用户权限分类，但由于用户角色众多，难以细粒度地控制每个角色的实际权限，从而导致无法准确地为每个用户指定其可以访问的数据范围，加大了大数据应用的安全威胁。另外，基于大数据分析技术，攻击者更容易得到更多的个人信息，从而进一步加剧了个人隐私泄露的风险。

8. 数据交换与存储安全威胁

当前很多部门都面临着网络隔离与数据交换需求之间的矛盾。安全隔离技术主要可以分为逻辑隔离和物理隔离。逻辑隔离是指在逻辑上对网络进行分离，其实现方式主要包括防火墙和虚拟专用网等方式。为实现更高的安全性，物理隔离在网络之间不进行物理连接，而通过其他移动存储设备进行数据复制传输，这种传输方式称为数据摆渡。

无论采用逻辑隔离还是物理隔离，数据仍可能在传输、存取、交换的过程中泄露，因此，有必要采用存储加密和传输加密技术，使拥有密钥的主体才能理解数据的内容。

在大数据环境下，一般采用底层复杂、开放的分布式计算和存储架构为其提供海量数据分布式存储和高效计算服务，使得大数据应用的网络边界变得模糊，传统基于边界的安全保护措施不再有效。因此，需要在数据层面，建立完善的分级分类体系，保证共享资源环境下的分级分类数据交换和存储。

1.2.3 数据安全的需求

随着网络技术的飞速发展和逐步成熟，数据应用的计算模式也在发生质的变化，从传统的集中式、客户/服务器等计算模式，发展到了以数据和应用外包为典型特征的云计算模式。近年来，在5G、物联网、虚拟现实/增强现实、机器人、机器学习等应用需求的推动下，又出现了使计算服务更接近服务消费者或数据源的边缘计算模式，数据基础架构、应用程序和数据资源将定制化地移至边缘，以快速有效地支持边缘客户设备的智能化应用。计算模式的演进，加速了大数据时代的到来，人们可以通过智能手机、便携可穿戴设备、智能汽车等随时提供数据，同时也享受着数据服务带来的便利。由于新的计算模式具有数据的拥有者、管理者、使用者的分离特征，数据安全面临更大的风险，也催生了许多新的安全需求。

本节将在以云计算为主要特征的计算模式下，从数据应用主体、数据生命周期两个维度，讨论数据安全的需求。

1. 数据应用主体视角下的数据安全需求

1) 数据应用主体的划分

数据是人类社会活动的产物，数据安全属性的保持或丧失通常也伴随着有目的的社会行为，并与数据应用主体的可信程度密切相关。按照角色和可信程度的不同，将数据应用的主体分为政府机构、企事业单位、服务提供商、个人、攻击者五类。这五类主体的合作、冲突和相互制约，形成了共同数据应用环境。

政府机构是我国大数据应用的主导者。近年来，各省市都成立了大数据管理局，负责研究拟订并组织实施大数据战略、规划和政策措施，引导和推动大数据研究与应用等方面的工作。政府机构掌握了丰富的数据资源，通过基于云计算的数据汇集和先进的智能算法，以智慧城市为代表的数据应用消除了各部门与各行业之间的“数据孤岛”，实现了部门行业之间数据交换和共享，提升了数据应用的服务能力。该类主体通常具有最高的可信度。

企事业单位是教育、银行、医疗、交通运输、电商、物流等机构。这些机构在数字化转型的基础上，面向个人和其他主体提供了业务和数据管理服务，其收集、处理的数据也成为政府驱动、运营商建设的大数据平台的重要组成部分。该类主体整体上具有较高的可信度。

服务提供商是数据基础设施和数据应用系统的设计、开发、建设、运维和服务提供者，它们会深度参与政府数据战略、规划和政策措施的部署，也具体开展政府大数据平台、企事业单位数据应用的实施工作。该类主体掌握了充分的数据资源，在数据应用及其安全方面具有举足轻重的作用，具有较高的可信度，但该类主体中的某些个体并非完全可信。

个人是数据应用的数据提供者和使用者，他们掌握的数据资源较少，具有部分可信的特征。由于缺乏对与自己身份、资金、物品所对应的数据资源的控制权，因而从数据安全角度来看，他们是数据应用中的弱势群体，也是利益最容易受到损害的一方。

攻击者是出于特定目的，对数据安全造成危害的个人或组织，攻击者可能来自数据系统外部，也可能来自数据系统内部，可能存在于政府机构、企事业单位、服务提供商、个人等主体之中。一般来说，在数据系统中，主体被赋予的可信度越高，其作为攻击者带来的后果越严重，例如，如果某些政府实施非法窃听，则会对国家安全、社会稳定、公民隐私等带来重大危害；如果攻击者来自银行内部员工或管理者，则其会对公民资金安全造成严重影响。我们把来自外部和内部的攻击者统称为恶意主体，将其之外的非恶意主体称为良性主体。

2) 良性主体的数据安全需求

良性主体具有但不限于如下共同的数据安全需求。

(1) 数据基础设施安全：通过管理、技术手段，防范来自物理、电磁、网络、终端的安全威胁，保证数据基础设施安全可靠稳定运行。

(2) 平台和系统安全：发现并阻止针对云、网、平台、系统、应用的外部攻击和内部渗透，保证恶意攻击者“进不来”、“拿不走”、“看不懂”和“跑不掉”。

(3) 应用与业务数据安全：通过采用安全设备、认证、授权、加密、审计、溯源等机制，强化数据安全责任，规范和固化数据处理流程，实现业务数据及其处理流程真实、保密、完整、可追溯等安全属性。

(4) 数据高可用性保证：通过数据冗余、备份与灾难恢复等机制，保证数据的高可用性。

(5) 数据安全共享和交换：大数据环境下的数据互联互通和汇聚，使数据泄露风险加大，需要建立统一的认证、细粒度授权与访问控制、审计等机制，必要时通过数据分级分类加密，实现各类合法用户的数据安全共享和交换。

(6) 数据协同安全：在电子政务、电子商务、电子金融等应用中，需要两个或者多个主体在数据上实现协同办公、电子合同签署等协同操作，需要综合采用基于密码的身份认证、数字签名等技术，实现类似纸质文件的电子契约、电子证据的可信性；同时应建立第三方可信机构，解决双方或多方发生的争执或分歧。

(7) 数据安全监管：对数据共享、流通进行监管，防止敏感数据和隐私数据的非法收集与扩散，保障企事业单位、个人的信息权益；进行数据流动，尤其是数据出境的监管监控，防止关键数据失泄密；实施网络舆情监测、分析和引导，建立良好的社会治理环境等。

(8) 数据安全风险评估：为评判数据应用系统的安全性，有必要制定数据安全风险评估标准，并对政府机构、重要企事业单位的数据应用系统进行数据安全风险评估。

3) 不同主体信任关系催生的特定数据安全需求

由于主体之间存在不信任或者不完全信任的关系，所以也催生了一些特定的数据安全需求。

(1) 企事业单位、个人等主体对政府机构的数据合规使用需求。

政府机构在数据应用主体中具有最高的可信度，但并非绝对可信，有可能由于管理不善或者系统漏洞，使内部人员违规获取并非法使用数据。因此，政府机构需要从法律、管理和技术层面，遵守“合法、正当、必要”原则，保证数据的合规使用，对于涉及个人隐私、商业秘密等数据，在用户知情同意和确保其自身安全的前提下，维护企事业单位和公民的合法权益。

(2) 政府机构、企事业单位、个人对服务提供商的数据安全处理需求。

目前大多数数据应用系统的设计、开发、建设、运维等工作都外包给了服务提供商，需要防止服务提供商中的少数恶意专业技术人员和管理用户通过后台存储系统复制、镜像、快照等窃取存储于磁盘或调入内存中的数据；通过安全计算方法，防止在数据计算和处理过程中，敏感数据在服务端内存中的泄露；服务提供商为了增强其服务对象的数据使用信心，需要向用户提供数据完整性的证据，以向用户证明数据仍处于未被恶意丢失、损坏、隐藏、修改、可被有效检索的状态；需要数据确定性删除方案，以解决当用户数据生命周期到期或用户申请删除数据后，服务提供商未彻底删除数据的所有副本等情况造成的数据泄露问题。

(3)个人对企事业单位、服务提供商的安全数据服务需求。

个人是数据应用的数据提供者和使用者，其数据可能是现实世界中个人的身份、资金、货物等的映像（如指纹、人脸、个人账户余额、购买的化妆品等），这些数据一旦被高权限的内部人员获取、假冒、篡改、删除、扩散、买卖、使用，将对个人声誉、财产等造成重大损失，需要从法规、管理、技术各个层面，确保数据的合规使用；在安全事件发生时，能够对数据安全责任进行定位和追溯，并使用户拥有自身利益被损害的证据；某些大型互联网企业，通过应用以及数据交易，可获取极其丰富的个人数据，利用大数据分析技术，可以得到诸如个人职业、喜好、位置、行踪、健康状况、社会关系等隐私信息，进而进行非法营销、“大数据杀熟”等危害个人利益的活动。因此，需要采用数据脱敏、隐私保护等技术，保护数据应用中的个人隐私泄露问题。

(4)数据攻防主体之间的数据对抗需求。

近年来，人工智能技术之所以取得成功，实际上得益于算法、数据和算力三个方面。其中，数据在人工智能领域的作用越发明显，更是计算机视觉、机器翻译、语音识别等领域取得成功的关键驱动力。然而，以深度学习为代表的人工智能技术对数据有着天生的依赖，一是模型复杂度的增加需要大规模数据参与训练；二是要确保训练数据的可靠与可信；三是模型的泛化能力有限，模型应用过程中更是依赖已知、相似数据，对未知数据的适应性差。这也直接导致了人工智能系统面临严峻的数据安全问题，数据能够造就人工智能系统，数据也可以成为攻防斗争的武器让人工智能出错或者失效，使得人工智能模型或系统面临安全风险，这在军事等领域有着迫切的需要。

2. 数据生命周期视角下的数据安全需求

数据应用中的数据生命周期包括数据采集、数据存储、数据处理、数据传输、数据交换、数据销毁六个阶段，根据实际业务场景，数据所经历的生命周期阶段及阶段的顺序可能不同。数据生命周期的各个阶段如下。

(1)数据采集：指客观世界和认知世界的事物属性及其随时间的变化，经编码在数字世界产生新的数据或者用新数据替换旧数据的阶段。数据的采集包括组织机构内部系统中生成的数据和组织机构从外部采集的数据。

(2)数据存储：指数据以某种数字格式在某种存储系统中进行物理存储的阶段。

(3)数据处理：指组织机构在内部针对动态数据进行的一系列活动的组合。

(4)数据传输：指数据在组织机构内部从一个实体流动到另一个实体的阶段。

(5)数据交换：指数据经由组织机构内部与外部组织机构及个人交互过程中提供数据以便进行交流、汇聚、共享、分析、挖掘的阶段。

(6)数据销毁：数据销毁阶段包括数据归档和数据清除。数据归档是指按照组织机构的规定，将不再经常使用的重要数据移到单独的存储设备中长期保存的过程，归档的数据应固化且具有索引以方便查找。数据清除指通过对数据及数据的存储介质通过相应的操作手段，使数据彻底丢失且无法通过任何手段恢复的过程。

数据生命周期的各阶段所涉及的主要数据安全属性如表 1-1 所示（注：“√”表示含有此属性）。具体的数据应用场景和实际的安全需求需要考虑这些安全属性的组合，而采用的技术也因此有所不同。例如，在数据采集阶段，不但要保证采集的数据真实可靠，有时还需要运用密码等技术保证数据采集主体的可认证性、不可抵赖性，以明确和追溯数据采集主体责任，或者通过匿名数据采集主体和隐去数据采集客体属性，以保护其隐私。在数据存储阶段，可通过密文存储、数据完整性检查、数据备份与灾难恢复等技术，保证数据的保密性、完整性和可用性。在数据处理阶段，可通过身份认证、访问控制、数据完整性检查、隐私保护等技术，保证数据处理主体的可认证性、不可抵赖性、可控性和隐私性，并保证数据客体本身的保密性、完整性和隐私性。在数据传输阶段，可通过加密、数字签名等技术，保证数据的保密性、完整性，并确认发方（或数据提供方）、收方（或数据使用方）身份并防止抵赖行为。在数据交换阶段，可通过数据细粒度加密、数字签名、数据脱敏等技术，实现数据交流、汇聚、共享、分析、挖掘过程中的保密性、完整性、可认证性、不可抵赖性、可控性和隐私性。在数据销毁阶段，可通过专用存储设备、区块链等技术保证可信、可检索的数据归档；采用物理手段销毁介质中的数据；采用确定性删除等技术，保证云存储数据的彻底清除等。

表 1-1 数据生命周期的各阶段所涉及的主要数据安全属性

阶段	真实性	保密性	完整性	可用性	可认证性	不可抵赖性	可控性	隐私性
数据采集	√	√			√	√		√
数据存储		√	√	√				
数据处理		√	√		√	√	√	√
数据传输		√	√		√	√		
数据交换		√	√		√	√	√	√
数据销毁		√	√		√	√	√	√

1.3 数据安全体系

数据安全体系如图 1-3 所示，由数据安全法律法规与标准规范、数据安全管理、数据安全技术三部分组成。其中，数据安全法律法规与标准规范是整个数据安全体系的基础，数据安全管理和数据安全技术二者相辅相成，为数据安全提供管理和技术支持，三者共同作用，成为一个有机整体，共同实现数据的安全目标。整个数据安全是一项系统工程，需要制定完善的安全法律法规及标准规范，遵照既定的安全管理策略，充分利用安全技术实施防护，实现数据的真实性、保密性、完整性、可用性、可认证性、不可抵赖性、可控性和隐私性。

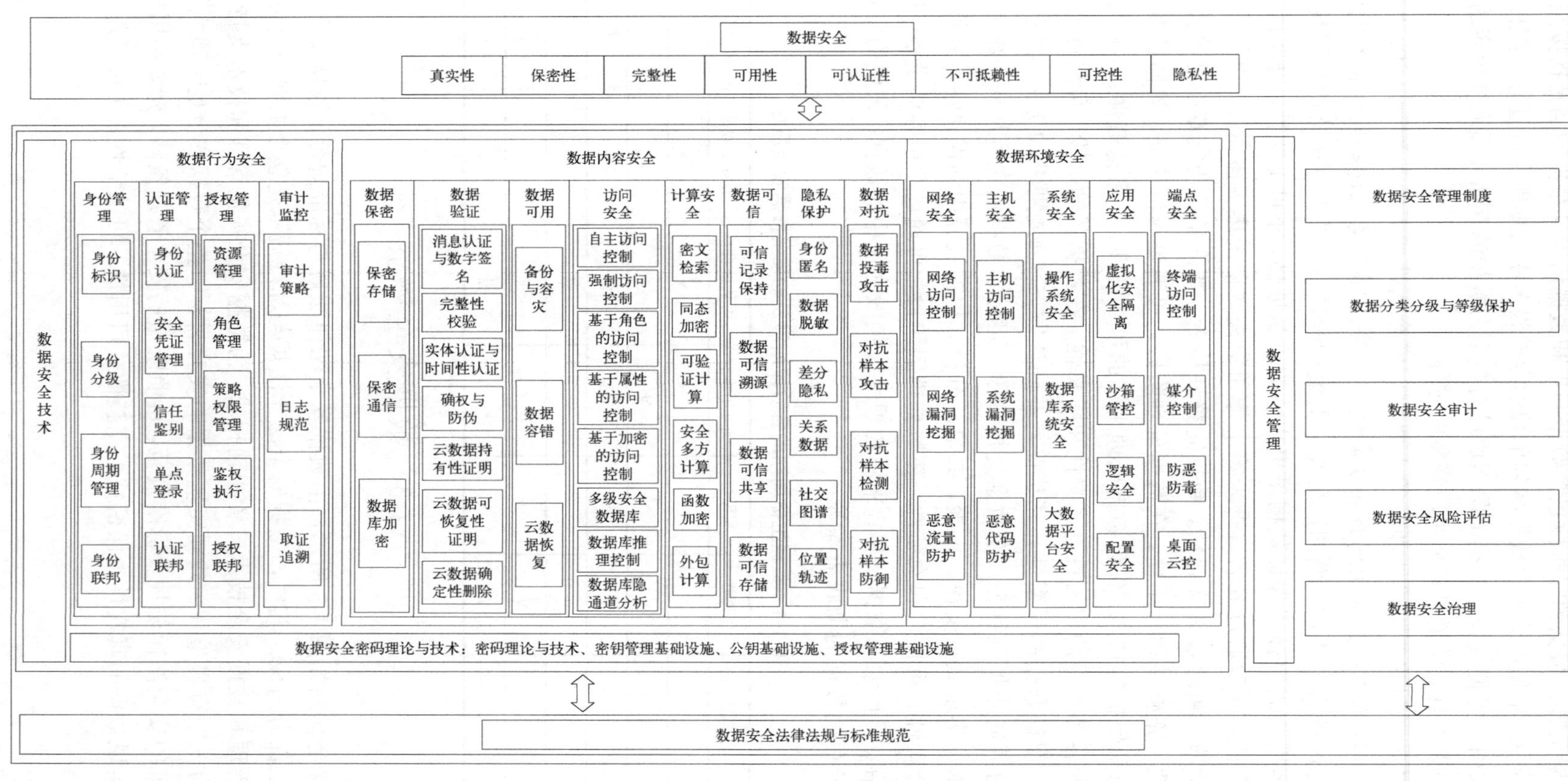
数据安全
真实性
保密性
完整性
可用性
可认证性
不可抵赖性
可控性
隐私性
数据安全技术
数据行为安全
身份管理
身份标识
身份分级
身份周期管理
身份联邦
认证管理
身份认证
安全凭证管理
信任鉴别
单点登录
认证联邦
授权管理
资源管理
角色管理
策略权限管理
鉴权执行
授权联邦
审计监控
审计策略
日志规范
取证追溯
数据内容安全
数据保密
保密存储
保密通信
数据库加密
数据验证
消息认证与数字签名
完整性校验
实体认证与时间性认证
确权与防伪
云数据持有性证明
云数据可恢复性证明
云数据确定性删除
数据可用
备份与容灾
数据容错
云数据恢复
访问安全
自主访问控制
强制访问控制
基于角色的访问控制
基于属性的访问控制
基于加密的访问控制
多级安全数据库
数据库推理控制
数据库隐通道分析
计算安全
密文检索
同态加密
可验证计算
安全多方计算
函数加密
外包计算
数据可信
可信记录保持
数据可信溯源
数据可信共享
数据可信存储
隐私保护
身份匿名
数据脱敏
差分隐私
关系数据
社交图谱
位置轨迹
数据对抗
数据投毒攻击
对抗样本攻击
对抗样本检测
对抗样本防御
数据环境安全
网络安全
网络访问控制
网络漏洞挖掘
恶意流量防护
主机安全
主机访问控制
系统漏洞挖掘
恶意代码防护
系统安全
操作系统安全
数据库系统安全
大数据平台安全
应用安全
虚拟化安全隔离
沙箱管控
逻辑安全
配置安全
端点安全
终端访问控制
媒介控制
防恶防毒
桌面云控
数据安全密码理论与技术：密码理论与技术、密钥管理基础设施、公钥基础设施、授权管理基础设施
数据安全管理
数据安全管理制度
数据分类分级与等级保护
数据安全审计
数据安全风险评估
数据安全治理
数据安全法律法规与标准规范

图 1-3　数据安全体系

1.3.1　数据安全法律法规与标准规范

数据安全需要良好的法律法规体系和标准规范，它作为数据安全建设的基石，发挥着促进、激励和规范的作用。

随着各国对大数据安全重要性认识的不断加深，包括美国、英国、澳大利亚、欧盟和我国在内的很多国家和组织都制定了大数据安全相关的法律法规和政策，以推动大数据利用和数据安全保护，在政府数据开放、数据跨境流通和个人信息保护等方面进行了探索与实践。为了维护国家安全、社会公共利益，保护公民、法人和其他组织在网络空间的合法权益，保障个人信息和重要数据安全，我国政府高度重视大数据安全政策、法规及其标准化工作，将其作为国家发展战略予以推动。2021 年 6 月 10 日第十三届全国人民代表大会常务委员会第二十九次会议通过《中华人民共和国数据安全法》，该法于 2021 年 9 月 1 日正式颁布执行。其内容主要包括确立数据分级分类管理以及风险评估、检测预警和应急处置等数据安全管理各项基本制度；明确开展数据活动的组织、个人的数据安全保护义务，落实数据安全保护责任；坚持安全与发展并重，锁定支持促进数据安全与发展的措施；建立保障政务数据安全和推动政务数据开放的制度措施。

目前，多个标准化组织正在开展大数据和大数据安全相关标准化工作，主要包括国际标准化组织/国际电工委员会下的大数据工作组(ISO/IEC JTC1 WG9)、信息安全技术分委员会(ISO/IEC JTC1 SC27)、国际电信联盟电信标准化部门(ITU-T)、美国国家标准与技术研究院(NIST)等。我国正在开展大数据和大数据安全相关标准化工作的标准化组织，主要有全国信息技术标准化委员会(TC28)和全国信息安全标准化技术委员会(TC260)等。我国现行的数据安全国家标准主要包括 GB/T 35274—2017《信息安全技术　大数据服务安全能力要求》、GB/T 37973—2019《信息安全技术　大数据安全管理指南》、GB/T 37988—2019《信息安全技术　数据安全能力成熟度模型》等。《信息安全技术　大数据服务安全能力要求》定义了大数据服务业务模式、大数据服务角色、大数据服务安全能力框架和大数据服务的数据安全目标和系统安全目标，规范了大数据服务提供者的数据安全服务能力要求，包括组织能力、业务服务安全管理、平台建设和运营规范等方面。《信息安全技术　大数据安全管理指南》规范了大数据处理中的各个关键环节，分析了数据生命周期各阶段中的主要安全风险，为大数据开放、共享和应用提供了安全规范和基本原则。《信息安全技术　数据安全能力成熟度模型》给出了数据安全能力的成熟度模型架构，规定了数据采集安全、数据传输安全、数据存储安全、数据处理安全、数据交换安全、数据销毁安全和通用安全的成熟度等级要求，该标准适用于对组织数据安全能力进行评估，也可作为组织开展数据安全能力建设的依据。

随着互联网经济、互联网社交等新业态的普及，以及大数据产业的自主发展，针对电子政务、健康医疗、电子商务等行业应用，面向个人信息、数据出境等特定安全需求，数据安全的法律法规与标准规范进程还任重道远，需从基础框架、平台技术、服务安全等多个方面进一步完善。

1.3.2　数据安全管理

随着数据的采集和逐层汇聚，数据集成和共享程度越来越高，亟须系统地解决数据共享环境下的数据安全管理问题。数据安全管理是指对数据及数据系统进行有效的管理和评估，使其处于有效、可用、合法、合规的状态，主要包括数据安全管理制度、数据分类分级与等级保护、数据安全审计、数据安全风险评估和数据安全治理等内容。

1. 数据安全管理制度

数据安全管理制度主要包括系统安全管理、密级安全管理、人员安全管理、设备与密钥安全管理、事件处置安全管理、审计安全管理、恢复安全管理等制度和流程，主要用于规范、约束、指导内部人员的行为和行动。

2. 数据分类分级与等级保护

基于数据重要程度的分类分级的目的是更有效地使用和保护数据，包括数据分类和数据分级两个方面。数据分类是指按照属性、特征、应用范围等对数据种类进行划分(如政务、金融、工业等)，一般数据大类下面又分为一些子类，构成分层的数据资源树结构；数据分级是指按照敏感程度对数据级别进行划分(如公开、秘密、机密、绝密等)。数据的分类分级过程一般是先分类再分级，数据的分类和分级组合在一起，就在数据上定义了依据其重要程度的安全性标签，也就定义了需要对该数据保护的需求。

3. 数据安全审计

数据安全审计是指，依据数据安全的相关法律法规，根据制定的数据相关安全策略，记录和分析数据操作的历史事件，提高数据系统安全能力的一种信息安全保护管理方法和相关技术。数据安全审计是保证数据安全的一个重要环节，对从事危害数据安全的非法活动起到震慑作用。为了实现数据安全审计的目标，需要预先制定并根据审计过程中出现的情况动态调整数据安全审计策略。

4. 数据安全风险评估

数据安全风险评估是指根据不同数据安全属性类别、系统的数据安全要求标准，对数据应用系统进行风险、合规性等方面的科学识别和评价，定量描述来自自然、人为、系统等威胁发生的可能性及其造成的损失，并确定对数据安全风险的整改、防控措施。

5. 数据安全治理

数据治理是一种“制度化”过程。所谓制度化是执行一个“正式批准”的体系，该体系包括明确的价值目的、必须遵从的规范和落实治理责任的组织机构。数据安全治理是数据治理中的重要内容，它以“人”与数据为中心，以“数据安全使用”为目标，通过平衡业务需求与风险，制定数据安全策略，对数据分级分类，对数据的全生命周期进行管理，从技术到产品、从策略到管理，提供完整的产品与服务支撑。

1.3.3 数据安全技术

1. 数据安全密码理论与技术

密码理论与技术是数据安全的基础。密码学是研究编制密码和破译密码的技术科学，作为数据安全的核心理论、技术和方法，它可以用于保证数据的真实性、保密性、完整性、可用性、可认证性、不可抵赖性、可控性、隐私性等属性。

为了给数据行为、数据内容、数据环境安全提供基础性的密钥管理、认证、授权等服务，基于密码以及计算机等技术，人们建立了密钥管理基础设施(Key Management Infrastructure，KMI)、公钥基础设施(Public Key Infrastructure，PKI)和授权管理基础设施(Privilege Management Infrastructure，PMI)，它们共同为其上层的数据安全技术及其应用提供了信任基础。

密钥在密码系统中至关重要，它一旦被截取或者破解，攻击者就可以窃取保密数据，假冒合法用户进行通信或操作数据，对数据安全造成严重威胁。密钥管理是指密钥产生、分配、分发、注入、存储、备份、托管、启用、更新、撤销、销毁的整个生命周期的管理。密钥管理可以通过建立KMI，以服务的形式提供。KMI是为数据安全提供集中化或网络化密钥管理相关服务的基础设施，由密钥管理系统、密码装备、支撑性设施及其相关管理机构组成。

PKI用来实现基于公钥密码体制的密钥和证书的产生、管理、存储、分发和撤销等功能，由相关硬件、软件、人员、策略和规程组成，为上层数据安全应用提供统一规范的公钥加密、数据签名、时间戳等安全服务。PKI的应用非常广泛，它为电子金融、电子商务、电子政务等应用实现身份认证、数据完整性、数据保密性、数据认证性、不可抵赖性提供了基础。

PMI向用户、应用程序等主体提供授权管理服务，完成主体身份到应用、数据等客体权限的映射。它由属性证书、属性认证、属性证书库等部件组成，用来实现权限和证书的产生、管理、存储、分发和撤销等功能和权限生命周期的管理。使用属性证书进行权限管理的方式使得权限的管理不必依赖具体的应用，以便实施跨系统、跨平台的访问控制。

2. *数据行为安全*

数据行为安全是指监管主体身份权限和行为的相关技术，主要包括身份管理、认证管理、授权管理与审计监控。

1) *身份管理*

身份管理是指以某种方式标识实体的身份及其属性，实现数字身份与真实实体的绑定，主要解决“你是谁”，即身份的真实性问题。身份管理涵盖身份标识(建立数字身份)、身份分级(身份映射到安全等级)、身份周期管理(数字身份的建立、更改、删除等)和身份联邦(用标准协议打通不同安全域、系统之间的用户身份，在跨域、跨产品、跨公司的场景中实现身份信息共享)等技术。其中身份标识技术最为关键，目前在云环境的大数据安全领域中，安全凭证(如Access Key、X.509数字证书等)、基于身份的密码技术(Identity-Based Cryptography，IBC)、生物特征(如手指静脉、虹膜等)广泛用于数据安全的身份标识中。

2) *认证管理*

认证管理是指识别和验证(鉴别)主体身份，旨在提供统一的密钥凭证管理与信任鉴别服务，主要解决“如何证明你是谁”的问题。为了达到更高的安全性，许多系统支持多因素鉴别模型。面向数据行为安全的认证管理涵盖身份认证(完成对用户身份的确认)、安全凭证管理(用于认证的安全凭证生成、签发、存储、销毁等)、信任鉴别(使验证者获得对声称者所声称的事实的信任)、单点登录(Single Sign On，SSO)(用户只需要登录一次就可以访问所有相互信任的应用系统)、认证联邦(在身份联邦的基础上实现跨安全域、跨系统、跨应用的用户认证)。安全凭证管理与信任鉴别技术可以对系统中大量的账户信息、令牌、证书、密钥等敏感凭据进行统一的存储、检索、使用等全生命周期管控。单点登录与信任联邦等技术可以在越来越多的 Web 服务、门户和集成化应用程序相互链接的情景下解决信息孤岛问题，有利于简化用户管理与数据溯源。

3) 授权管理

授权管理是指完成用户身份与平台、接口、操作、数据等资源之间的权限映射，以便在用户访问资源时进行访问控制，避免越权访问资源，主要解决“能做什么”的问题。授权管理通常包括资源管理(建立客体资源目录和管理体系，并实施分级分类等管理)、角色管理(为简化授权管理，通常会定义一些角色，并将用户分配到角色中；角色是一组访问权限的集合，当需要为一组用户赋予相同的权限时，可以使用角色来授权)、策略权限管理(确定对资源的访问控制策略，并完成用户、角色等主体的资源权限分配、修改、撤销等)、鉴权执行(当用户访问系统时，鉴别其授权)、授权联邦(在身份联邦、认证联邦的基础上实现跨安全域、跨系统、跨应用的授权管理)等。

4) 审计监控

数据安全审计的实施离不开审计监控技术的支撑。从技术层面来说，审计监控是指通过建立记录用户管理、权限管理、数据获取/访问/修改等操作行为等多个维度上的安全日志，实现主体的行为审计分析、权限变化监控、异常行为识别等功能，主要解决“做过什么”的问题。实施审计监控需要确定审计策略、明确审计的维度和粒度，确定日志格式、内容和管理方式等日志规范，以便通过安全日志对用户行为进行分析和追溯，进而确定安全责任。安全日志应能捕获审计策略规定的完整行为记录，且不可被更改，遵守“事前可管、事中可控、事后可查”三大原则。

3. 数据内容安全

数据内容安全是指数据生命周期中对数据内容本身的安全技术，主要包括数据保密、数据验证、数据可用、访问安全、计算安全、数据可信、隐私保护、数据对抗等。

1) 数据保密

数据保密是指实现数据保密性的相关技术，主要包括保密存储、保密通信、数据库加密等。

数据保密存储是指采用技术和管理手段，保护数据存储基础设施及存储在其中的数据，防止未经授权的泄露和非法使用。通常采用文件加密、磁盘加密、数据库加密等方式，对以不同形式存储的数据进行加密，以达到即使攻击者得到数据，也“看不懂”其中的内容的目的。文件加密即在文件粒度上对数据加密，通常在操作系统中实现，常用的实现方法有静态加密(数据处于未使用状态时进行加解密)和动态加密(系统在使用数据的过程中动态实时加解密)。磁盘加密是一种在磁盘扇区级别采用的加密技术，通常用来对磁盘、U 盘、光盘等存储设备上的数据进行加密，其实现方式包括卷过滤加密和虚拟磁盘加密等。数据库加密是一种基于加密技术的数据库安全机制，它提供了数据库数据在服务器端的加密存储和内存中的安全计算和处理，有效防止数据被非授权访问，同时保证合法用户对数据的透明访问。

数据保密通信是指实现数据安全传输和交换的相关技术，包括信道保密通信(也称信道加密)、终端保密通信(也称终端加密或端-端加密)、隐蔽通信、信息隐藏等。信道保密通信是在网络的链路层或 IP 层对数据加密实现的保密通信。终端保密通信是指在应用终端加密传输层或应用层的数据实现的保密通信。隐蔽通信是指利用无线信道以及噪声内在的随机性，使得合法接收者的信道优于窃听者，以限制非法接收者获得的信息量，它通过通信双方的隐藏信息传输，防止窃听者发现通信信号，从源头上避免窃听者侦测到信息。信息隐藏是指将秘密信息隐藏于可公开的图像、声音、视频或文本等媒体中，使人们凭直观的视觉和听觉难以察觉其存在的技术，它不但隐藏了信息的内容，还隐藏了信息的存在，可用于隐秘信道、隐藏真实信息的存在、匿名通信等。

2)数据验证

数据验证是指对数据的某种安全性质进行校验、证明、确认的相关技术，用于保证数据的真实性、完整性、可认证性和不可抵赖性。数据验证包括消息认证与数字签名、数据完整性校验、实体认证与时间性认证、数字产品确权与防伪等。

消息认证是指采用散列函数、消息认证码、数字签名等技术，验证提供消息的实体身份和消息内容的真实有效；数字签名作为手写签名的一种电子模拟，能够向接收方或者第三方证实消息被信源方签署，也可以用于证实数据的完整性。数据完整性校验是指通过奇偶校验、校验和、循环冗余校验、哈希树、加密、消息认证码、篡改检测码、数字签名等方法，对数据是否被恶意篡改和破坏进行检测；时间性认证则是指通过时间戳、序列号等，保证消息的正确顺序，防止由于消息乱序造成的语义改变。实体认证是指数据提供(如发送、存放)方、获取(如接收、查看等)方、操作(如查询、增加、修改、删除等)方等主体的真实性验证。数字产品确权与防伪主要指数字版权管理(Digital Rights Management，DRM)。DRM 是主要通过在图片、视频、音频等数字产品中嵌入数字水印，保护数字产品创作者和拥有者的版权和利益，并在版权受到侵害时能够鉴别数字产品版权信息的真伪，明确版权归属。

云端数据有特定的数据验证需求，主要包括数据持有性证明(Provable Data Possession，PDP)、数据可恢复性证明(Proof of Retrievability，POR)和数据确定性删除。PDP、POR 是两种用于云计算环境下，通过挑战-应答方式远程证明数据完整性的方法。PDP 可以使用户在无须将数据下载到本地的情况下，远程校验存放在云存储服务器上数据的完整性；POR 可以使存储服务提供商向数据用户证明存储的数据仍然保持完整性，保证了用户可以完全恢复存储的数据并安全地使用它们。数据确定性删除则是一种解决当数据拥有者删除存储在云存储服务器中的数据后，保证云存储服务器会诚实地执行删除操作，删除的数据不可恢复并永久失效，从而避免造成隐私数据泄露与数据滥用等问题的技术。

3)数据可用

数据可用是指保证数据可用性和可靠性的相关技术，以使数据具有抗毁性和快速恢复能力，主要包括备份与容灾、数据容错、云数据恢复。备份与容灾是指为了应对人为误操作、软件错误、病毒入侵、硬件故障、自然灾害、摧毁打击等灾难，采用系统容灾保证信息系统正常运行和实现业务连续性，采用备份和恢复避免数据丢失的相关技术和应急响应等管理手段。数据容错主要通过数据冗余技术实现，主要包括多副本和冗余编码两类；综合这两类技术的独立磁盘冗余阵列(Redundant Array of Independent Disks，RAID)被广泛使用，它划分为不同的级别，以满足不同数据应用场景的需求。云存储系统往往包含成千上万的分布式存储节点，庞大的节点数量使得节点故障成为常态，需要基于容错的云数据恢复方案，以保证即使某些存储节点出现故障，用户仍能正常访问数据。

4) 访问安全

访问安全是指限制和控制主体对数据客体的访问及其访问方式的相关技术，身份认证和访问控制是保证数据访问安全的两个核心部分。访问控制(Access Control)是指在身份管理、认证管理的基础上，按照某种访问控制模型对主体访问客体的权限进行授权，并确定提出访问客体(数据本身或其依附的系统资源)的请求的主体授权，对访问请求做出是否许可的判断，并对访问进行控制的技术。常见的访问控制模型包括自主访问控制(Discretionary Access Control，DAC)、强制访问控制(Mandatory Access Control，MAC)、基于角色的访问控制(Role-Based Access Control，RBAC)、基于属性的访问控制(Attribute-Based Access Control，ABAC)、基于加密的访问控制等。针对数据库访问安全问题，还涉及多级安全数据库、数据库系统推理控制和数据库系统隐通道等技术。

DAC 由客体属主(拥有者，Owner)自主确定对客体的访问权限，且允许获得客体访问权限的主体进行级联授权。MAC 是一种基于安全级的集中式访问控制模型，系统中的主体和客体均被标记到某一安全级，由系统制定强制施行的访问控制策略(例如，数据仅能由高安全级的主/客体流向低安全级的主/客体)，任何主体对任何对象的任何操作都将根据该策略决定操作是否允许。RBAC 依据主体在组织或任务中的职位、资格、权利和责任创建角色，用户被分配到角色，角色对应相关的权限，仅需对角色授权，用户即可获得相关授权，从而简化了授权管理，减少了系统开销。ABAC 可以在不预先知道访问者的身份的情况下，通过安全属性来定义授权，基于属性或属性组合对访问控制要素进行统一描述，增强了访问控制策略的表达能力，可实现动态灵活的访问控制。

在云计算环境下，由于数据的拥有者、管理者、使用者的分离特征，数据面临着被不完全可信的云服务提供商超级用户和不可信的攻击者窃取的风险，因此，有必要采用基于加密的访问控制方法对存储于云的数据进行访问控制。基于加密的云数据访问控制包括基于广播加密的云数据访问控制、基于属性基加密的云数据访问控制、基于代理重加密的云数据访问控制等。广播加密技术可提供不依赖于可信密钥管理服务器的云数据访问控制解决方案；属性基加密通过灵活的加密策略和属性集合，可以实现一对多的加密模式同时支持数据的细粒度访问控制；代理重加密则可以在不泄露数据拥有者解密密钥的情况下，实现云端密文数据共享。

采用强制访问控制模型的数据库称为多级安全数据库，为了实现强制访问控制，多级安全数据库通常具有多实例化的特点，需要在保证安全性的同时，满足多级关系完整性约束，并保证多级关系操作的正确性。数据库推理控制是防止恶意用户利用数据之间的相关性，推理出自己无法直接访问的数据，从而造成敏感数据泄露。数据库系统隐通道是指违反数据库系统安全策略的数据传导通道，相关的技术包括隐通道的发现和消除等。

5) 计算安全

大数据场景下，为保证安全性，数据往往会以密文形式存储于外包的服务器或云中。计算安全是指在数据库服务器、云服务器等数据存储服务器实体不解密数据的情况下，实现检索、计算、处理等操作并保证其结果正确性的相关技术。计算安全主要解决外包数据的安全高效利用问题，其相关技术主要包括密文检索、同态加密、可验证计算、安全多方计算、函数加密，以及科学计算、密码操作特定领域的外包计算等。密文检索提供了在服务器端在密文状态进行数据检索的方法，从而解决了在服务器端将数据解密再检索所带来的数据泄露问题，同时也解决了将数据密文下载到客户端，由客户端解密再检索所造成的对客户端存储和计算能力要求过高的问题。同态加密是一种能够提供在密文上处理等价于在明文上处理的密码技术，对经过同态加密的数据进行处理得到的输出进行解密，其结果与对未加密的原始数据进行处理得到的输出结果相同。可验证计算是指可以将计算任务外包给不可信的第三方算力提供者时，第三方算力提供者需要在完成计算任务的同时，提交一份关于计算结果的正确性证明，这项技术是分布式计算环境下，解决任务分包以及任务委托计算中产生的计算结果可信性问题的重要手段。安全多方计算主要研究在无可信第三方的情况下，为了在一组互不信任的参与方之间保护隐私信息，如何安全、正确地协同计算一个约定函数的问题。函数加密使得数据的所有者可以允许别人得到对他的敏感数据的某个具体函数值，但不会得到其他的任何数据；函数加密主密钥可对不同计算函数生成函数密钥，函数密钥持有者可在密文环境下直接进行相关函数计算得到计算结果，而对相关的明文一无所知；与全同态加密相比，函数加密算法省去了对密文执行解密运算等的过程，因此针对密文数据进行基于函数加密的机器学习等具有很高的应用价值。

6) 数据可信

数据可信是指保证数据整个生命周期的数据可信性的综合安全技术。数据可信性与真实性、保密性、完整性、可认证性、不可抵赖性、可控性等安全属性相关。我们将数据可信性定义为原始数据真实、历史数据固化、过程和责任可溯可追等数据安全特性。原始数据真实是指原始数据真实反映了客观世界和认知世界中的事物的状态、关系和过程；历史数据固化是指保证历史数据长久地保持产生时的原始状态，不会随时间和环境的变化而变化；过程和责任可溯可追是指与现实事件发生对应所产生的数据可以向前追溯，并可以对事件过程中的主体责任进行追踪，且主体对自己的行为、承诺等具有不可抵赖性。数据可信的相关技术包括可信记录保持、数据可信溯源、数据可信存储、数据可信共享等。区块链具有去中心化、防篡改、可追溯的天然优势，为解决数据可信性问题提供了较好的解决方法。

7) 隐私保护

数据隐私保护是指采用身份匿名、数据匿名、差分隐私等技术，防止个体身份标识与其他私人信息、私人事务和私人领域等信息相关联并非法利用。身份匿名是指主体通过匿名(隐藏身份)认证方式向服务提供者证明其拥有的身份凭证属于某个特定的用户集合(如有资格访问服务的集合)，但服务提供者无法识别出用户究竟是该特定用户集合中的哪一个个体。在开发、测试环境和由第三方对数据进行分析、处理等情形下，需要对个人数据或商业数据进行脱敏，以保护个体相关的敏感信息；数据匿名是数据脱敏的重要手段，其实质就是将标识符匿名化，即把能够直接暴露身份的标识符隐匿掉，数据匿名主要包括 k 匿名、l 多样性、t 紧近邻三种隐私保护模型。差分隐私是指通过向数据中注入可控的噪声元素的方式来保护用户数据的隐私，修改后的数据要在保护隐私的前提下最大限度地保留原数据的整体信息及其价值(如统计特征等)，使得修改后的数据可以安全发布并供第三方进行研究，而不会遭受去匿名化等隐私攻击。上述技术加上前面介绍的数据计算安全技术，可以为多种数据应用提供隐私保护方案，如关系数据隐私保护、社交图谱中的隐私保护、位置轨迹隐私保护等。

8) 数据对抗

数据对抗是斗争双方基于数据或数据处理、分析等相关技术所开展的攻防斗争活动，具体而言，是指基于数据实施的针对人工智能系统或模型的攻击与防御的相关手段和方法，包括数据投毒攻击、对抗样本攻击、对抗样本检测与防御等技术。数据投毒攻击是指攻击者通过在模型的训练集中加入少量精心构造的毒化数据，使模型在测试阶段无法正常使用或协助攻击者在没有破坏模型准确率的情况下入侵模型。对抗样本攻击主要是对模型的输入数据进行修改(如添加少量的难以察觉的扰动信息)以生成对抗样本，从而让基于深度学习模型或系统出现误判或失效。对抗样本检测与防御分为检测与防御两部分，检测技术包括特征学习、分布统计、输入解离等方法，防御包括对抗训练、知识迁移、降噪等方法。

4. 数据环境安全

数据环境安全主要包括网络安全、主机安全、系统安全、应用安全与端点安全。

1) 网络安全

数据所依存的网络环境面临着各种威胁，如利用木马、嗅探、摆渡、分布式拒绝服务(DDoS)攻击等多种攻击手段，都可能严重危及数据环境安全。常用的保证网络安全的技术包括网络访问控制、网络漏洞挖掘以及恶意流量防护等。网络访问控制是网络安全防范和资源保护的重要基础，其主要目的是限制访问主体对客体的访问，从而保证数据资源在合法范围内得以有效使用和管理；网络漏洞挖掘是指防止攻击者利用漏洞，取得网络和系统控制权并进行数据获取和破坏的相关技术；恶意流量防护是指防止恶意流量在网络泛滥造成 DDoS 攻击的相关技术。

2) 主机安全

主机安全对于数据安全至关重要，在主机及其计算环境中，安全保护对象包括用户应用环境中的服务器、客户机及其操作系统。保证主机安全的常用技术包括主机访问控制技术、系统漏洞挖掘技术、恶意代码防护技术等。在云环境下，云主机作为云基础设施的核心，由服务器、虚拟化、操作系统构成，承载着重要数据和应用处理，其安全与否是云数据中心安全策略是否有效的关键。

3) 系统安全

系统安全主要指数据所依托的操作系统、数据库系统、大数据平台等基础系统软件的安全。操作系统是管理计算机硬件与软件资源、管理和调度处理任务、提供用户界面和编程接口的基础系统软件；操作系统面临着设计缺陷和后门、外部攻击等威胁，在开放的网络环境中，操作系统安全在计算机系统整体安全中至关重要，其涉及的技术包括身份鉴别、访问控制、安全审计、用户数据完整性与保密性、基于可信计算基的安全操作系统等。数据库系统是提供数据统一管理的基础系统软件，数据的集中存储也使得数据库系统极易成为攻击的目标，一旦受损，将造成极其严重的后果；数据库系统安全相关的技术包括访问控制、数据库加密、多级安全数据库、推理控制、SQL 注入防范、数据库审计、数据仓库访问控制等。大数据平台是以处理海量数据存储、计算及不间断流数据实时计算等场景为主的一套基础设施；保证大数据平台安全，除了采用传统的身份管理、认证管理、授权管理、访问控制、审计监控等安全机制外，还需要进一步采用账号体系管理、资源管理(资源显现与检索)，以及统一配置管理、统一运维管理、统一告警管理和大数据软件代码审计等技术。

4) 应用安全

数据应用系统能够提供包括数据录入、访问、存储、传输等在内的服务，尤其是在大数据容量大、类型多、价值高、速度快的特性下，针对大数据应用的一次成功攻击导致的损失巨大，大数据应用更容易成为攻击目标。用于保证数据应用安全的技术通常包括虚拟化安全隔离、沙箱管控、逻辑安全与配置安全等。虚拟化安全技术通过将应用程序放在虚拟机而非宿主机中执行，或者是在虚拟机中实现分布式服务来实现，容器与虚拟机相结合的方式可实现云数据的隔离；沙箱是一个虚拟的隔离的程序运行环境，用以测试不受信任的文件或应用程序等行为的工具，在沙箱中运行的程序所产生的变化可以随后删除，不能对硬盘数据产生永久性的影响。另外，基于标记的信息流控制技术可实现细粒度数据隔离；多租户技术可较好地保证不同租户的运行环境和服务的安全隔离。

5) 端点安全

端点安全作为数据环境安全的最外围的最后一道关键防线，是将不同平台安全元素联系在一起的核心元素。在自携设备(Bring Your Own Device，BYOD)办公环境中，由于接入终端的多样性和异构性，端点安全显得尤其重要。用于保证数据端点安全的技术通常包括终端访问控制、媒介控制、防恶防毒、桌面云控等。在云环境下，桌面云控作为云计算的一种服务模式，是将底层物理设备与上层操作系统、软件分离的一种去耦合技术，它通过虚拟监控器(Hypervisor)构建虚拟层并对其进行管理，把物理资源映射成逻辑的虚拟资源，对逻辑资源的使用与对物理资源的使用几乎没有区别，可根据数据安全需求部署相关安全机制，实施访问控制，对端点环境提供全面安全防护。

综上所述，网络空间中数据安全的威胁来自环境、设备、系统和人，主要来源于人，即数据应用的主体；主体之间具有不同的信任关系，这些信任关系也决定主体在使用数据和发挥数据效能时，需要为了共同目标而协作，由于相互制约而博弈，因为利益冲突而对抗；数据安全需求主要受数据应用主体之间的信任关系所驱动，这些需求也促进了数据安全理论与技术的产生和发展。数据安全是一门交叉学科，内容涉及诸多方面，不仅包括数学、密码学、计算机、通信、网络空间安全等自然科学和工程科学，还包括经济学、政治学、法学、伦理学、社会学、心理学、管理学、传播学等社会科学；保证数据安全，需要一个包含法律法规与标准规范、数据安全技术、数据安全管理的数据安全体系，本书后续章节，将重点阐述数据行为安全和数据内容安全方面的数据安全理论与技术。

第2章 数据安全密码技术基础

密码学是现代信息安全技术和数据安全的基础。加解密、数字签名、认证等数据安全操作都与密码技术有着密不可分的关系。利用密码学知识，用户不仅可以保护自己的敏感数据，还可以进行安全可靠的数据共享、网络活动和建立可靠的数据关联关系。本章主要通过对对称和非对称密码体制、哈希函数与消息摘要、密钥管理、PKI和PMI及其相关技术的介绍来方便读者对后续内容的理解。

2.1 密码学概述

密码学是一门古老的科学，自古以来密码主要用于军事、政治、外交等重要领域，因而密码学的研究工作也是秘密进行的。密码学的知识和经验主要掌握在军事、政治、外交等保密机关，不便公开发表。然而，随着计算机科学技术、通信技术、微电子技术的发展，计算机和通信网络的应用进入了人们的日常生活和工作中，出现了电子政务、电子商务、电子金融等必须确保信息安全的系统，使得民间和商界对信息安全保密的需求大增。总而言之，在密码学形成和发展的历程中，科学技术的发展和战争的刺激起着积极的推动作用。

受计算机科学的蓬勃发展和推动，在20世纪70年代密码技术形成一门新的学科。密码学的理论基础之一是1949年Shannon发表的《保密系统的通信理论》一文，这篇文章发表30年后才显示出它的价值。1976年W.Diffie和M.Hellman发表了《密码学的新方向》一文，提出了适应网络保密通信的公钥密码思想，开辟了公钥密码学的新领域，掀起了公钥密码研究的序幕。随后各种公钥密码体制被提出，特别是1978年RSA公钥密码体制的出现，在密码学史上是一个里程碑。同年，美国国家标准局正式公布实施了美国的数据加密标准(Data Encryption Standard，DES)，宣布了近代密码学的开始。2001年美国联邦政府颁布了高级加密标准(Advanced Encryption Standard，AES)。随着其他技术的发展，一些具有潜在密码应用价值的技术也逐渐得到了密码学家的高度重视并加以利用，进而出现了一些新的密码技术，如混沌密码、量子密码等，这些新的密码技术正在逐步走向实用化。

2.1.1 密码体制

研究各种加密方案的科学称为密码编码学(Cryptography)，而研究密码破译的科学称为密码分析学(Cryptanalysis)。密码学作为数学的一个分支，是密码编码学和密码分析学的统称，其基本思想是对信息进行一系列的处理，使未授权者不能获得其中的真实含义。

一个密码系统，也称密码体制(Cryptosystem)，有五个基本组成部分，如图2-1所示。

明文：加密输入的原始信息，通常用m表示。全体明文的集合称为明文空间，通常用M表示。

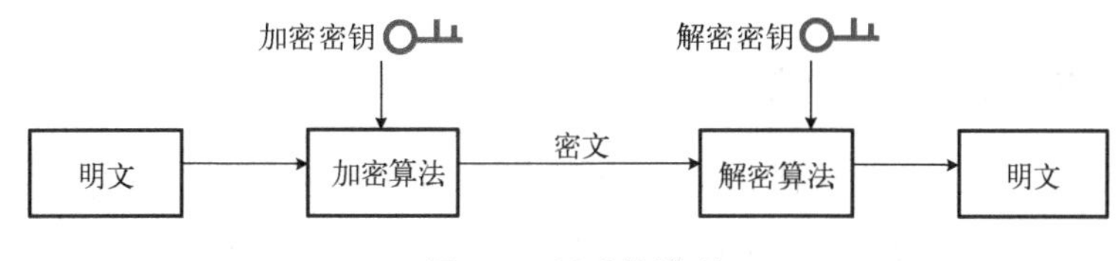

图 2-1　码系统模型

密文：明文经过加密变换后的结果，通常用 c 表示。全体密文的集合称为密文空间，通常用 C 表示。

密钥：参与信息变换的参数，通常用 k 表示。全体密钥的集合称为密钥空间，通常用 K 表示。

加密算法：将明文变成密文的变换函数，即发送者加密消息时所采用的一组规则，通常用 E 表示。

解密算法：将密文变成明文的变换函数，即接收者解密消息时所采用的一组规则，通常用 D 表示。

加密：将明文 m 用加密算法 E 在加密密钥 K_e 的控制下变换成密文 c 的过程，表示为 $c = E_{K_e}(m)$。

解密：将密文 c 用解密算法 D 在解密密钥 K_d 的控制下变换成明文 m 的过程，表示为 $m = D_{K_d}(c)$，并要求 $m = D_{K_d}(E_{K_e}(m))$，即用加密算法得到的密文用一定的解密算法总能够恢复成为原始的明文。

对称密码体制：当加密密钥与解密密钥是同密钥(即 $K_e = K_d$)，或者能够相互较容易地推导出来时，该密码体制被称为对称密码体制。

非对称密码体制：当加密密钥 K_e 与解密密钥 K_d 不是同一把密钥(即 $K_e \neq K_d$)，且解密密钥不能通过加密密钥计算出来(至少在假定合理的长时间内)时，该密码体制被称为非对称密码体制。

在密码学中通常假定加密算法和解密算法是公开的，密码系统的安全性只系于密钥的安全性，这就要求加密算法本身要非常安全。如果提供了无穷的计算资源，依然无法攻破，则称这种密码体制是无条件安全的。除了一次一密之外，无条件安全是不存在的，因此密码系统用户所要做的就是尽量满足以下条件之一，则可认为密码系统是实际安全的：

(1) 破译密码的成本超过密文信息的价值；

(2) 破译密码的时间超过密文信息有用的生命周期。

2.1.2　密码分类

加密技术除了隐写术以外可以分为古典密码和现代密码两大类。古典密码一般是以单个字母为作用对象的加密法，具有久远的历史；而现代密码则是以明文的二元表示作为作用对象，具备更多的实际应用。现将常用密码算法按照古典密码与现代密码进行归纳，如图 2-2 所示。本书不对古典密码进行介绍，感兴趣的读者可以参考其他密码学教程。

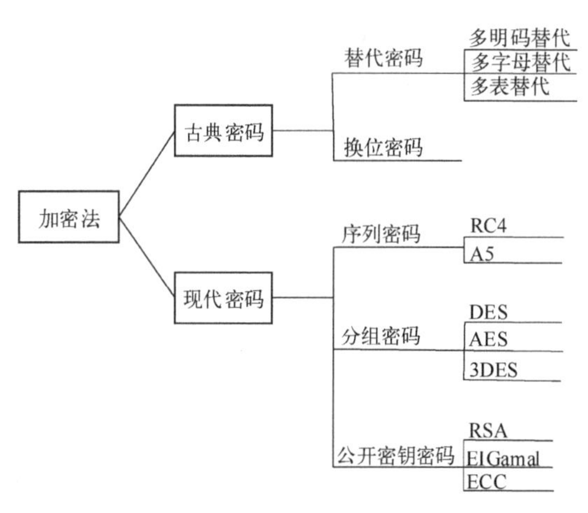

图 2-2　加密法分类图

2.1.3 加密系统可证明安全性

加密算法设计中，安全性受到大家的广泛关注，而可证明安全性理论作为其相关研究领域，不仅是构造密码方案的基本理论，也是目前公钥密码学研究领域的热点。可证明安全性理论的核心是将加密方案的安全性规约到某个算法的困难性上，利用该算法的困难性求解特定的实例问题，该方法被称为加密方案的安全规约证明。

语义安全(Semantic Security)的概念由 Micali 和 Goldwasser 于 1984 年提出：敌手即使获得了某个消息的密文，也得不到其对应明文的任何信息，哪怕是 1 比特的信息。这一概念的提出开创了可证明安全性领域的先河，奠定了现代密码学理论的数学基础，将密码学从艺术转变为科学，并获得 2012 年度图灵奖。

常见的刻画敌手的能力有以下四种。

1. 唯密文攻击(Ciphertext Only Attack，COA)

定义：COA 是指攻击者仅仅知道密文，通过对这些密文进行分析求出明文或密钥，如图 2-3 所示。

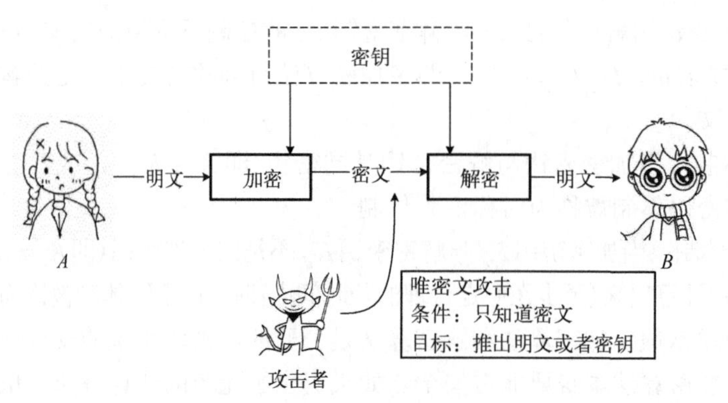

图 2-3 COA 过程示意图

2. 已知明文攻击(Known Plaintext Attack，KPA)

定义：KPA 是指攻击者掌握了部分的明文 m 和对应的密文 c，从而分析出对应的密钥和加密算法，如图 2-4 所示。

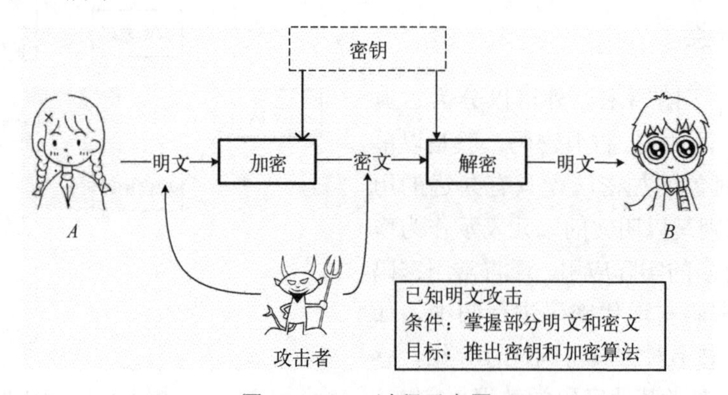

图 2-4 KPA 过程示意图

3. 选择明文攻击(Chosen Plaintext Attack，CPA)

定义：CPA 是指攻击者除了知道加密算法外，还可以选定明文消息，并可以知道对应的加密得到的密文，即知道选择的明文和加密的密文，如图 2-5 所示。

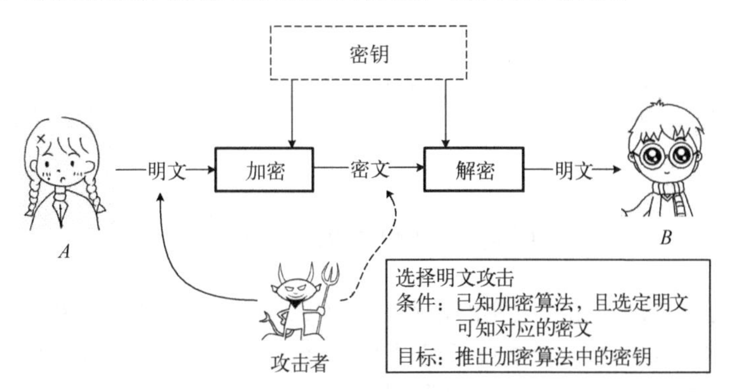

图 2-5　CPA 过程示意图

4. 选择密文攻击(Chosen Ciphertext Attack，CCA)

定义：攻击者通过选择对攻击有利的特定密文及其对应的明文，求解密钥或从截获的密文中求解相应明文的密码分析方法。它是一种比已知明文攻击更强的攻击方式，主要应用于分析公钥和密钥体制，如图 2-6 所示。

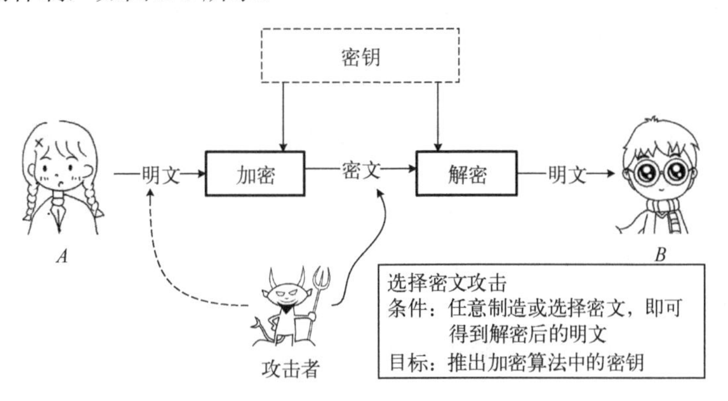

图 2-6　CCA 过程示意图

总体来说，上面四种攻击方式的攻击强度逐渐增强，实现的难易程度却与之相反。常用的刻画敌手能力是 CPA 和 CCA，当密码系统只有承受住 CPA 和 CCA 时，才能算是安全的，CCA 比 CPA 描述敌手的能力更强。

在可证明安全性理论中，语义安全一般可由不可区分性游戏来给出。公钥加密方案在 CPA 下的 IND 游戏称为选择明文攻击下的不可区分性(Indistinguishability under Chosen Plaintext Attack，IND-CPA)，该性质是通过一个仿真游戏验证的。这种游戏是一种思维实验，其中有两个参与者，一个称为挑战者(Challenger)，另一个是敌手。挑战者建立系统，敌手对系统发起挑战，挑战者接受敌手的挑战。

游戏的具体过程如下。

算法拥有者称为挑战者，算法攻击者称为敌手。

(1) 初始化：公钥加密方案下，挑战者创建 IND-CPA 系统，敌手获得系统的公钥。

(2) 敌手选取长度相等的两个明文，即 m_0 和 m_1，将其发给挑战者。

(3) 挑战者获得明文后，随机决定 b 的取值，$b \in \{0,1\}$，然后决定对于 m_b 的加密，并将 m_b 加密记作 c_b，其中 $c_b = E_{\mathrm{PK}}(m_b)$，最后将密文发给敌手。

(4) 敌手获得密文后猜测挑战者进行加密的明文是 m_0 还是 m_1，将输出的结果记为 b'。若 $b'=b$，那么敌手攻击成功。

敌手攻击的优势可以定义如下：

$$Adv_{\varepsilon,A}^{\mathrm{IND-CPA}}(w) = \left|\Pr[b = b'] - \frac{1}{2}\right| \tag{2-1}$$

式中，ε 是加密方案；w 是加密方案的密钥。在 IND-CPA 游戏里，随机猜测就有 1/2 的概率赢得游戏。所以 $\Pr[b = b'] - 1/2$ 才是敌手经过努力得到的优势。如果对任何多项式时间的敌手，存在一个可以忽略的优势 σ，使得 $Adv_{\varepsilon,A}^{\mathrm{IND-CPA}}(w) \leqslant \sigma$，那么就称这个加密算法在选择明文攻击下具有不可区分性，或者称为 IND-CPA 安全。

总体来说，敌手生成两个相同长度的明文信息，挑战者随机地决定加密其中一个，敌手尝试去猜测哪个信息被加密了。

选择密文攻击下的不可区分性(Indistinguishability under Chosen Ciphertext Attack，IND-CCA1)，IND-CCA1 安全代表选择明文的不可伪造性。这样的安全方案的思想就是给定一个密文，敌手 A 不能猜出给定密文是什么样的明文加密得到的。在这个模型中，敌手被允许使用加密问询和解密问询。1991 年，Dolev、Dwork、Naror 和 Sahai 提出了一种新的方案，被称为自适应性选择密文攻击下的不可区分性(Indistinguishability under Adaptive Chosen Ciphertext Attack，IND-CCA2)。公钥加密方案的 IND-CCA2 的游戏方案描述如下：

(1) 生成公钥和私钥(PK,SK)，敌手 A 只能获得公钥 PK；

(2) 敌手 A 可以进行解密问询 D_{SK} 和加密问询 E_{PK}；

(3) 敌手 A 输出一对等长的消息(m_0 , m_1)，再从挑战者那里接收加密后的 $c = E_{\mathrm{PK}}(m_b)$，其中随机值 $b \in \{0,1\}$；

(4) 敌手 A 可继续向挑战者进行解密问询 D_{SK} 和加密问询 E_{PK}，但不能直接向挑战者问加密后的 c；

(5) 敌手 A 输出 b'，如果 $b'=b$，敌手 A 就获胜了。

如果去掉第 4 步，则是 IND-CCA1 的游戏方案，只提供短暂的解密服务，之后就不提供了，保留第 4 步则是 IND-CCA2 的游戏方案。

因此，可以得出一个结论：IND-CCA2 与 IND-CCA1 的区别是在生成挑战密文后，IND-CCA2 依然允许敌手进行解密询问(限制是不能允许敌手询问挑战密文的解密询问)。

敌手 A 获胜的优势为 $\Pr[b' = b] - 1/2$。如果这个优势是可忽略的，那么就称这个加密算法在适应性选择密文攻击下具有不可区分性，或者称为 IND-CCA2 安全。

目前普遍认为，任何新提出的公钥加密算法都应该在适应性选择密文攻击下达到语义安全性，即 IND-CCA2。

2.2　对称密码体制

2.2.1　对称密码体制简介

现代密码学中所出现的密码体制可分为两大类：对称加密体制和非对称加密体制。对称加密体制中相应采用的就是对称算法。在大多数对称算法中，加密密钥和解密密钥是相同的。从基本工作原理来看，古典对称加密算法最基本的替代和换位工作原理仍是现代对称加密算法最重要的核心技术。对称算法可以分为两类：序列密码(Stream Cipher)和分组密码(Block Cipher)，其中绝大多数基于网络的密码应用，使用的是分组密码。

与序列密码每次加密处理数据流的一位或一字节不同，分组密码处理的单位是一组明文，即将明文消息编码后的数字序列划分成长为 L 位的 m 组，每个长为 L 的分组分别在密钥 k(密钥长为 t)的控制下变换成与明文分组等长的一组密文数据文字序列 c。

例 2-1：对称加密举例。

如图 2-7 所示，明文是 8bit 为一组的 ASCII 码，加密算法就是逻辑运算中的异或操作，密钥是 8bit 的“01110100”二进制数，加密就是明文的每字节与密钥进行异或运算从而生成密文；而解密就是用同样的密钥与密文进行异或解密操作，将密文转化为明文的过程。

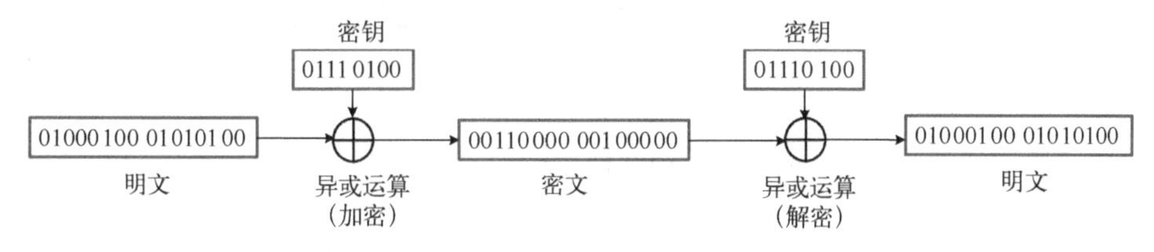

图 2-7　对称加密

当然，以上仅是对称加密的一个简单例子，如今对称加密算法已经变得非常复杂了，典型对称加密算法是美国政府于 1977 年颁布的数据加密标准(DES)。DES 是分组密码的典型代表，也是第一个被公布出来的标准算法。随着时代的进步，DES 算法也变得不够安全，于是 2001 年高级加密标准(AES)作为传统对称加密标准 DES 的替代者正式发布。常见的文件压缩软件 WinRAR 在对文件加密过程中使用的就是 AES 加密算法。对称加密算法往往具有算法简单、运算速度快、效率高的优势，但密钥管理相对不便。

分组密码算法实际上就是在密钥的控制下，通过某个置换来实现对明文分组的加密变换。为了保证密码算法的安全强度，对密码算法的要求如下：

(1)分组长度足够长；

(2)密钥量足够多；

(3)密码变换足够复杂。

2.2.2　DES 对称加密算法

DES 曾被美国国家标准局确定为联邦信息处理标准(FIPS PUB 46)广泛使用，特别是在金融领域，曾经是对称密码体制事实上的国际标准。

DES 是一种分组密码，其处理的明文分组长度为 64 位，密文分组长度也是 64 位，使用的密钥长度为 56 位(实际上要求一个 64 位的密钥作为输入，但其中用到的只有 56 位，另外 8 位可以用作奇偶校验或者完全随意设置)。DES 是对合运算，它的解密过程和加密相似，解密时使用与加密同样的算法，不过子密钥的使用次序则要与加密相反。DES 的整个体制是公开的，系统的安全性完全靠密钥保密。DES 的整体结构如图 2-8 所示。

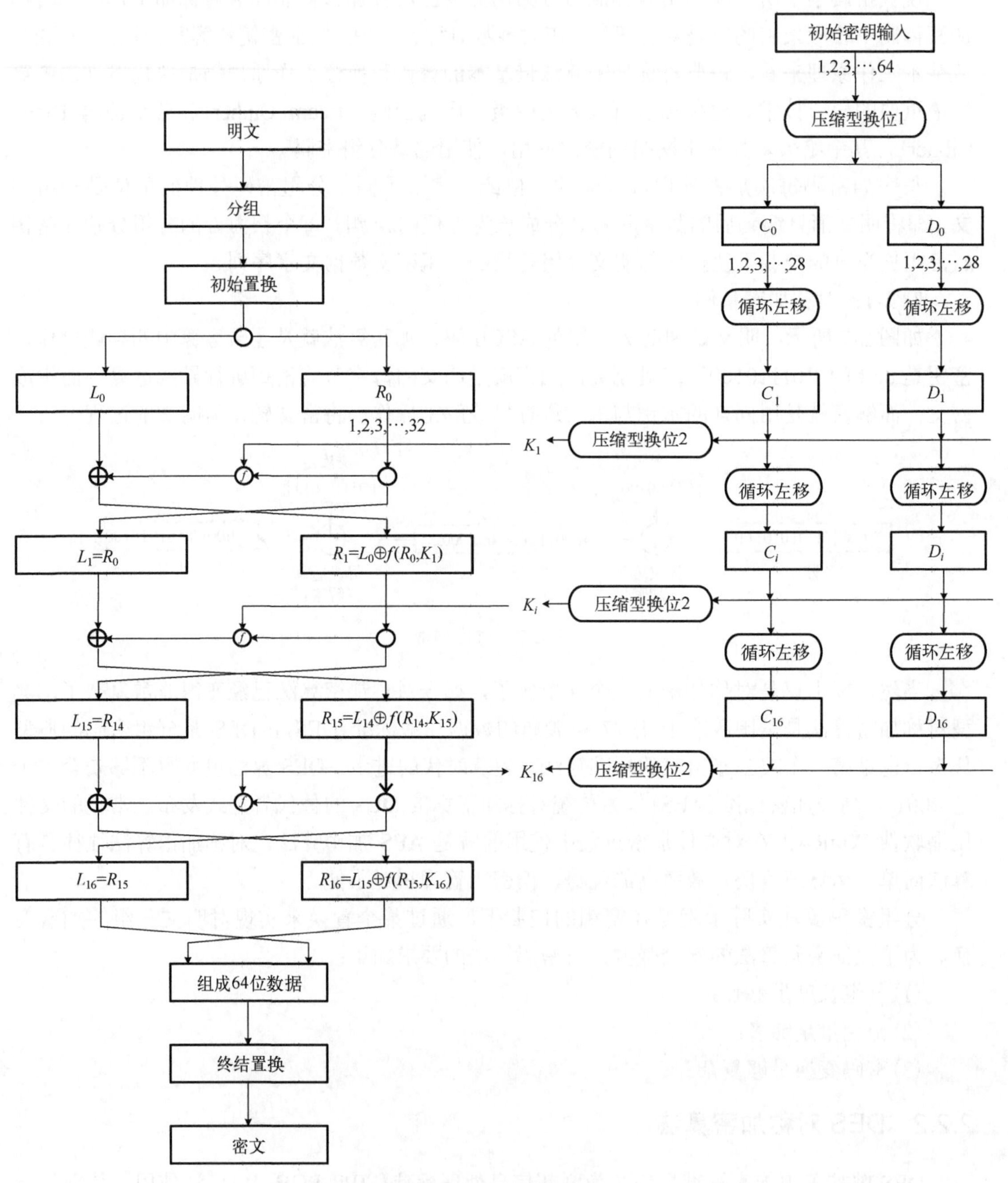

图 2-8　DES 的整体结构

DES 算法的加密过程经过三个阶段。第一阶段是变换明文。对给定的 64 位明文，通过一个置换 IP 表来重新排列，初始置换 IP 的作用在于将 64 位明文打乱重排，并分成左右两半。左边 32 位作为 L_0，右边 32 位作为 R_0，供后面的加密迭代使用。第二阶段是对同一个函数进行 16 轮迭代，称为乘积变换或函数 f。这个函数将数据和密钥结合起来，本身既包含换位又包含替代函数，输出为 64 位，其左边和右边两个部分经过交换后得到预输出，如式(2-2)所示：

$$\begin{cases} L_i = R_{i-1} \\ R_i = L_{i-1} \oplus f(R_{i-1}, K_i) \end{cases}, \quad i = 1,2,3,\cdots,16 \tag{2-2}$$

在第三阶段，预输出通过一个逆初始置换 IP^{-1} 算法就生成了 64 位密文结果。相对应的 DES 解密过程由于 DES 的运算是对合运算，所以解密和加密可以共用同一个运算，只是子密钥的使用顺序不同。解密过程可以用式(2-3)表示：

$$\begin{cases} R_{i-1} = L_i \\ L_{i-1} = R_i \oplus f(L_i, K_i) \end{cases}, \quad i = 1,2,3,\cdots,16 \tag{2-3}$$

DES 在总体上应该说是极其成功的，但在安全上也有以下不足之处。

(1) 密钥太短。IBM 原来的 Lucifer 算法的密钥长度是 128 位，而 DES 采用的是 56 位，后者显然太短了。1998 年 7 月 17 日美国电子前沿基金会(Electronic Frontier Foundation，EFF)宣布，他们用一台价值 25 万美元的改装计算机，只用了 56 小时就穷举出一个 DES 密钥。1999 年 EFF 将该穷举速度提升到了 22 小时。

(2) 存在互补对称性。将密钥的每一位取反，用原来的密钥加密已知明文得到密文分组，那么用此密钥的补密钥加密此明文的补便可得到密文分组的补。这表明，对 DES 的选择明文攻击仅需要测试一半的密钥，从而穷举攻击的工作量也就减半。

除了上述两点之外，DES 的半公开性也是人们对 DES 颇有微词的地方。后来虽然推出了 DES 的改进算法，如三重 DES，即 3DES，将密钥长度增加到 112 位或 168 位，增强了安全性，但效率低。

2.2.3　AES 对称加密算法

AES 作为传统对称加密标准 DES 的替代者，于 2001 年正式成为美国国家标准(FIST PUBS 197)。

AES 采用的 Rijndael 算法是一个迭代分组密码，其分组长度和密钥长度都是可变的，只是为了满足 AES 的要求才限定处理的分组大小为 128 位，而密钥长度为 128 位、192 位或 256 位，相应的迭代轮数 N 为 10 轮、12 轮、14 轮。Rijndael 算法汇聚了安全性能、效率、可实现性和灵活性等优点，其最大的优点是可以给出算法的最佳差分特性的概率，并分析算法抵抗差分密码分析及线性密码分析的能力。Rijndael 算法对内存的要求非常低且操作简单，这也使它很适合用于受限的环境中，并可抵御强大和实时的攻击。

在安全性方面，Rijndael 加密、解密算法不存在像 DES 中出现的弱密钥，因此在加密、解密过程中，对密钥的选择就没有任何限制；并且根据目前的分析，Rijndael 算法能够有效地抵抗现有已知的攻击。

除了前面介绍的分组密码外，还有其他很多分组密码，如 RC 系列分组密码(包括 RC2、RC5、RC6 等)、CLIPPER 密码、SKIPJACK 算法、IDEA 密码等。国际上目前公开的分组密码约有 100 种，在此不一一进行介绍。

2.2.4 国产对称加密算法

目前中国发布的国产商用密码算法主要为 SM 系列，国产商用密码体系的密码种类丰富，基本满足了我国生产生活中的各类需求。其中，对称密码算法主要包括 SM1(SCB2)、SM4、SM7、ZUC。

(1) SM1(SCB2)分组密码算法。SM1 算法是由国家密码管理局编制的一种商用密码分组标准对称算法，其分组长度和密钥长度均为 128 位，算法的安全保密强度及相关软硬件实现性能与 AES 算法相近，目前该算法尚未公开，仅以 IP 核的形式存在于芯片中。调用该算法时，需要通过加密芯片的接口进行调用。采用该算法研制的系列芯片、智能 IC 卡、智能密码钥匙、加密卡等安全产品，广泛应用于电子政务、电子商务与国民经济的各个应用领域。

(2) SM4 分组密码算法。SM4 算法是国家密码管理局发布的分组密码算法，于 2006 年公开发布，2012 年 3 月公布为国内密码行业标准，2016 年 8 月公布为国家标准，2016 年 10 月正式进入国际标准化组织的 ISO 标准学习期，现已纳入可信计算组织(TCG)发布的可信平台模块库规范(TMP2.0)。与 DES 算法和 AES 算法类似，SM4 算法是一种分组密码算法。其分组长度为 128 位，密钥长度也为 128 位。加密算法与密钥扩展算法均采用 32 轮非线性迭代结构。解密算法的结构和加密算法相同，解密的轮密钥的使用顺序与加密的轮密钥相反。

SM4 算法包含异或和循环移位、轮函数、非线性变换、线性变换、合成变换、S 盒变换等子运算。该算法的最大亮点在于其非线性变换中使用的 S 盒具有高复杂度、低差分均匀度、高非线性度、高平衡性等优点，直接影响了整个算法的安全强度，起到了混淆作用，隐藏了内部的代数结构。SM4 算法主要在无线局域网产品的安全保密方面使用。经过我国专业密码机构的充分分析测试，SM4 算法可以防范差分攻击、线性攻击等现有攻击。

(3) SM7 分组密码算法。SM7 算法的分组长度和密钥长度均为 128 位。由于该算法尚未公开，所以相关研究较少。SM7 算法主要适用于非接触式 IC 卡，其应用包括身份识别类应用(门禁卡、工作证)、票务类应用(大型赛事门票、展会门票)、支付与通卡类应用(积分消费卡、校园一卡通)等。

(4) ZUC 分组密码算法。祖冲之(ZUC)算法基于线性反馈移位寄存器(Linear-Feedback Shift Register，LFSR)，其名称来自中国历史上著名数学家祖冲之，是应用于移动通信 4G 网络中的国际标准密码算法。ZUC 算法由 3 个基本部分组成，依次为：比特重组、非线性函数 F 和线性反馈移位寄存器(LFSR)。为应对 5G 通信与后量子密码时代来临，我国相关研究人员对 ZUC 算法进行了升级，研发出了 ZUC-256 流密码，它能提供 5G 应用环境下的 256 比特安全性。

2.3　非对称密码体制

2.3.1　非对称密码体制简介

非对称密码与其之前的对称密码完全不同。首先，非对称密码算法基于数学函数而不是之前的替代和置换。其次，非对称密码使用两个独立的密钥。非对称密码体制在消息的保密性、密钥分配和认证领域具有重要意义。

非对称密码体制的基本模型如图 2-9 所示。其基本思想是将传统密码的密钥 K 一分为二，分为加密密钥 K_e 和解密密钥 K_d，用加密密钥 K_e 控制加密，用解密密钥 K_d 控制解密，而且在计算上确保由加密密钥 K_e 不能算出解密密钥 K_d。这样即使将 K_e 公开也不会暴露 K_d，从而不会损害密码的安全。于是可对 K_d 保密，而对 K_e 公开，在根本上解决了传统密码在密钥分配上所遇到的问题。为了区分对称和非对称两种密码体制，在对称密码体制中，实体 A 和实体 B 的共享密钥一般记作 K_{AB}，群组 g 中的所有实体的共享密钥记作 K_g。在非对称加密体制中，能够公开的加密密钥 K_e 被称为公开密钥(Public Key)，简称公钥，用 PK 表示，需要保密的解密密钥 K_d 被称为秘密密钥(Secret Key)，简称私钥，用 SK 表示。某实体 A 的公钥和私钥分别记作 PK_A 和 SK_A。由于非对称密码体制中，加密密钥和解密密钥不同，且加密密钥是公开的，因此，非对称加密体制也称为公开密钥密码体制，或者简称公钥密码体制。

根据公钥密码的基本思想，可知一个公钥密码应当满足以下三个条件：

(1) 解密算法 D 与加密算法 E 互逆，即对所有明文 m 都有 $D_{\mathrm{SK}}(E_{\mathrm{PK}}(m)) = m$；

(2) 在计算上不能由 PK 推出 SK；

(3) 算法 E 和算法 D 都是高效的。

如果满足上述三个条件，则可构成一个公钥密码，这个密码可以保证数据的保密性。进而，如果还要求保证数据的认证性，则还应该满足第四个条件，即对于所有明文 m 都有 $E_{\mathrm{PK}}(D_{\mathrm{SK}}(m)) = m$，此时 D 代表签名算法，E 代表验证签名算法。

如果同时满足以上四个条件，则公钥密码可以同时保证数据的保密性和认证性。此时，加解密次序可换，对于所有的明文 m 都有 $D_{\mathrm{SK}}(E_{\mathrm{PK}}(m)) = E_{\mathrm{PK}}(D_{\mathrm{SK}}(m)) = m$。

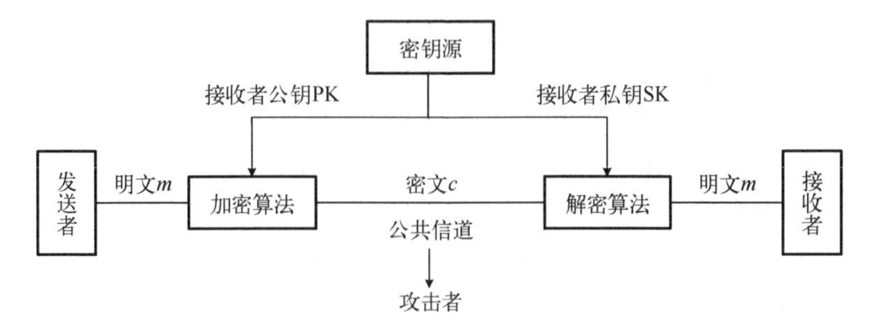

图 2-9　非对称密码体制的基本模型

例 2-2： 非对称加密举例。

例如，公钥是(119，5)一对数，私钥是(119，77)一对数，发送方发送字符 F，这个字符可以用数字 6 来表示(F 是字母表中的第 6 个字符)。发送方通过 $6^5 \bmod 119$ 算法得到密文 31

发送给接收方，接收方用解密算法$31^{77} \bmod 119$得到原文 6，然后 6 再被翻译为 F。这就是著名的公钥加密算法 RSA（Rivest-Shamir-Adleman）的简单实现。

公钥密码从根本上克服了传统密码在密钥分配上的困难，利用公钥密码进行保密通信需要成立一个密钥管理中心（Key Management Center，KMC），每个用户都将自己的姓名、地址和公开的加密密钥等信息在KMC上注册登记，将公钥存入共享的公开密钥数据库（Public Key Database，PKDB）中，KMC 负责密钥的管理，并且得到用户的信赖。这样，用户利用公钥密码进行保密通信就像查电话号码本打电话一样方便，无须按约定持有相同的密钥，因此特别适合网络应用。公钥密码体制是现代密码学最重要的发明和进展，它拓展了密码应用领域，在保证数据保密性、数据完整性、身份认证性、数据操作（如发送、接收、查询、修改、删除等）的不可抵赖性等方面都有广泛应用，具有重要意义。

2.3.2 RSA 密码算法

RSA 公钥密码算法是由美国麻省理工学院（Massachusetts Institute of Technology，MIT）的 Rivest、Shamir 和 Adleman 在 1978 年提出的，其算法的数学基础是初等数论的 Euler 定理，其安全性建立在大整数因子分解的困难性之上。

RSA 密码体制的明文空间 m=密文空间 $c=\mathbf{Z}_n$ 整数，其算法描述如下。

(1) 密钥的生成。首先，选择两个互异的大素数 p 和 q（保密），计算 $n=pq$（公开），$\varphi(n)=(p-1)(q-1)$（保密），选择一个随机整数 $e\,(0<e<\varphi(n))$，满足 $\gcd(e,\varphi(n))=1$（公开）。计算 $d=e^{-1} \bmod \varphi(n)$（保密）。确定：公钥 PK=$\{e,n\}$，私钥 SK=$\{d,p,q\}$，即$\{d,1\}$。

(2) 加密：$c=m^e \bmod n$。

(3) 解密：$m=c^d \bmod n$。

例如，$p=17$，$q=11$，$e=7$，$m=88$，使用 RSA 算法计算密文 $c=?$

(1) 选择素数 $p=17$，$q=11$；

(2) 计算 $n=pq=187$；

(3) 计算 $\varphi(n)=(p-1)(q-1)=160$；

(4) 选择 $e=7$，满足 $0<e<160$，且 $\gcd(7,160)=1$；

(5) 计算 d，因为 $d=e^{-1} \bmod \varphi(n)$，即 $ed \equiv 1 \bmod \varphi(n)$，选择 $d=23$，因为 $23*7=1*160+1$；

(6) 公钥 PK=$\{e,n\}=\{7,187\}$，私钥 SK=$\{d,n\}=\{23,187\}$；

(7) 计算密文 $c=m^e \bmod n=88^7 \bmod 187=11$。（解密 $m=11^{23} \bmod 187=88$）。

由于 RSA 密码安全、易懂，既可用于加密，又可用作数字签名，因此 RSA 算法是唯一被广泛接受并实现的通用公钥密码算法，许多国家标准化组织，如 ISO、ITU 和 SWIFT 等都已接受 RSA 算法作为标准。Internet 的 E-mail 保密系统 PGP（Pretty Good Privacy）以及国际 VISA 和 MASTER 组织的安全电子交易（Secure Electronic Transaction，SET）协议中都将 RSA 密码作为传送会话密钥和数字签名的标准。

2.3.3 EIGamal 和 ECC

EIGamal 密码是除了 RSA 密码之外最有代表性的公钥密码。EIGamal 密码建立在离散对数的困难性之上。由于离散对数问题具有较好的单向性，所以离散对数问题在公钥密码学中得到广泛应用。除了 EIGamal 密码外，Diffie-Hellman 密钥分配协议和美国数字签名标准算法 DSA 等也都是建立在离散对数问题之上的。ElGamal 密码改进了 Diffie 和 Hellman 的基于离散对数的密钥分配协议，提出了基于离散对数的公钥密码和数字签名体制。由于 ElGamal 密码的安全性建立在 GF(p)离散对数的困难性之上，而目前尚无求解 GF(p)离散对数的有效算法，所以 p 足够大时 ElGamal 密码是很安全的。

椭圆曲线密码体制(Elliptic Curve Cryptography，ECC)通过用“元素”和“组合规则”来组成群的构造方式，使得群上的离散对数密码较 RSA 密码体制而言能更好地对抗密钥长度攻击，使用椭圆曲线公钥密码的身份加密系统能够较好地抵御攻击，是基于身份加密公钥密码学在理论上较为成熟的体现，在这里不过多赘述。

2.3.4　国产非对称加密算法

国产密码简称国密，是指国家密码管理局认定的国产商用密码算法，国产非对称密码算法主要包括 SM2 公钥密码算法和 SM9 标识密码算法。

(1) SM2 公钥密码算法。SM2 算法是国家密码管理局于 2010 年 12 月 17 日发布的国密标准椭圆曲线加密算法，并要求对现有基于 RSA 算法的电子认证系统、密钥管理系统、应用系统进行升级改造。SM2 算法是一种更先进、更安全的算法，在我国商用密码体系中被用来替换 RSA 算法。由于该算法基于 ECC，故其签名速度与密钥生成速度都快于 RSA。ECC 256 位(SM2 采用的就是 ECC 256 位的一种)的安全强度比 RSA 2048 位高，但运算速度快于 RSA。SM2 椭圆曲线公钥密码算法是我国自主设计的公钥密码算法，包括 SM2-1 椭圆曲线数字，具体运算流程可参考官方标准文档。

(2) SM9 标识密码算法。SM9 标识密码算法由国家密码管理局于 2016 年 3 月发布，为 GM/T 0044-2016 系列，共包含总则、数字签名算法、密钥交换协议、密钥封装机制和公钥加密算法、参数定义五个部分。标识密码将用户的标识(如微信号、邮件地址、手机号码等)作为公钥，省略了交换数字证书和公钥过程，使得安全系统易于部署和管理，适用于互联网应用的各种新兴应用的安全保障，如基于云技术的密码服务、电子邮件安全、智能终端保护、物联网安全、云存储安全等。据新华网公开报道，SM9 标识密码算法的加密强度等同于 3072 位密钥的 RSA 加密算法。

2.4　哈希函数与消息摘要

哈希函数即 Hash 函数，又称杂凑函数或者散列函数，是在信息安全领域有广泛和重要应用的密码算法，它有一种类似于指纹的应用。在网络安全协议中，哈希函数用于处理电子签名，将冗长的签名文件压缩为一段独特的数字信息，可以像用指纹鉴别身份一样用来验证原来已进行数字签名的文件的合法性和完整性。在后面提到的 SHA-1 算法和 MD5 算法都是目前最常用的哈希函数。经过这些算法的处理，原始信息哪怕只变化一个字母，对应的压缩信息也会变为截然不同的“指纹”，这就确保了经过处理信息的唯一性，为电子商务等应用提供了数字认证的可能性。

2.4.1　Hash 函数

1. Hash 函数的特性

Hash 函数是一种单向密码体制，即它是一个从明文到密文的不可逆映射，能够将任意长

度的消息 m 转换成固定长度的输出 $H(m)$。

Hash 函数除了上述的特点之外，还必须满足以下三个性质：

(1)给定 m，计算 $H(m)$ 是容易的。

(2)给定 $H(m)$，计算 m 是困难的。

(3)给定 m，要找到不同的消息 m'，使得 $H(m)=H(m')$ 是困难的。实际上，只要 m 和 m' 略有差别，它们的散列值就会有很大不同，而且即使修改 m 中的 1 比特，也会使输出的比特串中大约一半的比特发生变化，即具有雪崩效应。(注：不同的两个消息 m 和 m' 使得 $H(m)=H(m')$ 是存在的，即发生了碰撞，但按要求找到一个碰撞是困难的；好的 Hash 函数，其发生碰撞的概率很小，因此，目前常用的 Hash 函数仍可以放心地使用。)

2. Hash 函数的算法

单向 Hash 函数的算法有很多种，如 Snefru 算法、N-Hash 算法、MD2 算法、MD4 算法、MD5 算法等，常用的有 MD5 算法和 SHA-1 算法。

(1)MD5 算法：MD 表示消息摘要(Message Digest)。MD4 是 Ron Rivest 设计的单向散列算法，其公布后由于有人分析出算法的前两轮存在差分密码攻击的可能，因而 Rivest 对其进行了修改，产生了 MD5 算法。MD5 算法将输入文本划分成 512bit 的分组，每一个分组又划分为 16 个 32bit 的子分组，输出由 4 个 32bit 的分组级联成一个 128bit 的散列值。

(2)安全散列算法(SHA)：由美国国家标准与技术研究所(National Institute of Standards and Technology，NIST)提出，在 1993 年公布并作为联邦信息处理标准(FIPS PUB 180)，之后在 1995 年发布了修订版 FIPS 算法 PUB 180，通常称之为 SHA-1。SHA 算法是基于 MD4 算法的，在设计上很大程度也是模仿 MD4 算法。SHA-1 算法将输入长度最大不超过 264bit 的报文划分成 512bit 的分组，产生一个 160bit 的输出。

由于 MD5 算法和 SHA-1 算法都是由 MD4 算法导出的，因此两者在算法、强度和其他特性上都很相似。它们之间最显著和最重要的区别在于 SHA-1 算法的输出值比 MD5 算法的输出值长 32 位，因此 SHA-1 算法对强行攻击有更强大的抵抗能力。由于 MD5 算法暴露出的漏洞越来越多，它的设计容易受到密码分析的攻击，而有关 SHA-1 算法的标准几乎没有公开过，因此很难判定它的强度。另外，在相同硬件条件下，由于 SHA-1 算法的运算步骤多且要求处理 160bit 的缓存，因此比 MD5 算法仅处理 128bit 缓存速度要慢。SHA-1 与 MD5 两个算法的共同点是算法描述简单、易于实现，并且无需冗长的程序或很大的替代表。

2.4.2 消息摘要

1. 消息摘要的定义及原理

消息摘要又称数字摘要(Digital Digest)。它是一个唯一对应一个消息或文本的固定长度的值，由一个单向 Hash 加密函数对消息进行作用而产生。如果消息在途中改变了，则接收者通过对收到消息的新产生的摘要与原摘要进行比较，就可知道消息是否被改变了。因此消息摘要保证了消息的完整性。

消息摘要采用单向 Hash 函数将需加密的明文“摘要”成一串固定长度(如 128bit)的密文，这一串密文也称为消息摘要或数字指纹，且不同的明文形成的消息摘要总是不同的，而同样的明文的消息摘要必定一致。这样，这串消息摘要便可成为验证明文是不是“真身”的“指纹”了。

2. 消息摘要的作用过程及特点

(1) 对原文使用 Hash 算法和密钥生成消息摘要。

(2) 将消息摘要与原文一起通过网络通信发往接收方。

(3) 接收方将收到的原文应用单向 Hash 函数和密钥产生一个新的消息摘要。

(4) 将新的消息摘要与发送方消息摘要进行比较。

根据前面的描述，可以总结出消息摘要算法主要具有以下特点。

(1) 不管输入的消息有多长，计算出来的消息摘要的长度总是固定的。例如，MD5 算法摘要的消息有 128bit，用 SHA-1 算法摘要的消息最终有 160bit 的输出，SHA-1 算法的变体能够产生 192bit 和 256bit 的消息摘要。计算出的结果越长，一般认为该摘要算法越安全。

(2) 输入的消息不同，产生的消息摘要相同的概率极小。输入的消息相同，产生的消息摘要一定是相同的。

(3) 单向不可逆，指消息摘要函数是无陷门的单向函数，即只能进行正向的消息摘要，而无法从摘要中恢复出任何的消息，甚至根本就找不到任何与原信息相关的信息。

消息摘要保证了消息的完整性，可以用来加密字串和验证内容是否被篡改，依据此特性，实际的应用包括以下方面。

(1) 数据完整性检查 (Data Integrity Check)：用原始数据和共享密钥生成消息摘要，接收方进行逆操作。

(2) 数字证书签名 (Digital Certification Signature)：将服务器的数字证书生成消息摘要，使用证书授权中心 (Certificate Authority，CA) 的私钥进行签名，这个消息摘要就变成了 CA 的数字签名，附在原始证书的末尾，作为 CA 签名的数字证书。服务端与客户端进行认证时，将 CA 签名证书发给客户端，客户端拥有 CA 的公钥，可以用该公钥对 CA 的数字签名进行验证，得到消息摘要。然后客户端自身使用 Hash 算法运算数字证书，比较两个消息摘要是否一致，一致则认证通过。关于证书授权中心的内容将在 2.6.2 节详细介绍。

(3) 数据校验 (Checksum)：验证软件没有被篡改。将原始文件生成 MD5 Checksum，用户下载完文件，计算下载文件的 MD5 Checksum，如果相同，则文件完好。

(4) 数据来源可靠性认证：客户端将原始数据+共享对称密钥作为共同输入参数，生成基于 Hash 的消息认证码 (Hash-based Message Authentication Code，HMAC) 一起发送给服务器，服务器接收到数据后，对得到的消息用共享对称密钥进行 HMAC，比较是否一致，如果一致则信任。

2.5　密 钥 管 理

一个密码系统的安全性取决于对密钥的保护。一旦密钥丢失或出错，不仅合法用户不能提取信息，而且可能会使非法用户窃取信息。密钥管理不仅影响系统的安全性，而且涉及系统的可靠性、有效性和经济性。所以，密钥管理是运用密码技术保护数据安全的前提条件。

2.5.1 密钥分类

1. 根据密钥载体分类

按记录载体的不同，密钥可分为纸带密钥、页式密钥(记录在纸上)、磁带密钥、磁卡密钥、磁盘密钥、光盘密钥、芯片密钥等。

2. 根据加密对象分类

按加密对象不同，密钥可分为数据加密密钥、(数据)库密钥、文件密钥、密钥加密密钥、网络密钥等。其中网络密钥又包括主网密钥、子网密钥、端-端密钥、链路密钥、全网通播密钥、局部通播密钥、节点密钥和终端密钥等。主网密钥是指计算机保密通信网络中的主体结构部分所配用的网络密钥，与子网密钥相对；端-端密钥是指在密码通信网络中端-端加密时使用的网络密钥；链路密钥是指对相邻网络节点之间的数据进行加密保护的网络密钥；全网通播密钥是指为同时向若干个通报用户发送同一信息内容而设置和配备的密钥；局部通播密钥是指局部地区若干个通报用户使用的通播密钥；节点密钥是指节点机上设置的网络密钥；终端密钥是指通信终端配用的密钥。

3. 根据密钥作用分类

按所起的作用不同，密钥可分为主密钥、子密钥、基本密钥、会话密钥、起点密钥、系统密钥、用户密钥等。主密钥是指用于加密保护其他密钥和密码算法的密钥；子密钥是指密钥体中的密钥子集或由可变参数选择的密钥；基本密钥是在密码算法中参加和控制密码变换的主要参数，需要定期更换，在一定范围内起分割作用；会话密钥又称消息密钥或报文密钥，是用于参与密码变换，与基本密钥相结合对信息进行加密，且保证一次一密的密钥；在话密系统中，每次通信时使用的密钥称为工作密钥，把每次密码同步时使用的密钥称为消息密钥；起点密钥是为设置密码机或密码装备的初始状态设置的密钥；系统密钥是参与密码变换，并起系统分割作用的密钥；用户密钥是在密码通信系统中为区别用户而配用的密钥，其参与密码变换，由用户选择，起到用户分割作用。

另外，还有预先存入或固化于密码设备的内部密钥、在密码变换中起辅助作用的外部密钥或称辅助密钥(如起时间分割作用的日密钥等)、泛指密码机的某个部件或密码机本身的装置密钥、预制密钥、现制密钥、公开密钥等。

4. 根据密钥层级分类

为了增加整体安全性，在密钥管理时，一般采用层次密钥结构。将密钥分为一级密钥k_1、二级密钥k_2、三级密钥k_3、……，其中一级密钥k_1用算法f_1保护二级密钥k_2、二级密钥k_2用算法f_2保护三级密钥k_3、……，依次类推，直到最后一级密钥加密明文数据。最上层的密钥称为主密钥，其一般更换周期较长，越是底层的密钥，其更换周期越短，最后一级的数据加密密钥一般要做到每加密一份报文更换一次。这样做可以保证除了设备内部受保护的安全区外，绝不存放未经加密的密钥。只要保证最高层密钥的安全，并使系统经常地自动更换各级密钥，就能保证整个密钥体系的安全。

对密钥管理系统有一些具体要求：密钥难以被非法窃取和截获；在一定条件下，即使密钥被窃取也没有用，密钥能够及时吊销和更换；密钥的分配和更换能够实现自动化，用户不一定亲自掌握密钥；所有的密钥都有有效生存期。另外，每个具体系统的密钥管理必须与具体使用环境和保密要求相结合。

2.5.2　密钥管理内容

密钥管理主要包括密钥产生、密钥分配、密钥存储、密钥激活、密钥更新、密钥撤销和密钥销毁等内容。

1. 密钥产生

密钥产生是指安全生产密钥或密钥对的过程。密钥的种类很多，但实质上都是随机数或伪随机数。由于密钥的保密程度和抗攻击能力是保证密码系统安全的关键，所以对密钥的质量和保密强度有很高的要求。为了使生产的密钥具有足够的保密水平，对密钥编制的基本要求如下。

(1) 独立性。参与密钥/密码编码的要素相互独立，以保证密钥/密码数据集合各个元素之间的相互独立。

(2) 等概性。参与密钥/密码编码的各要素出现的概率相等，以保证密钥/密码数据集合的各种编码具有等概性。

(3) 不确定性。参与密钥/密码编码的各要素有足够大的不确定性，以保证密钥/密码数据集合具有足够大的不确定性。

(4) 平稳性。用于密钥/密码编制的随机信源具有平稳性，以保证密钥/密码随机数据的独立性、等概性、不确定性等基本特征，不因序列改变而发生性质的变化。

2. 密钥分配

密钥分配是将生成的密钥保密、完整地送给保密系统的过程，是密钥管理中最难的问题。

对称密码体制要求消息共享双方安全地共享密钥，该密钥不能被他人所知。在密钥分配中，有两类基本结构：点到点结构和密钥中心结构。密钥中心结构又有两种变形——密钥分配中心(Key Distribution Center，KDC)和密钥传送中心(Key Translation Center，KTC)。这两种方式是有区别的。在使用 KDC 的密钥分发过程中，如图 2-10 所示，由实体 A 请求 KDC 发放密钥，KDC 确定 A 的身份后生成一个密钥 k 传给 A，A 传送 k 给 B(或者由 KDC 传送 k 给 B)；而在使用 KTC 的密钥分发过程中，如图 2-11 所示，与 KDC 十分相似，实体生成会

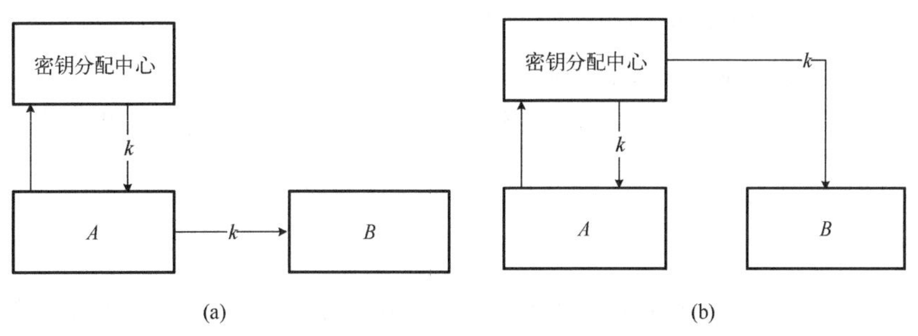

图 2-10　密钥分配中心发放密钥的两种方式

话密钥并将其安全地传送给 KTC，然后由 KTC 传递给其他对等通信实体。为方便起见，将 KDC 和 KTC 统称为密钥管理中心(Key Management Center，KMC)。

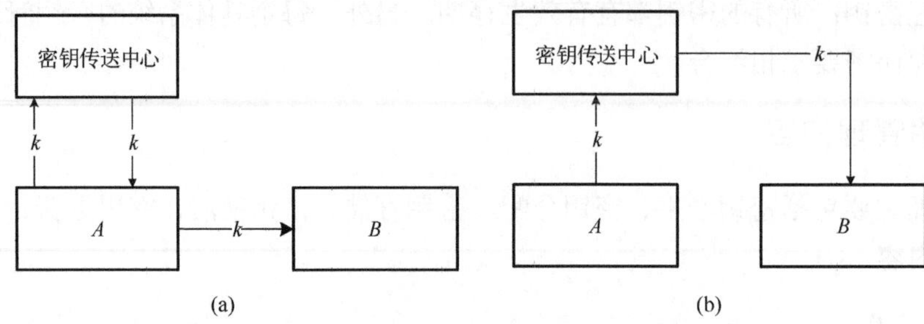

图 2-11　密钥传送中心发放密钥的两种方式

通信双方 A 和 B 共享密钥的分配方法主要有以下几种。

(1) 密钥由 A 产生，并以安全的方式交给 B。

(2) 可信第三方(KDC)产生密钥，以安全的方式分别交给 A 和 B。

(3) A 和 B 通过安全的密钥协商协议获得共享密钥。

利用公钥密码体制分配对称密钥也是一种很好的方法，其具体步骤如下。

(1) A 获得 B 的公钥。

(2) A 随机地产生一个对称密钥 k，并将密钥 k 用 B 的公钥加密后交给 B。

(3) B 解密获得密钥 k。

公钥密码体制的密钥分配要求与对称密码体制的密钥分配要求有着本质的差别。在一个对称密码体制中，要求将一个密钥从一方通过某种方式交给共享的另一方，只有需要信息共享的双方知道密钥而其他任何一方都不知道。在公钥密码体制中，要求私钥只有一方知道，而其余任何一方都不知道；与私钥匹配的公钥是公开的，任一方都可以使用该公钥和私钥的拥有者进行秘密通信。

分配公钥的方法主要有公开发布、公开可访问目录、公钥授权和公钥证书四种。目前，最受推崇的方式是通过证书来分配公钥，证书由合法机构产生，并发给拥有对应私钥的通信方 A。公钥证书是用来绑定实体姓名和其相应公钥的数据结构，它能以不保护的方式进行存储和分配。使用证书来交换密钥的方法最早由 Kohnfelder 于 1978 年提出，证书中包含主体的公钥和其他相关信息，它由证书管理员产生，并发给拥有相应私钥的通信方。A 通过传递证书将密钥信息传递给信息共享方 B，这种密钥分配方法应满足以下要求。

(1) 任何一方可获得证书并确定证书拥有者的姓名和公钥。

(2) 任何一方可验证该证书出自合法的证书管理机构，而不是伪造的。

(3) 只有合法的证书管理机构才能够产生并更新证书。

(4) 任何一方都能够验证证书的当前性。

上面的第四个要求是由 Denning 于 1983 年增加的。如今，X.509 证书是使用最广泛的数字证书。

3. 密钥存储

密钥存储是为当前或近期使用的密钥或备份密钥提供安全存储。对所有的密钥，应能检测出任何企图泄露它们的行为，并有应对的保护机制。

根据密钥的重要性，可以选用下列机制中的一种来保护它们：

(1) 提供物理安全保护，诸如磁盘或存储卡等外部设备存储密钥；

(2) 用另外的密钥加密需要保护的密钥，加密所用的密钥本身用物理安全保护；

(3) 用口令或个人识别码(Personal Identification Number，PIN)保护对存储密钥的访问。

4. 密钥激活与密钥更新

一个密钥自产生起将经历一系列的状态，这些状态确定它的生存期，这些状态主要包括：待激活状态，即密钥已经产生但并未被激活供使用；激活状态，密钥开始按安全策略处理信息；次激活状态，即密钥限制用于解密或验证。密钥生存期如图 2-12 所示。

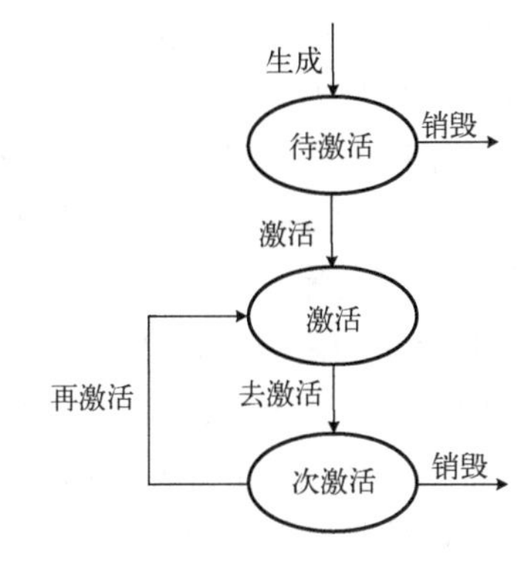

图 2-12　密钥生存期

密钥各状态之间的转移可以触发密钥启用和停用的过程。密钥启用是指授权人员通过合法的方式将密钥由待激活状态或次激活状态转移到激活状态，使其可以按安全策略处理信息。一般地，将密钥由次激活状态转移到激活状态时，需要确认密钥的安全性。

密钥到期后，需要进行替换或更新。为了保证加密装备能够连续工作，一般在新密钥生效后，旧密钥还继续保持一段时间，以防止在更换密钥期间出现不能解密的消息。密钥替换或更新可以采用离线和在线方式进行。离线方式是通过密钥载体的离线分发，如人工分发；在线方式是通过密钥管理系统远程进行新密钥的分发和启用。

5. 密钥撤销与密钥销毁

密钥撤销即指安全地将密钥由激活状态变为次激活状态，并且将密钥进行归档。会话密钥在会话结束时，会自动被删除，不需要撤销；某些密钥在其有效期到期时，应自动被撤销；如果已知某个密钥泄露，或者密钥持有者的情况发生变化，必须撤销密钥并通知其他相关用户。密钥被撤销后，只用于解密或验证之前用该密钥加密或签名的信息。

对于公钥密码系统，如果用户私钥因泄露而撤销，其公钥证书一般以列表的形式发布到公钥服务器并记录在案，形成公钥证书撤销列表。在其公钥证书到期限之前，服务器将保留该公钥的撤销信息。此举是为了通知该用户公钥的潜在使用者。

密钥销毁是指将不再需要的密钥安全地销毁，之后将不再有任何信息可用来恢复已经销毁的密钥。在销毁密钥之前，必须检查确认由这些密钥保护的归档材料不再需要或已由其他密钥进行加密。

2.5.3　秘密共享

存储在系统中的所有密钥的安全性可能最终取决于一个主密钥。这种方式有两个明显的缺陷：第一，如果暴露了主密钥，整个系统容易受到攻击；第二，如果主密钥丢失或损坏，系统中的所有信息都将无法使用。Shamir 在 1979 年提出了解决这个问题的方法，即秘密共享的思想。

秘密共享，即在一组参与者(或成员)之间共享秘密的技术，它主要用于保护重要的信息，以防止信息的丢失、被破坏和被篡改。

秘密共享解决的典型问题如：银行雇用了三个高级柜员进行管理，但银行不会相信任何一个柜员的密码。通过采用秘密共享方案，三个柜员中的任意两个一起都能打开金库，但是没有一个柜员可以单独打开金库。

秘密共享早已得到应用。据《时代》杂志报道，在 20 世纪 90 年代，俄罗斯的核武器控制方法就是基于一个“三取二”的访问控制，参与的三方分别是总统、国防部长和国防部官员。

秘密共享以适当的方式拆分密钥，拆分后的每一个份额由不同的参与者管理，单个参与者无法恢复秘密信息，只有若干个参与者一同协作才能恢复秘密消息，其关键是如何更好地设计秘密拆分方式和恢复方式。秘密共享是密码学中的一个有效的工具，是保护信息和数据的重要手段，在信息安全中发挥着重要的作用。

目前，常见的秘密共享方案有：Shamir (k,n) 门限方案、简化的 (t,t) 门限方案、Brickell 秘密共享方案等。

Shamir 门限方案是基于多项式的 Lagrange 插值公式的。插值是古典数值分析中的一个基本问题，问题如下：已知一个函数 $\varphi(x)$ 在 k 个互不相同的点的函数值 $\varphi(x_i)(i=1,2,\cdots,k)$，寻求一个满足 $f(x_i)=\varphi(x_i)(i=1,2,\cdots,k)$ 的函数 $f(x)$，用来逼近 $\varphi(x)$。$f(x)$ 称为 $\varphi(x)$ 的插值函数，$f(x)$ 可取自不同的函数类，既可为代数多项式，也可为三角多项式或有理分式。若取 $f(x)$ 为代数多项式，则称插值问题为代数插值，$f(x)$ 称为 $\varphi(x)$ 的插值多项式。常用的代数插值有 Lagrange 插值、Newton 插值、Hermite 插值。下面仅介绍 Lagrange 插值。

Lagrange 插值：已知 $\varphi(x)$ 在 k 个互不相同的点的函数值 $\varphi(x_i)(i=1,2,\cdots,k)$，可构造 k–1 次插值多项式如式(2-4)所示，这个公式称为 Lagrange 插值公式。

$$f(x)=\sum_{j=1}^{k}\varphi(x_i)\prod_{i=1,i\neq j}^{k}\frac{(x-x_i)}{(x_j-x_i)} \tag{2-4}$$

上述问题也可认为是已知 k–1 次多项式 $f(x)$ 的 k 个互不相同的点的函数值 $f(x_i)(i=1,2,\cdots,k)$，构造多项式 $f(x)$。若把密钥 s 取作 $f(0)$，n 个子密钥取作 $f(x_i)$ $(i=1,2,\cdots,n)$，那么利用其中的任意 k 个子密钥可重构，从而可得密钥 s，这种 (k,n) 秘密分割门限方案就是 Shamir 门限方案。

在数据应用中，密钥共享技术不仅保证了主密钥的可靠性，还为执行关键活动和解密关键数据提供了强大的安全性。

2.5.4 密钥托管

密钥托管技术又称密钥恢复技术，是一种在特殊情况下，能够提供对获取信息解密、提取明文信息的技术，其目的是提供一种备份解密方式。通常将加密数据与数据恢复密钥连接来实现，数据恢复密钥不必是直接解密的密钥，但是可以从中获得解密密钥。

密钥托管体制从逻辑上可分为用户安全部分(User Security Component，USC)、密钥托管部分(Key Escrow Component，KEC)和数据恢复部分(Data Recovery Component，DRC)三个部分。

(1) USC。USC 由硬件设备或软件程序组成，用于数据加密和解密，执行支持数据恢复的操作，同时也支持密钥托管功能。这种支持体现在将 DRF 附加到数据上，DRF 可作为通用密钥分配机制的组成部分。USC 具有密钥托管功能是指法律允许的授权机构可以使用应急解密措施干预通信，如搭线窃听，数据拥有者也可以使用应急解密措施恢复丢失或损坏的密钥，并解密相关数据文件。

(2) KEC。KEC 的功能是存储所有的数据恢复密钥，并向 DRC 提供支持 DRC 所需的数据和服务。KEC 可以作为密钥管理系统的一部分。密钥管理系统可以是单一的密钥管理系统，也可以是公钥基础设施。如果是公钥基础设施，托管代理机构可以充当公钥证书机构。托管代理机构的功能是操作 KEC，可能需要在密钥托管中心进行注册。密钥托管中心负责协调托管代理机构的工作或作为 USC 或 DRC 的联系点。

(3) DRC。DRC 主要由专用算法、协议和必要的设备组成，可以从密文和 KEC 所提供的，包含于 DRF 的信息中恢复出明文。DRC 的主要功能有：实时解密，可以实时解密截获的信息；后处理，可解密以前截获和记录的通信；独立性，一旦拿到密钥，利用自己的资源就能解密。但是，DRC 只能在执行合法数据恢复时使用。

这些逻辑模块是紧密相关的，如图 2-13 所示，用户安全部分使用密钥 k 加密明文数据，并把数据恢复字段(Data Recovery Field，DRF)附加于密文上；数据恢复部分则从密钥托管部分提供的信息和数据恢复字段中包含的信息中恢复出密钥 k 并解密密文。

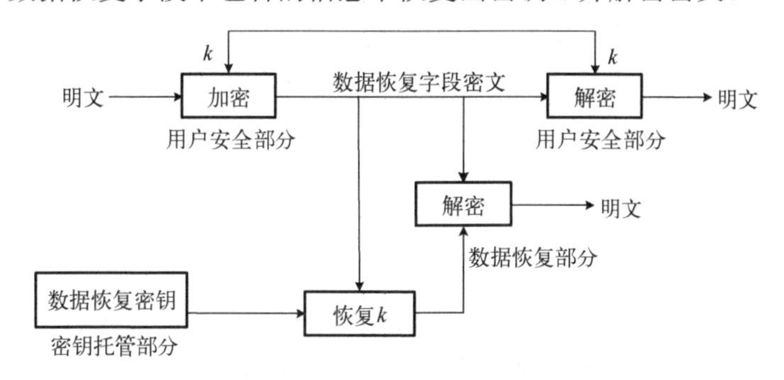

图 2-13　密钥托管体制

1994 年 2 月，美国政府正式公布了托管加密标准 EES(Escrow Encryption Standard)，该标准旨在充分发挥政府和司法部门的监控职能，及时发现和制止犯罪与非法经营活动，在不影响用户正常保密通信的前提下，为司法部门取证提供支持。该标准是以防篡改的 Clipper 芯片和密钥托管系统为基础，向授权的政府官员提供该芯片的唯一设备密钥。这种密钥产生后被编程到制造好的芯片上，同时把该密钥分成两个密钥分量，为安全起见，在对两个分量加密后，把它们存放在两个托管代理中。为了获得该密钥，授权的政府官员必须在两个托管代理中提取密钥分量，这些分量放在专用解密处理器中组合后，就可以解密合法截取的信息。在数据应用中，密钥托管技术可以为数据使用监控提供技术支持。

2.5.5　密钥管理基础设施

KMI 由密钥管理系统、密码装备、支撑性技术设施及其相关管理机构组成。KMI 是为数据安全提供集中化或网络化密钥管理相关服务的基础设施。KMI 经历了从静态分发到动态分发的发展历程，目前仍然是密钥管理的主要手段。

静态分发分为以下方面。

(1) 点对点配置，其特点是可用私钥或公钥实现，私钥为鉴别提供可靠参数，但不提供不可否认的服务，数字签名要求公钥实现。

(2) 一对多配置，其特点是可用私钥或公钥实现，只在中心保留所有各端的密钥，各端只保留自己的密钥，它是建立秘密通道的主要方法。

(3) 格状网配置，其特点是可使用私钥或公钥实现，也称为端-端密钥，密钥配置量为全网 n 个终端中选 2 的组合数。

动态分发分为以下方面。

(1) 基于私钥的私钥分发，首先在静态分发方式下建立星状密钥配置，在此基础上解决会话密钥的分发。

(2) 基于私钥的双钥分发，其特点是公私钥对都当作秘密变量。

可以看出，无论是静态分发或是动态分发，都基于秘密通道(物理通道)进行。

2.6　公钥基础设施

PKI 使用数字证书来识别密钥持有人的身份，通过对密钥的标准化管理，为组织机构建立和维护一个可靠的系统环境，透明地为应用系统提供各种必要的安全保障，如身份认证、数据保密性和完整性、抗抵赖等，以满足各种应用系统的安全需求。

2.6.1　PKI 的提出和定义

PKI 属于安全基础设施，是利用公钥技术来实施和提供安全服务的通用安全基础设施，它可以透明地为所有网络应用提供加密和数字签名等密码处理所必需的密钥和证书管理服务。利用 PKI 可以方便地建立和维护一个可信的网络计算环境，使人们在无法面对面的条件下，能够确认彼此的身份和所交换的信息，能够安全地从事各种活动。

1978 年，L. Kohnfelder 首次提出证书的概念；1988 年推出第一版本 X.509 标准，发展至 2005 年的版本 3 标准；1995 年，IETF 成立 PKIX 工作组，将 X.509 标准用于 Internet，2013 年，IETF PKIX 工作组结束工作任务。经过多年的技术研究，PKI 技术取得了长足的进展并得到了广泛的应用，在支持全球信息系统的安全方面发挥了重要作用。

简单地说，PKI 是提供一个公钥加密和数字签名服务的系统，是生成、管理、存储、分发和吊销基于公钥密码学的公钥证书所需要的硬件、软件、人员、策略和规程的总和。其目的是自动管理密钥和证书，确保在网络空间中数字信息的真实性、保密性、完整性、不可否认性等安全属性。

2.6.2　PKI 的组成与工作原理

PKI 的目标是充分利用公钥密码学的理论基础，建立起一种通用的基础设施，为各种网络应用提供全面的安全服务。对于使用 PKI 的网络，配置 PKI 的目的就是为指定的实体向证书授权中心申请一个本地证书，并且设备会验证证书的有效性。

PKI 公钥基础设施体系主要由五部分组成：密钥管理中心、证书授权中心(也称为证书认证中心)、证书注册审批中心、发布系统和应用接口系统，其组成如图 2-14 所示。

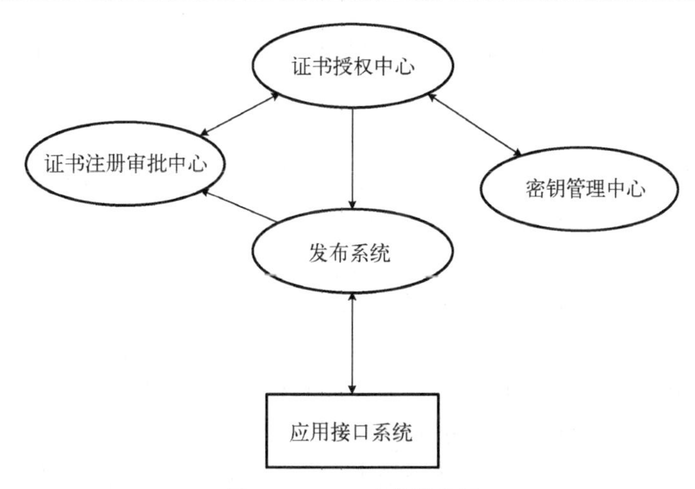

图 2-14　PKI 功能结构图

(1) 密钥管理中心(KMC)。密钥管理中心向证书授权中心提供相关密钥服务，如密钥生成、密钥存储、密钥备份、密钥恢复、密钥托管和密钥运算等。

(2) 证书授权中心(CA)。CA 也称为证书认证中心，是 PKI 的核心，它主要完成生成/签发证书、生成/签发证书撤销列表(Certificate Revocation List，CRL)、发布证书和 CRL 到目录服务器、维护证书数据库和审计日志库等功能。

(3) 证书注册审批中心(Registration Authority，RA)。RA 是数字证书的申请、审核和注册中心。它是认证机构的延伸。在逻辑上 RA 和 CA 是一个整体，主要负责提供证书注册、审核以及发证功能。

(4) 发布系统。发布系统主要提供轻量级目录访问服务、在线证明身份服务和注册服务。注册服务为用户提供在线注册的功能，轻量目录访问协议(Lightweight Directory Access Protocol，LDAP)提供证书和 CRL 的目录浏览服务；在线证书状态协议(Online Certificate Status Protocol，OCSP)提供证书状态在线查询服务。

(5) 应用接口系统。应用接口系统为外界提供使用 PKI 安全服务的入口。应用接口系统一般采用 API、JavaBean、COM 等多种形式。

一个典型、完整、有效的 PKI 应用系统至少应具有以下部分：

(1) 公钥密码证书管理(证书库)；

(2) 密钥的备份和恢复；

(3) 自动更新密钥；

(4) 自动管理历史密钥；

(5) 支持交叉认证。

PKI 的工作过程如下：

(1) 实体向注册机构 RA 提出证书申请；

(2) RA 审核实体身份，将实体身份信息和公开密钥以数字签名的方式发送给 CA；

(3) CA 验证数字签名，同意实体的申请，颁发证书；

(4) RA 接收 CA 返回的证书，通知实体证书发行成功；

(5) 实体获取证书，利用该证书可以与其他实体使用加密、数字签名进行安全通信；

(6) 实体希望撤销自己的证书时，向 CA 提交申请，CA 批准实体撤销证书，并更新 CRL。

2.6.3　数字证书

公钥加密技术允许人们用私钥对电子信息进行数字签名。信息接收者可使用发送者的公钥来验证该信息实际上是由相应私钥所签发的。这一验证过程说明信息发送者确实有对应的私钥，但不代表发送者是合法的。

为了得到身份验证的身份证明，公钥必须以某种可信的方式与个人相联系。这项任务由数字证书来完成。数字证书也称为电子证书，或简称证书，很多情况下，数字证书、电子证书和证书都是 X.509 公钥证书的同义词，它符合 ITU-TX509.V3 标准。证书是随 PKI 的形成而发展起来的一种新的安全机制，它能实现身份的鉴别与识别(认证)、完整性、保密性及不可否认性安全服务(安全需求)；数字证书是电子商务中各实体的网上身份的证明，它证明实体所声明的身份与其公钥的匹配关系，使得实体身份与证书上的公钥绑定在一起。然而，证书本身并不能保证其所有者的身份。要得到其他人的认可，证书必须由更高的权威机构——CA 签署。CA 向身份得到证实的用户签署并颁发证书，其他人因此可以信任这些证书了，因为这是由他们信任的 CA 签署的。

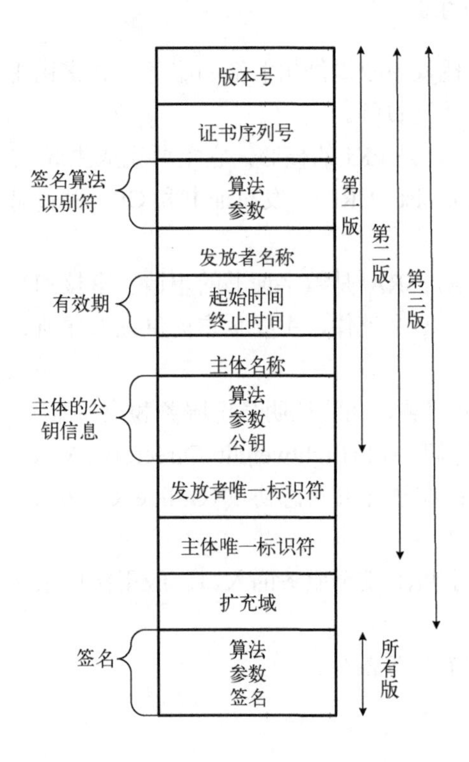

图 2-15　X.509 证书

现在，当人们用他的私钥签发电子信息时，接收者可以用相应的公钥核实电子信息，而发送者的身份可以用包含公钥的证书来验证。

X.509 的最初版本公布于 1988 年。X.509 证书由用户公钥和用户标识符组成，此外还包括版本号、证书序列号、签名算法标识符、发放者名称、有效期等信息，如图 2-15 所示。这一标准的最新版本是 X.509 V3，它定义了包含扩展信息的数字证书。该版数字证书提供了一个扩展信息字段，用于提供特殊应用环境下所需的信息传输。证书的颁发过程如图 2-16 所示，CA 接受来自客户端的申请以证明其公钥，在正确验证客户身份后，CA 向该客户颁发数字证书。

X.509 标准不仅定义了证书结构，还定义了基于使用证书的可选认证协议。该协议是基于公钥加密体制的，每个用户拥有公钥和私钥。根据双方交换认证信息的不同，基于 X.509 的认证方案有单向身份认证、双向身份认证和三向身份认证三种不同的方案。

(1) 单向身份认证。用户 A 将消息发往 B，以向 B 证明：A 的身份、消息是由 A 产生的；消息的意欲接收者是 B；消息的完整性和新鲜性。

$A \to B: S_A(T_A \| R_A \| B \| \text{sgnData} \| E_{\text{PK}_B}[K_{AB}])$，如图 2-17 所示。

为实现单向身份认证，A 发送给 B 的消息应由 A 的私钥签署若干项组成。数据项中至少包括时间戳 T_A、随机数 R_A、B 的身份。其中 $S_A(\,)$ 表示 A 的签名，T_A 为 A 产生消息的时间戳，

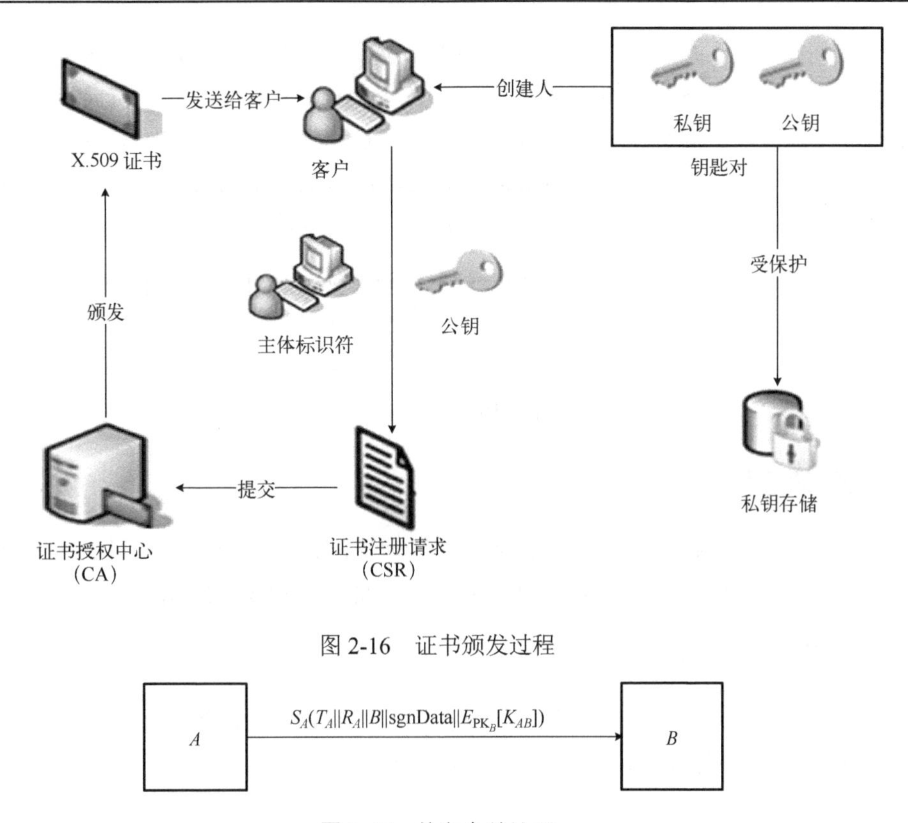

图 2-16 证书颁发过程

A —— $S_A(T_A\|R_A\|B\|\text{sgnData}\|E_{\text{PK}_B}[K_{AB}])$ ——→ B

图 2-17 单向身份认证

包括产生时间和截止时间，以处理消息传送过程中可能出现的延迟。R_A 为 A 产生的一次性随机数，一次性随机数用于防止重放攻击，B 在收到的消息截止时间内要一直保存 R_A，以拒绝具有相同的 R_A 的其他消息，确保此时间段这一消息是唯一所有的。

如果仅是单纯认证，则 A 发往 B 的上述信息就可作为 A 提交给 B 的凭证。如果不单纯用于认证，则 A 签署的数据项中还可包含其他信息 sgnData，将这个信息也包括在 A 签署的数据项中可保证该消息的真实性和完整性。数据项中还可包括由 B 的公钥 PK_B 加密的双方欲建立的会话密钥 K_{AB}。

B 收到认证请求后，取得 A 的公钥，验证 A 证书的有效期、签名、消息完整性、接收者是否为 B、时间戳等。

(2) 双向身份认证。$A \to B: S_A(T_A\|R_A\|B\|\text{sgnData}\|E_{\text{PK}_B}[K_{AB}])$，$B \to A: S_B(T_B\|R_B\|A\|R_A\|\text{sgnData}\|E_{\text{PK}_A}[K_{BA}])$，如图 2-18 所示。在单向认证的基础上，$B$ 向 A 做出应答，以证明：B 的身份、应答是 B 产生的；应答的意欲接收者是 A、应答消息是完整的和新鲜的。

应答消息中包括由 A 发来的一次性随机数 R_A、由 B 产生的时间戳 T_B 和随机数 R_B。与单向身份认证类似，应答消息中还可以包括附加信息和由 A 的公钥加密的会话密钥。

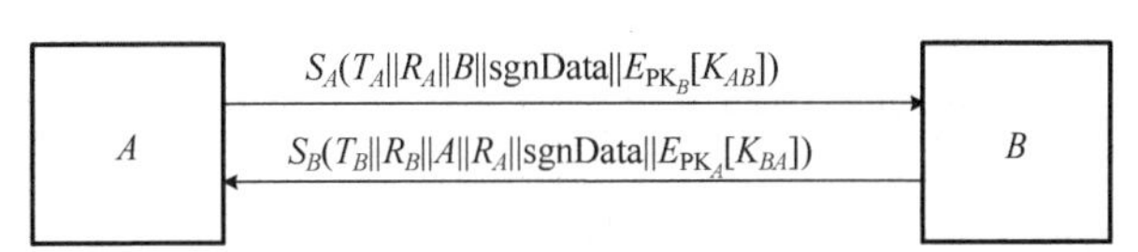

图 2-18 双向身份认证

(3) 三向身份认证。$A \to B{:}S_A(T_A\|R_A\|B\|\text{sgnData}\|E_{\text{PK}_B}[K_{AB}])$，$B \to A{:}S_B(T_B\|R_B\|A\|R_A\|\text{sgnData}\|E_{\text{PK}_A}[K_{BA}])$，$A \to B:S_A(R_B)$，如图 2-19 所示。在双向认证的基础上，$A$ 再向 B 做出应答，即构成三向身份认证。三向身份认证的目的是双方将收到的对方发来的一次性随机数再反馈给对方，进行一次确认，因此双方不需要检查时间戳，只要检查对方的一次性随机数即可判断出重放攻击。在通信双方无法建立时钟同步时，需要用到此方法。

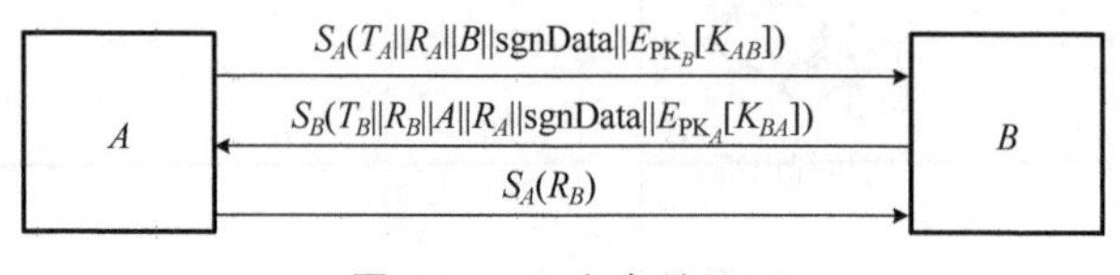

图 2-19 三向身份认证

2.6.4 PKI 的应用

PKI 基于非对称公钥体制，采用数字证书管理机制，可以透明地为网上应用提供上述各种安全服务，极大地保障了网络应用的安全性。下面介绍 PKI 的应用。

1. 验证身份的合法性

以明文形式存储、传送的用户名和口令存在着被截获、破译等诸多安全风险。同时，还有维护不便的缺点。因此，需要一套安全、可靠并易于维护的用户身份管理和合法性验证机制来保证应用系统的安全性。

2. 实现数据的保密性和完整性

不将有用的信息泄露给非授权用户，还要确保数据在传输或存储过程中不被破坏和修改，因此必须采取有效的措施来保证数据的保密性和完整性。

3. 实现数据传输的安全性

数据传输过程中，安全性十分重要，尤其是一些敏感信息，要避免使用明文方式进行传输，使用传统的专用通信线路的方式已经不能满足现代网络应用发展的需求，必须寻求一种新的方法来保证基于互联网技术的传输安全要求。

4. 实现数字签名和不可否认性

数据完整性保证发送方和接收方的网络传送数据不被第三方篡改和替换，但不能保证双方自身的欺骗和否认。传统不可抵赖性是通过手工签名完成的，因此在网络应用中需要一种具有相同功能的机制来保证不可抵赖性，即数字签名技术。

2.6.5 PKI 的标准

从整个 PKI 体系建立与发展的历程来看，与 PKI 相关的标准主要有以下几种。

1. X.209 (1988) ASN.1 基本编码规则的规范

ASN.1 是描述在网络上传输信息格式的标准方法。它有两部分：第一部分 (ISO

8824/UX.208）描述信息内的数据、数据类型及序列格式，即数据的语法；第二部分（ISO 8825/TTUX.209）描述如何将各部分数据组成消息，即数据的基本编码规则。

ASN.1 最初是作为 X.409 的一部分而开发的，后来独立成为一个标准。这两个协议不仅应用于 PKI 体系中，也广泛应用于通信和计算机的其他领域。

2. X.500 标准

X.500 是一套已经被国际标准化组织（ISO）所接受的目录服务系统标准，它定义了一个机构如何在全局范围内共享其名称和相关的对象。X.500 是层次性的，其中的管理域（机构、分支、部门和工作组）可以提供这些域内的用户和资源信息。在 PKI 体系中，X.500 被用来唯一标识一个实体，它可以是一个机构、组织、个人或服务器。X.500 被认为是实现目录服务的最佳方式，但 X.500 的实现需要巨大的投入，且比其他方式速度慢；其优点是具有信息模型、多功能和开放性。

3. X.509 数字证书标准

X.509 是由国际电信联盟（ITU）制定的数字证书标准。在 X.500 保证用户名唯一性的基础上，X.509 为 X.500 用户名称提供了通信实体的认证机制，规定了实体鉴别过程中广泛适用的证书语法和数据接口。

4. PKCS 系列标准

PKCS（Public Key Cryptography Standards）系列标准，是由美国 RSA 数据安全公司及其合作伙伴制定的一组公钥密码学标准，其中包括证书申请、证书更新、证书撤销表发布、扩展证书内容以及数字签名、数字信封的格式等一系列相关协议。

5. OCSP

OCSP 是由 IETF 发布的标准，用于检查数字证书在某个交易时间是否仍然有效。该标准为 PKI 用户提供了一个方便快捷的查询数字证书状态的通道，使得 PKI 体系更有效、更安全地被广泛应用于各个领域。

6. LDAP

LDAP 规范（RFC1487）简化了烦琐的 X.500 目录访问协议，并在功能、数据表示、编码和传输方面做了相应的修改。LDAP 目录经常用以进行读操作（如查询），而不常进行写操作（修改）。LDAP 提供了一种在大型分布式环境中访问数据的经济方法，比数据库管理系统更容易实现互操作性。1997 年，LDAP 第 3 版本成为互联网标准。目前，LDAP V3 已经在 PKI 体系中被广泛应用于证书信息发布、CRL 信息发布、CA 政策以及与信息发布相关的各个方面。

除了以上协议外，还有一些构建在 PKI 体系上的应用协议，是 PKI 体系在应用和普及化方面的代表作，包括 SET 协议和 SSL 协议。

目前 PKI 体系中已经包含了许多的标准和标准协议，随着 PKI 技术的不断进步和其应用的普及，未来还会增加更多的标准和协议。

2.7 授权管理基础设施

随着公钥技术的出现和发展，PKI 和 PMI 都是重要的安全基础设施，它们是针对不同的安全需求和安全应用目标设计的，PMI 实际提出了一种新的信息保护基础设施，可以与 PKI 和目录服务紧密地结合，系统地建立起对认可用户的特定授权，系统地定义和描述权限管理，完整地提供授权服务所需过程。建立在 PKI 基础上的 PMI 技术为分布式信息系统的各类业务提供了统一的授权管理和访问控制策略与机制。

2.7.1 PMI 的提出

在公钥基础设施体系中，公钥证书只能被用来传递证书所有者的身份，而不能区分每个人的权限，为解决这一问题，PMI 应运而生，其目的是为用户和应用程序提供授权管理服务，提供用户身份到应用授权的映射功能，提供与实际应用处理模式相对应的、与具体应用系统开发和管理无关的授权和访问控制机制，简化具体应用系统的开发与维护。

实际上，PMI 是 PKI 标准化过程中提出的新概念，是由属性证书、属性认证、属性证书库等部件组成的综合系统，用于实现权限和证书的产生、管理、存储、分发和撤销等功能。PMI 使用属性证书表示和容纳权限信息，通过管理证书的生命周期实现对权限生命周期的管理。属性证书的申请、签发、注销、验证流程对应着权限的申请、发放、撤销、使用和验证的过程，而且使用属性证书管理权限的方式使得权限的管理不依赖于某个特定的应用，有利于权限的安全和分布式应用。

属性证书(Attribute Certificate，AC)是一种轻量级的数字证书，这种数字证书不包含公钥信息，只包含证书所有人 ID、发行证书 ID、签名算法、有效期、属性等信息。属性通常由属性类别和属性值组成，或者由多个属性类别和属性值组成。这种证书利用属性来定义每个证书持有者的权限、角色等信息，从而在一定程度上对信任进行管理。信任包括双方之间的关系以及对这种关系的期望，在信任模型中，当可以确定一个身份或者有一个足够可信的身份签发者证明其签发的身份时，才能做出信任该身份的决定。这个可信的实体称为信任锚。

属性证书的注销：与公钥证书的注销相同，即通过属性证书的撤销列表(Attribute Certificate Revocation List，ACRL)来公布已经被注销的属性证书。

PMI 以资源管理为核心，对资源的访问控制权统一交由授权机构统一处理。PMI 与 PKI 在结构上非常相似，信任的基础都是有关机构，由它们决定建立身份认证系统和属性特权机构。在 PKI 中，相关部门建立并管理根 CA，下设各级 CA、RA 和其他机构；在 PMI 中，由有关部门建立信任源点(Source Of Authority，SOA)，下设分布式的属性权威机构(Attribute Authority，AA)，也称为 AA 中心和其他机构。

2.7.2 PMI 系统的架构

PMI 授权服务体系以高度集中的方式对用户进行管理和授权，使用合适的用户身份信息实现用户认证，主要是 PKI 体系下的数字证书，包括动态口令或者指纹认证技术。安全平台将授权管理功能从应用系统中分离出来，以独立和集中服务的方式面向整个网络，统一为各应用系统提供授权管理服务。

PMI 在体系上可以分为三级，分别是 SOA、AA 中心和 AA 代理点。在实际应用中，这种分级体系可以根据需要进行灵活配置，可以是三级、二级或一级。授权管理系统的架构如图 2-20 所示。

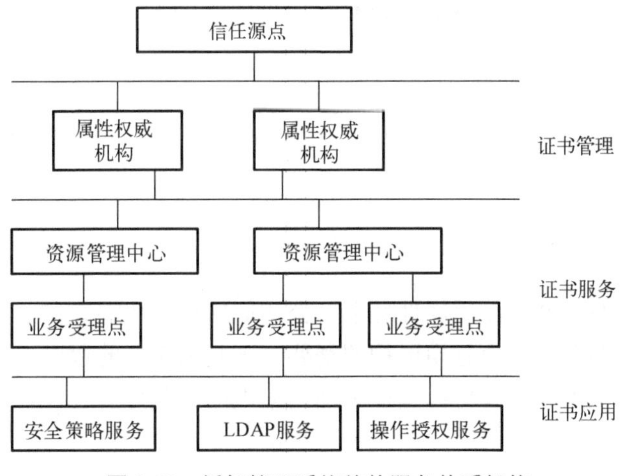

图 2-20　授权管理系统整体服务体系架构

(1) 信任源点。SOA 是整个授权管理体系的中心业务节点，也是整个 PMI 的最终信任源和最高管理机构。SOA 的职责主要包括：授权管理策略的管理、应用授权受理、AA 中心的设立审核及管理和授权管理体系业务的规范化等。

(2) 属性权威机构。AA 中心是 PMI 的核心服务节点，是对应于具体应用系统的授权管理分系统，由具有设立 AA 中心业务需求的各应用单位负责建设，并与 SOA 通过业务协议达成相互的信任关系。AA 中心的职责主要有应用授权受理、属性证书的发放和管理、资源管理中心的设立审核和管理等。

(3) 资源管理(Resource Management，RM) 中心。RM 又称授权服务代理点，是与具体用户的接口，是对应 AA 中心的附属机构，接受 AA 中心的直接管理。AA 代理点的职责主要包括应用授权服务代理和应用授权审核代理等，负责对具体的用户应用资源进行授权审核，并将属性证书的操作请求提交到授权服务中心进行处理。

(4) 访问控制执行者。访问控制执行者是指用户应用系统中具体对授权验证服务的调用模块，因此，实际上并不是授权管理基础设施的一部分，但却是授权管理体系的重要组成部分。访问控制执行者的主要职责是将最终用户针对特定的操作授权所提交的授权信息(属性证书) 连同对应的身份验证信息(公钥证书) 一起提交到授权服务代理点，并根据授权服务中心返回的授权结果，进行具体的应用授权处理。

2.7.3　PMI 与 PKI

授权管理体系将操作授权管理功能从传统的信息应用系统中分离出来，可以为应用系统的设计、开发和运行管理提供极大的便利。应用系统中与操作授权处理相关的地方都改为调用授权服务。因此，可以在不改变应用系统的情况下完成对授权模型的转换，进一步增加了授权管理的灵活性。同时，通过采用属性证书的委托机制，授权管理体系可进一步提高授权管理的灵活性。

与 PKI 相比，PMI 负责授权，而 PKI 负责身份认证，两者有很多相似之处，如表 2-1 所示。AA 和 CA 在逻辑上是相互独立的，而身份证书的建立可以完全独立于 PMI 的建立，所以包括 CA 在内的整个 PKI 体系都可以在 PMI 之前建立。虽然 CA 是一个身份认证机构，但并不自动成为权限的认证机构。PKI 与 PMI 的主要区别如下。

1. 两者用处不同

PKI 证明用户是谁，PMI 证明这个用户有什么权限，能干什么，且 PMI 需要 PKI 提供身份认证。

2. 两者所使用的证书类型不同

PKI 使用公钥证书，PMI 使用属性证书。公钥证书可以比喻为护照，用来标识身份，可以用较长的时间，很难伪造，而且申请护照需要一套复杂完备的程序。属性证书更像签证，使用签证还要出示护照来验证身份；签证只能用来表明护照持有者在指定时间和场合可以做什么。

3. PKI 与 PMI 的工作模式不同

PKI 可以单独工作，而 PMI 是 PKI 的扩展，需要依赖 PKI 提供身份认证。

表 2-1　PKI 与 PMI 的比较

事项	PKI	PMI
证书	公钥证书	属性证书
证书的颁发者	CA	AA
证书的使用者	主体	持有者
证书绑定	主体的名称与公钥	持有者的名字与权限属性
撤销	CRL	ACRL
信任源	根 CA 或信任锚	SOA
下级权威	下级 CA	AA

第3章　数据保密性

数据保密性是指数据不泄露给非授权的个人、进程等实体或供其利用的特性，包括数据内容的保密性、数据通信的隐蔽性以及通信对象的不确定性等。数据保密性是最基本的数据安全属性，在数据的整个生命周期均有特定的数据保密需求，涉及保密存储、保密通信、基于加密的访问控制、数据库加密、云数据加密存储和安全计算等技术。本章重点从数据的保密存储和保密通信两个方面对数据保密性技术进行介绍。

3.1　数据保密性概述

大数据时代对数据管理提出了新的要求。2021年9月1日，十三届全国人大常委会第二十九次会议制定的《中华人民共和国数据安全法》正式生效，进一步凸显了数据安全的重要性。保密性是指数据不泄露给非授权的个人、进程等实体或供其利用的特性，包括数据内容的保密性、数据通信的隐蔽性以及通信对象的不确定性等。

在数据生命周期的数据采集、数据存储、数据处理、数据传输、数据交换、数据销毁各个阶段，都有保密性的需求。不同的数据生命周期阶段和应用场景，对数据保密的需求也有所不同。保证数据保密性的主要技术涉及数据加密、隐蔽通信、信息隐藏等技术，在云计算和大数据环境下，还涉及数据在处理、交换、汇聚、共享中的基于加密的云数据访问控制、数据安全计算等特有技术。其中，数据加密、隐蔽通信、信息隐藏主要用于数据保密存储和保密通信(传输)，也是其他数据生命周期阶段和数据应用场景的基础。

传统的数据记录与传输过程往往是通过纸版的物理文档、邮政服务等媒介，这样的方法会产生诸多的安全问题，无法保证数据的保密性。例如，在传递私人信件的邮政服务中，信件的保密性是通过密封信封、加封蜜蜡等方式实现，但这仍然无法保证信件的安全，暴力拆解、扫描泄密等情况屡见不鲜。因此出现了相关法律用以保障私人信件的安全，有效减少了未经授权的拆阅信件行为。同时，技术手段的进步也给数据保密性提供了新方式。新材料、新技术的使用，使得信息的保密技术都得以发展。

随着科学技术的发展，数据存储、传输方式也发生了本质变化。最为常用的就是通过电磁介质存储数据、通过网络传输数据。但新方法没有彻底解决数据保密问题，反而在数据存储、传输的环节中带来了新的安全隐患。传统的保密手段已经不足以应对现代信息的安全保护，这就对以电子方式存储和传输数据的安全保护方式提出了新的要求。保密性是数据安全中极为重要的安全属性，保密性得不到保障，其他安全属性的作用也不可能得到有效发挥。

3.2　数据保密存储

数据保密存储是指利用安全技术对存储设备内的数据进行加密等保护，以防止数据泄露。随着社会经济各领域数字化建设的推进，数据成为经济发展的战略性资源，数据存储需求呈指数级增长。在政务、金融、医疗、交通等不同领域，都有相应的数据保密要求和安全标准。如何在多种类型的数据访问需求下，实现政府数据、商业数据和消费者隐私数据存储的安全性，也对数据存储提出了新的挑战。

数据保密存储以密码学为基础，通过加密、解密算法进行数据保护，数据量小且具有完整意义的数据一般以文件形式存储，数据量大且需要对数据进行查询等复杂管理时一般以数据库形式进行存储。

随着数字化的发展，数据保密存储在保证数据安全性的基础上还增加了数据存取效率的需求，数据的动态交互也成为数据保密存储的重要研究内容。动态加密系统相比于传统的静态加密系统要复杂得多，进程文件关联技术、文件临时重定向技术和上层 Hook 技术的使用使得文件动态交互成为可能，磁盘数据加密系统一般为动态加密，但是磁盘级的数据在存取过程中(即在内存中)是不加密的，只有到达存储设备时才加密，提供的安全保护有限，因此数据保密存储各环节的安全性依然是亟待解决的问题。

3.2.1　数据保密存储原理

数据保密存储需要使用密码学中加/解密的方法，数据保密存储的基本原理模型如图 3-1 所示。

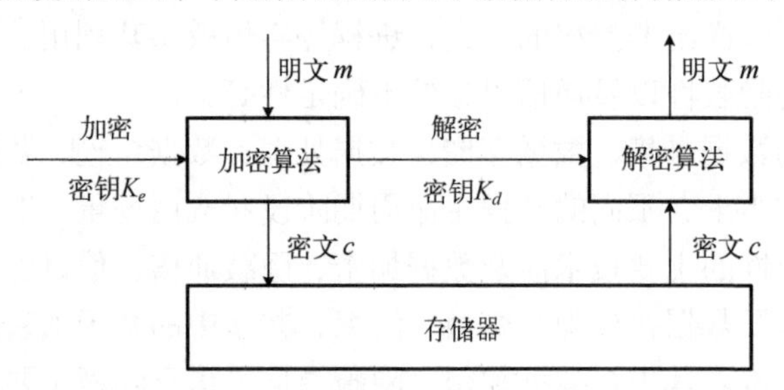

图 3-1　基于加密的数据保密存储的基本原理模型

对于存储的信息，一方利用加密算法 E 及加密密钥 K_e，将明文 m 加密生成密文 c 进行存储。消息共享的其他方利用解密算法 D 及解密密钥 K_d 将密文进行解密得到明文 m。两种密码体制中的解密密钥均是信息授权者私有的，因此未授权者不能从密文中恢复明文，保证了存储数据的保密性。

数据可以在主机上存储，也可以在脱离主机的存储介质上存储。存储在主机上的数据便于查询、插入、删除等处理，而存储在脱离主机的和在磁盘存储介质(包括移动硬盘、U 盘、光盘等)上的数据，便于由人进行保管和携带。数据可以以文件的形式或以数据库的形式进行存储。如果数据量不大或者这些数据具有独立的、完整的意义，一般以文件的形式进行存储；如果数据量较大并且需要对数据进行复杂的查询等操作，依条件进行分类，一般以数据库的形式进行存储。针对不同的存储对象和环境，数据保密存储有其特定的要求、特点和相关技术。根据上述几种存储方式，本章将重点讨论的存储加密方式有文件数据保密存储、数据库保密存储、磁盘数据保密存储。

3.2.2　文件数据保密存储

文件数据保密存储是指硬盘等存储介质上的数据文件被单独加密，一般在主机上实现，适合于个人用户。文件数据保密存储从实现方式上，分为静态加密和动态加密，二者的区别在于使用过程中是否进行加密或解密。

1. 静态加密和动态加密

在文件级加密系统中，常用的实现方法有静态加密和动态加密。静态加密是指在加密期间，要加密的数据处于未使用状态(静态)。这些数据一旦加密，在使用之前，需要静态解密得到明文才能使用。与静态加密不同，动态加密(也称为实时加密)是指系统在使用数据的过程中(动态地)自动地对数据进行加密或解密，而无须用户干预。对于合法用户来说，这些加密文件是“透明”的，即看似未加密，但对于没有访问权限的用户来说，即使是通过其他非常规手段获得的，也因为加密而无法使用。

动态加密技术由于不改变用户习惯，无须用户过多干预即可实现，近年来得到广泛应用。动态加密技术的一个例子是工作电子文件夹加密系统。它是 Windows 操作系统文件系统级的核心加密文件系统驱动程序，属于文件级存储加密模式的实现产品。电子文件夹加密系统主要为整个系统提供基于文件夹路径名的实时、透明、动态的数据加密/解密服务。为了实时加密数据，动态加密必须动态跟踪待加密的数据流，其实现级别一般位于系统内核，因此比静态加密复杂得多。

2. 文件动态加密系统

使用文件存储保密数据存在一个问题：在一个主机中可能存在大量的数据文件，如果对每个文件都使用相同的密钥，不仅给密码分析者提供了大量用于分析的密文，也无法实现通过密钥来控制多个用户对不同文件的访问行为和访问权限；如果每个文件使用不同的密钥，则用户不得不管理所有的这些密钥，这给用户的工作带来巨大的负担。为了解决这一问题，可以采用如下方案：每个用户仅需要分配并记住一个独立密钥，称为该用户的用户密钥，作为用户访问硬盘密文数据的依据。每个文件使用不同的独立密钥加密，称为文件密钥。并且，文件动态加密系统通过用户信息与文件的匹配确定用户的访问权限。

文件级数据加密一般在系统内核实现，其关键是在操作系统的内核中添加加密文件系统驱动程序和加密引擎模块。文件动态加密系统的体系结构如图 3-2 所示。

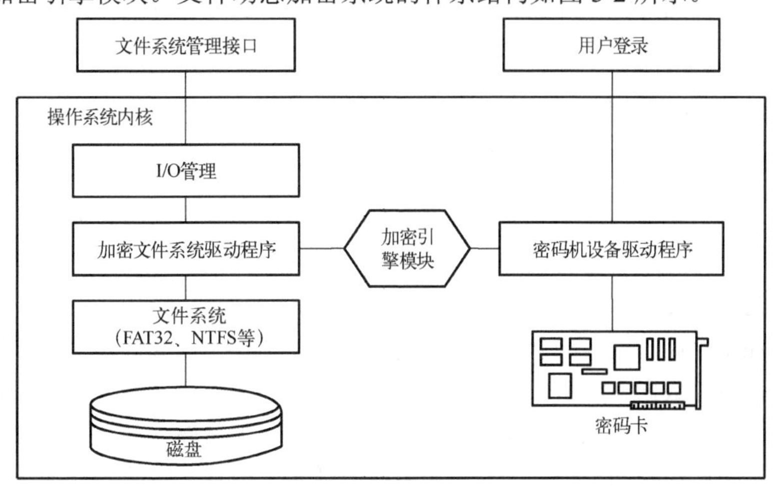

图 3-2　文件动态加密系统的体系结构

实际工作中，每个用户均会分配到一个独立密钥，即用户密钥，每份文件也使用不同的独立密钥进行加密，即文件密钥。

动态加密系统中的加密文件系统驱动程序，是嵌入在操作系统内核开发的文件系统之上、I/O 管理器之下的驱动程序，它拦截所有文件操作，如打开、读、写等操作，在写操作期间调用加密操作，在读操作期间调用解密操作，采用基于文件路径的识别技术(文件重定向)，从而实现文件加密/解密的完全自动化，并能做到与应用无关、对应用透明。

加密引擎模块是以内核模式驱动程序形式实现的，它把加密文件系统驱动程序与密码机驱动程序关联起来，通过加密引擎把密码机驱动的调用嵌入到操作系统的内核，并对外提供标准密码接口。

密码机设备驱动程序随密码机提供，以操作系统核心态的驱动实现，主要负责对密码机的管理和操作等功能。

用户访问磁盘中的加密文件的过程为：用户通过用户密钥登录，与密码机设备驱动程序匹配后，拿到文件密钥，从而访问磁盘中的加密文件。

文件加密技术的核心是通过建立应用程序的进程和相应文件之间的关联来实现对特定文件数据的加密，其优点如下。

(1)用户友好：用户易于接受，无须改变用户的操作习惯或者用户的应用环境。

(2)技术简单：仅涉及进程-文件关联技术、文件重定向技术和钩子(Hook)技术。

但是，文件动态加密技术也有其安全风险和稳定性风险，主要包括以下几个方面。

(1)文件是否加密主要基于应用程序的进程与文件的关系，安全体系与应用的基础环境密切相关，因此，在复杂的应用环境中，安全系统的部署性较差。而且这类安全产品往往由于应用基础环境变化或软件而需要重新开发，给用户环境带来很大的限制和潜在的不稳定性。

(2)采用文件重定向的缓存技术，会形成安全漏洞和造成效率下降。一方面，由于在硬盘中的临时缓存文件以明文形式存在，很容易被文件监控工具发现并复制，导致加密机制失效；另一方面，使用临时缓存文件，相当于文件在硬盘中被读写了两次，导致效率至少下降50%，这对于大文件来说尤其难以接受。

(3)由于在应用程序进程、剪贴板、打印控件等快捷方式中使用了很多钩子技术，很容易造成与加解密软件的冲突，导致系统不稳定，影响用户的正常使用。同时，钩子技术容易造成系统效率下降。

3.2.3 磁盘数据保密存储

磁盘数据保密存储是对存储设备(包括磁盘、U 盘、光盘等)上的数据进行加密。磁盘数据加密一般在主机上实现，用于个人用户对数据的保护，但它也可以在服务器上实现，用于保护数据库表空间，此时，需要配合其他访问控制产品，如数据库访问控制等，实现磁盘的用户对表空间的访问控制。

磁盘数据保密存储一般是动态加密。它为用户应用提供了很高的透明度，将数据写入磁盘时就加密，读出时数据就解密。数据在使用过程中，系统自动对数据进行动态扇区级的加密或解密操作，无须用户干预。表面看来，合法用户访问加密磁盘与访问未加密磁盘基本相同，但对于没有访问权限的用户，加密的磁盘就好像是未格式化一样，无法访问。但是，磁盘级数据保密性提供的保护非常有限。数据在传输过程中不加密，只有在到达存储设备时才加密。所以磁盘级的数据保密存储只能防止有人窃取物理存储设备，使用时应谨慎。

与文件加密技术相比，磁盘数据加密技术是一种在磁盘扇区级别采用的加密技术。一般来说，磁盘加密技术与上层应用无关，只对特定磁盘区域的数据进行加密或解密。文件加密技术的缺点是不能适应复杂的应用环境，系统效率明显下降。磁盘加密技术的缺点是需要调整用户应用环境。用于磁盘数据加密的主要技术如下：

(1) 为数据保密区域对写入磁盘的数据进行加密或解密；

(2) 对于非保密区域，根据需要允许或禁止对磁盘原始数据的读写操作；

(3) 协助其他系统控制技术实现涉密数据的加密和保护。

就磁盘数据存储加密的实现方式而言，磁盘级加密可以以软件方式在操作系统内核实现，也可以以硬件方式在设备级实现，如加密硬盘、加密 U 盘、加密光驱等。磁盘级数据加密在操作系统内核的实现方式主要有两种：卷过滤加密方式和虚拟磁盘加密方式，这两种实现方式分别适应不同的工作条件和加密需求。下面分别介绍这两种实现方式。

1. 卷过滤加密方式

卷过滤加密方式是直接对物理逻辑卷的加密，如图 3-3 所示。

这种加密方式可以实现以扇区为单位的逻辑卷加密。物理逻辑卷的加密是在操作系统的核心实现一个磁盘存储加密过滤驱动程序，该程序位于文件系统的下层，挂接在磁盘存储系统磁盘存储驱动程序之上。卷过滤加密方式的工作原理是：磁盘存储加密过滤驱动程序把所有的存储 I/O 请求拦截住，按需要修改其请求，看看是否需要加密/解密，如果需要则调用加密模块实现物理扇区的加密。加密模块是对密码算法模块（或硬件密码卡）在系统内核的调用的封装，是一个伪驱动程序。密码算法模块根据硬件的配置，支持 1 块或 2 块密码卡。系统管理模块控制加密磁盘的建立和删除等操作，用户登录模块负责加密模块的密钥控制，如密钥的注入、算法的开启等操作。

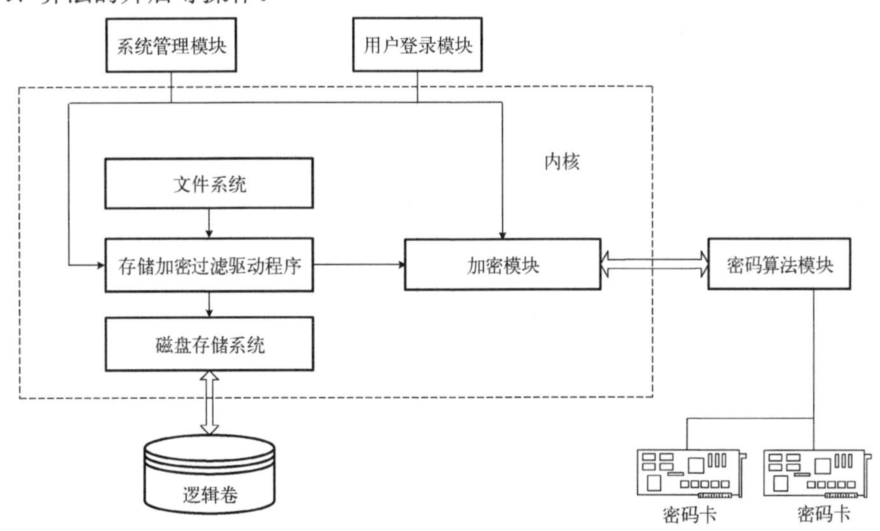

图 3-3　卷过滤加密系统

2. 虚拟磁盘加密方式

虚拟磁盘加密是在操作系统的核心实现一个虚拟磁盘加密驱动程序，它是运行在

Windows 系统下的设备驱动程序。虚拟磁盘加密系统如图 3-4 所示。所有数据访问工作依据磁盘设备驱动程序技术规范，但利用密码服务读/写到一个映像文件上而非读/写到物理介质上。虚拟磁盘加密驱动程序挂接在操作系统的 I/O 管理器和文件系统之间，把一个大文件格式化为指定的文件系统，并映射为一个虚拟逻辑卷。虚拟磁盘读写操作时实际操作的是映像文件，通过对映像文件读写操作过程实施加密/解密操作，实现了虚拟磁盘的加密。通过此方式可以实现以扇区为单位的对虚拟逻辑卷的加密。

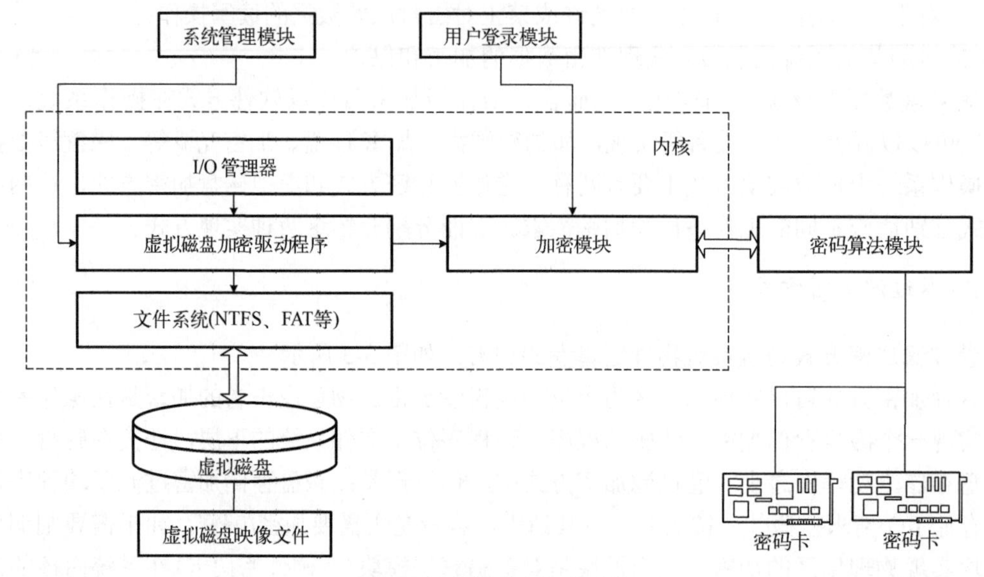

图 3-4　虚拟磁盘加密系统

在上述两种实现方式中，将加密模块(加密引擎)以系统驱动的形式挂接在系统内核中，这样才能做到对用户透明。在操作系统的内核开发存储加密过滤驱动程序和加密引擎，与操作系统结合十分紧密，只有这样才能改造操作系统的存储部件为安全存储部件，达到磁盘存储加密的目的。

磁盘存储加密系统软件模块结构如图 3-5 所示。系统软件可以抽象为三个层次：系统层、接口层、应用层。系统层在操作系统的内核，包括分区加密驱动程序、虚拟磁盘加密驱动程序、中间层驱动程序和密码机驱动程序；接口层在应用层和系统层之间，包括控制接口库、密码接口库等模块，它调用系统层所封装的调用接口，并为应用层可调用的应用编

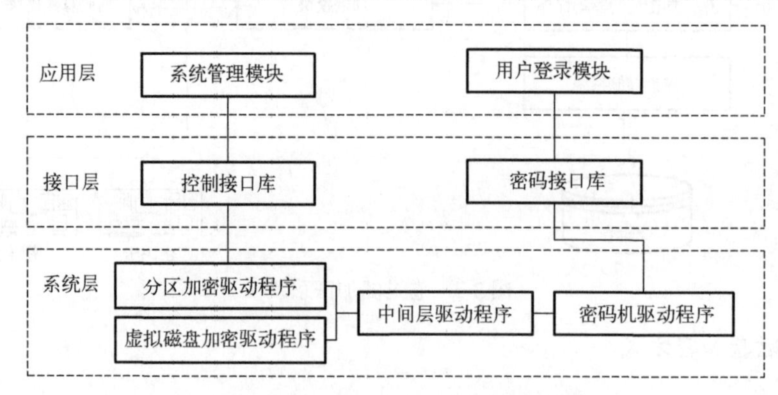

图 3-5　磁盘存储加密系统软件模块结构

程接口(Application Programming Interface，API)。应用层提供面向用户的管理及用户使用的应用界面(Graphical User Interface，GUI)，包括系统管理、用户登录等模块。

3.3　数据保密通信

数据的保密通信至少可以追溯到 4000 年前。它是在敌对环境中保护通信安全的重要手段，特别是在战争和外交场合。在信息时代，数据是承载信息的基础，信息交换离不开数据传输。数据采用电子形式在各种形式的信道中进行传输，这在带来方便的同时，也带来了安全隐患。一些黑客通过窃听来截取线路上传输的数据。有些使用电磁窃听来截获无线电传输的数据。传输的数据虽然都是电子形式，但是规律性很强，很容易被破译截获，因而需要采取相应的安全手段以保证数据的安全传输。

3.3.1　数据保密通信原理

基于密码的数据传输保密模型如图 3-6 所示。

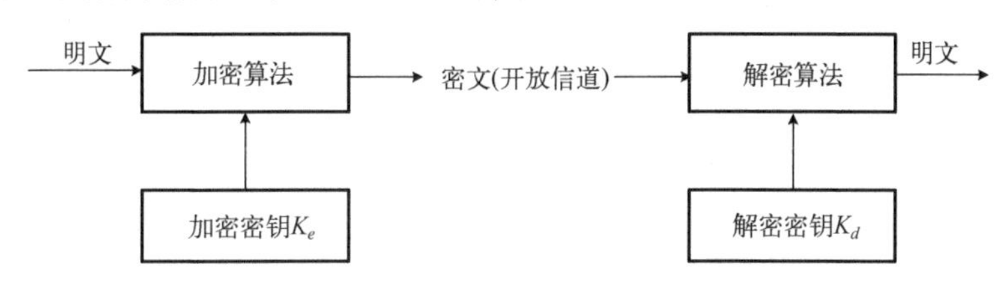

图 3-6　基于密码的数据传输保密模型

对于要传输的信息，发送方使用加密算法 E 和加密密钥 K_e 对明文信息 m 进行加密，生成密文 c 进行传输。给定的接收者通过使用解密算法 D 和解密密钥 K_d 来解密密文以得到明文 m 。在对称密码体制中，加解密密钥相同，收发双方共享的密钥也要通过安全的信道进行传输。在公钥密码体制中，消息的发方使用接收方的公钥 K_e 对要传输的明文信息 m 加密生成密文 c ，收方使用其私钥 K_d 对 c 进行解密恢复。未授权者由于不知道解密密钥，因此不能从密文中恢复明文信息，从而保证了传输信息的保密性。

将密码学方法应用于网络通信环境的方式和具体的网络体系结构是分不开的。目前常见的网络体系结构主要有 ISO/OSI 开放系统互连模型和 TCP/IP 体系结构。前者是一个概念性模型，后者是事实上的国际标准，是目前应用最为广泛的体系结构。TCP/IP 体系结构从下至上分为网络接口层、网际互联层(IP 层)、传输层和应用层。从理论上来说，加密模块(可以是软件模块也可以是硬件设备)可置于网络体系结构的任何层。实际应用中，由于 IP 层及其以下提供了数据传输的信道，因此，将在 IP 层及其以下层加密实现的保密通信称为信道保密通信，包括在链路层或者物理层实现加密的链-链加密和在 IP 层实现加密的 IP 层加密；由于传输层协议实体大都与用户终端的应用相关，因此，将在传输层及其以上层加密实现的保密通信称为端-端加密。这些网络加密方式各有各的特点和适用环境。

针对不同的传输信道(有线信道、无线网络信道、卫星信道等)，数据的加密传输有不同的要求和特点。对无线网络信道而言，虽然它有许多不同的通信协议，但是其传输加密的基本方法与有线网络信道是一样的。

3.3.2　信道保密通信

1. 链-链加密

链-链加密方式，是指发生在数据链路层或物理层的加密。因为物理层传输的是连续的比特流，不易进行直接的加密传输。但是，从链路层开始，这些比特流就按一定的协议进行分割，在链路层就是分帧，此时就可以依据协议的要求，对有逻辑意义的帧进行加密传输。此时的链路就是一种信道。如图 3-7 所示，面向链路的加密方法将网络视为一组由链路连接的节点，每条链路独立加密。链路加密为直接物理相邻的两个节点之间的通信链路中的信息提供了安全性。

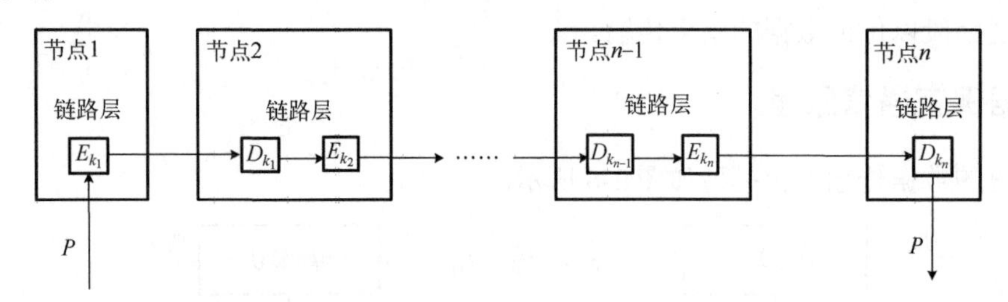

图 3-7　链-链加密方式的工作原理

链-链加密方式对链路层的帧中的全部数据进行加密，不仅要加密数据消息正文，还要加密所有上层控制信息，如 IP 层的路由信息和校验和等。因此，当帧中的加密数据被传输到中间路由节点时，它必须被解密以获得路由信息和校验和，进行路由选择和错误检测，然后被加密并发送到下一个物理相邻的节点，直到数据消息到达目的节点。可以看出，在链-链加密模式下，数据在通信链路中处于密文状态，而在网络中间节点中处于明文状态，因此，这就要求网络中的每个中间节点是可信的并受到安全保护。

这种类型的加密容易实现，安全性较高。因为链路层之上的所有信息都有加密保护，即加密范围涵盖了用户数据、路由信息、协议信息等。因此，攻击者不会知道通信的发送者和接收者的身份、消息的内容，甚至不知道消息的长度和通信的持续时间。系统的安全性将不依赖于任何传输管理技术。此外，链路的两端可以独立于网络的其他部分更改密钥。加密在每个通信链路上独立进行，每个链路也可以使用不同的加密密钥。因此，一个环节上的错误不会延伸到其他环节、影响其他环节上的信息安全。

链路加密也存在固有的缺陷。首先，由于整个连接中的每一个环节都需要加密保护，这对于具有不同架构子网的较大网络，加密设备、策略管理的开销是巨大的。其次，由于数据在网络中间节点中处于明文状态，因此链-链加密仅提供数据在网络物理相邻节点之间的链路上的保密性。最后，链-链加密的密钥管理比较复杂，在大型网络中，需要给每一条线路的两端节点安全分发共享密钥，密钥数量多，开销较大。

综上所述，链-链加密方式适用于规模较小、结构简单的网络。对于中间节点有自己的控制权的网络，可以在少数需要保护的链路上进行链-链加密，这样只需要少量的加密设备，就可以实现保密通信，系统性能不会降低太多，加密成本也不会太高。

2. IP 层加密

IP 层加密与链-链加密的基本原理是相同的。它们之间的区别在于，IP 层并不是对每个物理或逻辑链路上的信息进行加密，而是在网络层对源节点发出的 IP 报文的载荷信息进行加密。

在 IP 层加密中，数据报文只有在到达目的 IP 节点时才会被解密。在源节点和目的节点之间可能有多种不同的链路拓扑结构，但对于 IP 层加密来说，由于在链路层封装的帧中，IP 报文的首部并没有加密，因此当帧到达下一相邻节点时，解封装帧到 IP 层，得到 IP 报文，中间节点可利用 IP 报文首部信息中的控制信息进行路由，而无须解密 IP 报文载荷数据。IP 报文的载荷只需在报文的目的 IP 地址节点处解密即可。IP 层加密方式的工作原理如图 3-8 所示。

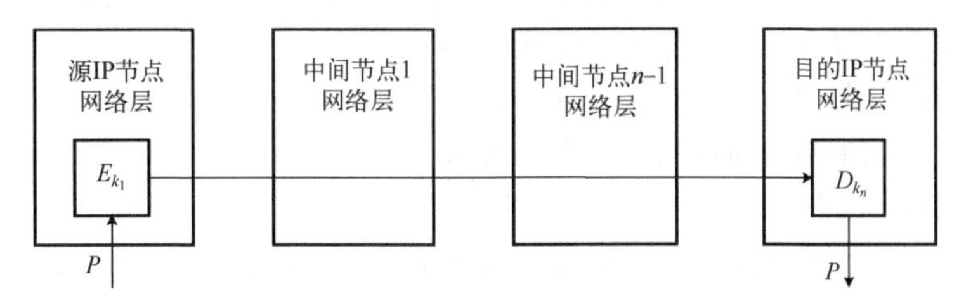

图 3-8　IP 层加密方式的工作原理

IP 层加密的优点如下：一方面，降低了安全成本，提高了通信效率，无须在每个节点都配置链路密码机，IP 报文在其目的 IP 节点才解密，因此省去了链-链加密需要大量中间节点的解密-再加密通信开销；另一方面，IP 层加密无须在中间节点配置密钥，其密钥管理较链-链加密方式简单得多，可以更方便地用公钥基础设施(PKI)实现密钥的分发与共享。

IP 层加密也有缺点。由于这种类型的加密方式加密的范围不再包括 IP 层路由信息，攻击者可以获得明传的路由信息，在此基础上可以对目的 IP 节点进行重点攻击，还可以进行流量攻击等。因此，从攻击者在链路上获取的信息的多少来说，IP 层加密在安全性方面较链-链加密方式要低。

综上所述，IP 层加密一般适用于结构复杂、规模较大的网络。在实际的环境中，选择链-链加密还是 IP 层加密，可以依据不同的环境状况，结合它们各自的特点来选择。例如，如果需要通信的两个网络节点之间有多条链路，此时可以采用 IP 层加密，适度降低安全成本，提高通信效率；如果需要通信的两个网络节点之间有一条或少数几条链路，并且中间节点相对安全，则此时可以采用链-链加密方式，在提高安全性的同时，不会过度提高安全成本和影响通信效率。

3.3.3　终端保密通信

终端加密方式，也称为端-端加密，也就是说，加密模块被放置在网络层之上。发送者将信息加密之后，这些信息变成了不可读和不可识别的数据，然后，用网络传输这些加密数据到接收者，由接收者解密出原始的信息。终端加密方式的工作原理如图 3-9 所示。

由于端-端加密方式的加密和解密由源节点的发送者和目的节点的接收者完成，因此，这种方式可以根据通信对象的要求来改变加密密钥，根据应用程序来管理密钥，也可以以文件为加密对象进行保密传输。端-端加密从加密端节点到解密端节点，数据在整个传输过程中保持密文形式，不会出现链-链加密中数据在网络中间节点中处于明文状态的现象。端-端加密

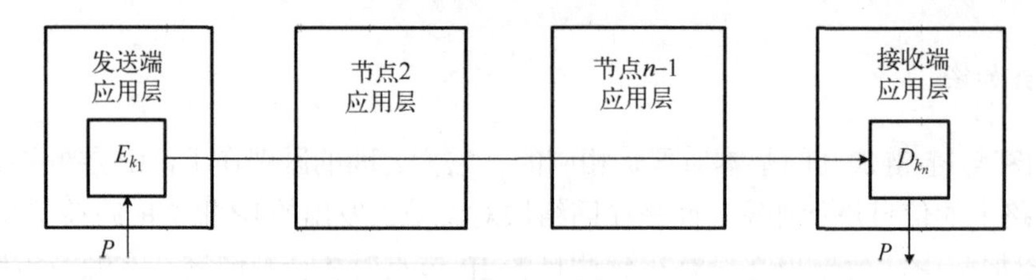

图 3-9　终端加密方式的工作原理

的加解密操作对中间节点透明，能够大大降低安装设备的成本和复杂的策略管理、密钥管理带来的麻烦。而且由于加密范围限于应用层、传输层等高层协议的数据上，所以易于为不同的流量提供不同的服务质量(Quality of Service，QoS)，也方便对特定流量、用不同的加密强度进行加密，有利于提高效率，优化系统性能。

端-端加密也有其缺点。首先，因为通信环境通常很复杂，所以在网络上的两个终端用户之间成功地建立密钥是相当困难的。其次，端-端加密无法保护数据传输过程中的一些信息，如路由信息、协议信息等。熟练的攻击者可以借助这些信息发起一些流量分析攻击。再次，端-端加密设备(模块)的实现比较复杂，需要设备了解服务提供层的协议，并成功调用这些服务。最后，需要在设备(模块)中对数据进行加解密，并完成处理后的数据与上层协议的交互。如果加密设备不能为上层协议提供良好的服务接口，将会对通信性能产生很大的影响。

端-端加密可以以更高的灵活性和更低的加密成本实现数据保密传输。一般来说，它适用于如下情况：对于加密通信发生在不同的安全域之间(对中间节点没有自控权)；数据通信通过的链路很多，不能承受链路加密庞大的设备开销；仅需要对传输层、应用层的文件和邮件等实体的内容进行保护，但对实时性要求不高等。

从以上描述中可以看出，链-链加密、IP 层加密和端-端加密各有优劣，它们之间优缺点的比较如表 3-1 所示。在选择加密方案对通信实施保护的时候，应依据使用的网络及安全强度需求的实际情况，选择合理的方案。同时，这三种加密方式也是互补的，将它们相结合，可构造一种安全强度更高的网络保密通信方案。例如，将链-链加密与端-端加密相结合，一方面可使攻击者不能通过流量分析进行攻击，另一方面又可减少网络节点中明文数据泄露带

表 3-1　链-链加密和终端加密优缺点的比较

	链-链加密	IP 层加密	端-端加密
节点内部安全	①发送和接收主机内部信息暴露； ②路由节点内部信息暴露	①发送和接收主机内部信息暴露； ②路由节点内部信息处于密文状态	①通信过程中，发送和接收主机内部信息处于密文状态； ②交换节点内部信息处于密文状态
使用规则	①进入链路进行加密； ②加密对用户不可见； ③选择链路是否加密； ④对所有用户都便利	①发送主机使用加密； ②加密对用户不可见； ③选择是否对 IP 载荷加密； ④对所有用户都便利	①发送进程使用加密； ②加密对用户可见； ③用户选择加密算法； ④用户决定是否加密； ⑤适合于软件实现
有关实现	①每一对物理相邻主机需要一个密钥； ②每一个节点都需要加解密硬件或软件； ③通常使用硬件实现	①每一对源主机和目的主机之间需要一个密钥； ②只有数据报文到达其目的节点才解密； ③可以使用硬件、软件实现	①每一对用户需要一个密钥； ②终端主机都需要硬件加密设备或软件加密模块； ③可以使用硬件、软件实现

来的安全风险。此外，这三种加密方式的密钥管理可以完全分开：网络管理员仅关心物理链路或者 IP 层加密所使用的密钥，而每个用户只负责端-端加密所需要的密钥。但是，这种结合方案的系统开销很大，代价昂贵，应用时需要慎重考虑。

3.3.4　隐蔽通信

传统的加密算法大多是基于实际的安全性，即计算机短时间内无法破解。然而，随着新型计算模式的不断出现，这一基础很可能将动摇。有没有不依赖加密解密算法的安全通信方法呢？隐蔽通信(Convert Communication)，也称作低检测概率(Low Probability of Detection, LPD)通信，就是通过通信双方的隐藏信息传输，防止窃听者发现通信信号，从源头上避免窃听者侦测到信息。Wyner 在 1975 年提出了窃听信道模型，并指出当窃听者的信道是合法接收者的降级信道时，有一定的方法可以最大化发送者到合法接收者的传输速率，而不向窃听者透露任何信息。随着无线通信传输速率的提高，受 Wyner 模型的启发，研究人员设计了多种无须密码的安全无线通信机制。他们的出发点是利用无线信道和噪声的随机性，使合法接收者的信道优于窃听者的信道，以限制非法接收者可以获取的信息量。传统的信息加密技术和物理层安全技术研究都无法解决隐私问题，因为窃听者可以通过分析窃听的流量数据获取关键的加密信息。如何使信息不被破解、隐藏信号源是隐蔽通信研究的重点。

1. 隐蔽无线通信系统下的容量

无线信道安全容量分析是隐蔽通信研究的基础。安全性决定了合法接收者能正确接收而窃听者不能接收的信息的最大可达通信速率，以及通信网络能提供的服务质量。图 3-10 描述了隐蔽无线通信的基本模型，其中 Alice 代表发送者，Bob 代表接收者，Eve 代表窃听者，h_{ae}、h_{be}、h_{ab}和h_{ba}分别表示 Alice 与 Eve 以及 Bob 之间通信链路的信道衰落系数，即信道状态信息。

隐蔽通信方案的出发点是合法接收者的信道条件优于窃听者。该模型下的安全容量可描述为

$$C_s = C_M - C_E \tag{3-1}$$

式中，C_M 和 C_E 分别表示合法通信信道和窃听信道的信道容量。在衰落信道中，合法接收者和窃听者的信道容量为

$$\begin{cases} C_M = \log_2(1+\gamma_M) \\ C_E = \log_2(1+\gamma_E) \end{cases} \tag{3-2}$$

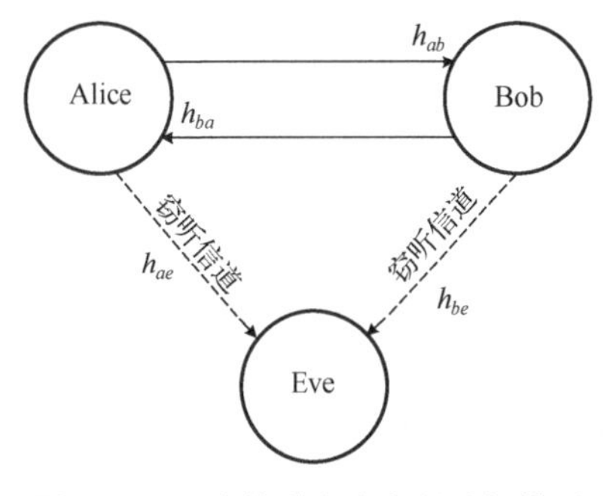

图 3-10　无线信道安全容量分析模型

式中，γ_M 和 γ_E 分别表示合法接收信道和窃听信道的信噪比。因此，如果发送者能够获得合法接收者和窃听者的完整信道状态信息，就有办法实现上述安全容量。除了安全容量，控制窃听者信噪比的方法也可以在一定程度上限制窃听者的行为。

2. 隐蔽通信方案

隐蔽通信方案主要关注多天线系统中空间冗余的利用，通过波束形成、人工噪声、中继节点设计和功率分配来优化系统的安全容量。

1) 波束形成

波束形成可视为一种预编码技术，其中迫零波束形成又称信道求逆，在多用户迫零波束形成系统中，发送端依据信道状态信息设计波束形成向量，消除多用户间干扰，实现分集增益。它被广泛应用于多输入多输出(Multiple-Input Multiple-Output，MIMO)通信系统和协作中继网络中。其核心思想是通过使传输信号处于非法接收者的零空间来防止数据被非法目标节点接收。假设波束形成向量是 w，则其应当满足 w 位于 h_{ae} 的零空间内，即 $h_{ae}w=0$ 。但在实际中，窃听者的信道状态信息很难获取，因此对 w 的设计影响也较大。

2) 人工噪声

人工噪声是增强系统安全性的有效手段。通过在传输信号中加入适当的人工噪声，可以在实现对窃听者强干扰的同时，保证合法接收者不会受到太大影响，从而提高用户的安全通信速率。这种方法会牺牲一部分发射功率，人为增加合法接收者和窃听者之间的信道条件差距。因此，即使合法接收者的信道噪声大于窃听者的信道噪声，在这种方法下仍然可以进行安全传输。

3) 协作通信

在长距离无线通信系统中，发送方的发射功率是有限的，因此需要协作中继。虽然中继可以有效抵抗无线信道的衰落，但中继节点同时也可能窃取转发的信息。中继节点主要以两种方式处理接收到的信号：放大转发(Amplify-and-Forward，AF)和解码转发(Decode-and-Forward，DF)。在 AF 模式下，中继节点收到源节点的信息后，适当放大后转发给目的节点；在 DF 模式下，中继节点首先对接收到的信息进行解码，然后重新编码、调制并将信号转发给目的节点。此外，在不同的中继模式下，系统的安全容量是不同的。由于 AF 中继模式不需要解码，窃听成功率低，比 DF 模式能更有效地提高系统的安全率。

3.3.5　信息隐藏

1. 信息隐藏概述

信息隐藏是将秘密信息隐藏到一般的非秘密数字媒体文件(如图像、声音、文档)中，从而不被对手发现的一种方法，比如古代的藏头诗。

信息隐藏不同于传统的密码学。密码学主要研究如何对秘密信息进行编码，形成不可识别的密文，以防止对手破解。信息隐藏主要研究如何将某一保密信息秘密地隐藏在另一个公开信息中，然后通过公开信息的传输来传递该保密信息，如图 3-11 所示。对于加密通信，监

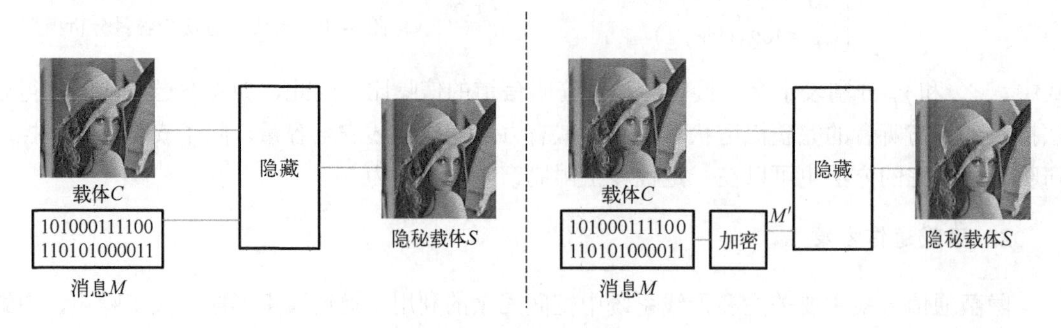

图 3-11　信息隐藏

听者或非法拦截者可以截获密文并解密，或者在发送前销毁密文，从而影响保密信息的安全；而对于信息隐藏，监控者或非法拦截者很难从公开信息中判断保密信息是否存在，并拦截保密信息，从而保证保密信息的安全。多媒体技术的广泛应用为信息隐藏技术的发展提供了更广阔的领域。

2. 信息隐藏的分类

对信息隐藏技术可进行如下分类。

(1) 按载体类型分类：包括基于文本、图像、声音、视频的信息隐藏技术。

(2) 按密钥分类：如果嵌入和提取使用同一个密钥，称为对称隐藏算法；否则称为公钥隐藏算法。

(3) 按嵌入域分类：可分为空间域(或时间域)法和变换域法。空间域法是将载体信息中的冗余部分替换为要隐藏的信息；变换域法是指将待隐藏的信息嵌入到载体的变换空间(如频域)中。

(4) 按提取要求分类：如果不需要原始载体 C 来提取隐藏信息，称为自隐藏，否则称为非盲隐藏；显然，使用原始载体数据更容易检测和提取信息，但在诸如数据过于庞大等情况下，使用原始载体检测和提取信息往往很困难。

(5) 按保护对象分类：可分为隐写术和数字水印技术。隐写术的目的是在不引起任何怀疑的情况下秘密传输消息，而数字水印是指嵌入数字产品中的数字信号，其目的是保护版权、证明所有权和保护完整性。

3. 信息隐藏技术的特点

信息隐藏技术必须考虑正常信息操作带来的威胁，即使保密信息对正常数据操作技术免疫。这种免疫的关键是使隐藏的信息不容易被正常的数据操作(数据压缩、信号转换等)破坏。根据信息隐藏的目的和技术要求，该技术具有以下特点。

(1) 透明性：也称隐蔽性，是信息伪装的基本要求。利用人的视觉系统或听觉系统的属性，经过一系列隐藏处理后，目标数据有明显的退化现象，但隐藏的数据是无法人为看到或听到的。

(2) 鲁棒性：指隐藏信息不会因图像文件的某些改变而丢失的能力。这里所谓的“修改”包括信道噪声、滤波、有损编码压缩等。

(3) 不可检测性：指隐藏的载体与原始载体具有相同的特征。例如，统计上相似的噪声分布，使非法拦截者无法判断是否存在隐藏信息。

(4) 安全性：指隐藏算法具有很强的抗攻击能力，即必须能够承受一定程度的人为攻击，这样隐藏的信息才不会被破坏。

(5) 自恢复性：指隐藏载体被破坏后，仅从剩余的片段数据中仍能恢复出隐藏信号，恢复过程不需要宿主信号。

(6) 对称性：一般信息隐藏和提取过程具有对称性，包括编码和加密，以降低访问难度。

(7) 可纠错性：为了保证隐藏信息的完整性，并使其在经过各种运算和变换后能很好地恢复，通常采用纠错编码的方法。

4. 二进制图像中的信息隐藏

二值图像以黑白像素的方式分布，包含冗余信息，且在传输过程中易受到传输错误的影响，因此不具有鲁棒性。

Zhao 等于 1998 年提出了一种隐藏方案，即利用特定图像区域中黑色像素的数量来编码秘密信息。将二值图像划分成矩形图像区域，取和为图像块中黑白像素的百分比。具体来说，如果块> 50%，则嵌入 1，如果块 ＜50%，则嵌入 0。在嵌入的过程中，为了达到期望的像素关系，需要修改一些像素的颜色。在那些相邻像素具有相反颜色的像素中进行修改；在具有鲜明对比的二值图像中，应该修改黑白像素的边界。具体算法如下表所示。

嵌入算法：在二进制图像中的数据嵌入过程

for i=1,…,$l(M)$ do
do forever
随机选取一图像块 B_j
/*随机检查 B_j 是否有效*/
if $P_1(B_j) > R_1 + 3\lambda$ or $P_1(B_j) < R_0 - 3\lambda$ 则继续
if $(c_i = 1 \text{ and } P_1(B_j) < R_0)$ or $(c_i = 0 \text{ and } P_1(B_j) > R_1)$ then
将图像块 B_j 标记为不可用，即修改该图像块使得：
$P_1(B_j) < R_0 - 3\lambda$ or $P_1(B_j) > R_1 + 3\lambda$
continue
end if
break
end do
/*在 B_j 中嵌入秘密消息位*/
if $c_i = 1$ then
修改 B_j 使得 $P_1(B_j) \geqslant R_1$ 且 $P_1(B_j) \leqslant R_1 + \lambda$
else
修改 B_j 使得 $P_0(B_j) \leqslant R_0$ 且 $P_0(B_j) \geqslant R_0 - \lambda$
end if
end for

提取算法：在二进制图像中的数据提取过程

for i=1,…,$l(M)$ do
do forever
随机选取一图像块 B_j
if $P_1(B_j) > R_1 + 3\lambda$ or $P_1(B_j) < R_0 - 3\lambda$ 则继续
break
end do
if $P_1(B_j) > 50\%$ then
$m_i \leftarrow 1$
else
$m_i \leftarrow 0$
end if
end for

Matsui 等于 2009 年提出了一种不同的嵌入方案，该方案使用无损压缩系统对传真图像中的信息进行编码。根据国际电话电报咨询委员会(International Telephone and Telegraph

Consultative Committee，CCITT）的建议，传真图像可以用游程长度、RL 编码和霍夫曼编码进行编码。RL 技术是基于这样一个事实：在二值图像中，连续像素具有相同颜色的概率非常高。图 3-12 显示了传真文件中的扫描线，a_i 指示了颜色变化的位置。RL 方法不再显式编码第一个像素颜色，而是从颜色变化的位置（a_i）和 a_i 相同颜色的像素个数 RL$\langle a_i, a_{i+1}\rangle$ 开始进行编码。假定扫描行如图 3-12 所示，可编码为：$\langle a_0,3\rangle,\langle a_1,5\rangle,\langle a_2,4\rangle,\langle a_3,2\rangle,\langle a_4,1\rangle$。因此可以用一个 RL 元素序列 $\langle a_i,\mathrm{RL}(a_i,a_{i+1})\rangle$ 来描述一个二值图像。

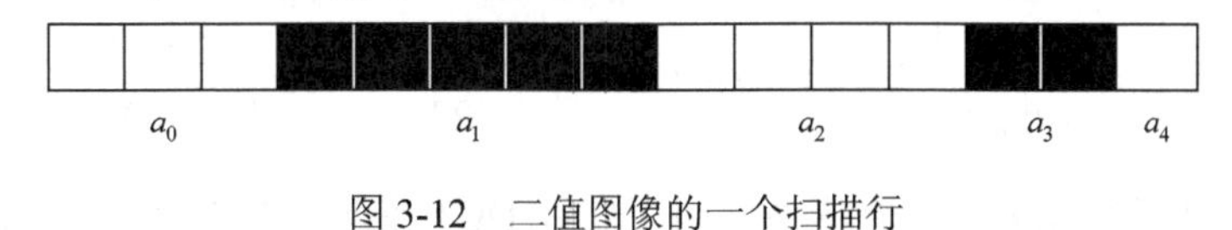

图 3-12　二值图像的一个扫描行

通过修改 $\mathrm{RL}(a_i,a_{i+1})$ 的最低比特位，可以在一个二值的游程编码图像中嵌入信息。在编码处理中修改二值图像的 RL，若第 i 个秘密消息位 m_i 为 0，则令 $\mathrm{RL}(a_i,a_{i+1})$ 为偶数；否则 $\mathrm{RL}(a_i,a_{i+1})$ 为奇数，表示 m_i 为 1。

5. 变换域隐秘技术

通过修改最低有效位（Least Significant Bit，LSB）嵌入信息的方法简单，然而，这种方法对于伪装载体的最小修改具有很大的脆弱性。如果攻击者想要彻底破坏数据，只需要使用信号处理技术，那么即使是有损压缩的微小变化，也可以破坏整个数据。

在信息隐写术的发展中，在频域嵌入信息比在时域嵌入信息更稳健。大多数已知的鲁棒信息隐写系统作用于频域。

域隐写术是将信息隐藏在载体图像的突出区域，比 LSB 方法更能抵抗攻击，如压缩、裁剪等图像处理。变换域隐写不仅能更好地抵抗各种信号处理，而且能保持人类感官不可感知。目前，变换域的主要隐写技术包括离散余弦变换、小波变换等，变换可以在整张图像上进行，也可以在某个分块上进行。但实际应用中，隐秘信息量与方法鲁棒性之间存在着矛盾，这表示无法在保证鲁棒性的同时无限量地隐藏信息。

在频域中进行信号变换，长度为 N 的序列的离散傅里叶变换（Discrete Fourier Transform，DFT）定义为

$$S(k)=F\{s\}=\sum_{n=0}^{N-1}s(n)\exp\left(-\frac{2\mathrm{i}n\pi k}{N}\right) \tag{3-3}$$

式中，$\mathrm{i}=\sqrt{-1}$ 为虚数单位，相应的逆变换为

$$s(k)=F^{-1}\{s\}=\frac{1}{n}\sum_{n=0}^{N-1}S(n)\exp\left(\frac{2\mathrm{i}n\pi k}{N}\right) \tag{3-4}$$

DCT 变换定义为

$$\begin{aligned} S(k)=D\{s\}&=\frac{C(k)}{2}\sum_{j=0}^{N}s(j)\cos\left(\frac{(2j+1)k\pi}{2N}\right) \\ s(k)=D^{-1}\{s\}&=\sum_{j=0}^{N}\frac{C(j)}{2}S(j)\cos\left(\frac{(2j+1)k\pi}{2N}\right) \end{aligned} \tag{3-5}$$

式中，若$u=0$，则$C(u)=\frac{1}{2}$，否则$C(u)=1$。在实际应用中，DCT 变换的优势在于序列 s 和 $D(s)$ 能够保持性质一致，即若 s 为实数序列，则 $D(s)$ 也为实数序列。

在图像中需要使用二维 DCT 变换，具体为

$$
\begin{aligned}
S(u,v) &= \frac{2}{N}C(u)C(v)\sum_{x=0}^{N-1}\sum_{y=0}^{N-1}s(x,y)\cos\left(\frac{(2x+1)u\pi}{2N}\right)\cos\left(\frac{(2y+1)v\pi}{2N}\right) \\
s(x,y) &= \frac{2}{N}\sum_{x=0}^{N-1}\sum_{y=0}^{N-1}S(u,v)C(u)C(v)\cos\left(\frac{(2x+1)u\pi}{2N}\right)\cos\left(\frac{(2y+1)v\pi}{2N}\right)
\end{aligned} \tag{3-6}
$$

有损数字图像压缩 JPEG 方法就是使用了二维 DCT 变换。JPEG 首先是将压缩的图像转化为 YCbCr 颜色空间，并把每一个颜色平面分成 8×8 的像素块。然后，对所有的块进行 DCT 变换。在量化阶段，对所有的 DCT 系数除以预定的量化值(表 3-2)并取整。该过程能够调整图像中不同频谱成分的影响，尤其是减小了最高频的 DCT 系数，从而减少了图像噪声和一些不重要的细节。最终获得的 DCT 系数通过熵编码器进行压缩。在 JPEG 译码时，逆量化所有的 DCT 系数，然后执行逆 DCT 变换重构数据。恢复后的图像接近于原始图像，恢复后的图像质量可以通过量化值来调整，如图 3-13 所示。

表 3-2 在 JPEG 压缩方案中使用的量化值(亮度成分)

(u,v)	0	1	2	3	4	5	6	7
0	16	11	10	16	24	40	51	61
1	12	12	14	19	26	58	60	55
2	14	13	16	24	40	57	69	56
3	14	17	22	29	51	87	80	62
4	18	22	37	56	68	109	103	77
5	24	35	55	64	81	104	113	92
6	49	64	78	87	103	121	120	101
7	72	92	95	98	112	100	103	99

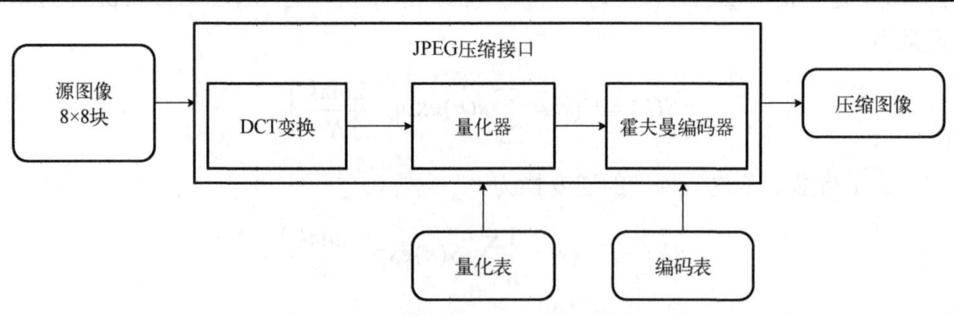

图 3-13 JPEG 图像压缩算法流程图

第 4 章　数据完整性与认证性

数据完整性重点关注数据在传输和存储过程中的数据内容是否被破坏，而数据认证性则是指数据具有可识别、可验证的特性。本章将从消息认证与数字签名、数据完整性校验、时间性认证与实体认证、数字产品确权与防伪四个方面介绍数据完整性与认证性的相关理论与方法。

4.1　数据完整性与认证性概述

数据完整性验证即是对数据内容的认证，是确认数据在存储或传输过程中未被截获、篡改、删除的过程，它保证接收方收到的数据内容与发送方所发送的内容是一致的，或者存储的数据未被修改过。数据完整性可能由于硬件或软件故障、用户的恶意行为或敌人的攻击、用户的疏忽等而遭到破坏。在缺乏完整性验证的系统中，一旦发生数据被非法篡改且未能被及时发现，将很可能导致系统崩溃或埋下安全隐患。数据完整性保护分为两种措施：预防和检测。预防措施是在非法操作前验证用户的合法性，拒绝操作实施，加密技术就是保护数据完整性的预防性措施之一。检测措施并不阻止完整性的破坏，它只是检查数据的完整性并提供检查结果，通常采用数据完整性校验方法实现检测机制。

另外，在各类应用或操作中，都存在传输大量数据的需求，为防止所传输的数据(通常也称为消息)被篡改、删除、重放和伪造，一种有效的方法是使发送的数据具有被验证的能力，使接收方或第三方能够识别和确认数据的真实性和合法性。这些功能可以通过消息认证来实现。

消息认证的内容包括以下三个方面：

(1) 验证消息的内容是否被篡改过，即证明消息的完整性；

(2) 验证消息的信源和信宿，即证明消息的发送者和接收者是真实的；

(3) 验证消息的序号和时间，即保证所收到消息的顺序性是正确的。

也就是说，消息认证可使接收者识别消息内容的真伪、信源和信宿、时间性。消息的认证性与保密性不同，保密性是使攻击者在不知道密钥的条件下不能解读密文的内容，而认证性则涉及消息是否被篡改、身份是否真实有效等。

一个安全的消息认证系统应该满足下列条件：

(1) 目标接收者可以检查并确认消息的合法性和真实性；

(2) 消息的发送者对所发送的消息不能否认；

(3) 除了合法消息的发送方，其他人无法伪造合法消息。

认证系统中通常有一个可信中心或可信第三方，用于仲裁、颁发证书或管理一些机密信息。

认证系统的模型如图 4-1 所示。在这个系统中，发送方通过一个开放的通道将消息发送给接收方。接收方不仅要接收消息本身，还需要验证消息是否来自合法的发送方，以及消息是否被篡改。系统中的攻击者不仅可以截获并分析信道中传输的密文，还可以伪造密文发送给接收者进行欺诈，发动主动攻击。实际的认证系统还可以防止接收者和发送者之间的相互欺诈。

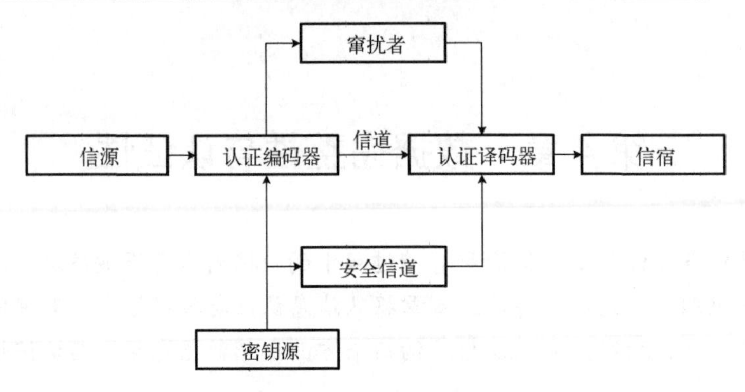

图 4-1　认证系统的模型

在现实环境中，攻击类型日益多样化、立体化，如截取、窃听、冒充、篡改、重播等攻击方法都严重威胁到系统及数据的安全，防范水平亟待提高。因此，认证系统是确保数据安全所不可或缺的环节，认证必须能够检查用户的合法性，验证双方的身份，还必须确认每条消息内容的真实性、完整性以及及时性。

随着云存储技术的发展，云数据的完整性也成为当下研究的热点。云存储环境下数据完整性有支持动态操作、公开认证、本地无备份认证、无状态认证以及确保用户隐私的特点。在这样的情况下对数据完整性检查的技术包括数据持有性证明(Provable Data Possession，PDP)和数据可恢复证明(Proof of Retrievability，POR)。

云存储中，当用户发送数据删除申请或数据的生命期结束后，它无法验证云服务提供商是否确实彻底删除了该数据及其所有副本。若云存储中保留了这些数据，则有着导致用户数据被泄漏，甚至扩散到第三方被非法利用的风险。通常，云存储中数据的删除问题包含两方面：一是如何消除云数据残留带来的保密性隐患，即如何实现云存储中保密数据的确定性删除；二是如何有效实施数据加密及加密数据多个副本的删除，即保密数据的重复性删除。

随着互联网技术的发展，以数据完整性与认证性为基础的数字产品确权与防伪相关技术引发广泛关注，数字产品确权与防伪是在用户提供的原始数据中(如视频、音频、图像、文本、三维数字产品等)通过数字水印技术手段，嵌入确定性、保密性的相关信息，并以此确定产权属性。

本章将介绍消息认证与数字签名、数据完整性校验、时间性认证、实体认证、数字产品确权与防伪，在第 9 章中将对云数据的完整性与可验证(可认证)性的相关问题进行详细阐述。

4.2　消息认证与数字签名

消息认证的目的主要有两个方面：一是验证消息的发送方是合法的，而不是冒充的，称为实体认证；二是验证消息的完整性，以及消息在传输和存储过程中是否被篡改；数字签名是实现认证的重要手段。

4.2.1　消息认证

身份验证是确认收到的消息来自可信来源且未被篡改的过程。常用的消息认证函数包括消息加密、哈希函数和消息认证码(Message Authentication Code，MAC)。

1. 报文加密

报文加密是用整个消息的密文作为消息的认证主体。发送方 A 拥有唯一的密钥K_e，如果密文被接收者 B 用密钥 K_d 正确恢复，B 就可以知道接收到的信息没有被篡改，因为不知道 K_e 的第三方是很难破解密文的。因此，对消息进行加密不仅可以保证消息的机密性，还可以认证消息的完整性。报文加密认证过程如图 4-2 所示。

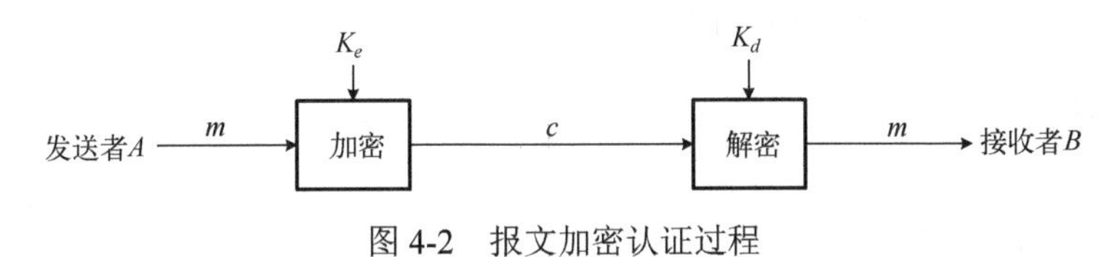

图 4-2　报文加密认证过程

2. 散列函数

散列函数是一个可以将任意长度的报文映射为定长散列值的公共函数，散列值可以作为认证码来用。发送者首先计算要发送报文 m 的散列函数值 $H(m)$，然后将其与报文一起发给接收者 B，接收者 B 对收到的报文 m' 计算新的散列函数值 $H(m')$，并与收到的 $H(m)$ 进行比较，如果两者相同则证明信息在传送过程中没有遭到篡改。用散列函数进行认证的过程如图 4-3 所示。

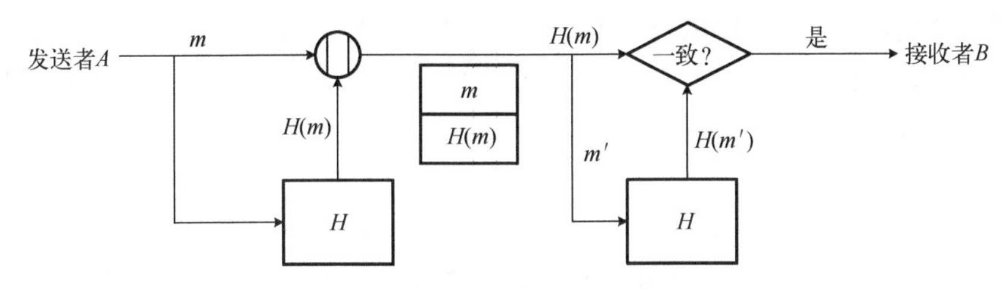

图 4-3　散列函数认证过程

3. 消息认证码

MAC 是一种消息认证技术，是指消息被一个密钥控制的公开函数作用后产生的固定长度的数值，并将其附加到消息中用作认证。MAC 认证的过程如图 4-4 所示，发送方 A 使用明文 m 和密钥 k 计算要发送的消息函数值 $C_k(m)$，即 MAC，然后将 MAC 值与消息一起发送给 B，接收方使用接收到的消息 m 和与 A 共享的密钥 k 来计算新的 MAC 值，并将其与接收到

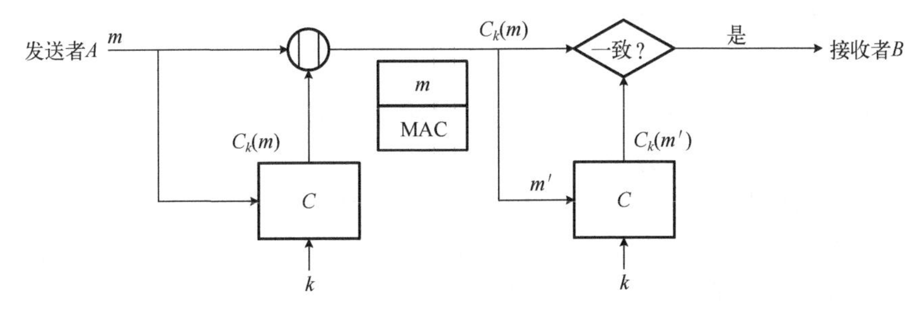

图 4-4　MAC 认证的过程

的 MAC 值进行比较。如果相同，则证明消息在传输过程中没有被篡改。

对称分组密码(如 DES)是构建 MAC 最常用的方法。但由于哈希函数(如 MD5、SHA-1)的软件执行速度比分组密码快，库函数容易获得，再加上美国等国家的出口限制，MAC 的设计逐渐转向采用哈希函数。由于散列函数(如 MD5)并不是专门为 MAC 设计的，不能直接用于产生 MAC，因此研究人员提出了将一个密钥与现有散列函数结合起来的算法，其中最具有代表性的是 HMAC(RFC2104)。目前 HMAC 已经作为 IP 安全中强制执行的 MAC，并且也被 SSL 等其他 Internet 协议所使用。

4.2.2 数字签名

1. 数字签名的基本概念

传统文档的物理载体一般都是纸质的，其符号一般具有墨迹图形等物理特性，相同的手写签名与被签名文档都使用相同的物理载体。由于传统文档具有物理特征的符号、载体的不可分割性和手写签名的唯一性(难以模仿)等特征，因此能够反映签名者的个性特征，保证了传统签名可鉴别的要求。另外，传统签名符号的验证是通过与存档手迹对照真伪进行的，因此，它是主观的、模糊的，因而也是容易伪造的、不安全的。

电子文档的物理载体表现为电磁形式，其符号采用的是二进制编码的逻辑形式，没有通常的物理性状。由于电磁载体可以任意分割、复制且不被察觉，因此数字信息本身没有明显的个体特征。如果按照传统方式制作电子文档签名，那么签名与文件就可以分割，从而可以任意修改文件内容。同时，文件也可以任意复制且重复使用，完全达不到签名的目的。

由于电子文档是一个二进制编码序列，对它的签名只能是一种二进制编码序列，应该是客观的、精确的。现实中，通常采用加密、哈希函数等技术手段对电子文档实施某种机制和变换技术，以实现对电子文档的签名确认，我们将这种电子文档的签名方法称为数字签名。

数字签名作为手写签名的一种电子模拟，能够向接收方或者第三方证实消息被信源方签署，也可以用于证实数据完整性。数字签名基于两条基本假设：一是私钥是安全的，只有其拥有者才能获得；二是产生数字签名的唯一途径是使用私钥。数字签名以法律可以接受的方式验证文档或者消息的可靠性。因此，电子文档必须满足传统文档所具备的五个特性：无法伪造性、真实性、不可重用性、不可修改性和不可抵赖性。因此，数字签名比手写签名具有更强的不可否认性和可认证性。当消息基于网络传递时，接收方希望证实消息在传递过程中没有被篡改，或希望确认发送者的身份，为了达到数字签名的这种应用要求，数字签名必须保证以下方面：

(1) 能够验证签名者的身份，以及产生签名的日期和时间；

(2) 能用于证实被签消息的内容；

(3) 数字签名可由第三方验证，以及能够解决通信双方的争议；

(4) 接收者能够核实发送者对报文的签名(或者验证签名者的身份及其签名的日期时间)；

(5) 发送者事后不能抵赖对报文的签名；

(6) 接收者不能伪造对报文的签名。

为了保证数字签名的验证功能，在设计数字签名时要满足以下几点：签名的产生应较为容易，必须使用发送方独有的一些信息以防伪造和否认，识别和验证应较为容易。另外，必须保证对已知的数字签名构造一个新的消息或对已知的消息构造假冒的数字签名在计算上都是不可行的。

自从公开密钥密码出现以后，数字签名技术日臻成熟，现已经得到普遍应用。1994 年，美国政府正式颁布了美国数字签名标准(Digital Signature Standard，DSS)。1995 年，我国也制定了自己的数字签名标准(GB/T 15851—1995)，法国是世界上制定并通过数字签名法律最早的国家。

2. 数字签名的实现

由于数字签名容易被拷贝，并且拷贝后的签名与原来的数字签名没有任何区别。因此，为了防止数字签名被重复使用在不同的信息上，必须做到两点：第一，数字签名因消息而异，不同消息的数字签名结果不同；第二，即使消息的主要内容相同，也要通过让消息包含诸如日期、发送序号等信息来使消息尽量不同。

一个数字签名方案由两部分组成：签名算法和验证算法。在一个数字签名体制中，签名密钥是秘密的，只有签字人掌握；验证算法是公开的，以便于他人进行验证。签名算法是一个由密钥控制的函数。对任意一个消息 m，签名者 A 利用自己掌握的密钥 K，对消息 m 使用签名算法产生一个签名 $S=\mathrm{Sig}_K(m)$。同时，用户 A 对消息 m 的签名 S 可以通过验证算法加以验证。验证算法 $\mathrm{Ver}(m,S)$ 的返回结果为布尔值“真”或“假”，以表示签名是否真实可靠，即如果 $S=\mathrm{Sig}_K(m)$，则 $\mathrm{Ver}(m,S)=\mathrm{True}$，反之亦反。

实现数字签名的方法有加密算法或特定的签名算法，其中由加密算法产生数字签名是指将消息或消息的摘要加密后的密文作为对该消息的数字签名，根据使用密码体制的不同而分为基于对称密码体制的数字签名和基于公钥密码体制的数字签名。

1) 基于对称密码体制的数字签名方法

如图 4-5 所示，基于对称密码体制的数字签名方案的本质是共享密钥的验证，其基本形式为：用户 A 与用户 B 共享对称密钥密码体制的密钥 K_{AB}，要签名的消息为 m，则签名算法为 $D(\cdot)$：

$$y=\mathrm{Sig}_{K_{AB}}(m)=D_{K_{AB}}(m) \tag{4-1}$$

签名验证算法为 $E(\cdot)$：

$$\mathrm{Ver}(m,y)=\mathrm{True}\Leftrightarrow m=E_{K_{AB}}(y) \tag{4-2}$$

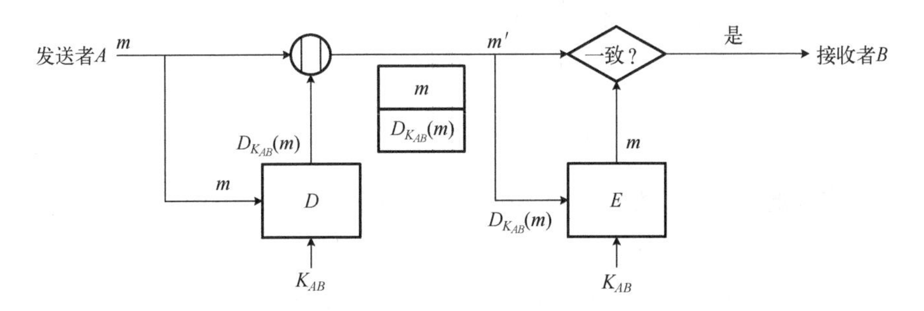

图 4-5　基于对称密码体制的数字签名方法

或者用签名算法 $D(\cdot)$ 也可以进行验证：

$$\mathrm{Ver}(m,y)=\mathrm{True} \Leftrightarrow y=D_{K_{AB}}(m) \tag{4-3}$$

2) 基于公钥密码体制的数字签名方法

为了保证签名的有效性，签名者用于签名的消息与验证者用于验证的消息绝对不能完全相同，因为一旦验证者用与签名者相同的消息来验证报文与签名，那么他同样可以伪造报文与签名。而公钥密码体制由于公、私密钥的不同，恰恰可以满足上述要求。

基于公钥密码算法的数字签名方案本质上是公钥密码加密算法的逆应用，此时发送方用自己的私钥对消息加密(签名)，接收方接收到消息后用发送方的公钥进行解密(验证)。由于私钥由发送方自己保管且只有自己知道，入侵者只知道发送者的公钥，因此不可能伪造签名。而接收方可以用发送方的公钥对签名进行解密，从而证实消息确实来自该发送者。

形式化地说，使用公钥密码体制时，用户 A 选定私钥 SK_A(SK_A 保密，称为签名密钥)和公钥 PK_A(PK_A 公开，称为验证密钥)，要签名的消息是 m，签名结果为 y，则签名可以用签名算法 D，验证过程可以用验证算法 E，具体如下：

$$y=\mathrm{Sig}_{\mathrm{SK}_A}(m)=D_{\mathrm{SK}_A}(m) \tag{4-4}$$

$$\mathrm{Ver}(m,y)=\mathrm{True} \Leftrightarrow m=E_{\mathrm{PK}_A}(y) \tag{4-5}$$

一般情况下，实际使用的数字签名通常是基于公钥密码体制，且是对消息的摘要而不是消息的本身进行签名。

3. 数字签名的分类

数字签名根据其达到目的的不同，一般分为直接数字签名和可仲裁数字签名两种。

1) 直接数字签名

直接数字签名是只涉及通信双方的数字签名。为了提供鉴别功能，直接数字签名一般使用公钥密码体制，即接收方已知发送方的公钥，发送方可以用自己的私钥对消息 m 的哈希值进行签名，具体过程如图 4-6 所示。

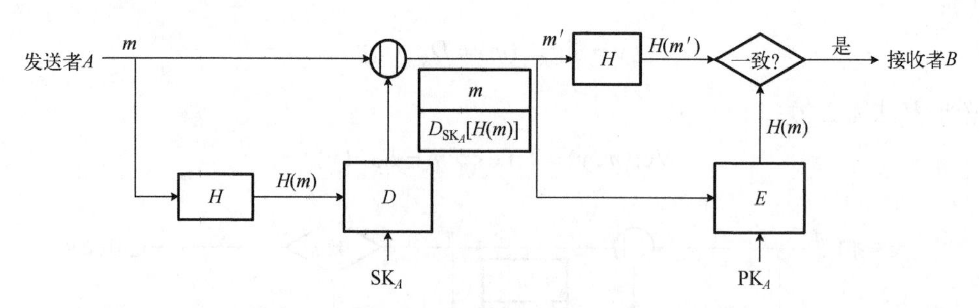

图 4-6　基于公钥的直接数字签名(m 明文)

发送方先生成消息摘要，然后对消息摘要进行数字签名。

$$A \to B: m \,\|\, D_{\mathrm{SK}_A}[H(m)] \tag{4-6}$$

这种方法可以提供认证功能，其好处是：$H(m)$ 具有压缩功能，这使得签名处理的内容减少、速度加快。显然，该方案存在的问题是：消息 m 以明文的形式传送，故被签名的消息不具有保密性。

一种改进的方法是对消息和签名用接收方的公钥进行加密，如式(4-7)所示：

$$A \to B: E_{\mathrm{PK}_B}[m \| D_{\mathrm{SK}_A}[H(m)]] \tag{4-7}$$

式中，E 代表公钥加密算法；D 代表签名算法。

因此，该改进方案实现了消息的保密性，也提供了基于数字签名的认证，具体如图 4-7 所示。

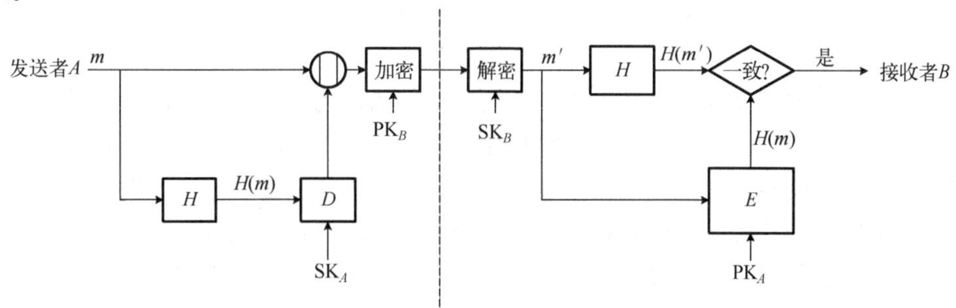

图 4-7　基于公钥的直接数字签名(m 密文)

上述直接数字签名方案存在如下弱点。

(1)所有方法的安全性都依赖于发送方的私钥。

(2)发送方 A 的某些私钥可能在时间 T 被盗用，但攻击者可以使用 A 的签名签发一条消息并且加盖一个早于或等于时间 T 的时间戳。

2)可仲裁数字签名

可仲裁数字签名可以解决直接数字签名中出现的问题，它在通信双方的基础上引入了仲裁者。通常的做法是：所有从发送方 A 到接收方 B 的签名消息首先送到仲裁者 C，C 对消息及其签名进行一系列测试以验证消息源及其内容，然后给消息加上日期(时间戳由仲裁者加上)并与已被仲裁者验证通过的签名一起发送给 B，同时指明该消息已经通过仲裁者的检验。显然，C 的加入解决了直接数字签名中 A 可能否认发送过这条消息的问题。

在可仲裁数字签名的模式中，仲裁者扮演裁判的角色。其前提条件是：通信各方都必须绝对信任仲裁机构。可仲裁数字签名主要有对称加密方式和公钥加密方式，下面重点给出基于公钥加密方式的一般过程(消息 m 不被仲裁者知晓)。

在这种情况下，A 对消息 m 进行双重加密。首先用 A 的私钥 SK_A 对消息 m 签名，然后用 B 的公钥 PK_B 加密，形成一个带有签名的保密消息。然后将该消息以及 A 的标识符 ID_A 一起用 SK_A 签名后与 ID_A 一起发送给 C：

$$A \to C: \mathrm{ID}_A \| D_{\mathrm{SK}_A}[\mathrm{ID}_A \| E_{\mathrm{PK}_B}(m \| D_{\mathrm{SK}_A}[m])] \tag{4-8}$$

经上述双重加密后的消息对仲裁者 C(以及除 B 以外的所有人)而言是秘密的，因此，这种双重加密的消息对 C 以及对除 B 以外的其他人都是安全的。但是 C 可以通过对外层的签名进行验证以确认消息是否确实发自 A(因为只有 A 拥有私钥 SK_A)。

C 验证成功后，则将由 ID_A、双重加密的消息和时间戳构成的消息用 SK_C 签名后发送给 B，如式(4-9)所示，此时接收方 B 即可在验证后接收到消息。

$$C \to B: \mathrm{ID}_A \| D_{\mathrm{SK}_C}[\mathrm{ID}_A \| E_{\mathrm{PK}_B}[m \| D_{\mathrm{SK}_A}[m]] \| T] \tag{4-9}$$

可仲裁签名方式具有以下优点：

(1) 在通信之前各方之间无须共享任何消息，从而避免了联合欺诈；

(2) 即使SK_A暴露，但是只要SK_C未泄露，时间戳不正确的消息也不能被发送(即时间戳不能被伪造)；

(3) 从A发送给B的消息的内容对C和其他人来讲均是保密的。

4.3　数据完整性校验

数据存储、传输过程会受到各种干扰，从而产生差错，为了保证数据的完整性，需要控制数据传输过程、检查存储数据对其进行完整性校验。完整性校验可分为数据存储完整性校验和通信数据完整性校验，分别指在存储过程中和传输过程中验证数据完整性。常用的数据完整性校验方法包括奇偶校验、校验和、循环冗余校验、消息认证码等，它们既可用于数据存储完整性校验，也可用于通信数据的完整性校验，而哈希树方法通常用于数据存储校验，消息认证码和篡改检测码则常用于通信数据校验；另外，时间性认证则可通过序列号、时间戳等方法，保证消息无乱序、无断漏、无重复，确保在时间和序列上的完整性。

4.3.1　常用的数据完整性校验方法

1. 奇偶校验

奇偶校验多用于数据通信或数据存储中，用来验证数据是否被有意或无意地更改。通常在数据中额外增加一个冗余的比特位，用作数据的校验，这个比特位被称为奇偶校验位。校验过程主要是查看数据中为“1”的比特数量。具体校验方法有奇校验和偶校验两种。

奇校验是指所有传输或存储的数据(包括字符的每一位和校验位)中“1”的奇数。偶校验是指所有传输或存储的数据(包括一个字符的每一位和校验位)中“1”的偶数。例如，当采用奇数校验方法时，如果数据(不包括校验位)中“1”的个数是偶数，那么需要将校验位设置为“1”，这样整个数据“1”的个数就是奇数；如果数据中“1”的数量(不包括校验位)是奇数，则需要将校验位设置为“0”，以保持奇数个“1”。偶数校验是调整校验位“0”和“1”的值，使数据中“1”的个数为偶数。

在数据存储和传输中，常根据奇/偶校验位来检验数据存储或传输的错误。采用奇偶校验的二进制字符串通常为每 8bit 分配一个奇偶校验位，数据接收端从而可以做出完整性校验。奇偶校验只是一种初级的数据完整性校验方法，额外存储开销相对较高。

2. 校验和

校验和是一种简单的差错检测技术，用于验证数据在存储、传输过程中是否发生了错误或完整性受到破坏。校验和的计算方法一般是发送方首先将数据划分成数据块，然后对数据块中的每个字节或比特进行累加或异或运算，最后取反生成一个校验和值，如式(4-10)所示。

$$Checksum = \sim(block_1 + block_2 + \cdots + block_n) \tag{4-10}$$

式中，“~”表示取反操作；$block_n$为待计算校验和的数据块。

接收方接收到数据后，使用相同的校验和算法计算接收到的数据的校验和。如果两个校验和值一致，说明数据没有发生错误或完整性没有受到破坏。校验和具体的计算方法有很多，但其技术具有一定的局限性，无法检测到所有类型的错误或篡改，因此在对数据完整性要求更高的场合，可能需要采用更强大的完整性校验方法，比如哈希函数等。

3. 循环冗余校验

循环冗余校验(Cyclic Redundancy Check，CRC)是一种通过多项式除法实现差错检测的方法。将每比特串看作一个多项式，将比特串

$$b_{n-1}b_{n-2}b_{n-3}\cdots b_2b_1b_0 \tag{4-11}$$

表示成多项式：

$$b_{n-1}x^{n-1}+b_{n-2}x^{n-2}+b_{n-3}x^{n-3}+\cdots+b_2x^2+b_1x^1+b_0 \tag{4-12}$$

例如，10010101110，其比特串可以表示成：

$$x^{10}+x^7+x^5+x^3+x^2+x^1 \tag{4-13}$$

在 K 位数据后再拼接 R 位的校验数据，使得整个数据编码长度为 N 位，可以证明存在一个最高次幂为 $N-K=R$ 的多项式 $G(x)$，根据 $G(x)$ 可以生成 K 位信息的校验码，$G(x)$ 称为生成多项式。假设发送信息用多项式 $C(x)$ 表示，将 $C(x)$ 左移 R 位，则表示成 $C(x)\times 2^R$，$C(x)$ 右边空出的 R 位就是校验码的位置。$C(x)\times 2^R$ 除以生成多项式 $G(x)$ 得到的余数就是校验码。将校验码拼到信息码左移后空出的位置，得到完整的 CRC 码。通过接收到的 CRC 码用生成多项式 $G(x)$ 进行模 2 除法运算，若得到余数为 0，则说明码字无误；如果未除尽，则表明码字出现差错。

CRC 码的优点是检错能力强，开销小，可以分为 CRC-12 码、CRC-16 码、CRC-CCITT 码、CRC-32 码等标准。

4.3.2　数据存储完整性校验

保证存储数据的完整性是数据安全的重要组成部分，数据存储的完整性保护通常有如下分类。

(1) 按照保护级别分为两种：一是在硬件层面，通过添加硬盘加密卡/芯片或 TPM(Trusted Platform Module)模块实现硬件层面的数据保护；二是在软件层面，通过在应用程序中增加安全保护功能，或者在系统驱动层或系统内核中增加功能模块，实现磁盘读写的安全保护。

(2) 根据保护粒度的分类，完整性保护可分为数据块级、文件级和文件系统级。其中，数据块级和文件级的完整性保护代价比文件系统级低，但无法抵抗重放攻击，也无法实现磁盘系统的一致性维护机制，易造成数据崩溃。

(3) 根据保护目标，可分为避免完整性破坏、修复受损数据和检测完整性破坏三个方面。通过控制访问权限和加密文件系统可以避免完整性破坏。修复受损数据是一种在检测到数据完整性受损后，可以修复受损数据的保护方法。完整性破坏的检测是通过数据存储的完整性验证来实现的，完整性验证检测数据在使用前是否被攻击，是否正确可用。数据完整性检查包括奇偶校验、校验和、循环冗余校验、消息认证码、哈希树等方法。数据完整性校验除了 4.3.1 节的相关方法外，还可以使用消息认证码和哈希树来完成。

1. 基于消息认证码的数据存储完整性校验

当数据从 CPU 要写入内存时，使用该数据生成 MAC(参见 4.2.1 节)，并将数据和消息认证码同时存储在片外存储器中。当处理器发出读取数据的请求时，它同时读取数据块和 MAC，然后根据读取的数据块计算一个新的消息认证码 MAC′，然后比较 MAC 和 MAC′ 是否相同，再使用数据。如果相同，说明数据没有被篡改，即正确；反之，数据是不正确的。MAC 函数与加密有点类似，但是它们是有区别的，即 MAC 函数不要求可逆性，而加密算法必须是可逆的。MAC 函数较简单，但是难以抵抗重放攻击。

2. 基于哈希树的数据存储完整性校验

为了抵御重放攻击，基于哈希树的完整性保护机制被提出。Merkle Tree 又称哈希树，如图 4-8 所示。

哈希树把内存划分成相等的数据块，把每个数据块当作一个叶子节点(D_1,D_2,D_3,D_4)，然后用哈希算法计算它们的哈希值，父节点的哈希值是把所有的孩子节点连接后的哈希结果($H(D_1\|D_2)$，$H(D_3\|D_4)$)。该哈希树捕获整个外部存储器空间的完整性状态，只有树的根节点存放在攻击者无法接触到的处理器芯片内，其他节点都存放在外部存储器中。

下面以数据块 D_1 为例说明如何进行存储器完整性校验。首先，从内存中读取 D_1 数据块和其相邻的兄弟节点 D_2 的数据内容，并重新计算级联数据($D_1\|D_2$)的哈希值。然后，从存储器取出它们的父节点，并检查刚刚计算所得结果是否和存放在父节点中的哈希值相匹配。依次重复以上步骤直到树的根节点。如果计算产生的哈希值与存储在芯片中的哈希值匹配，则表明存储器的数据通过了完整性校验。否则，如果在校验过程中发生任何哈希值的不匹配，则完整性校验失败并且表示该内存块的内容被篡改。当处理器重写内存块的数据时，要更新哈希校验树。更新过程和验证过程相同。从叶节点(重写的存储器块)到根节点的路径中的所有节点的散列值被重新计算和更新。

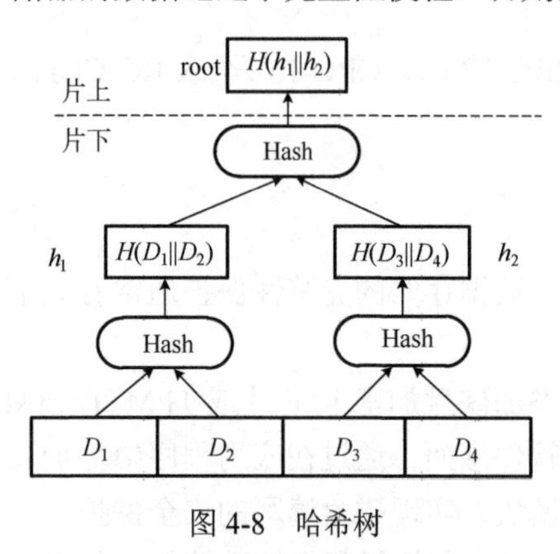

图 4-8　哈希树

基于哈希树的完整性校验能够抵抗重放攻击，并且由于只把根节点保存在安全的片上，所以片上内存消耗非常少。它的缺点是：由于要在内存中保存这棵树，因此空间消耗很大；另外校验/更新不能并行进行，必须沿叶子节点到根节点依次更新，所以延迟较大。

4.3.3　通信数据完整性校验

通信数据完整性校验即是对通信数据内容的认证，是确认数据在传输过程中未被截获、篡改、删除的过程，它保证接收方收到的数据内容与发送方所发送的内容是一致的。

通信数据完整性校验常用的方法是：消息发送者在消息中加入一个认证码并经加密后发送给接收者检验(有时只需要加密认证码即可)。接收者利用约定的算法对解密后的消息进行运算，将得到的认证码与收到的认证码进行比较，若二者相等，则接收，否则拒绝接收。

加密除了可以实现数据保密，还具有通信数据完全验证的功能。除了加密之外，验证通信数据完整性的基本方法有两种：一种是消息认证码(MAC)，另一种是篡改检测码(MDC)。

1. 基于加密的通信数据完整性校验

当使用消息加密方法时，整个消息的密文将被用作认证码。在传统的密码系统中，如果发送者 A 想要发送消息给接收者 B，发送者 A 用他们的共享密钥加密消息 m，并将其发送给 B：

$$A \to B : E_{K_{AB}}(m) \tag{4-14}$$

该方法可提供以下安全能力。

(1) 消息的保密性：如果只有 A 和 B 知道密钥，其他任何人都无法恢复消息明文。

(2) 消息源认证：除了 B，只有 A 拥有密钥，只有 A 可以生成 B 可以解密的密文，所以 B 可以相信消息来源于 A。

(3) 消息认证：由于攻击者不知道密钥，不知道如何改变秘密文本中的信息位从而使明文达到预期的改变。所以，如果 B 可以恢复明文，那么 B 可以认为 m 中的每一位都没有被改变。

由此可见，传统的密码既可提供保密性又可提供认证性。

2. 基于消息认证码的通信数据完整性校验

MAC 是消息内容和密钥的公共函数，其输出是固定长度的短数据块。通常选择带密钥的哈希函数作为认证码函数 C：

$$\mathrm{MAC} = C_{K_{AB}}(m) \tag{4-15}$$

假定通信双方共享密钥 K_{AB}。若发送方 A 向接收方 B 发送报文 m，则 A 计算 MAC，并将报文 m 和 MAC 连接在一起发送给接收方：

$$A \to B : m \| \mathrm{MAC} \tag{4-16}$$

接收方收到报文后，用相同的密钥进行相同的计算得出新的 MAC，并将其与接收到的 MAC 进行比较，若两者相等，则可以断定以下方面。

(1) 接收者可以相信消息没有被修改，如果攻击者修改了消息，在攻击者不知道密钥的前提下，他是不知道如何相应地修改 MAC，这会使接收方计算出的 MAC 不等于接收到的 MAC。

(2) 接收方可以相信消息来自预期的发送方，因为其他方不知道密钥，所以无法生成正确的 MAC。

如果在消息中添加序列号，由于攻击者无法成功修改序列号，因此接收方可以相信消息序列是正确的，从而可以认证数据传输的顺序和完整性。

3. 基于篡改检测码的数据通信完整性校验

篡改检测码(Modification Detection Code，MDC)是对消息进行函数运算的结果，它将消息转换成固定长度的短数据块，并与消息一起发送给接收方。通常将篡改检测码函数选为不带密钥的哈希函数：

$$\mathrm{MDC} = \mathrm{Hash}(m) \tag{4-17}$$

若 A 要发送报文 m 给 B，则 A 将 MDC 附于报文 m 之后，经过加密算法 D 和私钥 SK_A 后再发送，D 在这里是公钥加密算法：

$$A \to B: D_{\mathrm{SK}_A}(m \| \mathrm{MDC}) \tag{4-18}$$

因此，接收方 B 可用发送方的公钥 PK_A 恢复出 m 和 MDC，并用相同的哈希算法计算 m 得出 MDC′，将其与恢复出的 MDC 进行比较，若相等则 B 认为报文是真实的，且在报文的传输过程中没有内容的丢失或被攻击者非法修改。

4.3.4　时间性认证

报文的时间性主要是指报文的顺序性。报文时间性的认证是使报文接收方在收到一份报文后能够确认报文是否保持正确的顺序、有无断漏和重复，主要是阻止消息的重放攻击。简单的实现报文时间性认证的方法有：序列号、时间戳和随机数响应。

攻击者有可能将所截获的报文在原密钥使用期内重新注入通信线路中进行捣乱、欺骗接收方，这种行为称为重放攻击。报文的时间性认证是要解决重放攻击问题，典型的有 Needham-Schroeder 抗重放攻击协议等。

要抵抗重放攻击，申请会话密钥的主体必须能做到以下方面：

(1) 从收到的消息中能正确地判断得到的密钥属于哪两个实体间的会话密钥；

(2) 从收到的消息中能正确地判断得到的密钥是哪个回合的密钥；

(3) 从收到的消息中能正确地判断得到的消息是服务器一次发出的，中间没有被别人重新组装过。

为了让申请会话密钥的主体能实现上述目标，服务器在分配发送会话密钥时必须能起到以下作用：

(1) 从收到的申请会话密钥的消息中知道是哪两个主体申请会话密钥；

(2) 从收到的申请会话密钥的消息中知道两个申请会话密钥的实体识别本回合协议的标号是什么；

(3) 发出的消息必须是一个整体，只能由指定的申请会话密钥的主体拆开，其他的任何实体都不能拆开，否则是没有意义的乱码。

为了使数据交互具有抗重放攻击的特性，在设计交互协议时，可以使用下面的方法。

(1) 申请会话密钥的实体必须指明自己的实体名和识别本回合协议的标号。本回合协议的标号可以用临时值，也可以用时间戳。临时值必须一个实体使用一个，而且每个回合的临时值不同，具有唯一性。时间戳是所有的参与实体共同使用一个，它要求他们的系统时间必须一致，而且时间戳有一个有效的时间段，因此很近回合的协议之间很难区别开。

(2) 服务器在加密会话密钥消息发给通信实体时，应该把对方的通信实体名和实体识别本回合协议的标号一起与会话密钥加密。

(3) 整个消息用与一个主体的共享密钥加密发送，如下面的构造：(对方实体名，本回合协议标号，会话密钥，共享密钥)，这样就可以实现发送消息原子化，不能被攻击者从中任意组装。

4.4　实 体 认 证

使发送的数据具有被验证的能力，使接收者或第三者能够识别和确认数据的真伪与合法性，这类功能可以通过认证来实现。除前面介绍的完整性验证外，数据的认证还包括实体认证。实体认证也就是确认数据的发送者和接收者是真实的。

数据交互实体的认证包括以下四个方面的内容：

(1)站点认证，即确认数据传输双方身份真实性的过程；

(2)系统访问主体的身份认证，即信息系统对操作人员的身份认证；

(3)不可否认的数据源认证，即发送方不能否认发送过该数据；

(4)不可否认的数据宿认证，即接收方无法否认接收了数据，也无法否认对所接收的数据的修改。

消息的信源和信宿认证可使用数字签名技术和身份认证技术，常用的方法有两种：一种是通信双方事先约定加密消息的密钥，接收者只需证实发送来的消息是否能用该密钥还原成明文就能鉴定发送者，如果双方使用同一个加密密钥，那么只需在消息中嵌入发送者的识别符即可；另一种是通信双方事先约定各自发送消息所使用的通行字，发送消息中含有此通行字并进行加密，接收者只需判别消息中解密的通行字是否等于约定的通行字就能鉴定发送者。

4.4.1　站点认证

为了保证通信的安全性，在消息正式传输之前，需要验证通信是否发生在双方确定的站点之间，这个过程称为站点身份验证。站点认证是确保数据安全的基础，是双方在建立通信关系前进行的第一步认证工作。通过站点认证可以防止攻击者冒充发送站点，传递虚假的数据；也可以防止攻击者冒充接收站点，窃取发送方的数据。站点认证根据认证方式的不同可以分为两类：单向认证和双向认证。

(1)单向认证，指通信的发起者对另一方(意定站点的认证)的认证。

以对称密码体制为例，则 A 认证 B 是否为其设定的通信站点的过程如下(假设 A、B 共享保密的会话密钥 K_{AB})：

$$\begin{aligned}&A \to B: E_{K_{AB}}(R_A)\\&B \to A: E_{K_{AB}}(f(R_A))\end{aligned} \tag{4-19}$$

①A 首先产生一个随机数 R_A，用密钥 K_{AB} 对其加密后发送给 B，同时 A 对 R_A 施加函数变换 f，得到 $f(R_A)$，其中 f 是公开的简单函数(如对 R_A 的某些位求反)。

②B 收到报文后，用共享会话密钥 K_{AB} 对报文解密得到 R_A，对其施加函数变换 f，并用 K_{AB} 对 $f(R_A)$ 加密后发送给 A。

③A 收到后再用 K_{AB} 对其收到的报文解密，并与其原先计算的 $f(R_A)$ 比较。若二者相等，则 A 认为 B 是其意定的通信站点，便可开始通信；否则 A 不认为 B 是其意定的通信站点，于是终止与 B 的通信。

(2)双向认证，指通信双方同时对另一方进行认证。

以对称密码体制为例，A 和 B 相互认证对方是否为意定站点的过程如下：

$$\begin{aligned}&A \to B: E_{K_{AB}}(R_A)\\&B \to A: E_{K_{AB}}(R_A \| R_B)\\&A \to B: E_{K_{AB}}(R_B)\end{aligned} \tag{4-20}$$

①A 首先产生一个随机数 R_A 用共享的密钥 K_{AB}，对其加密后发送给 B。

②B 收到报文后，用共享的密钥 K_{AB} 对其解密得到 R_A。B 也产生一个随机数 R_B，并将其连接在 R_A 之后，利用共享的密钥 K_{AB} 对连接后的信息加密，得到 $E_{K_{AB}}(R_A \| R_B)$，将加密结果发送给 A。

③A 再用 K_{AB} 对收到的密钥解密，得到 R_A 和 R_B。将解密出的 R_A 与自己生成的 R_B 进行比较，如果相等则认为 B 是其意定的通信站点；A 再利用 K_{AB} 加密 R_B，得到 $E_{K_{AB}}(R_B)$ 并将其发送给 B。

④B 将 $A \to B: E_{K_{AB}}(R_B)$ 中收到的报文解密得到 R_B，并与自己原先的 R_B 进行比较。若它与原先的 R_B 相等，则 B 认为 A 是其意定的通信站点。

4.4.2　系统访问主体的身份认证

系统访问主体的身份认证即对操作人员的身份认证，主要指信息系统对操作人员身份的验证过程。用户在访问安全系统之前，首先经过身份认证系统识别身份，然后访问监控设备，根据用户的身份和授权数据库，决定用户是否能够访问某些资源。

身份认证在数据安全中心的地位极其重要，是最基本的安全服务，其他的安全服务都要依赖于它。由于身份认证与访问控制密切相关，因此，本书将在第 5 章中详细介绍。

4.4.3　不可否认的数据源认证

不可否认的数据源认证是指数据的接收方不仅能够确认消息发送者的身份，而且有能力向第三方证实接收到的数据确实是发送者发送的，发送方不可否认发送过该数据或其内容。

若采用传统密码，则报文源的认证可通过收发双方共享的数据加密密钥来实现。发送方 A 在给接收方 B 的每份报文中加入发送方标识符 ID_A：

$$A \to B: E_{K_{AB}}(\mathrm{ID}_A \| m) \tag{4-21}$$

这种采用传统对称密码体制的不可否认数据源认证，要求通信双方共享一个保密密钥，适用于一对一通信中的源认证。如果在一对多或多对多通信中多个实体共享一个保密密钥，并利用该方法进行数据源认证，则一方可以轻易假冒其他方向第三方发送数据。

若采用公钥密码，数据源认证也十分简单。只要发送方对每份报文用 A 的私钥进行签名加密即可：

$$A \to B: D_{\mathrm{SK}_A}(\mathrm{ID}_A \| m) \tag{4-22}$$

这样数据的接收方就可以通过判断数字签名来实现对数据源的认证。这种利用签名进行源认证的方法，同时适用于一对一或一对多通信。只要发送方利用自己的私钥对所发数据签名，则任何接收方都可以利用其公钥验证签名。

4.4.4　不可否认的数据宿认证

不可否认的数据宿认证是指数据的发送方不仅能够确认消息接收者的身份，而且有能力向第三方证实接收方确实收到了发送方发送的数据，接收方不可否认接收过该数据或其内容。

只要将数据源的认证方法稍加修改便可使报文的接收方能够认证自己是否是意定的接收方，即在以密钥为基础的认证方案的每份报文中加入接收方标识符 ID_B：

$$A \to B: E_{K_{AB}}(\mathrm{ID}_B \| m) \tag{4-23}$$

若采用公钥密码，数据宿认证也十分简单。只要发送方对每份报文用 B 的公开加密密钥进行加密即可。只有 B 才能用其保密的解密密钥还原报文，因此，若还原的报文是正确的，则 B 便确认自己是意定的接收方：

$$A \to B: E_{\mathrm{PK}_B}(\mathrm{ID}_B \| m) \tag{4-24}$$

上述两种分别采用传统密码和公钥密码的方法都只适用于一对一通信中，原因在于前者需要只在两方之间共享密钥，后者需要利用每个接收者的公钥加密。

宿认证所采用的方法基本和源认证相同，也是采用数字签名技术来具体实现的。不过在使用的过程中略有不同，消息发送方需要接收方给自己一个回执，并通过对回执内容的验证来确认接收者身份是否有假，同时若接收者拒绝进行回执，企图否认已经接收到的内容，发送方也可以通过第三方来确定接收者的行为。本书所述的是部分方案实例，在实际应用中，采用不同的构造方法，可以设计出大量不同的数据源数据宿认证方案。

4.5　数字产品确权与防伪

随着互联网技术的发展，数字产品的确权与防伪问题引发了广泛关注。基于此而提出的数字水印技术通常利用数据完整性与认证性的相关知识，在用户提供的原始数据中(如视频、音频、图像、文本、三维数字产品等)通过数字水印技术手段，嵌入确定性、保密性的相关信息。这些信息可以是版权标志、公司标志、序列号或其他信息。一般情况下，数字水印信息要求不可见，并以特定的标准判断其是否可见。本节将介绍数字水印系统的基本框架、数字水印经典算法等。

4.5.1　数字水印系统的基本框架

数字水印系统的基本框架包含水印嵌入、水印提取与检测两个模块，如图 4-9 所示。为了保护用户隐私，嵌入水印之前对原始水印进行加密、置乱等处理，完成这一过程要求用户提供有效密钥进行验证，且通常是不可逆的。水印提取过程中，用户也需提供密钥完成水印的提取。这两个过程通常称为水印编码和水印解码。

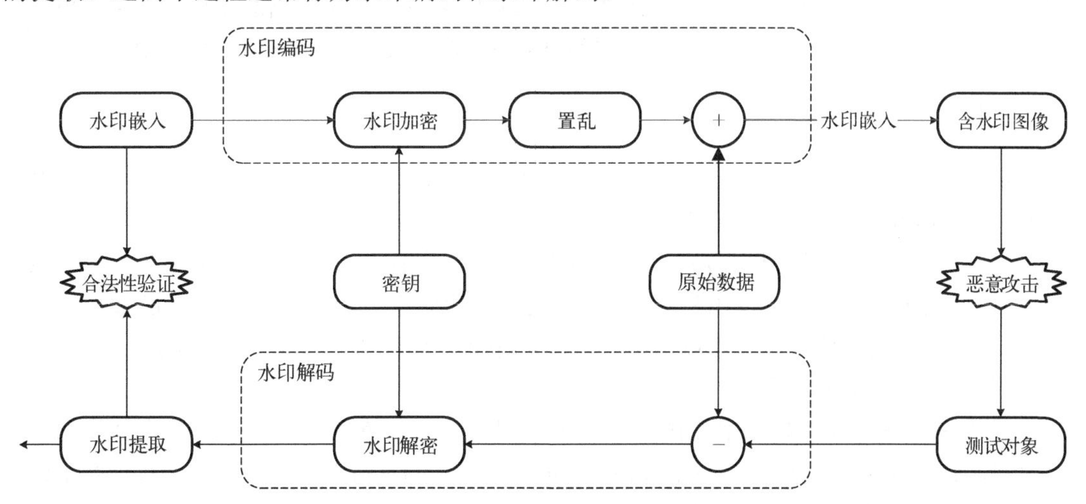

图 4-9　数字水印系统的基本框架

水印的嵌入过程可表示为

$$Iw = A(I, E(W, K)) \tag{4-25}$$

式中，Iw 表示嵌入水印后的图像信息；I 表示原始图像；W 表示原始水印；K 表示密钥；E 表示水印加密算法；A 表示水印嵌入算法。

水印的提取过程可表示为

$$\hat{W} = D(K, \hat{A}(Iw, I \mid Iw, W \mid I)) \tag{4-26}$$

式中，$\hat{W}$ 表示提取后的水印信息；D 表示解密算法；$\hat{A}$ 表示水印提取算法，在提取算法中可能会使用到原始数据或者原始水印信息。

4.5.2 数字水印的算法分类

数字水印系统中的核心内容在于水印加密算法。目前较为常见的数字水印算法可分为三类：空域算法、频域算法以及优化算法。

1. 空域算法

空域算法一般是通过直接修改原始图像的像素值嵌入水印。这种方法操作简单，具有一定的鲁棒性，但透明性较差。常见的空域算法有最低有效位(Least Significant Bit，LSB)算法。LSB 算法在图像的每个像素的最低位上嵌入水印信息。这样处理后的图与原图差别不大，但弊端是只能存储二值化后的图片。

2. 频域算法

频域算法通过修改原始数据的附加属性嵌入水印，如颜色、纹理、频域特征等。这种方式能够在保持数据高鲁棒性的同时使水印数据有较好的透明性。

最早的频域算法由 Cox 等提出，将数字水印嵌入原始图像的离散余弦变换(Discrete Cosine Transform，DCT)域中。首先采用 DCT 变换将原始数据转换到频域，再从原始数据的 DCT 系数中选择 n 个最重要的频率分量，再以密钥为种子产生伪随机序列叠加到频率分量中。这种方法虽然简单，但具有一定的鲁棒性，且 DCT 域可以更换为离散傅里叶变换(Discrete Fourier Transform，DFT)域、离散小波变换(Discrete Wavelet Transform，DWT)域中。

3. 优化算法

优化算法建立在人工智能及生物模拟算法的基础上，常见的有粒子群优化算法(Particle Swarm Optimization，PSO)、差分进化算法等。

(1)粒子群优化算法：以无质量无体积的粒子作为个体，并为每个个体定义简单的运动规则，从而使整个粒子群呈现出复杂的特性，求解过程类似于在三维空间中求解最短路径，可用于求解复杂的优化问题，可以使用常规的水印嵌入算法和 PSO 的组合，通过 PSO 快速选择高能量区域来嵌入水印。

(2)差分进化算法：指在水印嵌入过程中使用传统嵌入算法，再将水印嵌入到原始图像的 DWT-SVD(Discrete Wavelet Transform-Singular Value Decomposition)中，再对含有水印的图像使用多种不同的攻击方式进行攻击测试，最后使用差分进化算法对水印嵌入强度优化。

4.5.3 常见的数字水印算法

1. 最低有效位算法

最低有效位算法的原理是通过修改原始数据中的最低有效位来实现水印的嵌入。以灰度图像为例，一幅灰度图像的像素值取值范围为[0,255]，随意修改某个像素值，不会引起人眼视觉的感知。

具体地，设水印为一个长度为 L 的 M-序列，$M=\{m(k),1\leqslant k\leqslant L\}$，嵌入水印信息的过程为

$$I'(i,j)=I(i,j)-\operatorname{mod}(I(i,j),2)+m(k) \tag{4-27}$$

式中，$I'(i,j)$ 表示对原始图像每个像素点 $I(i,j)$ 修改后的值。

这种水印嵌入方式有一定的鲁棒性，且在不考虑图像失真的情况下，可以嵌入的水印容量为原始图像的大小。但由于直接替换了图像的像素最低位，因而很容易取出，且对各种图像处理攻击鲁棒性较差。

2. 离散余弦变换算法

Cox 等于 1994 年提出，将数字水印嵌入原始图像的 DCT 域中，主要分为如下几个步骤：

(1) 采用 DCT 变换将原始图像 I 转换为频域表示，从 I 的 DCT 系数中选择 n 个最重要的频率分量，使之组成序列：$S=s_1,s_2,\cdots,s_n$，以提高对 JPEG 压缩攻击的鲁棒性；

(2) 以密钥 K 为种子产生伪随机序列，即原始水印序列：$W=w_1,w_2,\cdots,w_n$，其中，$w_i(i\in[1,n])$ 是任意一个满足高斯分布 $N(0,1)$ 的随机数；

(3) 将水印序列 W 叠加到序列 S 中，产生含水印的序列 $S'=s_1',s_2',\cdots,s_n'$，使用 S' 替换掉原始图像的 DCT 系数序列 S；

(4) 通过逆 DCT 变换得到含有水印的图像。

同时，在水印的检测中，需要手动设置阈值 σ，当相关性检测结果大于 σ 时，则认为含有水印，否则认为不含有水印。该算法较为简单，且具有一定的鲁棒性，是频域算法中较为经典的一种算法。

4.5.4 数字水印攻击

针对数字水印的恶意攻击是为了伪造数字产品的版权信息从而收获非法利益，这严重威胁到数字产品的安全性，目前主要的数字水印攻击可分为：消除性攻击、几何攻击和混淆攻击等。

1. 消除性攻击

消除性攻击一般以去除原始水印为目的，在攻击后，数据往往无法重新获得水印信息。这类攻击包括有损压缩和降噪攻击、解调攻击、平均联合攻击等。

有损压缩和降噪攻击应用比较广泛，如常用的图片压缩、降噪等。它是在原信息的基础上进行一定的图像变换，去除水印信息。

解调攻击是通过滤波的方式过滤水印信息，常见的有：低通滤波、高斯滤波、中值滤波等。

平均联合攻击是批量处理水印时使用的方法，每次使用不同的密钥和水印检测，最后平均化评估攻击对象。

2. 几何攻击

几何攻击是指通过破坏水印和原始数据之间的同步性，从而降低水印的可检测性和可恢复性。这种方式不去除原始数据的水印信息，而是改变水印与原始数据的相对关系，如将水印进行旋转、缩放、平移、剪切等操作。

3. 混淆攻击

混淆攻击的目的是通过伪造水印信息或原始数据来侵害原始版权。混淆攻击中存在着真实的信息：水印或原始数据，同时也存在着伪造信息，因此要正确判断数字产品的版权，就需要在原始数据的几个水印中判断出正确的水印信息。

第 5 章　数据访问控制

访问控制是在身份认证(鉴别)的基础上，根据不同的身份或角色对提出的资源和数据访问请求加以控制的技术。访问控制技术是确保数据安全共享的重要手段之一。本章首先阐述访问控制技术的基本原理，然后介绍几种典型的身份认证技术，最后对自主访问控制、强制访问控制、基于角色的访问控制、基于属性的访问控制等几种常用的数据访问控制模型和机制进行梳理。

5.1　数据访问控制基本原理

大数据时代，数据作为一种资产被人们广泛采集和存储，有偿或无偿地共享数据是一种必然趋势。在数据存储和共享过程中，人们希望数据资源只能被授权用户访问和使用，这是信息安全领域中一个典型的访问控制问题。

20 世纪 70 年代，为了满足普遍出现在政府、企业和组织中的大型资源共享需求，访问控制的概念被提出，并得到了广泛的应用。随着计算机技术以及互联网的飞速发展，访问控制技术的思想和方法在信息系统的各个领域都得到了广泛的应用。访问控制(Access Control)指系统根据用户身份及其所属的预先定义的策略组来限制用户使用数据资源能力的手段。早期访问控制技术大多建立在可信引用监控机(Reference Monitor)的基础上，它能够对系统中的主体和客体之间的授权访问关系进行监控。当系统中存在一个所有用户都信任的引用监控机时，就可以由它来执行各种访问控制策略，以实现客体资源的受控共享。访问控制的基本原理如图 5-1 所示。访问控制有以下 3 个重要的功能：

(1) 允许合法用户在合法的时间合法地访问受保护的数据资源；

(2) 防止合法用户非法地访问受保护的数据资源；

(3) 防止非授权主体访问受保护的数据资源。

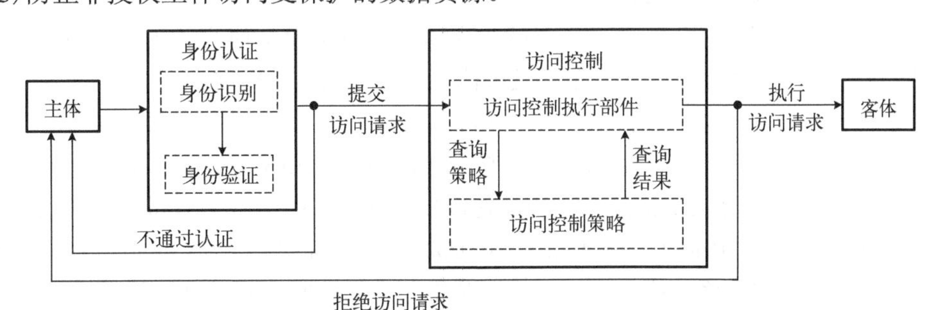

图 5-1　访问控制的基本原理

身份认证和访问控制是保证数据访问安全的两个核心部分。

身份认证(Identity Authentication)的主要功能是识别和验证申请访问信息的实体声称的身份是否真实，身份识别是指将申请者的实体标识或属性(如指纹、人脸等)与身份凭证相绑定，身份验证是指通过身份凭证证明申请者实体身份的真实性。通常由三方组成：一方是申请者，提供身份凭证并提出请求；另一方为验证者，检验申请者凭证的正确性和合法性，决定是否满足其请求，同时通过检验凭证的完整性，检测并防止各类攻击；第三方是攻击者，可以通过窃取凭证或冒充为申请者骗取验证者的信任。在必要时也可由可信第四方担任仲裁者，帮助认证双方解决争议，完成认证。身份认证方法可以分为三种：基于申请者所知道的秘密信息的身份认证(Something You Know)，如口令、密码等；基于申请者所持有的信任物品的身份验证(Something You Have)，如数字证书、智能卡等；基于申请者所具有的生物特征的身份认证(Something You Are)，如指纹、人脸等生物信息。

数据访问控制的目标是保护数据不被非法访问和使用，以避免造成数据泄露或者完整性破坏。因此，数据访问控制的主要功能是确定提出访问请求的实体对数据具有哪些授权，并对每一个访问请求做出是否许可的判断。访问控制由主体(Subject)、客体(Object)和访问控制策略(Policy)组成。主体是提出访问请求的实体，可以是一个用户(组)或一个终端、主机、应用等。客体在这里主要是指数据。访问控制策略是主体对客体的操作行为集和约束条件集，它定义了主体对客体可以执行的操作及其条件。在制定访问控制策略时，既要确保合法用户对信息资源的合法使用，也要考虑敏感资源的保护，不能让合法用户行使其被赋予权利以外的操作，还要防止非法用户对信息资源的恶意窃取或修改。在访问控制中，策略与机制有着一定的区别。策略是高层次的，它决定着如何对访问进行控制；而机制则具体到完成一个策略的低层次软件和硬件功能，是策略的实现。访问控制执行部件，也称访问控制引擎，是访问控制机制的具体实施者，它驻留于系统，实时监控主体提交的数据访问请求，查询访问控制策略，并根据查询结果做出是否允许该访问请求的决策。

为了更准确地描述系统的访问控制需求，人们通常将访问控制策略抽象和规范为独立于软硬件实现的高级抽象概念模型，称为访问控制模型。访问控制模型通常被描述为一组安全约束条件的集合，随着系统安全需求的变化和人们认识水平的提高，形成了许多不同的访问控制模型。经过近五十年的发展，先后出现了多种重要的访问控制模型，具体来说，大概包含以下 4 个阶段。

(1) 20 世纪 70 年代。针对大型主机系统中数据的访问控制问题，在 Lampson 访问矩阵的基础上，先后提出了 Bell-Lapadula 和 HRU 等经典访问控制模型。

(2) 20 世纪 80 年代。随着人们对计算机的可信度要求提高，研究者提出了更灵活的访问控制模型。1985 年，美国国防部公布了《可信计算机安全评价标准》，明确提出了访问控制在计算机安全系统中的重要作用，并具体描述了两种访问控制模型：自主访问控制(Discretionary Access Control，DAC)和强制访问控制(Mandatory Access Control，MAC)。

(3) 20 世纪 90 年代至 21 世纪初。为简化授权管理，1992 年，Ferraiolo 和 Kuhn 等提出了基于角色的访问控制(Role-Based Access Control，RBAC)模型，此后 Sandhu 等接连提出了 RBAC96、RBAC97 等一系列模型，进一步对基于角色的访问控制模型进行了完善。2001 年 8 月，NIST 发表了 RBAC 建议标准，这是 RBAC 模型最早的形式化描述。

(4) 21 世纪至今。随着网络计算、云计算等新型计算技术的出现和快速发展，为满足新的计算环境的特定需求，出现了许多扩展的访问控制模型，比较有代表性的有：基于属性的访问控制模型(Attribute-Based Access Control，ABAC)、应用于工作流系统和分布式系统的基于任务的授权控制模型(Task-Based Authentication Control，TBAC)、基于任务和角色的访问控制模型(Task-Role-Based Access Control，T-RBAC)、基于使用控制(Usage Control，UCON)的模型等。

5.2 身份认证

身份认证是访问控制的前提。用户在访问系统之前，首先需要经过身份认证系统鉴别身份。可以依据身份认证系统的认证目标、认证方式或技术、认证凭证的数量或状态等对其进行分类，本节首先对常用的身份认证技术予以介绍，包括基于口令、生物特征、智能卡和多因子的认证，然后介绍常用的 Kerberos 身份认证系统。

5.2.1 基于口令的认证

基于口令的认证是目前使用最为广泛的身份认证技术，根据口令的生命周期长短可分为基于静态口令的身份认证技术和基于动态口令的身份认证技术。

最初用于身份认证的是静态口令，因其结构简单、易于使用得到了广泛的应用，其认证过程如图 5-2 所示。认证过程主要分为两个阶段：一是注册阶段，用户首先在系统中注册生成用户名和初始口令，系统将用户的注册信息存储在数据库中；二是登录认证阶段，用户向服务器提交自己的用户名和口令，服务器将用户提交的信息与数据库中存储的用户信息进行比对以验证用户身份。若匹配，则认为用户是合法用户，同意其服务申请；否则拒绝，并返回认证结果。

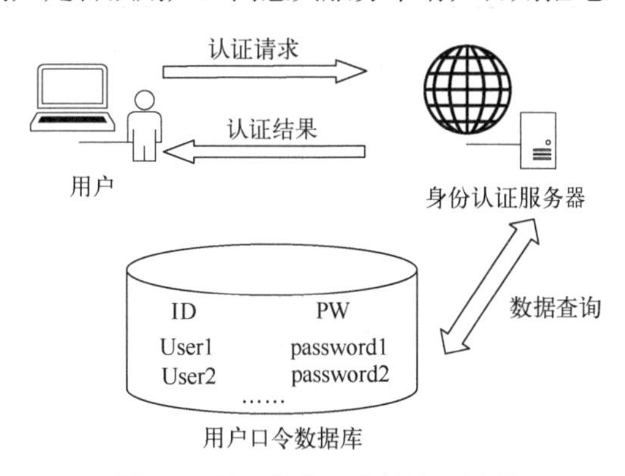

图 5-2　基于静态口令的认证过程

当前基于静态口令的身份认证技术依然面临着诸多安全挑战，如字典攻击、穷举攻击、重放攻击、网络钓鱼等。

为克服静态口令存在的安全隐患，在网上银行、证券交易系统、办公自动化系统等对安全性要求更高的应用场景中，动态口令认证逐渐成为口令认证的主流技术。动态口令也被称作一次性口令(One Time Password，OTP)，用户根据自己的偏好引入不确定因素，每次使用不同的口令登录，实现“一次一口令”，有效提高了安全性。动态口令认证的原理是将用户口令和变化的动态因子作为输入，经由一定的算法产生一个一次性的口令作为认证数据。用户在进行登录时，只需输入自己的口令和当前的动态因子，系统认证服务器利用算法自动计算认证数据并进行比对。由于用户每次提交的口令都不相同，攻击者无法通过窃取登录信息实现攻击，也无法通过一次性口令反推出用户口令，从而提升了认证的安全性。根据采用的动态因子的不同，动态口令认证可以分为以下 3 种方式：时间同步方式、“挑战-应答”方式和事件同步方式。

(1)时间同步方式。时间同步方式的原理是基于动态令牌和动态口令验证服务器的时间比对，其认证流程如图 5-3 所示。每个用户都持有相应的时间同步令牌，令牌内置时钟、种子密钥和加密算法，其中，种子密钥由用户和服务器双方预先共同约定。用户令牌每隔一个时间周期(通常为 60s)产生一个新的用户动态口令。该方式要求硬件支持(如服务器、令牌等)，以精确地保持正确的时钟。访问系统时，用户端根据当前时间和种子密钥通过加密算法生成动态口令，并传送到认证服务器。服务器通过当前时间计算的期望动态口令与用户动态口令进行比较得出认证结果。这种方式的优点是操作简单且只需要用户向服务器单向发送口令数据；缺点是需要严格确保时间同步，若数据传输的时间延迟超过预设值，则身份认证失败。

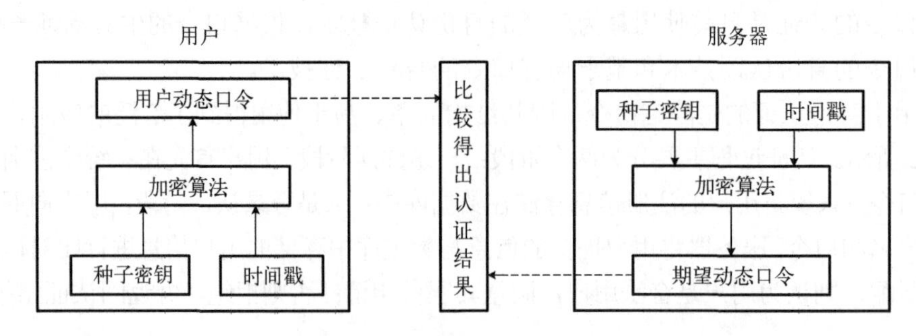

图 5-3　时间同步方式的认证流程

(2)“挑战-应答”方式。“挑战-应答”方式通过用户和服务器的实时动态交互完成用户身份认证，其认证流程如图 5-4 所示。每个用户令牌内置种子密钥和加密算法。用户请求登录时，向身份认证服务器发出认证请求，认证服务器随机产生挑战码，并发送给用户作为不确定因子。用户将挑战码输入令牌，令牌利用内置的密钥和算法计算出相应的响应码，将其作为口令上传给认证服务器。认证服务器根据预先保存的种子密钥和相应的应答算法计算验证值，与用户上传的响应码进行比对来实施验证，并返回认证结果。一方面，用户种子密钥的不同保证了只有指定的用户才可以登录；另一方面，由于挑战码的产生具有随机性，口令被他人窃取的概率很小，因此这种方式具有很高的安全性。其优点是没有严格同步的要求，各个口令间具有较高的不相关性且用户端设备简单；缺点是用户需要多次输入数据，操作较为复杂且易出现输入错误。此外，该方式通常没有实现用户和服务器间的相互认证，不能抵抗来自服务器端的假冒攻击。

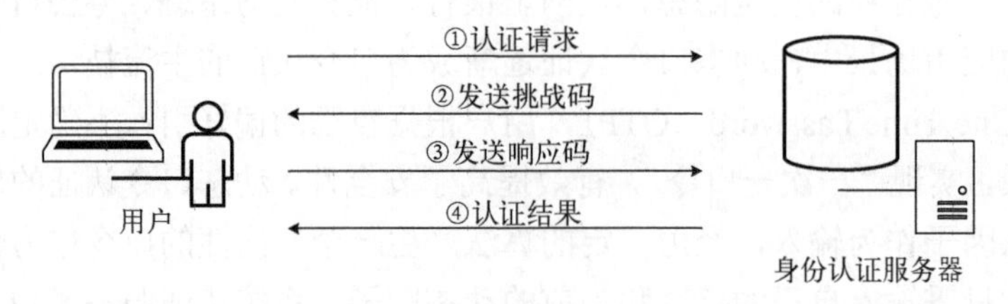

图 5-4　“挑战-应答”方式的认证流程

(3)事件同步方式。事件同步方式又称 Lamport 方式或哈希链(Hash Chains)方式。其原理是以事件(次数/序列数)作为变量，在初始化阶段选取一个预设口令 PW 和一个迭代数 N，以及一个单向散列函数 F，计算 $Y = F_n(\mathrm{PW})$，($F_n()$ 表示进行 n 次散列运算)，并把 Y 和 N 的值存到服务器上。用户端计算 $Y' = F_{n-1}(\mathrm{PW})$ 的值，再提交给服务器。服务器则计算 $Z = F(Y')$，最后服务器将 Z 值同服务器上保存的 Y 进行比较。如果 $Z = Y$，则验证成功，然后用 Y' 的值取代服务器上 Y 的值，同时 N 的值递减 1。

事件同步方式的原理如图 5-5 所示。

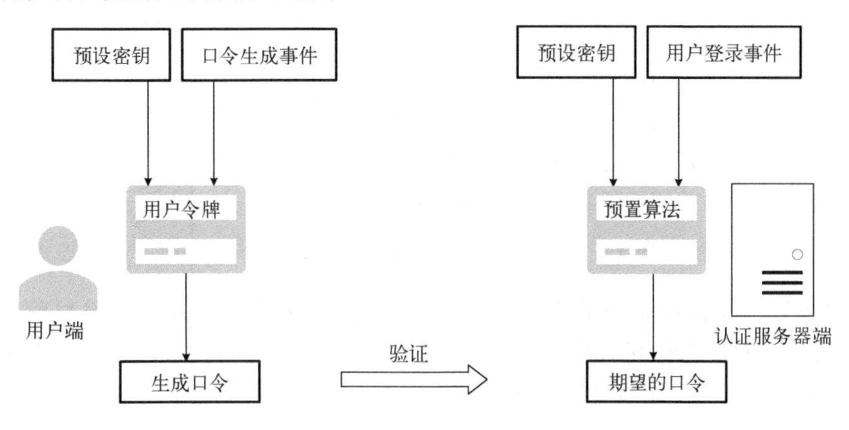

图 5-5　事件同步方式的原理

通过事件同步方式，用户每次登录到服务器端的口令都不相同。这种方案易于实现，且无需特殊硬件的支持。例如，S/KEY 口令序列认证方案就是一种基于事件同步方式的认证方案。该方式下，口令为一个单向的前后相关的序列，系统只需记录第 N 个口令。用户用第 N–1 个口令登录时，系统用单向算法算出第 N 个，令其与自己保存的第 N 个口令匹配，以判断用户的合法性。由于 N 是有限的，用户登录 N 次后必须重新初始化口令序列。其动态性来自将用户登录次数作为动态因子，用户的口令会根据使用次数的变化不断产生变化。因此该方式不涉及时钟同步问题，双方通信少且步骤简单，不会产生失步问题。

5.2.2　基于生物特征的认证

基于生物特征的身份认证是以指纹、虹膜、人脸、声纹等生物特征为依据，利用计算机技术进行图像处理和特征提取，生成用户认证凭证，其特点是具有普遍性、唯一性、稳定性、易采集性等。生物特征都是独一无二的，因此很难伪造和假冒，也不存在丢失、被盗等问题，使其应用于人的身份认证更安全、更可靠。然而，也正是由于生物特征的唯一性和不可更改性，一旦生物特征或其数据被窃取或假冒将对用户产生长期威胁。目前通常将基于生物特征的认证与基于口令的认证等其他方式结合使用。

基于生物特征的认证系统的基本结构如图 5-6 所示。用户在注册阶段通过生物特征传感器录入特定的生物特征，由传感器进行特征提取后存入模板库作为认证凭据；在认证阶段，用户再次使用生物特征传感器采集同一特征，经传感器提取后与模板库内的数据进行比对，实现特征匹配，确定认证是否通过。简要来说，该过程主要包括三个步骤：数据采集、特征提取、匹配决策。

目前常用的生物特征身份识别技术有以下三种。

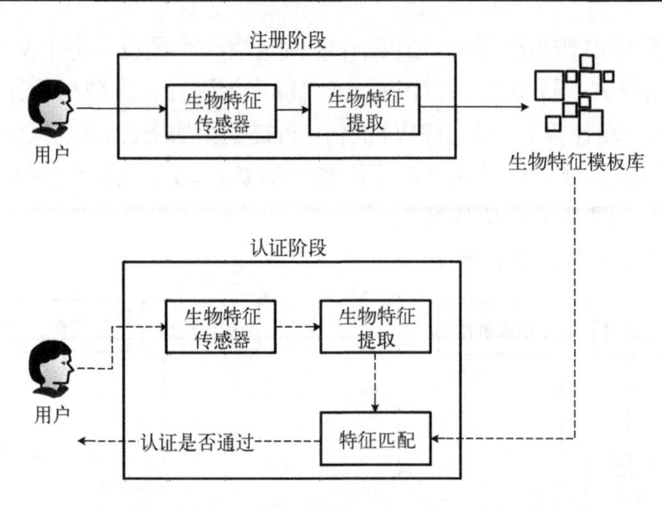

图 5-6　基于生物特征的认证系统的基本结构

(1) 指纹识别。指纹识别是最传统、最成熟的生物特征识别技术，也是目前市场中应用最为广泛的技术。每个指纹可提取出几十个特征点，每个特征点可提取出 5～7 个特征，故 10 个手指指纹图像可产生至少数千个独立可测量的特征。指纹图像的采集通常使用各种物理传感器进行采集，并利用数学模型进行校正；指纹特征提取根据指纹的全局特征和局部特征对指纹进行初步分类，提取数据并存储为特征文件；指纹匹配基于指纹特征集，度量指纹之间的相似性以进行目标身份匹配。

(2) 虹膜识别。虹膜是一个位于瞳孔和巩膜之间的环状区域。它拥有复杂的结构和细微的特征，同样具有唯一性、稳定性的特征。此外，由于虹膜数据提取是非接触式的，因此更容易被人所接受。1993 年，Daugman 提出了虹膜识别的理论框架，开启了虹膜识别在身份验证领域的应用。经过近 30 年的技术研究与发展，虹膜识别已日趋发展成熟，到目前为止，虹膜识别的准确率是各种生物特征识别中最高的。在实际应用中，虹膜识别的准确率主要受识别距离及光学设备等条件限制，例如，光线不足将导致虹膜图像模糊或畸变，不能完成识别任务。

(3) 人脸识别。人脸识别技术基于人脸的面部特征的细微差别进行身份识别，具有非接触、操作简便的优势，因此在日常的安全系统中得到了越来越广泛的应用。人脸识别技术研究始于 1960 年，主要基于人脸不同位置特征的连贯性进行识别，准确率较低；20 世纪 70 年代开始出现全自动人脸识别系统，可提取人脸的 16 个参数；20 世纪 80 年代，研究者提出了采用主成分分析的方法，在低维空间上重新组织并表征人脸数据，为此后的人脸识别技术打下了基础；20 世纪 90 年代，基于统计原理的“特征脸”的人脸识别技术出现，进一步提高了识别的准确率；21 世纪以来，随着机器学习理论的发展，人脸识别技术提高到了一个新的层次，目前，基于人工智能的人脸识别率已达到 99.99%。然而，在实际应用中，人脸识别的准确性受到面部表情、妆容、衰老等关键细微因素的影响，也与光照强度、摄像头清晰度等外部因素密切相关，因此在某些情况下不可避免地存在错误率。

越来越多的生物特征识别技术正在被提出，其他识别技术还有手型识别、声音识别、笔迹识别、步态识别等，每种生物特征识别技术在其应用领域较其他的生物特征识别技术都有一定的优越性和弱点。换句话说，没有哪种生物特征是“最优”的。如何选择生物特征主要取决于具体的应用要求和场合。

5.2.3 基于智能卡的认证

智能卡认证技术是指基于智能卡硬件不可复制来对持有者进行身份认证的技术。智能卡是一类内置集成电路芯片，芯片内存有与用户身份相关的数据，具有不可复制的特点。智能卡由合法用户持有，登录时必须将智能卡硬件插入相应的读取设备进行验证。它被认为是安全可靠的认证手段之一，因其存在一系列安全保护：首先，智能卡使用了软硬件多重保护，可确保卡内信息免受非法用户窃取和修改；其次，智能卡内嵌的芯片可在卡内对敏感信息进行加密、解密、哈希等操作，而不必将它们读出卡外，从而保证这些信息不会被驻存在系统中的木马程序读取；再次，部分智能卡还可以在用户出示卡的同时输入智能卡的个人身份识别码(Personal Identification Number，PIN)，从而达到双因素的认证；最后，由于智能卡提供了唯一的 ID 号，系统能够通过该 ID 号方便地识别出谁在使用系统。基于智能卡的认证方式在生活中被广泛应用，诸如 ETC 系统的车载端、各类门禁卡、二代身份证等都可以看作一种智能卡。

射频识别(Radio Frequency Identification，RFID)技术是一种在基于智能卡的身份认证系统中被广泛使用的技术。RFID 利用射频信号和电感耦合实现身份认证，被广泛用于各类门禁系统、资产追踪、电子政务等领域。一套完整的 RFID 系统由读卡器(Reader)与电子标签(Transponder)组成，根据工作模式通常可以分为有源和无源两种。RFID 的工作原理并不复杂，其认证过程如图 5-7 所示。当电子标签进入读卡器形成的电磁场后，读卡器主动发出询问，电子标签通过感应电流获得能量，从而发送存储在芯片卡中的标签信息(无源)，或主动发送某一频率的信号(有源)；读卡器获取信息并解码后，向身份认证服务器提交身份认证，服务器进行认证后返回认证结果至读卡器。

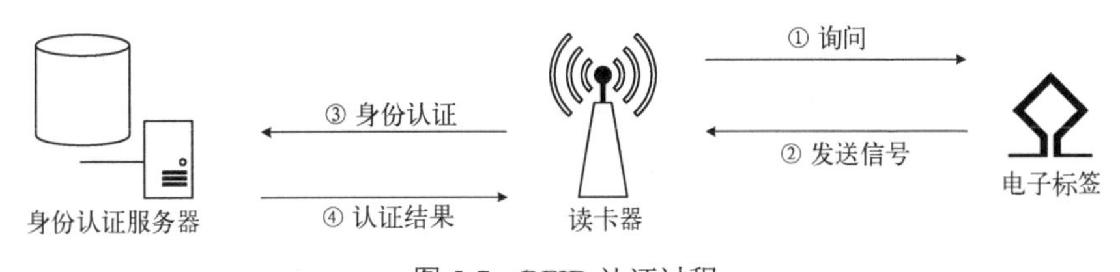

图 5-7　RFID 认证过程

5.2.4 基于多因子的认证

多因子身份认证(Multi-Factor Authentication，MFA)的目的是建立一个多层次的防御体系，通过结合两种以上的(基于记忆的/基于持有物的/基于生物特征的)因子形成凭证，并据此验证访问者的身份。攻击者即使破解单一因子，仍然无法成功实现攻击。MFA 不仅可以通过简单的口令保护账号安全，还通过多种认证手段构建立体防御(如口令+数字证书认证组合验证)，即使攻击者盗取了用户的账号密码信息，也无法登录应用。此外，MFA 支持无密码认证(Passwordless)的 OTP、线上快速身份验证(Fast Identity Online，FIDO)等各种手段。用户无须记忆复杂的口令，也能安全、便捷地登录应用，降低了口令泄露的风险。

当前已有大量的 MFA 应用产品，如 Cisco Duo、RSA SecurID、ESET Secure Authentication、腾讯安全多因子身份认证服务等。以腾讯安全多因子身份认证服务为例，其提供了短信认证、移动令牌认证、小程序令牌认证、生物认证等多种认证方式，管理员可以根据需要自定义认证策略，实现对信息系统安全高效的保护。

5.2.5 Kerberos 身份认证系统

Kerberos 是由麻省理工学院(MIT)提出的一种基于可信第三方的网络认证协议，目的是在不安全的网络环境下向其他实体安全地验证某一实体的真实身份。其基本思想是使用可信第三方在用户与服务器之间分发会话密钥建立安全信道，使得通过网络通信的实体可以互相验证彼此的身份。该协议可以在实体传输信息的过程中抵抗重放和窃听攻击，并保证通信数据的完整性和保密性。当前，Kerberos 身份认证系统广泛应用于 Internet 服务的安全访问，在 Window Server 以及 Hadoop、Spark 等大数据框架中都有广泛的应用。

一个 Kerberos 系统主要包含三个主体：客户端或用户(Client)、客户需要访问的应用服务器(Server)以及密钥分发中心(Key Distribution Center，KDC)。其中，密钥分发中心包括一个认证服务器(Authentication Server，AS)和一个票据授权服务器(Ticket Granting Server，TGS)。AS 对用户的身份进行认证并给用户授予访问票据授权服务器的权利，TGS 可以根据用户要访问的应用服务器，为用户生成授权票据。

用户申请访问服务器资源时，首先向 AS 进行认证。认证成功后，AS 向其分配一个访问 TGS 的票据。用户凭借此票据访问 TGS，并申请访问服务器资源的凭证。因此，协议认证过程中，客户需要分别与三个服务器端开展三次认证和信息交互。具体的认证流程如图 5-8 所示，步骤如下。

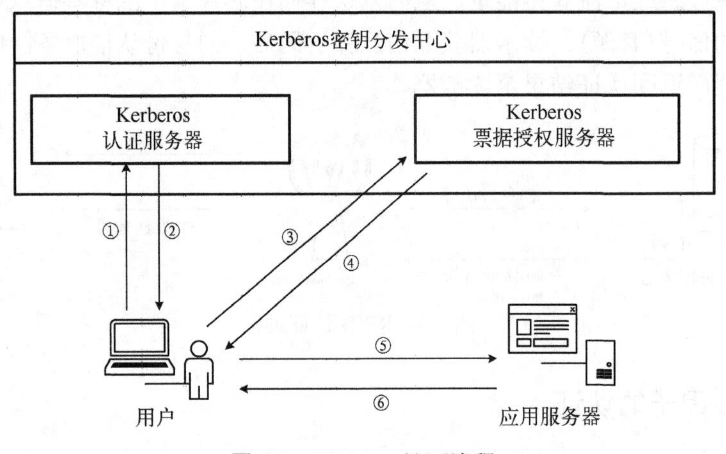

图 5-8　Kerberos 认证流程

(1)认证服务器交换(AS 交换)。

①用户首先向 AS 发出请求，请求信息包括用户唯一标识和票据授权服务器标识，上述信息通过用户密钥 Kc 加密，目的是获取与 TGS 进行通信的票据及会话密钥。

②AS 收到请求信息后，验证该用户的标识信息是否真实有效。若有效，则生成一个 Client-TGS 会话密钥(使用用户密钥 Kc 加密)，以及用于访问 TGS 的票据授权票据 TGT(Ticket Granting Ticket)，票据包含用户名、用户地址、TGS 服务名、时间戳、有效时间、Client-TGS 会话密钥等信息，将上述消息使用票据授权服务器的密钥加密后一起返回给用户。

(2)票据授权服务器交换(TGS 交换)。

用户收到返回的消息后使用 Kc 对其解密，从而获得 Client-TGS 会话密钥与加密票据

TGT。当用户的登录时间超出有效时间时，票据将会失效。时间戳的作用是防止消息被攻击者截获并冒充合法用户。

③用户向 TGS 发送用于认证 TGT 和访问请求的消息，并使用 Client-TGS 会话密钥加密。

④TGS 解密消息后获得 TGS 会话密钥并验证用户身份，若验证成功，则产生一个用于用户和应用服务器通信的 Client-Server(C-S)会话密钥并向用户签发服务许可票据 ST(Server Ticket)。使用 TGS 会话密钥对 C-S 会话密钥及服务许可票据 ST 进行加密后发给用户。

(3)应用服务器交换(AP 交换)。

用户解密 TGS 发回的信息，得到与 C-S 会话密钥和服务许可票据 ST。

⑤用户访问应用服务器，使用 C-S 会话密钥加密服务许可票据 ST 和用户身份认证信息并发送给应用服务器。

⑥应用服务器验证用户发送的服务许可票据 ST 里的信息和认证信息。若验证成功，就向用户提供相应的服务，并返回确认信息和时间戳。

用户接收到确认信息后，对其解密获得时间戳并验证其是否合法，从而实现了用户对应用服务器的身份的反向认证。

5.3　数据访问控制模型

数据访问控制策略决定着数据访问控制安全服务的质量。建立规范的访问控制模型，是实现完善的访问控制策略的前提。不同的访问控制模型提供了不同的授权管理策略，本节主要讲述自主访问控制、强制访问控制、基于角色的访问控制和基于属性的访问控制。

5.3.1　自主访问控制

自主访问控制(DAC)，是指用户可以按自己的意愿，有选择地与其他用户共享他的文件，可以将自己对客体的访问权限授予其他用户，也可以撤销某些用户的权限；获得客体访问权限的用户，如果得到上一级用户的许可，也可以将自己拥有的访问权限级联地授予其他用户。自主访问控制一般采用访问控制矩阵(Access Control Matrix，ACM)和访问控制列表(Access Control List，ACL)来存放不同主体的访问控制信息，从而达到对主体访问权限的限制目的。

自主访问控制提供了许多不同的授权管理策略，主要如下。

(1)集中式：由单个的管理者对用户进行访问控制授权和授权撤销。管理者对其拥有的客体具有全部控制权，是唯一有权修改 ACL 的主体。

(2)合作式：对于特定系统资源的访问不能由单个用户授权决定，而必须要其他用户的合作授权决定。这种方式在一定程度上限制了用户的授权。

(3)分层式：一个中心管理者把管理责任分配给其他管理者，这些管理者再对用户进行访问授权和授权撤销。分层式管理可以根据组织结构而实行。分层式结构的优点是由值得信任的各级领导，以最可信的方式对客体实施控制，这种控制可以模仿组织环境。但它的最大缺点是：对于一个客体来说，可能会同时有多个管理者有能力修改它的 ACL。

(4)所有式：由客体的属主(即所有者，Owner)对自己的客体进行管理，由属主自己决定是否将自己拥有的客体访问权或部分访问权对其他用户进行授权和授权撤销。但属主无权将自己对客体的管理权限分配给其他主体。

(5)分散式：在分散管理中，客体的属主可以把管理权限授权给其他用户。这种权限管理方式最为灵活，但访问许可权一旦分配出去，想要控制客体就很困难了，没有任何主体会对该客体的安全负责。

不难看出，上述授权管理策略的灵活性依次增大。但是，越是灵活的授权管理策略，系统的安全性越难以保证。DAC 允许主体自主地将一部分访问权限授予给用户或从用户撤销，则管理者难以确定哪些用户对哪些资源有访问权限，有时还会出现策略冲突，不利于实现统一的全局访问控制。策略冲突时，由于对客体的访问存在不同的访问路径，攻击者可以轻而易举地绕过授权中的访问控制，不能真正提供对系统中信息流的保护。

综上所述，自主访问控制的特点是灵活性高但安全性较弱，这种灵活性使其得到广泛应用，可以应用于对安全性要求不高的商业和工业环境中。

5.3.2　强制访问控制

强制访问控制(MAC)，是指由系统制定统一的访问控制策略，系统独立于用户行为强制执行访问控制。MAC 是一种多级访问控制模型，其基本思想是：系统事先给访问主体和受控客体分配各自的安全级别或完整性级别属性，在实施访问控制时，系统先对访问主体和被访问客体的安全级别或完整性级别属性进行比较，再决定访问主体能否访问该客体。

在强制访问控制中，允许的访问控制完全是根据主体和客体的安全级别或完整性级别属性决定的。这些级别属性由系统管理员人为设置，或由系统(操作系统、数据库系统等)严格按照安全策略与规则进行设置，而普通用户及代表用户运行的应用程序、进程等主体不能修改这些级别属性。

如果以实现数据的保密性为目的，MAC 实施基于保密性的强制访问控制策略，是一种基于安全级的访问控制模型。

在基于保密性的强制访问控制中，对于主体和客体中的实体，系统为每个实体指派一个安全级。安全级有两个安全标签：一个是具有偏序关系(如绝密>机密>秘密>公开)的级别(Classification)标签 L，它标识了实体的安全等级，该安全等级表示信息的敏感程度；另一个是非等级的范畴(Categories)标签 C，它标识了实体安全级作用的范围。客体安全级表示其内容的敏感性及其作用范围，而主体安全级(也称许可级，Clearance)表示主体的安全访问能力和访问范围。安全级的集合形成一个满足偏序关系的格(Lattice)，此偏序关系称为支配(Dominate)。设有两个实体 i 和 j，其安全等级分别为 $\mathrm{SL}_i=(L_i,C_i)$ 和 $\mathrm{SL}_j=(L_j,C_j)$，称 SL_i 支配 SL_j $(\mathrm{SL}_i \geqslant \mathrm{SL}_j)$ 当且仅当 $L_i \geqslant L_j$，$C_i \supseteq C_j$。如果两个安全级的范畴互不包含，则这两个安全级不可比。

基于保密性的强制访问控制策略依据以下两条规则来控制主体对客体的访问。

(1)不能向上读(No-Read-Up)：仅当主体 S 的许可级支配客体 O 的安全级时，主体 S 才能读客体 O。

(2)不能向下写(No-Write-Down)：仅当主体 S 的许可级被客体 O 的安全级支配时，主体 S 才能写客体 O。

例如，在如图 5-9 所示的安全格实例中，级别有秘密(S)和非密(U)两种级别，$S>U$，范畴是集合{军事, 科技}的幂集中的元素。假设一个主体的安全级为〈S,{军事}〉，则基于保密性的强制访问控制策略，该主体可以读安全级别为〈S,{军事}〉、〈U,{军事}〉、〈S,{}〉和〈U,{}〉的客体，该主体能够写安全级为〈S,{军事}〉和〈S,{军事,科技}〉的客体。

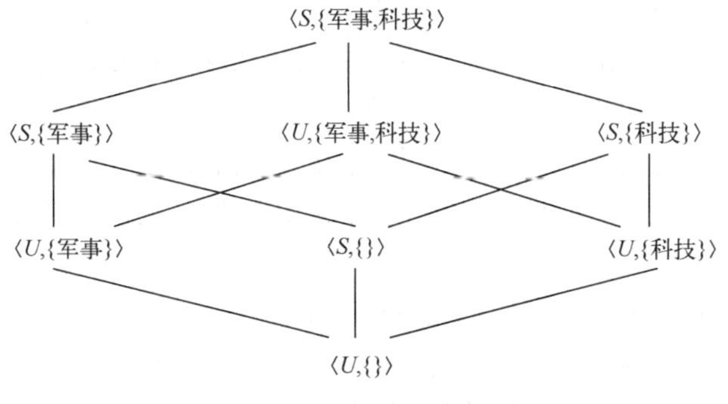

图 5-9　安全格实例

基于保密性的强制访问控制策略，原则上制止了信息由高安全级的主/客体流向低(或不可比)安全级的主/客体，因此保证了信息的保密性。然而上述两个规则限制太过于严格，在实际应用中，一些可信进程可能被允许突破这些规则访问数据。

如果以实现数据的完整性为目的，MAC 实施基于完整性的强制访问控制策略，是一种基于完整性级别的访问控制模型。

完整性级别以及完整性级别之间的支配关系的定义，与前述安全级中的相关定义基本相同。不同的是，在完整性级别中的级别标签 L 的意义，不再是安全级中的信息敏感程度，而是其插入和修改敏感信息的可信度。例如，完整性级别高的主体比完整性级别低的主体在行为上具有更高的可靠性，完整性级别高的客体比完整性级别低的客体所承载的信息更加精确和可靠。

基于完整性的强制访问控制策略依据以下两条规则控制主体对客体的访问请求。

(1) 不能向下读(No-Read-Down)：仅当主体 S 的完整性级别被客体 O 的完整性级别支配时，主体 S 才能读客体 O。

(2) 不能向上写(No-Write-Up)：仅当主体 S 的完整性级别支配客体 O 的完整性级别时，主体 S 才能读客体 O。

例如，在如图 5-10 所示的完整性格中，级别有关键(Crucial，C)和重要(Important，I)两种级别，且 $C>I$，范畴是集合{军事,科技}的幂集中的元素。假设一个完整性级别为〈C,{军事}〉的用户接入系统，其可以读取完整性级别为〈C,{军事}〉和〈C,{军事,科技}〉的客体，可以写入完整性级别为〈C,{军事}〉、〈C,{}〉、〈I,{军事}〉和〈I,{}〉的客体。

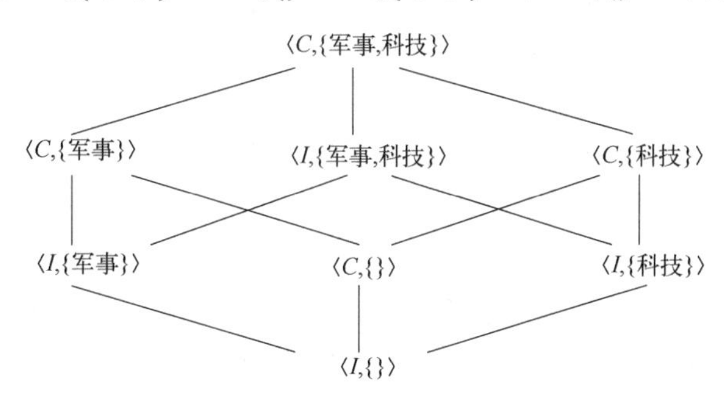

图 5-10　完整性格实例

基于完整性的强制访问控制策略阻止了信息从低完整性级别的实体流向高完整性级别的客体。但是，该模型最大的局限性在于仅解决了由不正确的信息流导致信息完整性破坏的问题，如避免越权、篡改等行为的发生，但它无法保证敏感信息的保密性。

经典的 MAC 模型有 Bell-Lapadula 模型、Biba 模型和 Dion 模型。Bell-Lapadula 模型具有只允许向下读、向上写的特点，可以有效地防止保密信息向低安全级泄露。Biba 模型则具有不允许向下读、向上写的特点，可以有效地保护数据的完整性。基于保密性的强制访问控制策略和基于完整性的强制访问控制策略不是相互排斥的，它们可以在一个系统出现，两者结合起来可保护信息的保密性和完整性。例如，Dion 模型结合 Bell-Lapadula 模型中基于保密性的强制访问控制策略和 Biba 模型中基于完整性的强制访问控制策略，模型中的每一个客体和主体都被赋予一个安全级别和完整性级别，安全级别定义同 Bell-Lapadula 模型，完整性级别定义同 Biba 模型，可以有效地保护数据的保密性和完整性。

与自主访问控制相比，强制访问控制提高了安全性，可用于抵御特洛伊木马等攻击。强制访问控制的主要缺陷在于实现工作量大，管理不便，不够灵活；而且由于它过于偏重安全性，对系统连续工作能力、授权的可管理性等方面考虑不足，因此，MAC 模型在实际应用的范围受到一定的影响，目前，主要用于对安全性要求非常高的军方系统中。另外，实现单向信息流的前提是系统中不存在逆向隐信道，隐信道的存在会导致信息违反规则的流动，在第 7 章将讨论多级安全数据库的隐通道产生及其消除等问题。

5.3.3 基于角色的访问控制

传统的访问控制直接将访问主体和客体相联系，授权管理的难度和工作量都很大。为了简化授权管理，20 世纪 90 年代，美国国家标准技术局提出了一种基于角色的访问控制(Role-Based Access Control，RBAC)模型。角色是 RBAC 模型最重要的概念，角色表示一个或一组用户可以在组织中执行的操作的集合。用户在组织中有一定的角色，如公司中的经理、员工等。RBAC 的基本特征是将用户与角色相关联，将角色与权限相关联，从而降低了授权管理的复杂度。RBAC 模型为系统设置各种不同的角色，并将具有一定职能的角色分配给相应的用户，当用户成为该角色的一员时，用户就拥有该角色所具有的权限。

在 RBAC 系统中，角色的定义和分配由系统管理员进行统一管理，用户不能自主选择角色，用户也不能将系统管理员分配的角色授权给别的用户。

强制访问控制模型更注重强制控制信息的单向流动，控制数据的操作仅限于数据的“读”和“写”，而 RBAC 可以更加灵活地定义“谁可以对什么信息执行何种操作(如查询、插入、修改、删除等)”的访问控制策略，可以结合应用需求，保护数据的保密性和完整性。因此，RBAC 可以通过特定配置实现 MAC。

基于 RBAC，也可以实现类似自主访问控制的许多管理策略。能够实现授权管理的委托代理是 RBAC 的重要特点，这在 DAC、MAC 两种访问控制的管理策略中都不存在。在大规模分布式系统中，实行授权集中管理一般是不可行的。实际上，常把中心管理员对特定客体集合的授权管理权限由其他一些管理员委托代理。例如，对于特定区域的客体的授权管理可以由该区域的管理员代理执行，而区域管理员则由中心管理员进行授权管理，这样就形成了一个个子区域，在各个子区域中可以递进地进行委托代理处理，继续形成更小的子区域。

自 RBAC 提出后，研究者相继提出了不少改进的 RBAC 模型，乔治梅森(George Mason)

大学给出的 RBAC96 模型综合了这些模型，称为统一模型。图 5-11 上半部分表示系统中角色与权限的关系，下半部分表示管理角色和管理权限的关系。RBAC96 由 6 个基本实体组成：用户(*U*)、角色(*R*)、权限(*P*)、会话(*S*)，以及他们相应的管理部分：管理角色(AR)和管理权限(AP)。要求管理角色与管理权限各自从常规角色和权限里脱离出来，而且常规权限只能分派给常规角色，AP 只能分派给 AR。

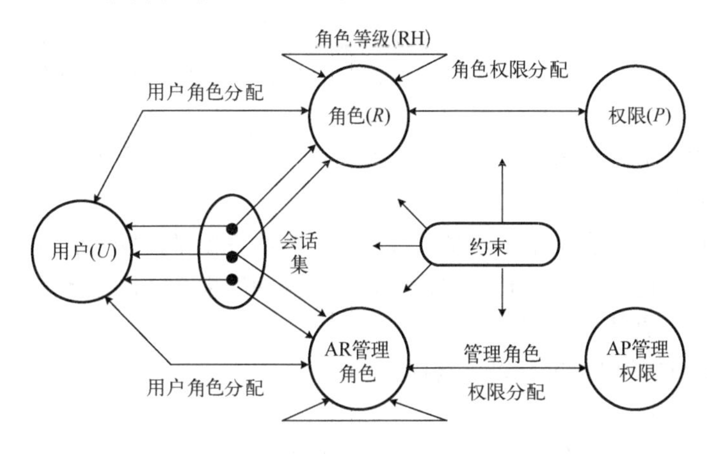

图 5-11　RBAC96 统一模型

RBAC96 模型包括 4 个不同层次，其中：RBAC0 为基本模型，规定了任何 RBAC 系统所必需的最小需求；RBAC1 为分层模型，在 RBAC0 的基础上增加了角色等级(Role Hierarchies，RH)的概念；RBAC2 为约束模型，在 RBAC0 的基础上增加了约束(Constraints)的概念；RBAC3 为统一模型，包含 RBAC0、RBAC1 和 RBAC2。

RBAC0 主要由四个实体组成，分别是用户、角色、权限和一组会话。其中，角色是可以根据实际的工作需要生成或取消。用户和角色之间、角色与权限之间都是“多对多”的关系：一个用户可以被赋予多个角色，一个角色也可以对应多个用户；一个角色可以拥有多个访问权限，一个访问权限也可以被分配给多个角色。

为了对系统资源进行存取，用户需要发起会话。会话是一个动态的概念，一次会话是用户的一个活跃进程，代表用户与系统进行的一次交互。在一次会话中，用户可以执行的操作就是该会话激活的角色集对应的权限所允许的操作。用户与会话是一对多关系，一个用户可与系统发起多个会话，每个会话激活的角色集可能不一样。如果用户在会话中激活的角色集所能完成的功能远远超过其需要，就会造成一种浪费。另外，如果用户被赋予的角色过多并且这些角色拥有的权限有冲突，在用户发起会话时，还会出现安全漏洞。为了避免这些情况，在 RBAC 中设定了最小权限原则，规定用户所拥有的角色集对应的权限要小于等于该用户执行工作时所需的权限。另外，RBAC 模型不允许由一次会话直接创建另一次会话。

RBAC1 模型中引入了角色等级来反映一个组织的职权和责任分布的等级关系。角色等级关系具有自反性、传递性和非对称性，是一个偏序关系。一般地，处于较高等级的角色可以继承处于较低等级的角色的所有权限。有时为了实际需要，应该限制继承的范围，不希望高等级角色享有全部的继承权力，此时就可以构造一些称为私有角色的新角色，然后给用户分配这些私有角色。

RBAC2 模型中引入了约束的概念。约束是在角色之间、权限之间、角色和权限之间定义的一些约束关系，用来表达允许执行的条件。实际应用时，约束被定义为一些函数，在进行用户角色分配和权限角色分配时被调用，返回“可接受”和“不可接受”两种值。约束的种类包括但不限于：①互斥角色约束，指一个用户最多只能分配到某两个角色中的一个，如出纳和会计就为互斥角色；②基数约束，可被赋予某特定角色的用户数目的限制；③必备角色约束，当用户拥有了角色 B 时，角色 A 也可以分配给该用户，并且角色 A 在其他任何情况下都不能分配给该用户，那么，角色 B 就是角色 A 的必备角色；④会话约束，指对会话中的角色和权限的限制，例如，一个用户不能在一次会话中同时激活它拥有的不同角色，限制同一权限所分配的会话数等；⑤角色等级约束，角色等级也可以视为一种约束，例如，被分配了低级角色的权限也要分配给该角色的所有上级角色。但为了实现方便，通常应用角色等级的继承性替代限制的使用。

统一模型 RBAC3 包含了基本模型、等级模型和约束模型，安全管理员可以综合运用这些模型的特性对用户的授权进行有效的管理。当等级和约束之间产生矛盾时，可通过引入私有角色来解决矛盾，具体方法不再介绍。

最后，对 RBAC 的优势进行以下概括。

(1) 便于授权管理。

RBAC 将用户与特定的角色联系起来，对用户的访问授权转变为对角色的授权。如果用户的职责发生了变化，改变了他们的角色，也就改变了其权限。当组织的功能变化或演进时，只需删除角色的旧功能，增加新功能，或定义新角色，而不必更新每一个用户的权限。这些都大大简化了授权管理。

(2) 角色继承。

为了提高效率，避免相同权限的重复设置，RBAC 采用了角色继承的概念。角色继承很自然地反映了组织内部人员之间的职权、责任关系。

(3) 便于实施最小权限原则。

RBAC 按照职责分类角色，便于实施最小权限原则，可以减少安全隐患，增强系统的安全性，并节省系统资源。

(4) 便于职责分离。

对于某些特定的操作集，某一用户不可能同时独立地完成所有这些操作，这时需要进行职责分离。在 RBAC 中，可通过授予用户不同的角色，并在角色和权限间施加一些约束来实现。

(5) 便于客体分类。

因为定义的角色有其特定的职能，所以对每个客体的访问授权也可以按照该客体的分类来决定，而不需要对每一客体都具体指定授权。例如，办公室秘书的角色可以授权读写信件这一类别，而不需要对每封信件进行授权。这样也使授权管理更加方便。

5.3.4　基于属性的访问控制

基于属性的访问控制(Attribute Based Access Control，ABAC)是一种灵活的访问控制模型，它通过安全属性来定义授权，而不必预先知道访问者的身份。安全属性可以看作一些与安全相关的特征，可以由属性权威定义与维护。具体地，ABAC 包括以下几个重要的概念。

(1) 实体(Entity)：指系统中存在的主体、客体以及权限和环境。

(2) 环境(Environment)：指访问控制发生时的系统环境。

(3)属性(Attribute)：用于描述上述实体的安全相关信息。属性是 ABAC 的核心，它通常由属性名和属性值构成。例如，主体属性可以是姓名、性别、年龄等；客体属性可以是创建时间、大小等；权限属性可以是描述业务操作读写性质的创建、读、写等；环境属性通常与主客体无关，可以是时间、日期、系统状态等。

ABAC 模型基于属性或属性组合对访问控制要素进行统一描述，将属性贯穿于整个访问控制模型中，提高了模型的灵活性，增强了访问控制策略的表达能力，实现了动态灵活的访问控制。例如，一个主体被分配了一组基于工作岗位的主体属性(例如，Alice 是心脏科的护士)，客体在创建时被分配了客体属性(例如，包含心脏病患者病历的文件夹)。主管机构制定相应的规则来管理允许的操作(例如，心脏科的所有护士都可以查看心脏病患者的医疗记录)。这种灵活性使得在主体、客体和属性的整个生命周期中，属性和它们的值都可以非常方便地修改。

ABAC 的框架如图 5-12 所示，属性权威(Attribute Authority，AA)负责属性的创建与管理，并为实体提供属性查询。策略管理点(Policy Administrator Point，PAP)负责访问策略的创建、管理与查询。策略执行点(Policy Enforcement Point，PEP)负责处理原始访问请求，通过 AA 查询属性信息，并将生成基于属性的访问请求发送至策略决策点(Policy Decision Point，PDP)进行判定，最后根据 PDP 的判定结果实施访问控制。PDP 为策略判定点，负责根据 PAP 中的策略集对基于属性的访问请求进行判定，并将判定结果返回 PEP。其中，访问请求包括主体、客体、权限与环境的属性。若 PAP 中的属性未被访问请求所覆盖，则由 PDP 从 AA 中进行属性查询，从而完成此次访问请求的判定。可以看出，ABAC 模型具备较强的灵活性与可扩展性，能够很好地适用于开放式数据共享环境中。

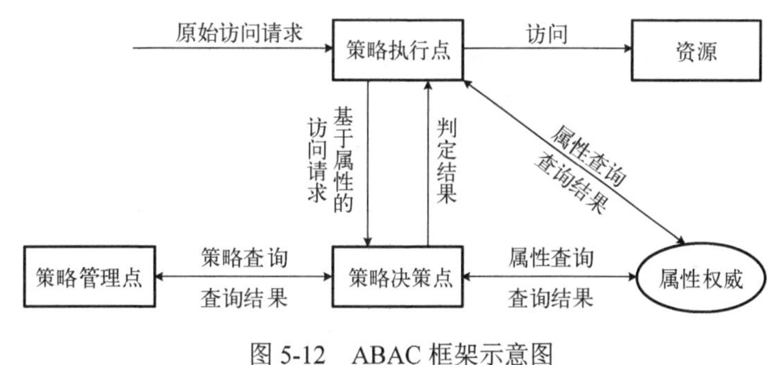

图 5-12　ABAC 框架示意图

5.4　数据访问控制机制

访问控制的实现机制主要可以分为访问控制矩阵、访问控制列表和访问控制能力表(Access Control Capabilities List，ACCL)。其中，访问控制矩阵存储了所有主体能对某一客体的访问权限，访问控制列表是访问控制矩阵按列的分解，访问控制能力表是访问控制矩阵按行的分解。

5.4.1　访问控制矩阵

访问控制矩阵(ACM)的概念最早是由 Lampson 于 1974 年提出的，其主要思想是通过访问控制矩阵表示每个主体能对哪些客体进行何种权限的访问。

自主访问控制模型对应的访问控制矩阵可以表述为$(S,O,\boldsymbol{A})$三元组。其中S表示访问主体集合，可以是人(用户)、机器、程序、进程等；O表示客体集合，通常是被调用的程序、进程、需要存取的数据、内存、系统、设备、设施等资源；$\boldsymbol{A}$表示访问控制矩阵，行对应于主体，列对应于客体。矩阵的第i行、第j列的元素a_{ij}是访问权限的集合，列出了允许主体s_i对客体o_j可执行的访问权限。访问控制矩阵的一个实例如表5-1所示。

表5-1　访问控制矩阵实例

用户	文件1	文件2	文件3
用户*A*	*ORW*		*R*
用户*B*	*W*	*ORW*	*ORW*
用户*C*	*W*	*R*	
用户*D*	*RW*		*R*

在该实例中，主体为用户，客体为文件。访问权限集合中O、R、W分别表示拥有(Own)、读(Read)、写(Write)。读权限指主体能读取并查看客体，写权限指主体能修改客体，而拥有权限指主体是客体的属主，它可以授予或撤销其他主体对该客体的访问控制权限。三元组$(S,O,\boldsymbol{A})$反映了主体对客体可以做的操作。例如，“用户*A*”拥有“文件1”，并对“文件1”有读、写的权限，对“文件3”仅有读的权限，但对“文件2”，“用户*A*”不具有任何访问权限。在使用访问控制矩阵机制的系统中，当某一主体需要对某个客体进行访问时，系统中的访问控制执行部件(访问控制引擎)将会检查矩阵$\boldsymbol{A}$中的对应元素，以确定其是否可以访问目标客体。

访问控制矩阵最初由系统安全管理员建立和维护。如果采用自主访问控制模型，该矩阵中的元素也可能随着数据属主对其他用户的授权而变化。访问控制矩阵具有容易理解、表现直观等优点，常用于一些简单的系统。但在实际的系统中，并不是每个主体与每个客体之间都存在着授权关系，使用访问控制矩阵会存在较多的空白项，浪费存储空间。如果想用访问控制矩阵实现基于角色的访问控制模型，则可以通过对其扩展来实现：矩阵中的主体可以定义为角色，并增加其他数据结构，建立实际主体与角色之间的映射关系。

5.4.2　访问控制列表

访问控制列表(ACL)是以客体为中心，将访问控制矩阵按列进行分解建立的访问权限链表，它可以对某一特定资源指定任意一个或一组主体的访问权限。访问控制列表的一个实例如图5-13所示。该表中，主体为用户或用户组，客体为文件。

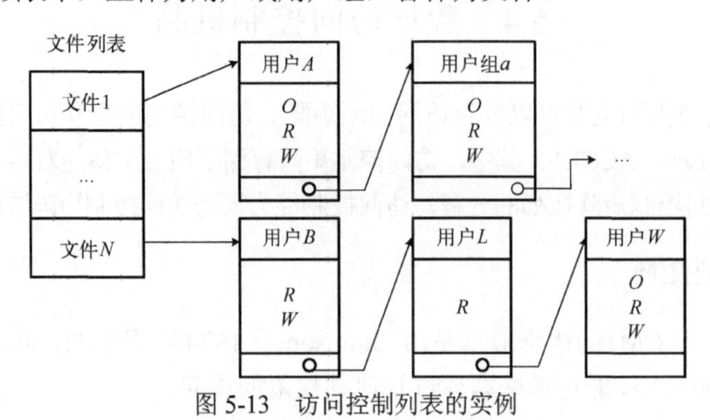

图5-13　访问控制列表的实例

若对某一客体具备访问权限的主体较多，则对应的访问控制列表也会相应较长，此外，在访问控制执行部件(访问控制引擎)遍历链表并做出判别时也需要耗费较多的 CPU 时间。将用户分组可以大大缩短链表长度，缩短遍历时间。

ACL 的优点是表达直观，容易理解，它可以很容易地找出所有有权访问特定客体的主体，并有效地实施授权管理。许多常见的操作系统使用访问控制列表来实现访问控制，例如，Unix 和 VMS 系统利用了访问控制列表的简略形式，允许访问控制列表以少量工作组的形式实现，但不允许出现单个主体，这样可以把访问控制列表做得很小，可以与文件存储在一起。在一些实际应用中，可以对 ACL 进行扩展以进一步控制用户的合法访问时间、访问规则和访问方式。

虽然 ACL 灵活方便，但应用于需求复杂、网络规模较大的企业内网时，仍然存在一些问题：ACL 需要为每个客体指定可访问的主体或主体组以及相应的权限，当网络中有很多资源时，ACL 中需要设置大量的条目；当用户的职位和职责发生变化时，管理员应修改用户对所有客体的访问权限；在许多组织中，服务器通常是相互独立的，每个服务器都有自己的 ACL，为了在整个组织中实现一致的访问控制策略，所有管理部门必须密切合作。这些需求使得授权管理变得费力、麻烦且容易出错。因此，可以结合实际需求，将 ACL 进行改进和扩展，如增加基于角色的访问控制功能等。

5.4.3　访问控制能力表

能力是访问控制中的一个重要概念，它是指主体所拥有的一个有效标签，表明了该主体所具备的能够访问客体的方式。与 ACL 以客体为中心不同，访问控制能力表以主体为中心，将访问控制矩阵按行进行分解，用链表形式表达矩阵一行的信息。每个主体对应一个访问能力表，该表由该主体被授权访问的所有客体及该主体对这些客体所拥有的访问权限组成。访问控制能力表的一个实例如图 5-14 所示，其中主体为用户，客体为文件。

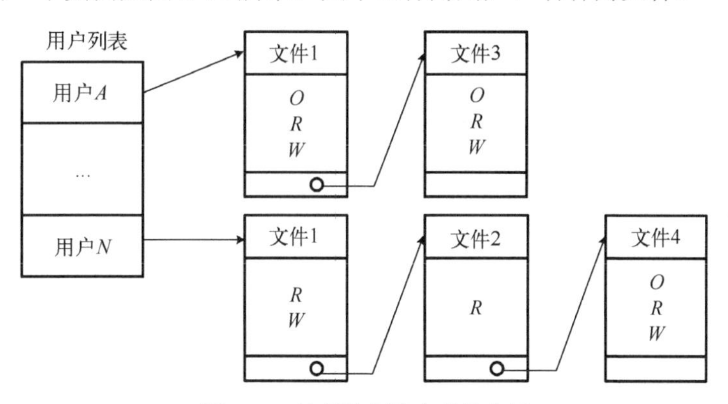

图 5-14　访问控制能力表的实例

从使用的角度来看，能力表是在主体请求访问客体时调用的。每当主体请求访问一个新的客体时，遍历该主体对应的链表，判断该主体是否可以访问请求操作的客体。如果是，则向该主体授权。

根据每一主体 S 的访问能力表，就可以判断 S 可否对请求的客体访问以及可以进行什么样的访问；因此，从访问控制的执行来看，访问能力表在时间效率和空间效率上都优于访问矩阵。访问能力表也有许多不方便之处，例如，确定所有能访问某一客体的主体、对新生成的客体进行授权、删除某一客体等操作，都显得较为麻烦。

在分布式系统中，可以将能力表和访问控制列表结合起来使用，充分发挥各自的优势。由于在实现统一认证的分布式系统中不需要主体进行重复认证，主体经过一次认证获得自己的能力表后就可以从对应的服务器获得相应的服务。在此基础上，各个服务器可以进一步采用访问控制列表进行访问控制。

第6章　数据可用性

在复杂的数据应用环境中，数据系统每时每刻都面临着各种自然灾害以及人为灾难的威胁。对于关键的数据应用业务，即便是几分钟的业务中断和数据丢失都会导致巨大的损失。因此，数据业务的广泛应用对数据的可用性保障提出了更加迫切的需求。本章将重点介绍数据的可用性定义、数据存储、数据备份容灾和数据容错技术。

6.1　数据可用性概述

6.1.1　数据可用性定义

随着信息技术的发展，特别是物理信息系统、互联网、云计算和社交网络等技术的突飞猛进，大数据普遍存在，正在成为信息社会的重要战略资源，同时也带来了巨大的挑战，数据可用性问题是数据安全的重要挑战之一。随着数据的爆炸式增长，劣质数据也随之而来。由于自然灾害、硬件故障、软件错误、误操作、恶意攻击等因素，数据面临着丢失和损毁的风险，数据可用性受到严重影响，对信息社会形成严重威胁，引起了学术界和工业界的共同关注。

研究者普遍认为，从数据可用性价值和数据质量的角度来看，应用系统中数据的可用性可以从数据的一致性、准确性、完整性、时效性和实体同一性等方面来考察，具体含义如下。

(1)数据的一致性是指数据信息系统中相关数据信息之间的兼容性和无矛盾性。

(2)数据的准确性是指数据信息系统中每一个数据代表一个真实对象的精准程度。人们对数据操作的各个环节都可能影响数据的准确性。

(3)数据的完整性是指数据集合包含的数据完全满足对数据进行各项操作的要求。

(4)数据的时效性是指在不同需求场景下，数据与时间相关的有效性和适用性。对于应用系统而言，往往要求数据的时效性。有些数据要求是实时的、新鲜的，而有些数据是历史数据，这些数据主要用于分析，要求分析这些历史数据是有价值的，不会对实际应用产生影响。

(5)实体同一性指同一实体在各种数据源中的描述统一。

上述数据可用性的定义也称为数据可使用性或可适用性。

从数据安全的角度来说，我们将可用性定义为数据和相关资源可以持续有效地保证合法用户访问和使用的特性。数据失去可用性意味着合法用户无法访问到数据或者访问数据的响应时间达到用户无法忍受的程度。数据在网络空间中以某种形式(如文件、数据库)存储并为合法用户使用，离不开数据所依托的相关软硬件资源，这些相关资源包括计算机、网络、服务器、存储系统、操作系统、数据库系统、应用程序等。保证这些资源本身安全性的理论和技术，属于网络空间安全的不同的分支技术，如计算机安全、网络安全、操作系统安全等，本书将不再详细讨论。从数据安全的范畴来说，数据可用性一般特指数据存储系统和数据库系统中的数据抗毁性和快速恢复能力，本书将围绕这种数据安全角度下的数据可用性定义和相关技术展开讨论。

数据可用性威胁主要来自以下几个方面：自然灾害，如洪水、火灾、地质灾害等，破坏计算机系统，导致存储的数据遭到破坏；计算机设备的故障导致数据的毁坏；受到病毒感染、黑客攻击等造成数据的毁坏；由人员的误操作甚至故意篡改等造成的数据毁坏。据不完全统计，在一般的信息系统中，硬件故障、软件错误和人为误操作是造成数据丢失的主要原因。调查结果显示，超过50%的数据丢失是由硬件故障或软件错误造成的，超过30%的数据丢失是由人为错误操作造成的，不到15%的数据是由病毒和自然灾害造成的。无论数据可用性威胁来自哪个方面，对数据进行可靠有效的存储、备份、灾难恢复、容错都是必不可少的技术手段。目前云环境以其成本低、可扩展性强、管理便捷等突出优点得到广泛应用，但同时也面临一些数据安全问题，如数据丢失、泄漏、篡改等。特别地，对于包含大量节点的云环境下，单个节点的数据失效已成为常态，在此背景下如何开展云数据的可用性检测与恢复也是亟须研究解决的问题。

本章将重点介绍数据存储、数据备份容灾和数据容错等基本的数据可用性技术，云数据可用性的相关问题将在后续章节中进行详细阐述。

6.1.2　数据存储介质

数据存储在存储介质中，根据材料和存储原理的不同，可分为半导体存储介质、磁存储介质和光存储介质等。

1. 半导体存储介质

常见的半导体存储介质有U盘、SD卡、SSD硬盘等。

(1) U盘：全称为USB闪存驱动器(USB Flash Disk)，一种使用USB接口的无须物理驱动器的微型高容量移动存储产品，通过USB接口与计算机连接实现即插即用，其特点如下：

①占用空间小，便于携带，支持即插即用，使用简单方便；

②存储速度较快(支持USB1.1、2.0、3.0等标准)，存储容量大，价格便宜。

(2) SD卡：SD存储卡(Secure Digital Memory Card)是一种基于半导体快闪存储器的高速存储设备。SD卡具有大容量、数据传输速率快、移动灵活性大以及安全性好等优点，被广泛地应用于便携式装置中，SD卡的结构能保证数字文件传输的安全性，因此有着广泛的应用领域，其特点如下：

①较大的数据存储容量，较高的数据传输速率，体积小，便于携带，具有很强的抗冲击能力；

②安全性强，内置加密技术，具备数据保护功能。

(3) SSD硬盘：固态硬盘(Solid State Disk，SSD)，又称固态驱动器，是用固态电子存储芯片阵列制成的硬盘，由控制单元和存储单元组成。固态硬盘接口的规范和定义、功能及使用方法与普通硬盘的完全相同，相较于传统硬盘其特点如下：

①存取速度快、质量轻、能耗低、体积小；

②基于闪存的固态硬盘具有擦写次数限制，且单位存储容量的成本高。

2. *磁存储介质*

常见的磁存储介质有磁盘、磁带、磁带机、磁带库、虚拟磁带库等。

(1) 磁盘：一种非易失性的、可随机编址、可重写的，且使用磁性介质盘片作为存储介质的数据存储设备，其特点如下：

①寻址访问、数据存储速度快，但成本高；

②适合需要对数据进行快速响应访问的场合。

(2) 磁带：磁带可以按数据发送的顺序将数据写入，并且能够以数据的存储位置顺序将数据读出，其特点如下：

①顺序读写、读写速度快、容量大、脱机存放容易、成本低；

②适合长期保存、快速读写的场合。

(3) 磁带机(Tape Drive)：磁带机是传统数据存储备份中最常见的存储设备。磁带机通常由磁带驱动器和磁带构成，是一种经济、可靠、容量大、速度快的备份设备。该产品采用高纠错能力编码技术和写后即读通道技术，可以大大提高数据备份的可靠性。

(4) 磁带库(Tape Library)：磁带库是基于磁带的备份系统，磁带库由多个驱动器、多个插槽及机械手臂组成，并可由机械手臂自动实现磁带的拆卸和装填。它可以提供与磁带机相同的自动备份和数据恢复功能，但同时具有更优良的技术特性，可以多个驱动器并行工作，可以几个驱动器服务于不同的服务器来做备份，其存储容量高达 PB 级，可实现连续备份、自动搜索磁带等功能，还可以在管理软件的支持下实现智能恢复、实时监控和统计，它是集中式网络备份的典型设备。磁带库不仅具有大得多的数据存储量，而且在备份效率和人工占用方面拥有比磁带机更大的优势。

(5) 虚拟磁带库(Virtual Tape Library，VTL)：虚拟磁带库是集成了仿真软件的基于磁盘的数据备份系统，仿真软件可使基于磁盘的系统发挥磁带库的作用，这使得用户几乎不需要更改就能利用现有的备份与恢复流程和软件，同时提高了备份与恢复性能，可满足用户的恢复时间和恢复点目标的要求。虚拟磁带库允许使用现有的磁带备份软件，这使得管理人员使用磁带机做备份管理的经验可以被延续。VTL 一般由三部分组件构成：计算机硬件、应用软件(用于仿真磁带库和磁带驱动器)以及磁盘阵列。VTL 允许客户配置虚拟磁带驱动器、虚拟磁带盒和指定磁带盒容量。与物理磁带库需要购买并安装额外的磁带驱动器不同，对 VTL 来说，通过改变软件配置即可增加虚拟磁带驱动器，这不需要花费任何额外的硬件成本。

3. *光存储介质*

常见的光存储介质主要有 CD、DVD 等光盘。

光盘使用的是光学存储介质而非磁性载体，它是用聚焦的氢离子激光束处理记录介质的方法存储和再生信息的一种数据存储设备，其特点如下：

①寻址访问，保存简单，可靠性高，低成本；

②适合做长期的数据保留且对写速度要求不高的场合。

6.1.3　数据存储系统结构

随着计算机和网络技术的发展，特别是大数据时代的到来，数据的爆炸性增长给数据的存储技术带来了新的挑战，不断增长的数据处理能力和存储能力的需求使许多IT组织不堪重负。因此，发展具有低成本、高效益的先进存储方式就成为必然，存储网络、云存储、P2P存储等应运而生并快速发展。

1. 存储网络

常见的存储网络有三类：DAS、NAS和SAN。

1）DAS

直接附加存储(Direct Attached Storage，DAS)是指将存储设备通过小型计算机系统接口(Small Computer System Interface，SCSI)线缆或光纤通道直接连接到服务器上，如图6-1所示。

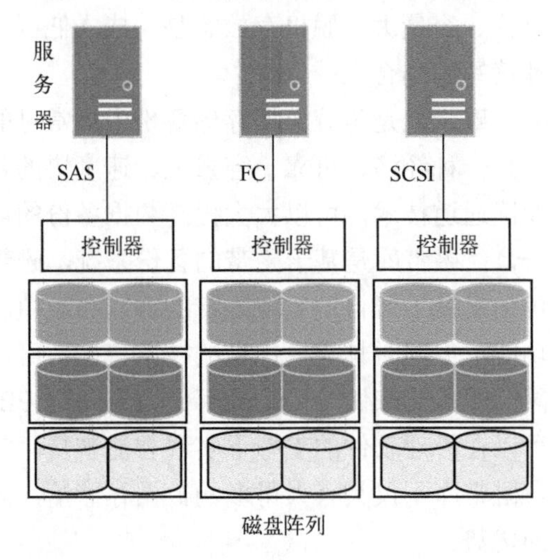

图6-1　直接附加存储

早期多以硬盘作为数据存储的主要存储介质，网络上的文件共享和数据访问都需要通过文件服务器来完成，这种数据存储架构被称为直接附加存储架构。这种架构发展的目的是与网络上的用户共享数据资源。然而，这种方式的主要缺点是：目前所有的文件服务器都需要一些通用的操作系统来达到资源共享的目的。通常，操作系统是为了多功能目的而设计的，而不仅仅是为了要优化数据的I/O部分。因此，文件服务器的角色往往会因为不必要的驱动程序或服务占用系统资源而导致文件访问的性能下降。

早期的网络及应用非常简单，DAS存储架构被广泛应用。随着计算能力、内存、存储密度和网络带宽的水平进一步增长，越来越多的数据被存储在个人计算机和工作站中。分布式计算和存储的增长对存储技术提出了更高的要求。由于使用DAS，存储设备与服务器的操作系统紧密相连，数据以及存储空间的共享存在较大的限制。同时，服务器系统也因此背上了沉重的负担，因为CPU必须同时完成磁盘存取和进程运行的双重任务，所以不利于CPU指令周期的优化。

DAS具有以下特点：

(1)存储设备(RAID系统、磁带机和磁带库、光盘库等)直接连接到服务器；

(2)使用传统的、常见的连接方式，容易理解、规划和实施；

(3)没有独立的操作系统，不能提供跨平台的文件共享，不同平台下的数据需要分别存储；

(4) 各个 DAS 系统之间没有连接，数据只能分散管理。

2) NAS

为了解决扩展及性能的问题，网络附加存储(Network Attached Storage，NAS)架构应运而生，这是一种直接通过现有业务网站链接的方式以提供不同的系统平台间文件共享的存储系统。其设计理念主要是做成一个专门负责文件 I/O 处理的高效能文件存储设备，将不必要的服务程序、工具软件全部进行整合，并且针对文件 I/O 的存取功能做了最佳化的处理，使得对文件存取的效率大为提升。

NAS 将存储设备通过标准的网络拓扑结构(如以太网)连接到一群计算机上，如图 6-2 所示。NAS 拥有自己的文件系统，通过网络文件系统(Network File System，NFS)或通用网络文件系统(Common Internet File System，CIFS)等协议对外提供文件访问服务，因此能使不同的操作系统进行文件共享。NAS 从结构上分为文件服务器和后端存储系统两大部分。文件服务器上装有专门的操作系统，通常是定制的 Linux 操作系统，或者是一个简化的 Windows 系统。这些操作系统为文件系统管理和访问做了专门的优化。文件服务器(File Server，FS)利用 NFS 或 CIFS 协议，对外提供文件级的访问服务，因此 NAS 文件服务器也称 NAS 网关。后端存储系统主要由磁盘阵列构成，提供数据存储的空间支持，另外，文件服务器的操作系统也直接集成在磁盘阵列上。

随着应用需求的增加，局域网技术得到广泛的实施，利用局域网在多个文件服务器之间实现互联，进而为实现数据共享而建立起一个统一的结构。另外，随着计算节点的增加，因系统平台不兼容而导致数据的获取日趋复杂。因此采用广泛使用的局域网加工作站的方法，对实现文件共享、互操作性和节约成本有很大的意义。

NAS 包括一个特殊的文件服务器和存储设备，NAS 服务器上采用优化的文件系统，并且安装有预配置的存储设备。由于 NAS 是连接在局域网上的，所以客户端可以通过网络与 NAS 系统的存储设备交换数据。另外，NAS 提供对多种网络文件传输协议的应用支持，客户端系统可以通过磁盘映射与数据源建立虚拟连接。

对网络上的使用者而言，NAS 就像一个大型的文件服务器，NAS 设备以文件共享设备的形态在网络上出现，用户将所需共享的文件集中存放在 NAS 设备上，利用标准的网络传输协议(如 TCP/IP)与网络上的服务器或者客户机通信，并将存储空间共享给网络上的服务器或客户机使用。

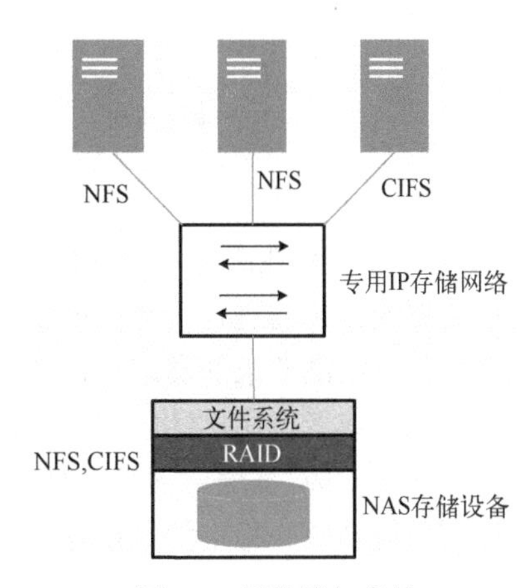

图 6-2　网络附加存储

由于文件的集中存放，共享文件的控制和管理更加容易，并可提升 IT 人员的管理效率。

NAS 具有以下特点：

(1) NAS 本身具有独立的操作系统，通过网络协议可以实现完全跨平台的文件共享；

(2) NAS 可以实现集中的数据管理，并且很多 NAS 产品都集成了本地的备份软件，可以实现无服务器备份功能；

(3) NAS 内每一个应用服务器通过网络共享协议(如 NFS、CIFS)使用同一个文件管理系统；

(4) 磁盘 I/O 会占用业务网络带宽，同时 NAS 的性能也受到业务网络的影响。

3) SAN

存储区域网络(Storage Area Network，SAN)是一种通过网络方式连接存储设备和应用服务器的存储架构，这个网络专用于主机和存储设备之间的访问，如图 6-3 所示。当有数据的存取需求时，数据可以通过存储区域网络在服务器和后台存储设备之间高速传输。目前根据协议和连接器的不同，常用的 SAN 结构主要可以分为两种：一种是 FC-SAN，以 FC 交换机为核心，是光纤通道协议(Fiber Channel，FC)是构建 SAN 使用的典型协议组，在使用 FC 协议构建的 SAN 中，FC 承载 SCSI 指令和数据，并为其提供更高的传输效率、更远的传输距离以及更好的传输质量；另一种是 IP-SAN，采用以太网交换机构建 IP 链路实现基于 TCP/IP 的数据传输。

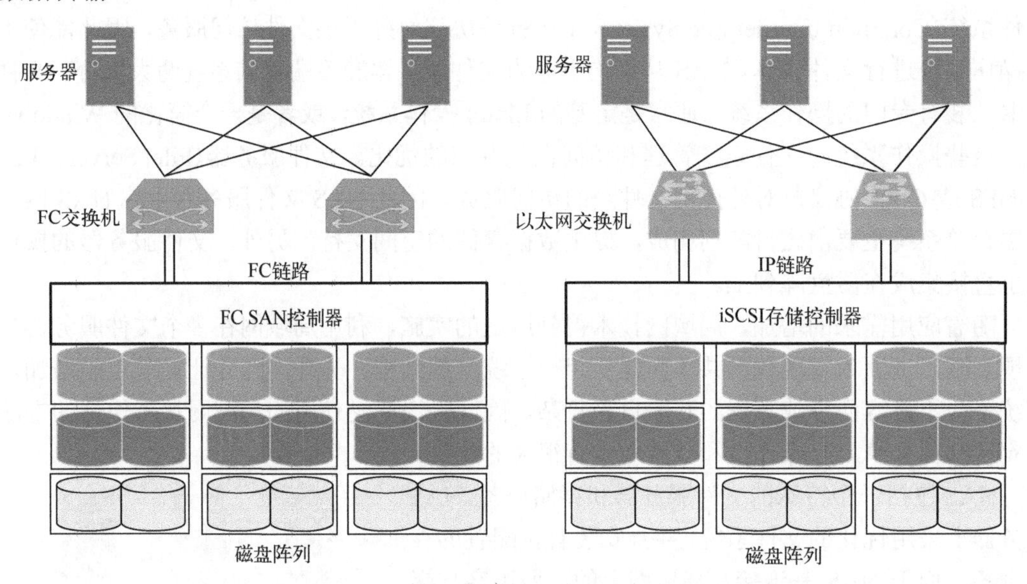

图 6-3　存储区域网络

SAN 是一种在服务器与存储设备之间的、专用的、高性能的网络存储架构，它为了实现大量数据的传输而进行了专门的优化。SAN 的应用主要集中在对于性能、冗余度和数据的可获得性都有很高要求的高端存储应用上。SAN 的主要作用是将服务器与存储设备分开，通过高速的光纤或者 IP 网络将二者连接在一起，从而使服务器可将其数据存储处理任务完全移交给存储设备完成，而服务器只需要专注于用户事务，再利用光纤通道或者 IP 网络来传输数据，以达到系统高效、稳定的数据存储需求。

SAN 具有以下特点：

(1) 共享存储资源与设备，数据传输速度快，距离长；

(2) 集中管理与整合存储设备资源，便于集成，改善数据可用性；

(3) SAN 的流量负载对网络总体性能影响较小；

(4) 存储设备通过光纤等实现连接，许多设备价格昂贵，专用网络维护也需要相当大的开销。

4) 几种存储网络的比较

如前所述，每一种存储架构都会有自己的优点和缺点，在构建存储系统时需要权衡利弊。

DAS 是一种将存储介质直接安装于服务器的存储方式，将存储介质连接到服务器的外部

SCSI 通道上，也可以看成是一种直接附加存储方式。由于这种存储方式在磁盘系统和服务器之间具有很高的传输速率，因此，在要求快速磁盘访问的情况下，DAS 仍然是一种理想的选择。在 DAS 环境中，运行大多数的应用程序都不会存在问题，所以用户没有必要担心应用程序问题，从而可以将注意力集中在其他可能会导致问题的领域。以下情况可以选择 DAS 方式存储，如果存储系统中需要快速访问，但是还不能接受最新的 SAN 技术的价格时，即对那些对成本非常敏感的用户来说，在很长一段时间内，DAS 仍然是一种比较便宜的存储机制。当然，这是在只考虑硬件物理介质成本的情况下才有这种结论。如果考虑管理开销和存储效率等方面的因素，则 DAS 将不再占有绝对的优势。

对于 NAS，在实际应用中需要增加额外容量的时候，可以很容易地扩展。在那些需要对数据进行文件级访问的情况中，使用 NAS 方式更适合。虽然在需要将存储空间放在网络上时，NAS 是一个非常好的解决方案，但是 NAS 还有如下不足：

(1) 在拥有相同的存储空间时，它的成本比 DAS 要高很多；

(2) 获得数据的最大速率受连接到 NAS 的网络速率的限制；

(3) 在存储基础设施中存在潜在的节点故障的可能。

在存储解决方案中，SAN 是最昂贵、最复杂的存储方案。虽然 SAN 在初始阶段需要投入大量的费用，但是 SAN 具有其他解决方案不能提供的能力，并且在合适的情形下可以节约一定的资金。SAN 解决方案通常会采取以下两种形式：光纤信道以及基于 IP 的 SAN。

光纤信道是 SAN 解决方案中最常用的类型，与光纤通道技术相比基于 IP 的 SAN 解决方案的典型特征是价格低廉。SAN 真正综合了 DAS 和 NAS 两种存储解决方案的优势。例如，在一个很好的 SAN 解决方案的实现中，可以得到一个完全冗余的存储网络，这个存储网络具有不同寻常的扩展性，还可以得到块级数据访问功能。对于那些要求大量磁盘访问的操作来说，SAN 显然具有更好的性能，同时，利用 SAN 解决方案可以实现存储的集中管理，从而能够充分利用那些处于空闲状态的空间。利用 SAN 解决方案更有优势的一点是，在某些实现中，甚至可以配置没有内部存储空间的服务器，要求所有的系统都直接从 SAN（只能在光纤通道模式下实现）引导。

2. *云存储*

传统的网络存储系统采用集中的存储服务器存放所有数据，存储服务器成为系统性能的瓶颈，也是可靠性和安全性的焦点，不能满足大规模存储应用的需要。因此，分布式存储系统应运而生，分布式网络存储系统将数据分散存储在多台独立的设备上，采用可扩展的系统结构，利用多台存储服务器分担存储负荷，同时利用位置服务器定位存储信息，它不但提高了系统的可靠性、可用性和存取效率，还易于扩展。

云存储是典型的分布式存储，它是在云计算（Cloud Computing）概念上延伸和发展出来的一个新的概念。云计算是分布式处理（Distributed Computing）、并行处理（Parallel Computing）和网格计算（Grid Computing）的发展，是通过网络将庞大的计算处理程序自动分拆成无数个较小的子程序，再交由多部服务器所组成的庞大系统经计算分析之后将处理结果回传给用户。通过云计算技术，网络服务提供者可以在数秒之内，处理数以千万计甚至亿计的信息，达到和“超级计算机”同样强大的网络服务。云存储的概念与云计算类似，它是指通过集群应用、网格技术或分布式文件系统等功能，将网络中大量不同类型的存储设备通过应用软件集合起来协同工作，共同对外提供数据存储和业务访问功能的一个系统。云存储系统是一个多设备、多应用、多服务协同工作的集合体，它的实现要以多种技术的发展为前提，包括宽带网络、存储技术、集群技术、网格技术和分布式文件系统、数据压缩技术、重复数据删除技术、数据加密技术、存储虚拟化技术、存储网络化管理技术等。

云存储中的存储设备数量庞大且分布在多个不同地域，如何实现不同厂商、不同型号甚至不同类型(如 FC 存储和 IP 存储)的多台设备之间的逻辑卷管理、存储虚拟化管理和多链路冗余管理将会是一个巨大的难题，这个问题得不到解决，存储设备就会是整个云存储系统的性能瓶颈，结构上也无法形成一个整体，而且还会带来后期容量和性能扩展难等问题。另外就是存储设备运营管理问题。虽然这些问题对云存储的使用者来讲根本不需要关心，但对于云存储的运营单位来讲，却必须要通过切实可行和有效的手段来解决集中管理难、状态监控难、故障维护难、人力成本高等问题。因此，云存储必须要具有一个高效的、类似于网络管理软件的集中管理平台，实现云存储系统中存储设备、服务器和网络设备的集中管理和状态监控。

3. P2P 存储

P2P 存储是基于 P2P(Peer-to-Peer)技术实现的一种应用层覆盖网络存储系统，它将很多机器用对等的方式组织起来共同为用户提供超大容量的数据存储服务。传统的分布式系统是在不同的区域搭建一些服务器，然后在这些服务器上存储数据，它解决了一些集中式存储的问题，但是也存在着服务器成为瓶颈、由于带宽而带来的访问不便等问题。

P2P 分布式存储的总体思想就是让用户也成为服务器，当用户在存储数据时，也提供空间让别人来存储。这就很好地解决了由于服务器少而产生的瓶颈，也能在速度上加以改进。但是它同样也带来了很多问题：①数据的稳定性；②数据的一致性；③数据的安全性和隐私性；④数据的防攻击性。在技术上还存在诸如覆盖网络和节点信息收集算法、数据的放置与组织、复制管理、负载平衡、数据迁移、数据索引、公平性维护等问题需要解决。

目前的 P2P 分布式存储主要分为两种类型：一类是 P2P 存储服务系统，主要是采用大量服务器用对等的方式整合起来提供服务的一类存储系统；另一类是 P2P 存储交换系统，主要构架是纯 P2P 的模式，用以实现数据的备份。无论是 P2P 存储服务系统还是 P2P 存储交换系统，其基本体系结构都是相同的，主要是以下五个层次：覆盖网和信息收集、基本数据放置和组织、数据放置和组织优化、基本的系统映像及系统映像的转换和上层应用。

对于对等结构(P2P)，从用户的使用方式来看，系统中每个用户既向其他用户提供资源，也从其他用户那里获取资源；从体系结构来看是一种无中心结构，节点之间对等，通过互相合作来完成用户任务，因此，P2P 结构的优点在于没有中心节点，不易形成系统瓶颈，可扩展性好，自组织性好。

为确保数据的可用性，在采用各种数据存储介质构建数据存储系统时需要同步考虑运用各种数据备份容灾和容错技术。

6.2　数据备份与容灾

数据的备份容灾是指为了应对自然灾害、硬件故障、软件错误、人为误操作、病毒入侵、摧毁打击等灾难，采用一些措施以保证数据系统正常运行并实现业务连续性，具体包括数据备份和数据容灾等相关技术和管理手段。

6.2.1　数据备份

数据备份，顾名思义，就是将数据以某种方式加以保留，以便在系统遭受破坏或者其他特定情况下，重新加以利用的一个过程，即在数据中心内将全部或部分数据集合从应用主机的硬盘或阵列等复制到其他的存储介质。在复杂的计算机信息系统中，数据备份不仅仅是简单的文件复制，更多的情况下指的是数据库的备份，即制作数据库结构和数据的副本，以便在数据库遭受破坏时，能够迅速地恢复数据库系统，备份的内容不仅包括用户数据库的内容，还包括系统数据库的内容。数据备份不仅仅是数据的保存，还包括更重要的工作内容，即管理。备份管理是一个全面的概念，包括备份的可计划性、备份设备的自动化操作、历史记录的保存以及日志记录等。

1. 数据备份的基本原则

对数据进行备份是为了保证数据的一致性和完整性。不同的应用系统对数据备份的要求各有不同，一般而言，数据备份应该遵循的几个基本原则包括：备份系统自身稳定可靠、能够自动化地进行数据备份的工作、高效工作尽可能减少对业务系统的影响、操作简单且系统自身安全可靠等。

2. 数据备份的类型

从不同的角度可以对数据备份进行不同的分类：从备份模式来看，可以分为逻辑备份(基于文件的备份)和物理备份(基于设备的备份)；从备份策略来看，可以分为完全备份、增量备份和差分备份；根据备份服务器在备份过程中是否可以接收用户响应和数据更新，又可以分为离线备份(冷备份)和在线备份(热备份)。下面将逐一进行详细介绍和分析。

1) 备份模式

从备份模式上分，数据备份主要有逻辑备份和物理备份两种模式。逻辑备份又称为“基于文件(File-based)的备份”。物理备份又称为“基于设备(Device-based)的备份”或“基于块(Block-based)的备份”。

(1) 逻辑备份。

每个文件都是由不同的逻辑块组成的。每一个逻辑块存储在连续的物理磁盘块上。但是，组成一个文件的不同逻辑块有可能存储在分散的磁盘块上。数据备份软件通常既可以进行文件操作又可以对磁盘块进行操作。基于文件的备份方案易于移植，因为备份过程是针对逻辑上的文件来进行的，而且备份文件中包含的是连续文件。但是，在备份过程中读取非连续存储在磁盘上的文件增加了额外的查找文件块的操作，使得备份速度减慢。额外的文件查找操作增加了磁盘的开销，降低了磁盘的吞吐率。同时，对于文件的一个很小的改变，也需要将整个文件备份，影响了备份的效率。

(2) 物理备份。

物理备份系统在将文件复制到备份媒介时，直接复制磁盘块，忽略文件结构。这样能够提高备份的性能，因为在备份过程中，在搜索操作上的开销很少。但是，在从备份媒介上将原始文件恢复出来时，过程复杂而且效率较低。因为文件并不是连续地存储在备份媒介上，而是仍然保持着原始文件的磁盘块分布情况。在进行文件恢复操作时，必须收集文件在磁盘上组织方式的信息，才能使得备份媒介上的磁盘块与特定文件相关联，进而将文件恢复出来。因此，物理备份的模式适合于针对一个特定的文件系统来进行备份，但是这种备份方案不易移植。

物理备份的另外一个缺点是在备份过程中可能存在引入数据的不一致性。这是因为，操作系统的核心一般在对磁盘进行写操作之前，会对要写的数据进行缓存；而硬件备份方案的特点就是针对磁盘块进行备份操作，这样会忽略对文件缓存区中的数据进行备份，导致备份的是文件的较早版本。与此相对，逻辑备份方案考虑了文件的缓存区，备份的是文件的当前版本。

2) 备份策略

数据备份策略决定何时进行备份、备份过程中收集何种数据，以及出现故障时从备份媒介上恢复原始数据的方式。通常使用的备份策略有四种：完全备份(Full Backup)、增量备份(Incremental Backup)、差分备份(Differential Backup)和合成备份(Synthetic Backup)。

(1) 完全备份。

完全备份是指对整个系统或指定的所有文件数据进行一次全面的备份。这是最基本也是最简单的备份方式，这种备份方式很直观，容易被人理解。如果在备份间隔期间出现数据丢失等问题，可以只使用一份备份文件快速地恢复所丢失的数据。

(2) 增量备份。

增量备份的提出，主要是为了解决完全备份的两个缺点。增量备份只备份自上一次备份操作以来新创建或者更新过的数据。在特定时间段内通常只有少量的文件发生改变，增量备份的方式不备份上次已经备份过的数据，这样既节省了磁带空间，又缩短了备份的时间。因此增量备份比较经济，可以频繁进行。

传统的增量备份方案是在偶尔进行完全备份后，频繁地进行增量备份，即“完全备份＋增量备份”方式。除此之外，还有一种“只进行增量备份”的备份方式。在这种方式中，不进行完全备份，而是进行“连续的增量备份”。文件从被创建开始，就进行备份，根据备份的策略，经过一个较短的时间周期，典型的是3～30分钟，就对在周期内文件的修改进行备份。这样，文件会被更迅速地保护而不再只是每天进行增量备份保护。

(3) 差分备份。

差分备份的策略是备份每次上一次完全备份后产生和更新的所有新的数据。它的主要目的是将进行文件恢复操作时涉及的备份记录的数量限制在2个，简化恢复操作的复杂性。

差分备份在避免了完全备份和增量备份两种策略的缺陷的同时，又具有了它们的优点。首先，它无须频繁地进行完全备份，因此备份所需要的时间短，而且节省磁盘空间；其次，虽然每次进行差分备份时的工作量比进行增量备份的工作量要大，但是基于差分备份的数据恢复工作相对简单。系统管理员只需要使用两份备份文件，即完全备份的文件和灾难发生前最近一次的差分备份文件，就可以将数据恢复。而在增量备份中，要顺序地使用从上次完全备份以来的每一次增量备份文件以进行数据恢复。

(4) 合成备份。

合成备份策略就是将一个完全备份和一些增量备份或者差分备份重新组成一个完全备份。合成备份属于新一代增量合成备份技术，保持了传统增量备份时间短的优点。这种备份方式可以提高恢复速度，节省多次完全备份对数据和设备的消耗。这样在恢复的时候，只用恢复一个备份即可，大大缩短了备份恢复时间，提高了系统效率。合成备份过程不占用网络带宽和用户端资源，适用于海量小文件备份集和大文件备份集等多种环境。

3. 数据恢复

数据恢复是指将数据系统从灾难造成的故障或瘫痪状态恢复到可正常运行的状态，并将其支持的业务功能从灾难造成的不正常状态恢复到可接受状态而涉及的活动和工作流程。数据恢复的目的是减轻数据丢失对系统带来的不良影响，保证系统所支持的关键业务功能在灾难发生后能及时恢复和继续运行。

数据备份是数据恢复的基础，是围绕着数据恢复所进行的各类工作。与数据备份关注的实时性相比，数据恢复更关注备份数据与源数据的一致性和完整性。可以说，任何数据恢复系统都是建立在数据备份基础之上的，同时数据备份策略的选择取决于数据恢复的目标。

6.2.2 数据容灾

数据容灾是指建立两套或多套数据系统，相互之间可以进行健康状态监视和功能切换，一旦一处系统发生意外停止工作时，系统可以切换到另外一处，使得系统可以继续正常工作。

数据系统的容灾指标可以用 RTO、RPO 等核心参数进行评价，国际上可根据信息技术协会 SHARE 制定的业界一直沿用至今的 SHARE78 标准对系统容灾恢复解决方案进行分级管理。

1. RTO

RTO（Recovery Time Objective，恢复时间目标）是指灾难发生后，从系统宕机导致业务停顿的时刻开始，到系统恢复至可以支持各部门运作，业务恢复运营之时，此两点之间的时间段称为 RTO。一般而言，RTO 时间越短，意味着要在更短的时间内就可以将系统恢复至可使用状态。RTO 决定数据恢复的时间，是数据保护的关键指标。例如，一个 5 分钟的 RTO 表明丢失的数据必须在 5 分钟内恢复出来并且能够正常使用。RTO 需要考虑的一个因素是能够在一段特定的时间内恢复数据，同时还能恢复服务器操作系统以及安装相应的软件来使用相应的数据。例如，如果需要恢复服务器上的数据文件，那么同时还需要在服务器上恢复相应的操作系统和设备或安装另外的数据恢复产品。因此，RTO 考虑的因素有备份操作的完整性、数据的恢复、数据的重新存储和重启机器所需要的设备等。

2. RPO

RPO（Recovery Point Objective，恢复点目标）是指灾难发生后，容灾系统能把数据恢复到灾难发生前的最近的时间点，是度量数据系统在灾难发生后会丢失多少数据的指标。理想状态下，我们总是希望 RPO 为零，即灾难的发生毫无影响，不会导致数据的丢失。例如，一个 5 分钟的 RPO 表明必须将数据恢复到灾难发生前的 5 分钟内，而 1 小时的 RPO 表明这种数据恢复在灾难发生前 1 小时内的数据可能已经丢失了。相反地，一个 0 分钟的 RPO 表明没有数据可以丢失，因为数据已经及时地备份或者记录下来，从而阻止任何数据的丢失。RPO 要考虑的因素包括需要备份的文件是否是某个特殊的目录或者文件共享中的某种特定文件，以及数据是否完全备份下来了。小的 RPO 意味着要付出更多的费用以及更少的数据丢失量，应用时必须做一个权衡。

3. 数据容灾级别

根据国际组织提出的 SHARE 78 标准，容灾恢复解决方案可分为七级，即从低到高有七种不同级别的容灾恢复解决方案。可以根据业务数据的重要性以及业务所需要恢复的速度和程度来设计、选择并实现业务的灾难恢复计划。

1) 1 级：本地保存

1 级表示数据仅在本地进行备份，无异地备份，也没有相关的灾难恢复计划。事实上这一层级并不具备真正灾难恢复的能力，数据一旦丢失，业务就无法恢复。

2) 2 级：异地保存

2 级的容灾能够备份所需要的信息并将它存储在异地，即将本地备份的数据用卡车等交通工具运送到异地保存，但异地没有可用的备份中心、备份数据处理系统和网络通信系统等。这种方案相对来说成本较低，但难于管理，灾难发生后，需要使用新的主机，利用异地数据备份介质将数据恢复出来。

3) 3 级：网络传输

3 级相当于 2 级再加上热备份中心能力的容灾恢复方式。热备份中心拥有足够的硬件和网络设备区来支持关键应用。一旦灾难发生，利用热备份中心将数据恢复，其相对于 2 级明显降低了容灾恢复时间。

4) 4 级：自动备份

4 级是在 3 级的基础上用网络链路取代了交通工具运输的灾难恢复方式。它通过网络将数据进行备份并存放到异地，并配备备份中心、数据处理和网络通信系统，制定相应的灾难恢复计划，由于热备份中心要保持持续运行，对网络要求较高，成本相应增加，但提高了灾难恢复的速度。

5) 5 级：采用中间件

5 级指在 4 级的基础上引入备份软件，利用该软件中间件将数据定时备份至异地，并制定相应的灾难恢复计划。一旦发生灾难，利用备份中心的资源和异地备份数据恢复核心业务系统运行。该层级中备份中间件主要采用定时备份方式，根据不同的备份策略，关键应用的恢复也可以降低到小时级或分钟级。

6) 6 级：数据级容灾

6 级是在 5 级的基础上实现数据的实时复制更新，该层级方案提供了更好的数据完整性和一致性。也就是说，需要中心的数据都被同时更新。在灾难发生时，仅是传送中的数据被丢失，恢复时间被降低到分钟级或秒级。

7) 7 级：应用级容灾

7 级可以实现无数据丢失，被认为是灾难恢复的最高级别，在本地和远程的所有数据被更新的同时，利用了双重在线存储和完全的网络切换能力，当发生灾难时，能够提供跨站点动态负载平衡和自动系统故障切换功能。

数据容灾可以通过建立一个异地的数据系统，该系统是本地关键数据的一个可用副本，在本地数据及整个应用系统出现灾难时，系统至少在异地保存有一份可用的关键业务的数据。该数据可以是与本地生产数据的完全实时副本，也可以比本地数据略微落后，但一定是可用的。数据备份容灾技术，又称为异地数据复制技术，按照其实现的技术方式，主要可以分为同步传输方式和异步传输方式，另外，也有如“半同步”这样的方式。半同步传输方式基本与同步传输方式相同，只是在独占 I/O 比重比较大时，相对于同步传输方式，可以提高 I/O 的速度。典型的数据备份容灾采用两地三中心模式，即同城、异地两地，生产、同城容灾和异地容灾三中心。如图 6-4 所示，本地同城灾备站点具备与主站点基本等同的业务处理能力并通过高速链路实时同步数据，在灾难情况下进行灾备应急切换，保持业务连续性；异地远程灾备站点是在异地建立的一个备份的灾备中心用于数据备份，当发生灾难导致同城双中心故障时，异地远程灾备站点可以用备份数据进行业务恢复。

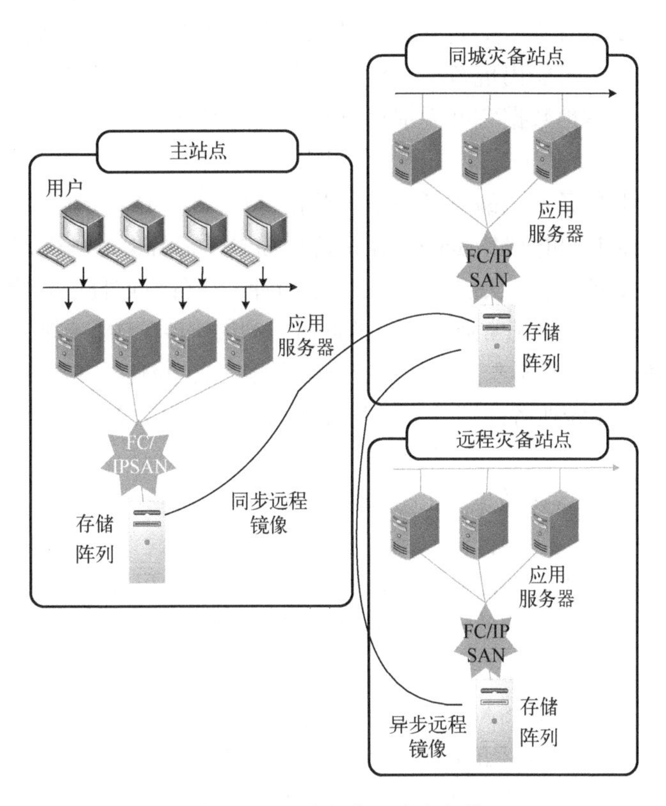

图 6-4　两地三中心容灾架构

4. 数据容灾技术

在建立容灾备份系统时会涉及多种技术，如远程镜像技术、快照技术、互联技术、虚拟存储等。

1) 远程镜像技术

远程镜像又称远程复制，是容灾备份的核心技术，也是保持远程数据同步和实现灾难恢复的基础。远程镜像技术在主数据中心和备份中心之间进行数据备份时被用到。镜像是在两个或多个磁盘或磁盘子系统上产生同一个数据的镜像视图的信息存储过程，一个称为主镜像系统，另一个称为从镜像系统。按主从镜像存储系统所处的位置可分为本地镜像和远程镜像。同时远程镜像按请求镜像的主机是否需要远程镜像站点的确认信息，又可分为同步远程镜像和异步远程镜像。

同步远程镜像(同步复制技术)是指通过远程镜像软件，将本地数据以完全同步的方式复制到异地，每一个本地的 I/O 事务均需等待远程复制的完成确认信息，方予以释放。同步远程镜像使远程副本总能与本地机要求复制的内容相匹配。当主站点出现故障时，用户的应用程序切换到备份的替代站点后，被镜像的远程副本可以保证业务继续执行而没有数据的丢失，但它存在往返传播造成延时较长的缺点，只限于在相对较近的距离上应用。

异步远程镜像(异步复制技术)保证在更新远程存储视图前完成向本地存储系统的基本 I/O 操作，而由本地存储系统提供给请求镜像主机的 I/O 操作完成确认信息。远程的数据复制是以后台同步的方式进行的，这使本地系统性能受到的影响很小，传输距离长(可达 1000km 以上)，对网络带宽要求低。但是，许多远程的从属存储子系统的写没有得到确认，当某种因素造成数据传输失败时，可能出现数据一致性问题。为了解决这个问题，目前大多采用延迟复制的技术，即在确保本地数据完好无损后进行远程数据更新。

2) 快照技术

快照是通过软件对要备份的磁盘子系统的数据进行快速扫描，建立一个要备份数据的快照逻辑单元号(快照 LUN)和快照 cache，在快速扫描时，把备份过程中即将要修改的数据块同时快速复制到快照 cache 中。快照 LUN 是一组指针，在备份过程中它指向快照 cache 和磁盘子系统中不变的数据块。在正常业务进行的同时，利用快照 LUN 实现对原数据的一个完全备份。它可使用户在正常业务不受影响的情况下，实时提取当前在线的业务数据。其备份窗口接近于零，可大大增加系统业务的连续性，为实现系统真正的 7×24 小时运转提供了保证。

3) 互联技术

早期的主数据中心和备援数据中心之间的数据备份，主要是基于 SAN 的远程复制(镜像)，即通过光纤通道 FC，把两个 SAN 连接起来，进行远程镜像(复制)。当灾难发生时，由备援数据中心替代主数据中心保证系统工作的连续性。这种远程容灾备份方式存在一些缺陷，如实现成本高、设备的互操作性差、跨越的地理距离短等，这些因素阻碍了它的进一步推广和应用。

另一种互联技术是基于 IP-SAN 的远程数据容灾备份技术。它是利用基于 IP 的 SAN 的互联协议，将主数据中心 SAN 中的信息通过现有的 TCP/IP 网络，远程复制到备份中心 SAN 中。当备份中心存储的数据量过大时，可利用快照技术将其备份到磁带库或光盘库中。这种基于 IP-SAN 的远程容灾备份，不仅可以跨越 LAN、MAN 和 WAN，还具有成本低、可扩展性好的特点。

4) 虚拟存储

采取虚拟存储技术设计容灾方案，在系统弹性和可扩展性上开创了新的局面。它将几个不同的存储设备串联为一个存储池。存储集群的整个存储容量可以分为多个逻辑卷，并作为虚拟分区进行管理。

虚拟存储系统还提供动态改变逻辑卷大小的功能。存储卷的容量可以在线随意增大或减小，也可以通过在系统中增加或减少物理磁盘的数量来改变集群中逻辑卷的大小。这一功能允许卷的容量随用户的即时要求动态改变。另外，存储卷能够很容易地改变容量、移动和替换。安装系统时，只需为每个逻辑卷分配最小的容量，并在磁盘上留出剩余的空间。随着业务的发展，可以用剩余空间根据需要扩展逻辑卷。

6.2.3　数据灾难恢复应急响应

数据灾难应急响应的核心工作是制定数据灾难恢复应急响应预案，即定义数据灾难恢复过程中所需的任务、行动、数据和资源的文件，用于指导相关人员在预定的灾难恢复目标内恢复数据系统所支持的关键业务功能。数据灾难恢复应急响应预案在灾难性事件被发现后开始启用，直到所有数据业务系统被完全恢复。

数据灾难恢复应急响应预案应当回答灾难发生时谁应该在哪里、应该做什么，如何尽快接管被中断的业务或恢复信息系统的运行，以及在灾难性事件结束后如何将系统恢复到正常状态。数据灾难恢复应急响应预案的制定必须适合数据运行维护的组织结构特点，以及灾难恢复策略的实现，具有实用性、易用性、可操作性和及时更新的特点，并经过完整的测试和演练。

数据灾难恢复应急响应预案应从实际出发，针对系统的主要安全威胁和防护措施的有效性进行设计，根据数据系统的重要性和所面临的安全风险，以及灾难导致业务系统中断可能造成的损失的大小，进行综合的评估，确定灾难恢复系统建设的级别，确定恰当的灾难恢复方案，避免过度保护造成的资源浪费，系统的建设要充分利用现有资源，讲求实效，保证重点，提倡资源共享，互为备份。

数据灾难恢复应急响应预案的制定中最重要的是预案的管理、预案的培训和预案的演练三项工作。

1. 数据灾难恢复应急响应预案的管理

数据灾难恢复应急响应预案管理的内容主要包括预案的保存与分发、更新管理和问题控制。

经过审核和批准的数据灾难恢复应急响应预案，应做好保存与分发工作，包括：应作为核心文件，由专人负责保存与分发；应保证在数据应用系统中心以外的安全位置存放有应急响应预案；应加强预案的版本管理、分发与回收。

数据灾难恢复应急响应预案应该定期/不定期地进行更新和审核。通常在灾难发生、演习演练、年度审查以及人员、目标、组织架构、外部环境发生变化时，应该对应急响应预案进行更新和审核。

2. 数据灾难恢复应急响应预案的培训

为了使相关人员能够了解数据灾难恢复的目标和流程，熟悉灾难恢复的操作规程，数据灾难恢复应急响应预案的培训工作应该贯穿在整个应急响应预案的规划、制定和维护的各个阶段。

在数据灾难恢复应急响应预案的制定阶段，要让相关人员了解预案的构成、工作方法、理论体系和职责分工等。相关人员也必须学习灾难恢复方法、常识指引、最佳实践等相关知识。

在数据灾难恢复应急响应预案的演习演练阶段，不仅要对语言进行演练和验证，而且要开展对相关操作人员和业务人员的培训和教育。组织参与演习演练的相关人员熟悉自己的角色、职责和具体的作业内容，并通过演习演练检验培训的效果。

在数据灾难恢复应急响应预案的更新维护阶段，要特别关注预案变更的管理和发布，对变更影响范围内的操作人员和业务人员要第一时间进行通知并安排再培训。

3. 数据灾难恢复应急响应预案的演练

演练是检验数据灾难备份系统的有效性、灾难恢复应急响应预案有效性的一个重要的手段和方法。通过演练，可以发现灾难备份系统的缺失或数据灾难恢复应急响应预案的不足。

演练的主要方式有以下几种。

(1) 桌面演练。采用会议等方式在室内进行的模拟演练，所有演练工作均采用会议形式，不涉及真正的系统切换、业务恢复和实地操作。这种方式具有实施容易、成本低廉、风险低等特点。

(2) 模拟演练。一般采用实际灾难备份系统和利用灾难恢复应急响应预案进行模拟的系统切换和业务恢复。模拟演练通常用于检验业务连续性能力。

(3) 实战演练。在灾难备份系统上完成系统恢复和业务恢复后，将业务处理真正切换到灾难备份系统上，由灾难备份系统提供正常的业务服务。

在演练过程中，根据灾难备份策略和应急响应预案，确定不同的演练方式和内容，并组织进行演练，重点应当关注和明确以下内容。

(1) 场景管理。演练需要基于一个灾难的场景或假设。实际的灾难和风险会有多种情况，因此演练的场景必须有一定的代表性和针对性。根据演练的主要目的和需要解决的问题，可以设计不同的场景和假设进行演练。

(2) 组织和团队。演练的一个重要目的是培训和锻炼相关的人员，使其能真正掌握有关的流程和任务。因此，演练的组织架构应当与应急响应预案中明确的组织架构一致。

(3) 演练过程的记录。对于灾难恢复演练，需要全程进行记录。记录的目的是检查各项工作的完成情况：是否按时间计划进行、中间出现的问题和需要改进的地方等。这些记录将成为事后总结和评估等工作的基础。

6.3 数据容错技术

数据容错主要通过数据冗余实现，目前广泛采取的数据冗余技术主要包括多副本、冗余编码两类，采用多副本和冗余编码的 RAID 技术也被广泛使用，这些技术具备各自的特点，分别适用于不同的应用场景。

6.3.1 基于多副本的数据容错

基于多副本的数据容错技术的核心思想是创建多个存储节点中数据的数据副本，并将生成的副本按照一定的策略存储在不同的存储节点中。当数据因存储节点故障而丢失时，可以根据建立的策略，访问存储在有效存储节点上的有效副本来恢复数据。基于多副本的数据容错包括两大方面的核心技术：数据组织结构和数据复制方法。数据组织结构研究如何管理大量的数据对象和副本；数据复制方法研究何时创建副本、创建多少副本以及把副本放在哪里等一系列问题。目前有两种类型的数据组织结构，即基于元数据服务器的组织结构和基于 P2P 的数据组织结构。

典型的 Hadoop 分布式文件系统(Hadoop Distributed File System，HDFS)采用基于元数据服务器的组织结构，其中元数据服务器称为管理节点，负责整个系统元数据的存储和管理。

数据节点是存储数据的节点，数据节点需要周期性地向管理节点发送状态信息，报告当前状态，并报告自身数据块的列表信息，以便管理节点掌握有效数据节点的分布信息和数据对象的最新分布状态。当人们需要从系统读取数据时，首先从管理节点取得数据及其副本列表所在数据节点的位置信息，然后依据就近的原则选择数据节点从而读取数据；当人们要向系统写入数据的时候，从管理节点取得要创建的副本数及用于存储副本的数据节点位置，再执行数据写入操作。在完成数据写入后，再在管理节点上记录每个数据块的列表和副本等信息。这种基于元数据服务器的组织结构的优点就是结构简单，便于管理。但所有针对数据的访问都必须向元数据服务器提出请求，元数据服务器提供信息，这就使元数据服务器成为整个系统的瓶颈，有可能导致单点故障。

基于P2P的组织结构使用P2P技术，采用P2P方式组织节点。在整个系统中，每个节点都是一个平等的角色，也就是各节点既是客户端又是服务器。在这种组织结构中可以采用分布式哈希表为数据选择存储位置，访问时通过计算哈希值得到数据的存储位置。典型的系统是亚马逊的Dynamo，它使用一致性哈希的方法来选择数据存储节点，并将数据分发到不同的节点。在系统中，提出了协调节点的概念。协调节点负责其范围内节点中存储的数据，负责为其范围内的数据生成副本，并将这些副本存储在后继节点。基于P2P的组织结构不需要中心服务器来管理整个系统，克服了基于元数据服务器的组织结构中单点故障和性能瓶颈的问题，但可能带来负载不均衡的问题，协调节点失效会使其所管理的所有数据对象不可用。

数据复制方法可以分为复制策略和放置策略。复制策略研究的重点是在什么时间复制多少个副本。复制策略可以分为两种：静态复制和动态复制。采用静态复制策略的常见系统有HDFS和Google文件系统(Google File System，GFS)，其特点是数据一进入系统就为其创建一定数量的副本。这种策略实现起来比较简单，但无法根据实际环境动态调整副本数量，容易造成资源浪费。而动态复制策略可以根据实际环境动态调整副本，以便更有效地利用存储空间，但会带来大量的额外操作和大量的网络传输开销。放置策略的研究目的是提高系统的容错能力，常见策略包括顺序放置和随机放置。亚马逊的Dynamo采用的是顺序放置，而GFS采用的是随机放置。顺序放置容易实现，但容易造成连锁性的故障，随机放置策略容易造成存储节点负载不均衡。

6.3.2　基于编码的数据容错

基于编码的数据容错技术通过编码矩阵对多个数据对象进行编码，产生新的编码数据对象，而编码数据对象可以使用解码矩阵恢复原始数据对象。与基于多副本的容错技术相比，基于编码的数据容错技术可以有效降低数据复制带来的巨大存储开销。基于编码的容错技术包括基于纠删码的容错技术和基于网络编码的容错技术等。

1. 基于纠删码的容错技术

基于纠删码的容错技术是从通信技术中引入的。在通信技术中，信道编码可以容忍多个数据帧的丢失，因此将其引入容错技术时，可以实现多个数据块失效时数据的恢复。纠删码技术的基本思想是将一份数据分成k块原始数据，通过对k块原始数据的冗余计算，得到m块冗余数据。对于这$k+m$块数据，如果任意m个块元素出错，存储系统可以通过重构算法恢复出原来的k块数据。生成校验的过程称为编码，恢复丢失数据块的过程称为解码。常见的基于纠删码的容错技术包括里德-所罗门码(Reed-Solomon Codes，RS)、低密度奇偶校验码(Low Density Parity Check Code，LDPC)等。基于纠删码的数据容错机制工作流程如图 6-5 所示。将需要存储的数据进行分片处理后按照选定的纠删码编码方式计算出各分片的校验块，将这些分片进行存储，一旦发生磁盘损坏等情况造成数据丢失，可以通过解码实现数据恢复。与基于多副本的容错技术相比，基于纠删码的容错技术可以很好地节省存储空间。但在容错过程中，基于多副本的容错技术只需要连接副本所在节点即可实现容错，而基于纠删码的容错技术需要连接多个节点，下载相同大小的数据块来实现容错，这将占用更多的网络带宽，特别是在数据中心网络的情况下，会给数据中心的带宽带来很大的压力。

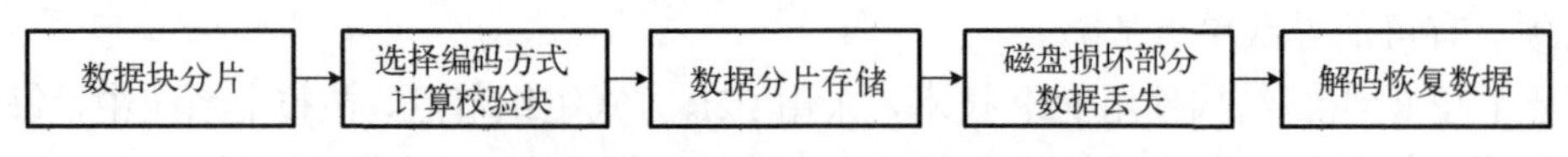

图 6-5　基于纠删码的数据容错机制工作流程

采用纠删码冗余保护技术的海量存储系统是针对云计算和大数据的存储需求而推出的新一代海量存储系统。它汇聚了集群、网络、分布式文件系统、分布式 SAN 存储系统和分布式对象存储系统等高端存储技术，能够以统一的存储系统和 I/O 接口满足云计算和大数据服务对存储空间和数据访问服务的多样化存储需求。

2. 基于网络编码的容错技术

基于网络编码的容错技术是在基于纠删码的容错技术基础上提出的。其本质是在保留基于纠删码的容错技术能够有效节省存储空间的特点的基础上，尽可能地减少容错技术占用的带宽资源。

网络编码将路由和编码的信息交换技术融合起来。其核心思想是在网络中的每个节点对每条信道上接收到的信息进行线性或非线性处理，然后转发给下一个节点。中间节点扮演编码器或信号处理器的角色。网络编码打破了路由器只存储和转发传输数据的传统模式，建立了一种全新的网络架构。网络编码技术的原理如图 6-6 所示，图中是一个经典的蝴蝶网络，假设图中连接带宽均为 m，信源 s 向节点 x、y 以 $m$bit/s 的速率发送数据，需要将 m 比特数据 a 以及 m 比特数据 b 同时从信源 s 发出，发送给节点 x、y。传送数据时采用传统方法，如

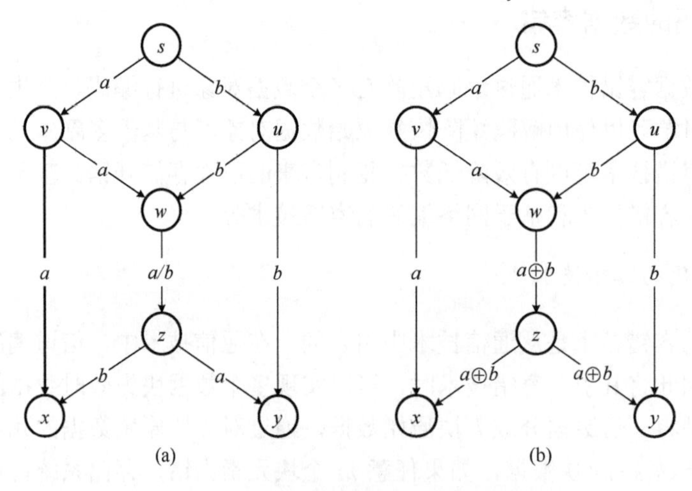

图 6-6　网络编码技术的原理示意图

图 6-6(a)所示，由于链路 wz 上不能同时传输 a、b，所以最大信息流为 1.5mbit/s。若采用网络编码技术，在 w 节点，对 a 和 b 进行编码得到 $a \oplus b$，然后通过 wz 进行转发。那么，x 在收到数据后可以利用 $a \oplus b \oplus a$ 获得数据 b，而 y 可以利用 $b \oplus (a \oplus b)$ 获取数据 a，此过程中最大信息流为 2mbit/s，带宽利用率提高了 33%。

基于网络编码的容错技术将网络编码的经典理论引入到了基于纠删码的容错技术中，以达到减少容错过程所占用网络带宽的目的，基于网络编码的纠删码修复方法通过加入参与节点计算的方法减少修复过程中的数据传输量。该理论最早是由 Szymon 提出的，并且在其论文中比较了在相同数据冗余的情况下，分别使用数据复制技术、纠删码技术和线性网络编码技术，成功实现数据下载。基于网络编码的容错技术可以在保证与基于纠删码的容错技术拥有相同可靠性的情况下，以更小的带宽开销实现数据存储。

3. 再生码

为降低修复节点过程中的开销，人们提出了再生码(Regenerating Code，RC)的思想，在对失效节点进行修复时，允许只连接部分剩余节点，这样能够有效减少修复过程中的带宽资源消耗，并且不需要解码数据，从而保护了数据的安全性。再生码在存储和带宽资源开销方面取得较好的折中，引起很多人的关注和研究。受网络编码的启发，人们将编码数据的修复建模为信息流图，并基于该模型表示节点修复开销所涉及的存储与带宽之间的最优权衡，如图 6-7 所示。

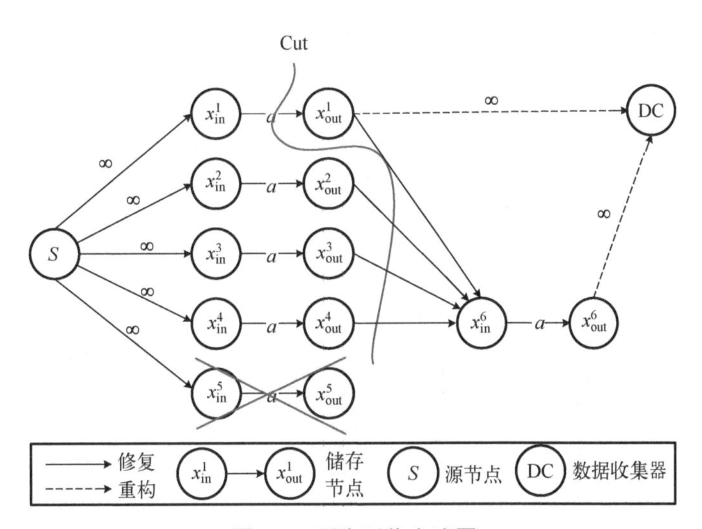

图 6-7　再生码信息流图

在再生的信息流图中，所有服务器分为源节点、储存节点和数据收集器，其中源节点代表生成数据对象的服务器。假设再生码是将大小为 M 的原始文件编码存储(一般为 RS 编码)到 n 个节点中，每个节点的存储大小为 α 。特别是在信息流图中，源节点用一个顶点 S 表示，存储节点由两个节点 x_{in}^{i}、x_{out}^{i} $(1 \leqslant i \leqslant n)$ 表示。边的权重对应于存储节点中存储的数据量大小。组播后，数据收集器 DC 连接的剩余 $(n-1)$ 个存储节点中的任意 k 个足以恢复原始数据对象，这表明 $k\alpha \geqslant M$ 。当一个节点失效时，重建一个新节点就是访问幸存 $(n-1)$ 个存储节点中的 $d(d \geqslant k)$ 个，即从每个节点下载大小为 $\beta(\beta \leqslant \alpha)$ 的数据进行修复。修复故障节点需读取和下载的数据量也称为修复带宽$\gamma = d\beta$。再生码的平均修复带宽γ小于文件大小M，当连接节点数$d=n-1$时，再生码的修复带宽达到最小值。再生码节点的数据恢复可以在数据提供者和新节点上编码，即数据提供程序(存储节点)有多个编码段，当节点需要修复时，提供者先发送自己编码段的线性组合，新节点将接收到的编码段重新编码，重构新节点。由数据提供者编码后再发送给新磁盘的数据量减少，这可以减少数据的传输量和带宽资源消耗。

Dimakis 等通过信息流图计算获取最小割界从而得到失效节点修复带宽的下限曲线，再生码就是在存储开销α和修复带宽γ的最优曲线上。该曲线上存在最小存储和最小修复带宽两个极值点。由此，人们给出了最小带宽再生(Minimum-bandwidth Regenerating，MBR)码以及最小存储再生(Minimum-storage Regenerating，MSR)码的概念，并从理论上证明了再生码方案可以使单点修复过程中的带宽资源开销达到最小。MSR 码在 RS 码的基础上，使得每个存储节点存储最少的数据量，达到最小存储空间开销。MBR 码允许每个存储节点存储更多的数据，以较小的额外存储空间开销换取修复过程中所需下载的总数据量较小，使得修复带宽最小。

FMSR(Functional Minimum Storage Regenerating)码是一种支持功能性修复的最小存储再生码，具有良好的修复性能和可扩展性。FMSR 码保留了网络编码修复带宽小的优点。采用双节点冗余模式时，FMSR 码具有较好的容错能力，修复带宽可大大降低。FMSR 码不需要普通节点进行编码，从而减轻了节点的计算负担。如图 6-8 所示，FMSR 码是非系统码，编码后不保留原始数据，保存的是原始数据的线性组合。每次修复都会产生一个新的编码块来替代损坏的编码块以确保其容错性，而不是恢复损坏的编码块，但是在访问一个文件的部分数据时，需要先解码整个文件，在一定程度上造成资源浪费。因此，FMSR 码适合用于长期存储、较少读取和整文件存储的数据。

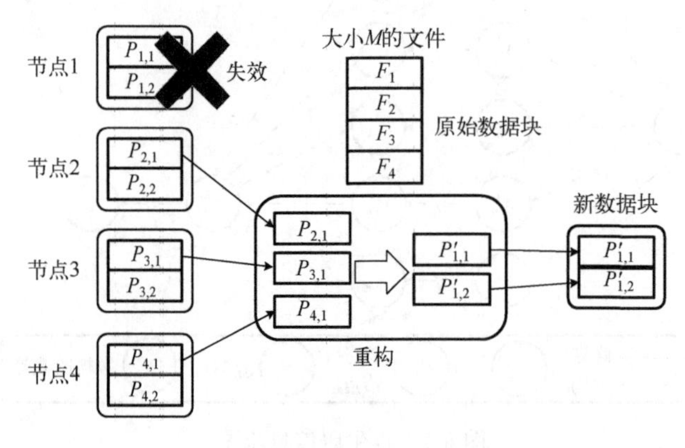

图 6-8　FMSR 编码示意图

再生码的提出为降低纠删码的修复开销指出了新方向，现有方法从多个方面探索了再生码的可行之处，提出了相应的编码和修复算法，但由于受诸如编码及编码系数的选择方法规范性要求等因素的影响，仍处于理论探索阶段。

6.3.3 RAID 技术

RAID(Redundant Arrays of Independent Disks)即独立磁盘冗余阵列，其最初的目的是组合小型廉价硬盘替代大型昂贵硬盘，降低海量数据存储成本，从而突破单个磁盘的容量的限制，满足海量数据存储对存储空间的需求。目前，RAID 除了增加存储容量外，还期待通过冗余信息来保证数据的可靠性，降低单个磁盘故障造成数据丢失的风险，同时提高数据传输速率。

RAID 作为一种高性能、高可靠性的存储技术，其主要利用数据条带存储、数据校验等技术来实现高性能、高可靠性和高可扩展性，根据使用或组合这些技术的策略和架构，可以将 RAID 划分为不同的级别，以满足不同数据应用场景的需求。常见的 RAID 级别有 RAID0～RAID7，其侧重点各不相同。每个 RAID 级别具备相应的数据访问速度和数据保护能力。

1. RAID 分类

从实现角度划分，RAID 主要分为三种：软 RAID、硬 RAID 和软硬混合 RAID。软 RAID 的所有功能都由操作系统和 CPU 完成，其没有独立的 RAID 控制芯片和 I/O 芯片，效率最低。硬 RAID 配备专用的 RAID 控制芯片和 I/O 芯片以及缓冲区，不占用 CPU 资源，但成本最高。软硬混合 RAID 有 RAID 控制芯片，但缺少 I/O 芯片，需要 CPU 和驱动来完成，其性能和成本介于软 RAID 和硬 RAID 之间。

2. RAID 的基本原理

RAID 是由多个独立的高性能磁盘驱动器组成的磁盘系统，可以提供比单个磁盘更高的存储性能和数据冗余。在整个存储系统中，RAID 被视为由两个或两个以上的磁盘组成的存储空间，通过并发读写在多个磁盘上的数据来提高存储系统的 I/O 性能。大多数 RAID 级别都具有完整的数据校验和纠错措施，从而提高系统的容错能力，大大增强了系统的可靠性。

RAID 的两个主要目标是提高数据可靠性和 I/O 性能。在磁盘阵列中，数据分散在多个磁盘中，但对于计算机系统来说，就像一个磁盘。通过将相同的数据同时写入多个磁盘，或者将计算的校验数据写入阵列，可以获得冗余。当单个磁盘出现故障时，可以保证数据不会丢失。在这种冗余机制下，故障磁盘可以被新磁盘替换，RAID 会根据剩余磁盘中的数据和校验数据自动重建丢失的数据，从而保证数据的一致性和完整性。数据在 RAID 中存储在不同的磁盘上，并发的数据读写比单个磁盘要快得多，因此可以获得更高的 I/O 带宽。当然，磁盘阵列会减少所有磁盘的总可用存储空间，为了更高的可靠性和性能而牺牲了存储空间。例如，RAID1 存储空间利用率只有 50%，RAID5 会损失其中一个磁盘的存储容量，对于由 n 块磁盘构建的磁盘阵列，其空间利用率为 $(n-1)/n$。

3. RAID 的优势

RAID 思想自提出以来就被业界广泛接受，存储行业也投入了大量的时间和精力研发相关产品。随着处理器、内存、计算机接口等技术的不断发展，RAID 不断发展创新，在计算机存储领域得到了广泛的应用。RAID 技术的流行源于其具有显著的特征和优势，基本上可以满足大部分的数据存储需求。总体来说，RAID 的主要优势有如下几点。

(1) 大容量。这是 RAID 的一个明显优势。它扩展了磁盘的容量，由多个磁盘组成的 RAID 系统具有巨大的存储空间。现在单个磁盘的容量就可以到几万亿字节以上，这样 RAID 的存储容量就可以达到 PB 级，大部分存储需求都可以满足。一般来说，RAID 的可用容量要小于所有成员磁盘的总容量。不同级别的 RAID 算法需要一定的冗余开销，具体容量开销与采用的算法有关。

(2)高性能。RAID 的高性能得益于数据的条带化存储技术。单个磁盘的 I/O 性能受到接口、带宽等的限制，性能往往很有限，容易成为系统性能的瓶颈。数据条带化存储意味着通过一次写入一个数据块的方式，可以将文件写入多个磁盘。这种条带化存储技术将数据分开写入多个驱动器，从而提高数据传输速率、缩短总的磁盘处理时间。通过数据条带化，RAID 将数据 I/O 分散到各个成员磁盘上，从而获得双倍的聚合 I/O 性能。

(3)可靠性。可用性和可靠性是 RAID 的另一个重要特征。理论上，由多个磁盘组成的 RAID 系统的可靠性应该比单个磁盘要差。这里有个隐含的假定：单个磁盘的故障将导致整个 RAID 不可用。采用 RAID 镜像和数据校验等数据冗余技术可以打破这个假定。镜像是最原始的冗余技术，将磁盘驱动器上的数据完全复制到另一组磁盘驱动器上，以确保始终有一份数据副本可用。与镜像 50%的冗余开销相比，数据校验的开销要小很多，利用冗余信息来进行校验和纠错。冗余技术大大提高了数据的可用性和可靠性，保证了在某些磁盘出现问题时，数据不会丢失，系统的连续运行不受影响。

4. 典型 RAID 级别

RAID 的每一级都代表一种实现方法和技术，级别之间没有高低之分。在实际应用中，需要根据用户的数据应用特点，综合考虑可用性、性能和成本，选择合适的 RAID 级别和具体的实现方式。

1)RAID0

RAID0 是一种简单的数据条带化技术，无数据校验功能。但是，它与其他 RAID 级别的明显区别是不提供任何形式的冗余策略。RAID0 将磁盘条带化后组成大容量存储空间，将数据分散存储在所有磁盘中，实现多个磁盘同时读写。由于 I/O 操作可以并发执行，总线带宽得到充分利用，读写速度大大提高。因为不需要数据校验，RAID0 通常是所有 RAID 级别中性能最高的。理论上，如果无其他条件限制，n 块磁盘组成的 RAID0 的读写性能是单个磁盘的 n 倍。

RAID0 具有成本低、读写性能高、存储空间利用率高等优点。但它不提供数据冗余保护，数据一旦损坏就无法恢复。因此，RAID0 一般适用于对性能要求严格，但对数据安全性和可靠性要求不高的应用，如临时数据缓存、音/视频存储等。

2)RAID1

RAID1 称为镜像，它将数据完全一致地写入工作磁盘和镜像磁盘，其磁盘空间利用率为 50%。RAID1 提供了最好的数据保护，一旦工作磁盘出现故障，系统自动从镜像磁盘读取数据，不会影响用户工作。所以 RAID1 正好与 RAID0 相反。为了增强数据的安全性，两个磁盘的数据是完全镜像的，RAID1 技术简单、管理方便、安全性好。RAID1 具有完全容错能力，但存储设备有效空间小，存储系统建设成本高。RAID1 一般适用于非常重视数据保护的应用，如金融系统、邮件系统中的数据存储等。

3)RAID3

RAID3 是一种使用特定校验盘的并行访问阵列。它使用一个专用的磁盘作为校验盘，其他磁盘作为数据磁盘。数据以位或字节的方式存储在每个数据盘中。RAID3 至少需要 3 个磁盘，不同磁盘上同一带区的数据进行异或校验，校验值写入校验磁盘。RAID3 正常读数据时，其性能与 RAID0 完全相同，可以从多个磁盘条带中并行读取数据，性能很高，同时还提供数据容错，支持一个磁盘出现故障的情况下数据不丢失。在向 RAID3 写入数据时，增加了计算和写入校验值的过程，因此其写入性能较差。

如果 RAID3 中某个磁盘出现故障，不会影响数据读取，通过校验数据和其他完好磁盘的数据，可以重建损坏磁盘的数据。如果要读取的数据块位于故障磁盘上，系统需要读取同一磁带的所有数据块，并根据校验值重建丢失的数据，这会影响系统性能。当故障磁盘被替换时，RAID 系统以相同的方式将故障盘中的数据重建到新磁盘中。

RAID3 只有一个校验盘，阵列的存储空间利用率高，再加上并行访问的特点，可以为高带宽的海量读写提供高性能存储服务，适合海量数据的顺序访问应用，如影像处理、流媒体服务等。

4) RAID5

RAID5 是目前最常见的 RAID 等级，其原理类似于 RAID3，不同的是其校验数据分布在阵列中的所有磁盘上，不使用专门的校验磁盘以解决数据和校验并发写操作时存在的校验盘性能瓶颈问题。除此之外，RAID5 还具有良好的可扩展性，当阵列磁盘的数量增加时，并行操作的能力也增加，从而拥有更大的容量和更高的性能。

RAID5 磁盘同时存储数据和校验数据，数据块和对应的校验信息存储在不同的磁盘上。当数据盘损坏时，系统可以根据同一条带的其他数据块和相应的校验数据重建损坏的数据。与其他 RAID 级别一样，RAID5 的性能在重建数据时会受到很大影响。

RAID5 兼顾了各种因素，如存储性能、存储成本和数据安全等，可以理解为它是 RAID0 和 RAID1 的折中，是目前综合性能最好的数据保护方案。RAID5 基本上可以满足大部分的存储应用需求，大部分数据中心采用它作为应用数据的保护方案。

5) RAID 组合

标准 RAID 级别各有利弊，人们自然会想到将多个 RAID 级别结合起来，取长补短，从而实现一个在性能和数据安全性等方面更优越的 RAID 系统。目前业界和学术研究中提到的 RAID 组合等级主要有 RAID01、RAID30、RAID50、RAID53，但实际中广泛使用的只有 RAID01 和 RAID50 等级别。当然，组合级别的实现成本一般都很高，只在少数特定场合应用。

典型的 RAID01 兼具 RAID0 和 RAID1 的优点。它首先使用两个磁盘建立镜像，然后在镜像内部进行条带化。RAID01 的数据将同时写入两个磁盘阵列中。如果其中一个阵列损坏，它仍然可以工作，这确保了数据安全性并提高了性能。RAID50 是 RAID5 与 RAID0 的组合。此配置在 RAID5 的子磁盘组的每个磁盘上分割包括奇偶校验信息的数据。每个 RAID5 子磁盘组至少需要三个硬盘。RAID50 具备更高的容错性，因为它允许某个组内有一个磁盘出现故障，而不会造成数据丢失，并且由于奇偶位被划分到 RAID5 子磁盘组中，重建速度大大提高。

第7章　数据库安全

随着信息化的普及，数据库技术的应用也越来越广泛。一方面，数据库系统为用户提供数据处理服务；另一方面，数据库系统也面临着开放式环境所带来的数据被窃取或篡改、用户隐私泄露、关键数据丢失、系统被攻击并崩溃等各种威胁，给信息系统带来灾难性的后果，引发严重的社会问题。因此，数据库安全在数据安全领域起着非常重要的作用。本章首先对数据库安全进行较全面的概述，然后重点介绍多级安全数据库、数据库系统推理控制、数据库系统隐通道和数据库加密等内容。

7.1　数据库安全概述

7.1.1　数据库系统及其特点

数据库系统(Data Base System，DBS)通常由软件、数据库和数据管理员组成，主要包括操作系统、数据库管理系统(Database Management System，DBMS)、各种宿主语言、实用程序等。DBMS是操纵和管理数据库的系统软件，用于建立、使用和维护数据库，并提供了一定的保证数据库安全性和完整性的功能。数据管理员(Database Administrator，DBA)是管理和维护数据库服务器的专业人员，负责管理、监控和维护数据库系统。

数据库系统的产生是计算机应用在数据处理领域的一个里程碑事件。与文件系统相比，数据库系统的优势在于：①DBMS是一种统一管理和控制数据库的系统软件，由DBMS完成数据的插入、修改、删除、查询、索引等操作，并提供数据完整性控制、系统性能调优、并发控制、备份恢复、安全控制等功能，这些是文件系统无法比拟的；②数据库操作作为可调用的服务提供给用户、DBA和其他应用程序，数据库可以独立于具体的应用程序而存在，并且可以由多个用户和应用程序共享；③面向多用户的开放式数据库系统大多采用浏览器/应用服务器/数据库(Browser/Server/Database，B/S/D)架构部署，无须安装专用软件，客户端通过浏览器就可以触发应用服务器上业务逻辑代码的运行，应用服务器向数据库服务器发送数据操作请求，提供了随时随地对数据的快速访问，减少了数据冗余，提高了数据的一致性。

7.1.2　数据库面临的安全威胁

数据库系统提供了数据统一管理的手段，但数据处理和共享依托于网络、操作系统、云计算等环境，数据的集中存储也使得数据库系统极易成为攻击的目标，一旦受损，将造成极其严重的后果。

数据库(包括数据库系统及其中的数据)的安全属性与数据的安全属性相同，也包括真实性、保密性、完整性、可用性、可认证性、不可抵赖性、可控性和隐私性，对数据库的安全防护也就是要使数据库系统及其数据保持这些属性。由于数据库系统的特殊性，不同的安全威胁对数据库安全属性的损害后果不同，需要的安全技术也有所不同，如表7-1所示(注：“√”表示包含此项)。

表7-1　数据库安全威胁、损害后果及其可采用的安全技术

威胁类别		造成的数据库安全属性的损害后果								安全技术
		失真	失密	不完整	不可用	不可认证、验证	抵赖	不可管控	隐私泄露	
物理威胁	自然灾害			√	√					备份与恢复、数据冗余和容错等
	系统故障			√	√					
	人为破坏			√	√					
逻辑威胁(包括内部或外部威胁)	人为失误	√	√	√	√	√	√	√	√	加强数据安全意识、管理手段
	身份假冒					√	√			身份识别与认证
	非授权访问		√	√	√	√	√	√	√	身份识别与认证、访问控制、数据库加密、审计、完整性验证、数据脱敏
	SQL注入		√	√	√	√	√	√	√	动态监测、静态检测、漏洞扫描等
	推理分析		√					√	√	访问控制、审计、多级安全数据库、推理控制、数据仓库安全等
	网络攻击		√	√	√	√	√	√	√	网络安全技术
	系统漏洞攻击		√	√	√	√	√	√	√	操作系统安全、Web安全、数据库系统安全等
	病毒攻击		√	√	√	√	√	√	√	防病毒
	特洛伊木马攻击		√	√	√	√	√	√	√	恶意代码识别
	后门和隐通道攻击		√	√	√	√	√	√	√	漏洞扫描、隐通道发现与控制
	监听和收集		√				√	√	√	身份认证、访问控制、防火墙、入侵检测等
	拒绝服务攻击				√	√	√	√	√	网络安全、软件安全、拒绝服务攻击识别、防范和阻断

1. 对数据库的物理威胁

对数据库的物理威胁包括以下方面。

(1)自然灾害，如地震、火灾、水灾等。

(2)系统故障，如硬盘等存储系统、控制器、电源、内存、芯片、主板等硬件故障。

(3)人为破坏，如导弹摧毁、强电磁攻击等。

上述物理威胁将导致数据库系统本身及其所依托的网络、存储等环境被摧毁，数据的完整性和可用性遭到破坏，需要采用备份与恢复、数据冗余和容错等技术使数据库系统快速恢复到可用的状态。

2. 对数据库的逻辑威胁

对数据库的逻辑威胁包括以下方面。

(1)人为失误。由于数据库应用系统的设计开发者、系统管理员和使用者缺乏安全意识和管理手段，造成数据或命令的错误输入、安全策略冲突或存在漏洞、应用程序的不正确使用等情况的出现，不但可能导致数据库中的数据不能真实记录客观世界和认知世界中的事物的状态、关系和过程，还可能导致系统内部的安全机制失效、被非法访问数据、系统拒绝提供数据服务等各种威胁发生，使数据库丧失安全性。

(2)身份假冒。由于采用弱口令、密码强度不够、身份信息被盗取和伪造等原因，非法实体可能伪装成授权用户登录数据库系统，并进一步进行获取数据、篡改数据等非法操作。由于身份是假冒的，被操作的数据完整性也无法得到验证，攻击者也可以否认自己的行为，因此，需要更为行之有效的身份识别与认证机制。

(3)非授权访问。非授权访问是指对未获得访问许可的数据的访问。通常，数据管理员会根据数据库应用系统安全需求制定相应的安全策略，并依据安全策略对数据库用户进行授权管理，当用户发出对特定数据的某些操作请求时，由访问控制模块依据安全策略和当前授权规则，决定是否允许用户访问数据库中的数据。数据库非授权访问分为以下两种情况：一是访问控制机制有缺陷，如安全策略不合理、授权规则有冲突或存在漏洞等，这就给某些主体突破访问控制防线提供了机会；二是数据库管理员(包括数据库安全管理员)、数据库应用系统的开发和维护人员等，通常具有超级用户权限或者可以通过数据库下层的操作系统、存储系统绕过数据库的访问控制机制，对数据进行读取和修改。为发现和防止非授权访问，需完善身份认证和访问控制机制，并综合采用身份识别与认证、访问控制、数据库加密、审计、完整性验证、数据脱敏等多项技术。

(4)SQL 注入。SQL 注入是数据库系统特有的造成非授权访问的一种攻击方式，是指 Web 应用对用户输入数据的合法性缺乏判断或对恶意输入过滤不严，使得攻击者通过在查询语句末尾添加额外的 SQL 语句，欺骗数据库服务器进行未经授权的查询，进而获取相应的数据信息。发现和防止 SQL 注入需要使用动态监测、静态检测、漏洞扫描等技术。

(5)推理分析。由于数据库系统中的数据通常具有语义约束关系，用户根据其已掌握的背景知识(即通过数据库系统外部的其他渠道获得的知识)和由授权读取的数据，通过推理得到不应获知的敏感信息；另外，大数据技术的出现，用户在收集、积累数据的基础上，可以通过数据挖掘等技术，得到通过直接访问得不到的信息和知识。为防止对数据库数据的推理分析，主要综合采用访问控制、审计、多级安全数据库、推理控制、数据仓库安全等技术。

(6)网络攻击、系统(包括操作系统、数据库系统、Web 系统等)漏洞攻击、病毒攻击、特洛伊木马攻击、后门和隐通道攻击、监听和收集等。数据库系统的运行，离不开其所依赖的软硬件环境，这些软硬件都存在许多漏洞和缺陷，为攻击者提供了条件和便利，需综合采用网络安全、操作系统安全、Web 安全、防病毒、恶意代码识别、漏洞扫描、隐通道分析与控制、身份认证与访问控制、防火墙、入侵检测等技术，消除数据库运行环境对其安全性造成的影响。

(7)拒绝服务攻击。这种攻击是一种耗尽 CPU、内存、带宽、磁盘空间等系统资源，来破坏授权用户正常使用的行为。黑客可以用傀儡主机(简称肉鸡)对数据库服务进行大规模连接和请求，多数表现为虽然用户仍可登录，但 CPU 占用率很高、连接数很多，正常用户服务请求性能极低或者被拒绝。需要综合运用网络安全、软件安全等技术，以识别、防范和阻断拒绝服务攻击。

7.1.3 数据库安全策略、模型与机制

数据库的安全策略是指组织、管理、保护和处理敏感信息的原则，根据安全需求的不同，数据库安全策略包括但不限于如下类型。

(1) 最小特权策略：只分配恰好可以满足合法用户的工作需求的权限，以保证数据库的安全性和性能。

(2) 最大共享策略：在满足保密要求的前提下，实现最大化共享。

(3) 粒度适当策略：策略实施的数据保护粒度要适当，在安全性和性能之间取得平衡。

(4) 开放系统策略：除非明确禁止，否则其他都允许访问。

(5) 封闭系统策略：只有明确授权的用户才能访问，其他都不允许访问。

(6) 按存取类型控制策略：根据用户访问数据的类型(如读、写等)设定的访问控制策略。

(7) 与内容相关的访问控制策略：对最小特权策略进行扩展，设定与数据项内容相关的控制，例如，部门经理可以查看他所管理的人员档案，但不能查看不属于他管理的人员档案。

(8) 与上下文相关的访问控制策略：上下文相关的访问控制策略涉及数据项之间的关系，需要限制用户通过这种相关性获取敏感信息。例如，限制用户在一次请求或一组相邻请求中对不同属性的数据进行存取等。

(9) 与历史相关的访问控制策略：有些数据不是保密的，但当它们与其他数据或以前获取的数据联系时，可能会泄露秘密。为了防止这种推理，需要与历史相关的访问控制。它不仅考虑当时请求的上下文，还考虑了过去请求的上下文关系，根据过去的访问来限制当前的访问。

安全模型，也称为策略表达模型，是一种独立于软硬件实现的高级抽象概念模型。数据库的安全模型准确描述系统安全需求的有效方式，其实施的安全策略描述为一组安全约束条件的集合。数据库安全模型的研究主要集中在数据库多级安全模型上，包括 Bell-La Padula 模型(简称 BLP 模型)、Biba 模型、Seaview 模型和 Jajodia Sandhu 模型(简称 JS 模型)等。

安全机制是为了实现数据库系统的安全目标，用于实现数据库安全策略的功能集合，如算法和程序等。从表 7-1 可以看到，要保证数据库安全，需要综合采用网络安全、操作系统安全、Web 服务安全和数据库安全技术，这些技术涉及的安全机制在其他相关书籍和本书其他章节已有所涉及，由于篇幅所限，本章仅介绍关系数据库本身特有的防止非授权访问的安全技术及相关机制，包括多级安全数据库、推理控制、隐通道分析、数据库加密等。

7.1.4　数据库安全评估标准

1985 年，美国国防部发布了《可信计算机系统评估准则》(Trusted Computer System Evaluation Criteria，TCSEC，也称橘皮书)，1991 年，美国国家计算机安全中心将 TCSEC 扩展到数据库管理系统(Trusted Database Management System Interpretation，TDI，也称紫皮书)。TCSEC/TDI 安全级别划分为四类七个等级：D < C2 < C1 < B3 < B2 < B1 < A1，其定义和基本特征如表 7-2 所示。

表 7-2　TCSEC/TDI 安全级别划分

类	等级	定义	基本特征
D	D1	最小保护	基本无安全保护
C	C1	自主安全保护	初级自主访问控制、审计功能
	C2	受控存取保护	细化自主访问控制、实施审计与资源分离
B	B1	带标记的安全保护	强制访问控制、审计功能
	B2	结构化保护	形式化安全策略模型、对所有主体与客体实施强制访问控制和隐通道分析与控制
	B3	安全域保护	安全内核、更强的审计功能、系统恢复功能
A	A1	可验证设计	提供 B3 级保护并提供形式化验证

为满足全球信息技术互认标准化，1993年，美国等发起了《信息技术安全评估通用准则》(Common Criteria for IT Security Evaluation，CC准则)编制项目，并分别于1999年、2005年和2008年成为ISO/IEC 15408的三个版本的正式标准。上述标准针对IT产品的安全功能及其保障措施满足要求的情况，定义了七个评估保障级别(Evaluation Assurance Level，EAL)，可为具有安全功能的IT产品的开发、评估和采购过程提供指导，是目前国际上信息安全评估方面最权威的技术标准。为建立我国信息技术产品安全评估体系，2001年以后，根据ISO/IEC15408标准及其后续修订情况，我国分别形成了国家标准GB/T 18336—2001、GB/T 18336—2008和GB/T 18336—2015。

在数据库管理系统安全评估标准方面，我国分别在2006年和2019年颁布了GB/T 20273—2006和GB/T 20273—2019《信息安全技术　数据库管理系统安全技术要求》的两个版本。GB/T 20273—2006用于指导设计人员设计和实现具有所需安全保护等级的数据库管理系统，说明了各保护等级的安全要求、数据库管理系统应采取的安全技术措施，以及各安全技术要求在不同安全保护等级中具体实现的差异。GB/T 20273—2019规定了数据库管理系统评估对象描述，不同评估保障级别的数据库管理系统安全问题定义、安全目的和安全要求，以及安全问题定义与安全目的、安全目的与安全要求之间的基本原理。之后，我国又颁布了GB/T 20009—2019《信息安全技术　数据库管理系统安全评估准则》，它依据GB/T 20273—2019规定了数据库管理系统安全评估的总则、评估内容和评估方法。上述标准适用于数据库管理系统的研究、设计、开发、测试、评估和采购，为我国的信息化建设和信息安全保障工作提供了有力支撑。

7.2　多级安全数据库

采用强制访问控制模型的数据库称为多级安全数据库。为了满足军事等领域对数据安全性要求更高的应用需求，从20世纪80年代末开始，人们开始研究如何将传统的关系数据库与多级安全模型相结合，建立多级安全数据库系统，先后提出了Bell-La Padula(BLP)模型、SeaView模型等多级安全模型。BLP模型是最早的保密访问控制模型，它是一种模拟军事安全策略的多级安全模型，用来防止未经授权的信息泄露。针对关系数据库，SeaView模型试图通过多实例方法解决BLP模型中存在的隐通道和推理通道问题，是第一个达到TCSEC A1级标准的安全模型。在本书5.3.2节中已介绍了BLP模型，接下来，将结合SeaView模型具体介绍多级关系模型、多级关系完整性和多级关系操作。

7.2.1　多级关系模型

多级关系扩展了关系模型中的关系概念，在不同粒度的对象(关系级、元组级、属性级与数据项)上附加了安全级别属性，多级关系包括关系模式 R 和关系实例 R_c 两个部分。

定义 7.1　关系模式

$$R(A_1, C_1, A_2, C_2, \cdots, A_n, C_n, \mathrm{TC})$$

$$A_i \in D_i;\ C_i \in \{L_i, \cdots, H_i\}(L_i < H_i);\ \mathrm{TC} = \mathrm{Lub}\{C_i \mid C_i \neq \mathrm{null}, i = 1, 2, \cdots, n\}$$

其中，A_i 表示数据属性；D_i 表示 A_i 的值域；C_i 表示属性 A_i 的安全级；TC表示元组的安全级；

L_i表示低安全级；H_i表示高安全级；Lub 指安全级的最小上界，TC 等于该元组中属性安全级的最小上界。

定义 7.2　关系实例

每一个关系模式都有一组依赖于状态的关系实例：$R_c(A_1,C_1,A_2,C_2,\cdots,A_n,C_n,\text{TC})$

对应于一个给定的访问安全级 C，每个关系实例是一组形为 $(a_1,c_1,a_2,c_2,\cdots,a_n,c_n,\text{tc})$，且互不相同的记录。其中，$a_i \in D_i, c_i \in \{L_i,\cdots,H_i\}$ 或 $a_i = \text{NULL}, c_i \in \{L_i,\cdots,H_i\}; \text{tc} = \text{Lub}\{c_i \mid c_i \neq \text{NULL}, i = 1,2,\cdots,n\}$，若 a_i 非空，则 $c_i \in \{L_i,\cdots,H_i\}$；另外，即使 a_i 为空，c_i 也不能为空，即安全属性不能为空。

根据强制访问控制模型的保密性规则，对于同一个多级关系，不同安全级别的用户所看到的内容不同，因此在每一个安全级别上都存在一个视图。

例如，假设有一个描述职员的关系模型：职员(Name, Department, Salary)，其中 Name 为主键，假设我们仅考虑将密级作为安全级，其自高到低依次是绝密(TS)、机密(S)、秘密(C)、公开(U)；划分粒度为数据项；属性 TC 表示元组的安全级；在多级关系“职员”(表 7-3)中，公开级用户看见的内容如表 7-4 所示。

表 7-3　多级关系“职员”

Name	Department	Salary	TC
Bob　U	Dept1　U	2000　U	U
Tom　S	Dept2　S	50000　S	S

表 7-4　多级关系“职员”(公开级视图)

Name	Department	Salary	TC
Bob　U	Dept1　U	2000　U	U
Tom　U	NULL　U	NULL　U	U

如果公开级用户将第二个元组修改为：“Tom”“Dept1”“10000”。此时，尽管在安全级较高的元组中已经存有该数据，但是为了防止低安全级用户推理出高安全级数据，不能拒绝该插入操作。同时，为了保持数据的完整性，也不能删除安全级较高的数据。此时，公开级关系将变成表 7-5。而对于安全级为秘密用户而言，其所看到的信息如表 7-6 所示，这显然违

表 7-5　修改操作后的多级关系“职员”(公开级视图)

Name	Department	Salary	TC
Bob　U	Dept1　U	2000　U	U
Tom　U	Dept1　U	10000　U	U

表 7-6　修改操作后的多级关系“职员”(秘密级视图)

Name	Department	Salary	TC
Bob　U	Dept1　U	2000　U	U
Tom　S	Dept2　S	50000　S	S
Tom　U	Dept1　U	10000　U	U

反了主键完整性。同理，当安全级较高的用户要求插入一个主键属性值与低安全级主键属性值相同的元组时，也不能拒绝该操作，否则会隐含着拒绝服务问题。如果用这个元组替换低安全级的元组意味着删除低安全级的元组，将会导致信息推理问题，所以只能插入新的高安全级元组，而不修改低安全级的元组。

显然，在多级关系中，如果仍然将 Name 作为主键唯一标识每个元组，那么这种操作将违反主键完整性。考虑到安全问题，多级关系中允许属性值相同但安全级不同的多个元组，我们称之为多实例，可分为以下三类。

(1) 多实例关系：一组具有相同名称，但由不同的安全级别标识的关系；

(2) 多实例元组：一组具有相同的主键属性值，但主键属性安全级不同的元组；

(3) 多实例元素：一组主键属性值及其安全级相同，但其某些属性值及其安全级不同的元组。

多实例提供了“伪装层”，用于防止数据从高安全级向低安全级泄漏。但由于高安全级主体可以看到小于等于其安全级的多实例，因此，它必须能明确地判断哪些实例是真实的。一般认为，其看到的安全级别越高的实例越真实。

7.2.2 多级关系完整性

1. 实体完整性

假设 AK 为多级关系 R 的主键，R 满足实体完整性，当且仅当 R 的任意实例 $t \in R_c$ 满足：

(1) $A_i \in \mathrm{AK} \to t[A_i] \neq \mathrm{null}$，即 AK 中任何属性值不为空；

(2) $A_i, A_j \in \mathrm{AK} \to t[C_i] = t[C_j]$；在一个元组中 AK 的所有属性的安全级相同，这保证了 AK 在某个访问安全级要么是完全可见的，要么是完全不可见的；

(3) $A_i \in \mathrm{AK}, A_j \notin \mathrm{AK} \to t[C_i] \leqslant t[\mathrm{AK}]$，即任何非主关键字的数据项的安全级等于或高于 AK 的安全级。

2. 空值完整性

(1) 对任一元组，如果属性 A_i 值为 null，那么 A_i 对应的安全级属性 C_i 值等于主键的安全级 C_{AK}；

(2) 实例的安全级低于属性的安全级，将使得此属性不可见，其值表现为空。

为了区分这两种情况，在关系 R 中元组之间不允许出现包含关系。

元组间包含关系定义为：对于两元组 t 和 s，若任何一个属性 $t[a_i, c_i] = s[a_i, c_i]$ 或 $t[a_i] \neq \mathrm{null}, s[a_i] = \mathrm{null}$，则称元组 t 包含元组 s。

3. 实例间完整性

一个多级关系 R_c 满足实例间完整性，当且仅当对于小于此实例安全级的 $c'(c' \leqslant c)$，存在一个关系 $R_{c'} = \delta(R_c, c')$ 满足以下性质：

(1) 对于任何 $t[C_{\mathrm{AK}}] \leqslant c'$ 且属于 R_c 的元组 t，均有一个属于 $R_{c'}$ 的元组 t' 且

$$t'[\mathrm{AK}, C_{\mathrm{AK}}] = t[\mathrm{AK}, C_{\mathrm{AK}}] \tag{7-1}$$

(2)对于不属于主键的属性有

$$t[a_i,c_i]=\begin{cases}t[a_i,c_i], & t[c_i]\leqslant c'\\ <\text{null},t[C_{AK}]>, & \text{其他}\end{cases} \tag{7-2}$$

除了由以上方法生成的元组外，$R_{c'}$ 中不包含其他元组。

δ 是过滤函数，根据不同的访问安全级将多级关系映射为不同的实例，将用户限制在其许可的数据范围内。第(1)条保证了元组 t 只在安全级为 $t[c_i]$ 或更高安全级关系实例中可见，且其主键值 $t[\text{AK},C_{AK}]$ 为关系实例中元组 t' 的主键值；第(2)条保证了元组 t 的其他不属于主键的数据项 $t[A_i]$ 在安全级为 $t[c_i]$ 或更高安全级的关系实例中可见，而在低于它的安全级关系中是 null 值。同时该函数消除 $R_{c'}$ 中所有的包含元组，得到过滤函数 δ 的最终结果。例如，表 7-3 的公开级实例视图如表 7-7 所示。

表 7-7　多级关系“职员”(公开级视图)

Name	Department	Salary	TC
Bob　U	Dept1　U	2000　U	U

依据过滤函数，表 7-8 所示的内容，其秘密级实例视图如表 7-9 所示。

表 7-8　多级关系“职员”(秘密级视图)

Name	Department	Salary	TC
Tom　S	NULL　U	2000　U	U
Tom　S	Dept2 S	50000　U	S

表 7-9　多级关系“职员”(过滤后秘密级视图)

Name	Department	Salary	TC
Tom　S	Dept2 S	50000　U	S

4. 多实例完整性

假设 A_1 为 R 的主键，多级关系 R 满足多实例完整性，当且仅当任意实例 $t\in R_c$ 满足：

$$A_1,C_1,C_i\rightarrow A_i \tag{7-3}$$

式(7-3)表明 A_i 的属性值函数依赖于 A_1、C_1、C_i，即若多个记录有相同的 A_1、C_1、C_i 取值，则它们的 A_i 值也是相同的，即多实例完整性禁止相同安全级的数据存在多实例，以避免如表 7-10 所示的语义模糊问题。

表 7-10　多级关系“职员”(相同级别主键重复)

Name	Department	Salary	TC
Bob　U	Dept1　U	2000　U	U
Tom　U	Dept2　S	50000　S	S
Tom　U	Dept1　U	10000　U	U

5. 外键完整性

假设 FK 是关系 R 的外键，关系 R 满足外键完整性，当且仅当 R 的任意实例 $t \in R_c$ 满足：

$$\forall A_i \in \text{FK},\ t[A_i] = \text{null} \text{ 或 } t[A_i] \neq \text{null},\ A_i, A_j \in \text{FK} \to t[C_i] = t[C_j] \tag{7-4}$$

式(7-4)表明一个记录外键所有属性的安全级别相同。

6. 参照完整性

定义 FK 为参照关系 R_1 的外键，AK_1 为关系 R_1 的主键；关系 R_2 为被参照关系，AK_2 为关系 R_2 的主键，多级关系 R_1、R_2 的实例 r_1、r_2 满足参照完整性当且仅当：若元组 $t_{11} \in r_1, t_{11}[\text{FK}_1] \neq \text{null}$，则一定存在 $t_{21} \in r_2$，满足：

$$t_{11}[\text{FK}_1] = t_{21}[\text{AK}_2] \wedge t_{11}[C_{\text{FK}_1}] \geqslant t_{21}[C_{\text{AK}_2}] \wedge t_{11}[\text{TC}] = t_{21}[\text{TC}] \tag{7-5}$$

式(7-5)表明当 r_1 参照 r_2 时，其外键的安全级必须大于或等于 r_2 主键的安全级即 $t_{11}[C_{\text{FK}_1}] \geqslant t_{21}[C_{\text{AK}_2}]$，保证了在参照过程中信息不会由高安全级向低安全级泄漏，并且要求 $t_{11}[\text{TC}] = t_{21}[\text{TC}]$ 表明元组只能参照与其安全级相同的元组。

7.2.3 多级关系操作

由于多级关系的特殊性，以及为避免隐通道而采用的多实例技术，多级关系模型的操作不同于传统关系模型。

1. 插入操作

具有安全级 $c(c \in \{L_i, \cdots, H_i\})$ 的用户在执行插入操作时，A_1 表示主键，C_1 表示 A_1 的安全级属性，元组 t 表示要插入的元组。只有不存在元组 $t' \in R$ 满足 $t'[A_1] = a_1 \wedge t'[\text{TC}] = c$，并且插入的元组 t 满足实体完整性、外键完整性和参照完整性，才允许该插入操作，操作结果如下：

(1)若属性 A_i 包含在 INTO 子句的属性列表中，则 $t[A_i, C_i] = (a_i, c)$；

(2)若属性 A_i 不包含在 INTO 子句的属性列表中，则 $t[A_i, C_i] = (\text{null}, c)$；

当用户安全级为 c 且 $c \notin \{L_i, \cdots, H_i\}$ 时，拒绝该用户的操作请求，因为安全属性的值不能为空，表明用户没有操作关系 R 的权限。

2. 删除操作

当安全级为 c 的用户对关系 R 进行删除操作时，基于保密性强制策略的约束，对于元组 $t \in R$，若 $t[\text{TC}] = c$ 且满足删除操作语句中的条件 P，则删除元组 t。基于完整性强制策略的约束，该关系在更高安全级的关系实例也被相应地删除。

3. 修改操作

当安全级为 c 的用户对关系 R 中元组 t 进行修改操作时，首先筛选出满足修改条件 P 的元组，即满足 $(t[\text{TC}] = c) \wedge P$ 的元组。执行该操作时，分两种情况考虑。

第一种情况：如果主属性 A_1 不包含在修改语句的 Set 子句的属性列表中，而 $A_i\ (2 \leqslant i \leqslant n)$ 包含在该 Set 子句的属性列表中，那么：若 $t[\text{TC}] = c$，则 $t[A_i, C_i] = (s_i, c)$；

第二种情况：若主属性 A_1 中的部分属性包含在 Set 子句的属性列表中，则因为要求只有用户安全级等于实体安全级时，才允许进行修改，所以只考虑 $t[C_1]=c$ 的元组。而且，判断在关系中是否已存在元组 u，其与修改后的结果表示同一实体且元组安全属性值为 c（即 $u[A_1]=t[A_1]$ 且 $u[\mathrm{TC}]=c$，$t[A_1]$ 表示修改后的值），若存在该元组 u，由于造成语义模糊问题且不满足多实例完整性，拒绝该修改操作；否则，允许该修改操作。

7.2.4　多级安全数据库实现策略

TDI 标准中提出了实现多级安全数据库的三种策略，具体如下。

(1) 可信过滤器(Trusted Filter，TF)：在 DBMS 与用户应用程序之间设置可信过滤器。

(2) 分担保障(Balanced Assurance，BA)：在安全操作系统上建立安全 DBMS，由操作系统和 DBMS 分担安全功能。

(3) 一致保障(Uniformed Assurance，UA)：研制安全 DBMS 来提供所有的安全功能。

上述三种实现方式，数据库的安全性对操作系统的依赖递减，而实现难度和安全性能递增，具体采用哪种实现方式，需依据安全性、性能、成本等多种因素权衡考虑。

7.3　数据库系统推理控制

数据库安全中的推理问题是恶意用户利用数据之间的相关性，推理出自己无法直接访问的数据，从而造成敏感数据泄露的一类安全问题。这个推理过程称为推理通道。推理控制是指推理通道的检测与消除。

7.3.1　推理问题描述

数据库管理系统中常见的推理问题主要包括：基于查询的敏感数据的推理、主键完整性推理、外键完整性推理、函数依赖推理、多值依赖推理、值约束推理和统计数据库推理。

1. 基于查询的敏感数据的推理

低安全级的用户通过 SQL 语句访问数据库，并利用这些查询进行推理，从而获得高安全级的信息。

例如，在一个多级安全数据库中，定义了关系 EP(employee-name，project-name) 和关系 PT(project-name，project-type)。其中，employee-name 是关系 EP 的关键字，project-name 是关系 PT 的关键字，且关系 EP 安全级为 U，关系 PT 安全级为 S。假设一安全级为 U 的用户执行以下的 SQL 查询操作：

```
SELECT  EP.employee-name
PROM   EP, PT
WHERE EP.project-name = PT.project-name AND project-type ='sid'
```

此时，虽然查询结果只有安全级为 U 的数据 employee-name，查询的条件部分却含有高安全级的数据，由于该查询语句的执行涉及不同安全级的数据，因此，输出结果导致了敏感信息泄漏，出现了推理通道。

2. 主键完整性推理

在关系模型中，主键完整性要求关系的每个元组主键值必须是唯一的。若关系中的关键字具有不同的安全级，主键完整性约束将可能产生推理问题。例如，一个低安全级的用户要在关系中插入一个元组，如果此时关系中已经存在具有同样主键值且安全级较高的元组，为了保证数据库主键的唯一性，DBMS 必须删除已经存在的元组或者拒绝用户当前操作。第一种情况下，低安全级用户的插入操作导致高安全级元组数据丢失，虽然不会产生信息泄漏，但是可能导致严重的数据完整性问题或拒绝服务攻击。第二种情况下，低安全级用户通过系统的拒绝操作可推理出高安全级数据的存在，产生推理通道。

外键完整性引起的推理与此类似，可用来推理外键所引用的那个属性的某个值存在与否。

3. 函数依赖推理

定义 7.3　函数依赖

设 $R(U)$是属性集 U 上的关系模式，X、Y 是 U 的子集。若对 $R(U)$的任一的关系 r，r 中不可能存在着两个元组在 X 上的属性值相等，而在 Y 上的属性值不相等，则称 X 函数确定 Y，或 Y 函数依赖于 X，记作 $X \rightarrow Y$。

函数依赖极为普遍地存在于现实生活中。例如，描述一个员工奖金关系模式为(姓名，业绩，奖金)，其中，员工的奖金由员工的业绩决定，即同一业绩的员工的奖金是一样的。因此，当“业绩”值确定之后，员工“奖金”的值也就唯一确定了，称业绩→奖金。

设 t 是 r 中的某个元组，u 是具有安全级 $L(u)$的任一用户。

(1)若 $\forall X_i \in X, \exists Y_j \in Y$，有 $L(Y_j) > L(u) \geqslant L(X_i)$；

(2)用户 u 通过查询授权信息 $t[X_i]$和利用 X、Y 之间的映射关系能够推导出非授权信息 $t[Y_i]$，则称函数依赖 $X \rightarrow Y$ 存在函数依赖推理。

下面是一个典型的函数依赖推理的例子。

假设存在定义为一个关系模式奖金(姓名，业绩，奖金)，“奖金”的安全级为 S，业绩的安全级为 C，且存在函数依赖：业绩→奖金。如果安全级为 C 的用户知道业绩和奖金之间存在函数依赖的关系，尽管奖金的保密等级为 S 级，此时，用户还是可根据自己的奖金信息推理出和他的业绩相等的员工的奖金信息。

4. 多值依赖推理

定义 7.4　多值依赖

设 $R(U)$是属性集 U 上的关系模式。X、Y、Z 是 U 的子集，并且 $Z=U-X-Y$。关系模式 $R(U)$中多值依赖 $X \rightarrow\rightarrow$成立，当且仅当对 $R(U)$的任一关系 r，给定的一对(x,z)值，有一组 Y 的值，这组值仅仅取决于 x 值而与 z 值无关。

例如，描述一个武器仓库的关系模式为 WS(D,E,W)，D 表示仓库，E 表示保管员，W 表示武器，部分示例如表 7-11 所示。假设每个仓库有若干个保管员，有若干种武器，每个保管员保管所在仓库的所有武器，每种武器被所有保管员保管。因此，按照语义对于仓库 D 中的每一个值 d_i，武器 W 有一个完整的集合与之对应而无论保管员 E 取何值，所以 D →→ W。

表 7-11　WS 关系示例表

记录号	D	E	W
1	d_1	e_1	w_1
2	d_2	e_2	w_2
3	d_3	e_3	w_3
4	d_4	e_4	w_4

同样，多值依赖也存在多值依赖推理通道。假设一用户提交以下查询语句：

```
SELECT * FROM WS WHERE D='d1' AND E='e1';
SELECT * FROM WS WHERE D='d2' AND E='e2';
```

若用户知道在关系 WS 中存在 D →→ W，其在获取查询结果 1、4 之后，可推理出关系 WS 中的 2、3 元组。

5. 值约束推理

在实际应用中，数据库中的数据往往要满足一些条件，如员工的年龄应为 18～60 岁。元数据中的断言、触发器、属性值的值域等元数据用于记录这些约束条件。安全数据库不仅要对存储的信息进行保护，也要保护这些约束规则。当一个用户对数据库中的内容进行增加、删除、修改操作时，如果违反了这些约束，操作将不被接受，用户可推理出约束规则的内容。元数据值约束是指涉及多个数据项上的多个值的约束关系。如果一个值的约束所涉及的数据项具有不同的安全级，那么约束的使用就导致推理通道的存在。

例如，属性 A 的安全级为 U，而属性 B 的安全级为 S。此时约束 $A+B\leqslant100$，对于 U 安全级的用户 A 是可用的，B 是不可用。由于约束关系的存在，此时用户通过 A 的取值可推理出 B 所取的可能值，产生了推理通道。

6. 统计数据库推理

统计数据库产生了最早的数据库推理问题。统计数据库是指只进行均值、中值、标准偏差等统计操作，而不涉及个体信息要求的数据库系统。统计推理是指通过比较一个数据项集合的不同统计数据进行比较而推理出单个数据项信息。对于统计数据库安全的威胁就是攻击者通过积累一定时间的统计查询，在所得到的结果集上进行代数操作，同时使用所知的涉及个体信息集的范围和外部信息来进行推理。

例如，攻击者希望获得 A_1 的值，可以通过分别求 AVG(A_1,A_2,A_3)、AVG(A_2,A_3,A_4,A_5) 和 AVG(A_4,A_5) 的值，而获得 A_1 的值。或者，通过查询一些个体集的平均值，如果此时这个个体集只有 A_1 一个元素，同样会造成 A_1 的信息泄漏。

7.3.2　推理通道分类

推理通道的分类有多种方式。依据低安全级主体能够推测敏感信息的程度可划分为以下通道。

(1) 演绎推理通道：低安全级主体通过演绎推理可以得到敏感信息并能提供形式化证明。

(2) 诱导推理通道：低安全级主体通过演绎推理可以得到敏感信息但必须借助一些假设的公理才能证明。

(3) 概率性推理通道：低安全级主体借助一些假定的公理降低敏感信息的不确定性，但不能完全确定出敏感信息的内容。

根据推理通道存在时间可以划分为以下通道。

(1) 静态推理通道：根据低密级信息和约束条件推理出高安全级信息。

(2) 动态推理通道：在数据库处于特定状态时才存在的推理通道。

推理通道的存在是多级安全系统中的重大安全隐患，系统必须提供一个机制来检测和排除推理通道。

7.3.3 推理控制

推理控制是指推理通道的检测与消除。由于推理通道问题的多样性与不确定性，暂无通用的推理控制方案。目前常用的推理控制方法有语义数据模型方法、形式化方法、多实例方法和查询限制方法等。

1. 语义数据模型方法

语义数据模型方法常用于数据库设计中的推理控制，利用语义数据模型技术检测推理通道，然后重新设计数据库使得这些通道不再存在。在理想情况下，为了阻止所有未经授权的信息泄露，一个数据项的安全级别应该支配所有影响它的数据的安全级别。如果一个数据项的值受不被其安全级支配的数据影响，信息流就会从高安全级流向低安全级。现有的技术主要包括使用安全约束在多安全级数据库设计期间为数据库模式指定适当的安全级别，并将安全约束以语义数据模型进行表示。

早期的语义数据建模方法在数据库设计阶段通过构造语义关系图来表示可能的推理通道。在语义关系图中，数据项被表示为节点，它们之间的关系由连接节点的边表示。如果两个节点之间存在两条路径，一条路径上包含了图中所有的边，而另一条路径上不包括图上所有的边，那么两节点之间就有可能存在推理通道。然后进一步分析确认是不是真正的推理通道。相应的解决方法是提升边的级别，直到所有的推理通道被关闭，这种方法的缺点是通过提高导致推理问题发生的数据项的安全级的方法在实际应用中受到限制。

2. 形式化方法

Su 和 Ozsoyoglu 于 1991 年给出了消除函数依赖和多值依赖推理的形式化算法。在该算法中，函数依赖的安全级粒度为属性级，多值依赖的安全级粒度为记录级。对于函数依赖推理，采用提高属性安全级别的算法来消除推理通道；对于多值依赖推理，其核心思想是将存在多值依赖推理的关系实例中某些元组的安全级升高。元组的安全级调整后，新的关系实例不再存在多值依赖推理。

3. 多实例方法

如前所述，多实例允许数据库中存在关键字相同但安全级别不同的元组，即安全级别作为主关键的一部分。这样，即使数据库中存在安全级别更高的元组，也允许低安全级别的数据插入，从而解决了利用主键的完整性进行推理的问题。多实例方法的缺点是使数据库失去了实体完整性，同时增加了数据库中数据关系的复杂性。

4. 查询限制方法

通过分析查询的方法来解决推理通道问题。为了在数据库会话中阻塞推理通道，对用户的查询采取限制的方法主要有修改查询语句和修改查询结果两类。

1)修改查询语句

当系统接收到用户提交的查询时，首先判断该查询是否会导致敏感信息的推理，如果是这样，那么必须在该查询执行前对其进行修改，使其不会导致敏感信息的导出。D. G. Marks 于 1996 年提出了通过检查用户的 SQL 语言来分析推理通道的方法。该方法假设数据库由一个全局关系组成，全局关系可以由所有关系的笛卡儿积得到。从查询、谓词和模式在表示数据库元组等价的角度来看，大部分推理通道都可以通过检查 SQL 语言的 Where 子句找到。

2)修改查询结果

修改查询语句虽然阻止了用户做非法查询，但恶意用户可以通过比较合法查询与非法查询的区别推导出敏感信息。因此，人们开始研究修改查询结果方法来阻断推理通道，这种方法是一种基于知识库的推理控制方法，其基本过程是：当查询结果返回用户之前，先由推理控制模块访问知识库判断该查询结果是否会造成推理通道，若是，则对查询结果进行过滤，将造成推理通道的部分去除，然后返回给用户。在采用此类方法的某些系统中，知识库中也保存着用户的查询历史记录，每当用户发出一个查询，就对历史记录进行分析以判断该用户的查询响应与以前的查询相关联时是否导致推理问题的产生，防止低级用户利用重复查询积累的低级别信息推出高级别信息。但是，保存用户查询历史的方法有可能被攻击者利用，对系统实施拒绝服务攻击。

7.4　数据库系统隐通道

隐通道是指用户以违反系统安全策略的方式向其他用户传导信息的机制。由于它通过原本不用于数据传输的系统资源来传导信息，因此这种通信方式往往不被系统的访问控制机制所检测和控制。隐通道是由对信息流缺乏必要的保护而造成的，在操作系统、数据库系统、网络、分布式系统中都可能存在隐通道。操作系统处于计算机系统的最底层，其安全是系统安全的基础。操作系统隐通道一般是指违反可信计算基(Trusted Computing Base，TCB)安全策略的数据传导通道，相关研究已相当深入广泛。数据库系统作为运行于操作系统环境下的重要基础软件，其隐通道问题对于系统安全也至关重要。数据库隐通道是指违反数据库系统安全策略的数据传导通道，本节主要就这方面进行讨论。

7.4.1　隐通道的形式化定义

在讨论数据库隐通道之前，首先给出隐通道相关定义。

定义 7.5　安全策略

系统可采用的安全模型包括自主访问控制模型、强制访问控制模型、基于角色的访问控制模型等，这些模型在第 5 章已进行了介绍。为实施某种安全模型，某一系统的安全策略 P 可描述为针对该系统的安全约束条件的集合，$P=\{p_1,p_2,\cdots,p_n\}$，其中 p_i 是安全约束条件。由于自主访问控制授权的任意性，导致了其本身具有不可避免的安全缺陷，会造成极其严重的隐通道问题。因此，通常认为在自主访问控制模型下讨论隐通道问题是无意义的，隐通道问题主要在强制访问控制模型下研究和讨论，此时，安全策略 P 是指系统为实施强制访问控制模型所描述的安全约束条件的集合。

定义 7.6　安全机制

某一系统的安全机制(也称为安全策略实现) M 是指该系统设计开发过程中实现安全策略 P 的算法和程序等。

由于受设计、人员和技术的影响，M 仅能做到对 P 的部分实现。设 $\Omega(P)$ 表示安全策略 P 所确定的安全空间，$\Omega(M)$ 表示安全机制 M 所确定的安全空间，一般情况下 $\Omega(M)\subseteq\Omega(P)$。

定义 7.7　主体

在一个信息传导的过程中，引起信息传导的实体称为主体，如用户、进程等。主体具有明确的安全级，主体 s 的安全级记为 SL(s)。

定义 7.8　客体

在一个信息传导的过程中，被用作该信息传导的介质的实体称为客体。客体具有明确的安全级，客体 o 的安全级记为 SL(o)。

定义 7.9　信息传导

信息传导分为两种：传递和获取。

传递：实体 x 利用传导方法 β 在 t 时刻将信息 I 传递到实体 y，记为 $T=\langle I,\beta,x\rightarrow y,t\rangle$。

获取：实体 x 利用传导方法 β 在 t 时刻从实体 y 获取信息 I，记为 $T=\langle I,\beta,y\leftarrow x,t\rangle$。

定义 7.10　传导方法

信息传导过程中，某一主体 s_1 对源信息 o_1 进行加工处理，另一主体 s_2 最终所得信息 o_2 与源信息 o_1 之间存在的关系称为传导方法 β，记为 $o_2=\beta(o_1)$。传导方法 β 可分类成读(r)、写(w)和感知(f)三种类型，记为 $\beta\in\{r,w,f\}$。其中，感知是指计算、推理等操作。

定义 7.11　通道元和隐通道元

某个信息传导过程中，主体 s_1 利用传导方法 β 在 t 时刻将信息 I 通过客体 o 传递到主体 s_2，称为一个通道元 T，记为 $T=\langle I,\beta,s_1\rightarrow s_2,t\rangle$。若 $T\notin\Omega(P)$，即 T 不满足系统安全策略 P 的要求，则称其为隐通道元(Elementary Convert Channel，ECC)。

对于一个隐通道元 $T=\langle I,\beta,s_1\rightarrow s_2,t\rangle$，按照时间执行先后，可以分为三个有序动作，如图 7-1 所示。

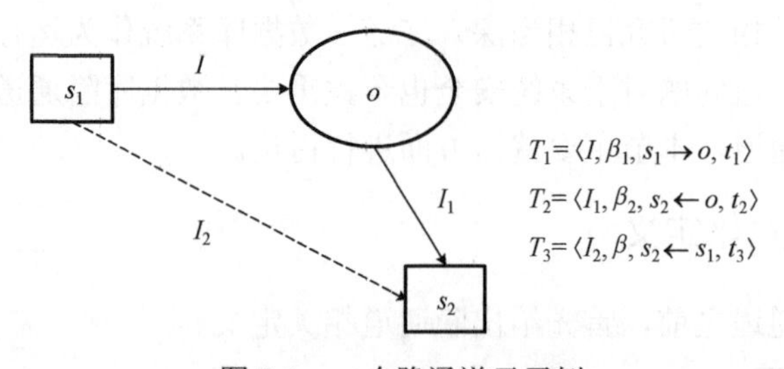

图 7-1　一个隐通道元示例

动作 1：$T_1=\langle I,\beta_1,s_1\rightarrow o,t_1\rangle$，主体 s_1 将信息 I 利用传导方法 β_1 传递到客体 o；

动作 2：$T_2=\langle I_1,\beta_2,s_2\leftarrow o,t_2\rangle$，主体 s_2 从客体 o 利用传导方法 β_2 获取信息 I_1，这里 $I_1\subseteq I$；

动作 3：$T_3=\langle I_2,\beta,s_2\leftarrow s_1,t_3\rangle$，主体 s_2 从主体 s_1 利用传导方法 β 获得信息 I_2，其中，

$I_2 \subseteq I_1$，传导方法 β 是 β_1 和 β_2 的累积效果，记为 $\beta = \beta_1\beta_2$。

三个动作不一定是连续发生的，但动作发生的时刻一定满足 $t_1 < t_2 < t_3$ 的时序关系。

动作 1 和动作 2 是两个物理动作，传导方法 β_1 和 β_2 是读或者写类型，它们受系统安全机制的检查。动作 3 只是一个逻辑动作，并不存在与之对应的物理动作，即 β 是 β_1 和 β_2 的积累效应，是感知类型的传导方法。如果系统缺少对于感知类型信息传导的安全检查，则动作 3 就可能逃避系统安全机制的检查，也就是说，即使 $T_1 \in \Omega(M) \subseteq \Omega(P)$ 且 $T_2 \in \Omega(M) \subseteq \Omega(P)$，也不能保证 $T_3 \notin \Omega(P)$。由此可见，通过借助符合系统安全策略的信息传导的积累效应，可以实现违反系统安全策略的信息传导，这就是形成隐通道的关键。

定义 7.12　信息通道与隐通道

对于一组主体 $s_1, s_2, s_3, \cdots, s_{n-1}, s_n$，如果存在一个由 $n-1$ 个通道元组成的通道元序列 $C=(T_1 \to T_2 \cdots \to \cdots \to T_{n-1})$，使得一个信息 I 成功地从通道的一端 s_1(源主体)到达通道的另一端 s_n(目的主体)，称 s_1 与 s_n 之间形成一个与 C 等价的信息通道 $\langle I, \beta, s_1 \to s_n, t\rangle$。如果 $C \notin \Omega(P)$，那么称主体 s_1 与主体 s_n 之间存在一个隐通道 C。

根据隐通道的定义，对于基于保密性的强制访问控制策略来说，可推导出其存在的几个必要条件：

(1) 信息传导过程中，高安全级的发送主体和低安全级或不可比安全级的接收主体对同一共享资源进行访问；

(2) 高安全级的发送主体能够改变该共享资源的状态；

(3) 低安全级或不可比安全级的接收主体能够感知该共享资源状态的变化；

(4) 高安全级发送主体和低安全级或不可比安全级的接收主体之间有同步机制，满足时序通信关系。

7.4.2　数据库隐通道及其分类

下面主要讨论采用强制访问控制模型的多级安全数据库隐通道的问题。

从保密性(信息泄露)角度来说，多级安全数据库采用基于保密性的强制访问控制策略：不能向上读(No-Read-Up)且不能向下写(No-Write-Down)；其安全机制即实现这种策略的访问控制模块；主体是数据库用户、用户访问数据库客体的会话等；客体是数据库中可被访问的共享资源；数据库隐通道是指违反数据库系统基于保密性的强制访问控制策略的信息通道。一个违反上述策略的隐通道的数据流动特征是：①数据从高安全级实体流向低安全级实体；②数据在具有不可比的安全级实体之间流动。

数据库隐通道基于共享资源实现，数据库的共享资源包括：数据字典、存储客体(如数据库、表、视图、索引、同义词、序列、存储过程、触发器等)、用户私有资源(如临时表、游标等)，以及系统时钟等。攻击者可利用这些共享资源构造隐通道。

根据隐通道场景的不同，可以将隐通道划分为存储隐通道和时间隐通道两大类。如果一个进程直接或间接地写一个存储单元，另一个进程直接或间接地读该存储单元，则称这种隐通道为存储隐通道。如果一个进程通过调节它对系统资源(如 CPU 时间)的使用，影响另外一个进程观察到的响应时间，实现一个进程向另一个进程传递信息，则称这种隐通道为时间隐通道。根据隐通道的具体构建场景不同，又可将存储隐通道和时间隐通道进行细分，如图 7-2 所示。表 7-12 列出了细分的 9 类隐通道可利用的共享资源。

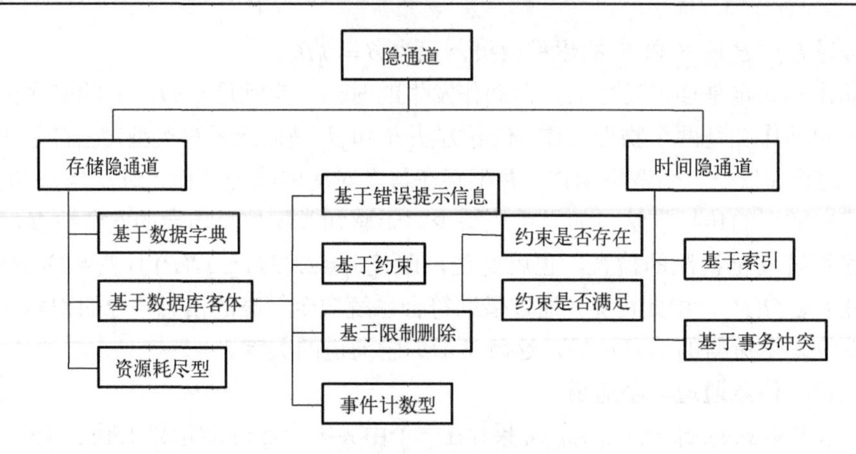

图 7-2　数据库隐通道分类图

表 7-12　数据库隐通道的类型及其可利用的共享资源

序号	隐通道类型	可以利用的共享资源
1	基于数据字典的隐通道	表、视图、索引、序列、存储过程、同义词、权限、约束、触发器对应的数据字典
2	基于错误提示信息的隐通道	表、视图、同义词、存储过程、序列、事件
3	基于约束是否存在的隐通道	主键约束、唯一键约束、非空约束、检查约束、外键约束
4	基于约束是否满足的隐通道	主键约束、唯一键约束
5	基于限制删除的隐通道	表、视图、权限、列、行、约束
6	事件计数型隐通道	序列、会话号
7	资源耗尽型隐通道	用户连接数、临时表、游标、临时数据区、事务更新链
8	基于索引的隐通道	系统时针
9	基于事务冲突的隐通道	系统时针

7.4.3　数据库隐通道示例

形成数据库隐通道的方法很多，其实质是高安全级的主体通过共享资源，以某种绕过强制访问控制安全机制的方式，向低安全级或不可比安全级的主体传导信息。下面给出几种典型的数据库隐通道形成的示例。设高安全级的主体为 Alice，低安全级或不可比安全级的主体为 Bob。

1. 基于数据字典的隐通道

Alice 通过是否可修改数据字典来编码信号 0 或者信号 1；Bob 通过查询数据字典，观察数据字典是否改变来确定信号的值。

2. 基于错误提示信息的隐通道

Alice 创建一个表 T，表 T 的属主为 Alice，其默认安全级为高安全级。虽然 Alice 可根据自主访问控制策略，将表 T 的 select 权限赋给 Bob，但由于强制访问控制策略的限制，Bob 仍然不能查看表 T 的内容。若 Bob 对表 T 进行查询操作，则系统会返回错误提示信息。然而，Alice 可以通过对表 T 的操作，使当 Bob 访问表 T 时系统产生不同的错误提示信息，并将两种错误提示信息分别编码为 0 和 1。这样，Bob 观察返回的错误提示信息获得 1 bit 的信息，从而形成了隐通道。具体的 SQL 语句如下：

```
Alice: create table T(id int)
Alice: grant select on T to Bob
Bob: select * from Alice.T
```

此时，系统返回的错误提示信息为“无权访问”，Bob 接收到了一个“0”。

```
Alice: drop table T
Bob: select * from Alice.T
```

此时，系统返回的错误提示信息为“T 不存在”，Bob 接收到了一个“1”。

3. 基于约束是否存在的隐通道

约束(Constraint)是数据库提供的自动保持数据库完整性的一种方法，一般可以分为主键完整性(Primary Key)约束、外键完整性(Foreign Key)约束、唯一性(Unique)约束、检查(Check)约束、非空(Not Null)约束，以及其他用户自定义约束，这些约束均可用于构建隐通道。

例如，假设 Alice 可在 Bob 创建的表上添加约束。Bob 创建一个表 T，Alice 在表上添加或者删除约束，Bob 观察能否插入新的数据。双方约定，如果 Bob 能成功地执行插入操作，则表示接收到一个“0”，如果 Bob 执行插入操作失败，则表示接收到一个“1”。

具体的 SQL 语句如下：

```
Bob: create table T(id int)
Bob: grant alter table on T to Alice
Alice: alter table Bob.T add constraint check_id check(id>0)/*新建约束*/
Bob: insert into T values(-1)/*插入操作失败*/
Alice: alter table Bob.T drop constraint check_id /*删除约束*/
Bob: insert into T values(-1)/*插入操作成功*/
```

这样，Bob 成功地获得了 1 bit 的信息。

4. 基于约束是否满足的隐通道

Alice 执行一条语句插入一条新的数据记录，若数据库中存在与插入记录主键相同的记录，则该语句会因违反主键约束或者唯一性约束而执行失败。Alice 通过是否可执行该语句编码信号 0 或者信号 1；Alice 告知 Bob 她执行的语句；Bob 执行相同的语句时，通过观察执行情况来获得信号的值。

5. 基于限制删除的隐通道

当主体执行删除客体 *o* 的操作时，若此 *o* 正在被其他客体访问，则该删除操作将失败。Alice 可通过将当前是否正在访问客体 *o* 来编码 0 或者 1，Bob 通过删除 *o* 的操作是否成功来观察信号的值。

6. 事件计数型隐通道

在多级安全数据库中，可利用会话号或者序列构建此类隐通道。

利用序列构建隐通道的过程如下：Bob 创建一个序列 X，序列的值每次增加 1，并将访问该序列的权限赋给 Alice。在 Bob 两次查询序列期间，若 Alice 没有查询该序列，则 Bob 观察序列的值是连续增加的，可以约定这表示接收到了一个“0”，如果他观察到序列的值不连续增加，可以约定这表示接收到了一个“1”。Bob 通过观察序列的值是否连续增加，可以获得 1 bit 的信息。

利用序列构建该隐通道的具体语句 SQL 如下：

```
Bob: create sequence X increment by 1
Bob: grant all on sequence X to Alice
Bob: select X.nextval
Alice: select Bob.X.nextval
Bob: select X.nextval    /* X.nextval 不是连续增加，Bob 接收到了一个“1” */
Bob: select X.nextval    /* X.nextval 连续增加，Bob 接收到了一个“0” */
```

7. 资源耗尽型隐通道

Alice 通过是否耗尽某类系统资源来编码信号 0 或者 1，Bob 通过申请同样的系统资源来检测信号，根据目前能否被分配，判断发送者 Alice 发送的信号值。

8. 基于索引的隐通道

Bob 创建一个表 T 后，向表中插入大量数据。Alice 通过在表 T 上创建或者删除索引来影响 Bob 查询记录的速度。Bob 记录每次查询记录的响应时间。双方约定，若查询响应时间较短，则表示接收到了一个“0”，若查询响应时间较长，则表示接收到了一个“1”。这样 Bob 可以通过观察每次查询的响应时间来获取 1 bit 的信息。

构建该隐通道的具体语句如下：

```
Bob: create table1 T(id int, words varchar2(100))
Bob: grant all on T to Alice
Bob: 向表中插入 1000000000 条数据
Alice: create index index_T on Bob.T(words)
            /*Alice 在表 T 的 words 列上创建索引*/
/*在 SQL*PLUS 窗口下输入 set timing on 的命令，可以显示 SQL 语句执行时间。*/
Bob: select * from T where words = 'check1'
            /*查询时间为 1s，Bob 接收到了一个“0” */
Alice: drop index index_T     /*Alice 删除索引*/
Bob: select * from T where words = 'check1'
            /*查询时间为 20s，Bob 接收到了一个“1” */
```

9. 基于事务冲突的隐通道

为避免多用户并发操作破坏事务的隔离性而产生数据不一致的问题，数据库管理系统通常实现了锁机制。用户访问加排他锁的客体时，会一直处于等待状态，直到其他用户提交事务；释放排他锁时，该用户才会看到自己操作的结果。发送者可以通过是否给客体加排他锁来编码 0 或者 1。接收者可以通过观察操作执行成功的时间来确定信号的值。

7.4.4　数据库隐通道消除

隐通道消除方法的思路是打破形成隐通道的必要条件。常见的隐通道消除方法分为两类，分别是打破时间同步的消除方法和取消共享资源的消除方法。

1. 打破时间同步的消除方法

根据 7.4.1 节的分析可知，高安全级发送主体和低安全级或不可比安全级的接收主体之间的满足时间序通信是形成隐通道的必要条件。打破时间同步的消除方法的思想是通过打破这一必要条件使低安全级或不可比安全级的接收主体无法正确感知高安全级发送主体发送的信息。这类方法中，比较经典的有存储转发法、泵协议法和混沌时间法。

设 $SL(s_1) > SL(s_2)$ 或者 $SL(s_1) * SL(s_2)$（其中 $*$ 表示两个安全级不可比），$T_1 = \langle I, \beta_1, s_1 \to o, t_1 \rangle$，$T_2 = \langle I_1, \beta_2, s_2 \leftarrow o, t_2 \rangle$，要想使 $T_3 = \langle I_2, \beta, s_2 \leftarrow s_1, t_3 \rangle$ 不形成隐通道元，设法打破 $t_1 < t_2$ 这一必要条件即可。

存储转发法与泵协议法类似，是通过强制操作，将高安全级发送的信息通过可信代理中转后，才发送到相关低安全级或不可比安全级的主体；在可信通道中，信息的时间序被打破，一些危及数据库安全的关键信息也可以被过滤掉。混沌时间法通过构造混沌函数 $\mathrm{Fuzz}(t_i)$（其中 t_i 是种子）并延迟一个随机时间的方法消除隐通道，当高安全级主体执行系统安全策略允许的操作后，系统必须在间隔随机的 $\mathrm{Fuzz}(t_i)$ 时间后，信息才能发送给低安全级或不可比安全级的主体，由于客体 o 在一段时期内可能被多个主体访问，因此 T_1 和 T_2 的时间同步将被打破，从而阻止了隐通道的形成。

2. 取消共享资源的消除方法

根据 7.4.1 节的分析可知，要形成隐通道，信息传导过程中，高安全级的发送主体和低安全级或不可比安全级的接收主体必须能够对同一共享资源进行访问。取消共享资源的消除方法的思想是通过打破对同一共享资源进行访问这一必要条件达到消除隐通道的目的。

这类方法的典型代表是操作隔离法。其基本思路是：设 $SL(s_1) > SL(s_2)$ 或者 $SL(s_1) * SL(s_2)$（其中 $*$ 表示两个安全级不可比），$T_1 = \langle I, \beta_1, s_1 \to o, t_1 \rangle$，$T_2 = \langle I_1, \beta_2, s_2 \leftarrow o, t_2 \rangle$，要想使 $T_3 = \langle I_2, \beta, s_2 \leftarrow s_1, t_3 \rangle$ 不形成隐通道元，设法打破 $I_2 \subseteq I_1 \subseteq I$ 这一必要条件即可。

当然，数据库系统中，被主体共享的资源很多，构建隐通道的方法多种多样；另外，由于数据库系统运行于操作系统之上，操作系统中形成的隐通道，也会使数据库中的数据产生违反策略的信息流动。因此，这就更增加了隐通道的分析、发现和消除的难度。

7.5　数据库加密

数据库加密是一种基于加密技术的数据库安全机制，其提供了数据库数据在服务器端的加密存储和内存中的安全计算与处理，有效防止了数据被非授权用户访问，同时保证了合法用户对数据的透明访问。

7.5.1 数据库加密需求和要求

在数据库应用初期，数据库应用一般部署于组织内部，管理和维护数据的工作一般也由内部人员担任。随着数据库的发展，2002 年，数据库即服务(Database as a Service，DaaS)的概念被提出，特别是近年来云计算和大数据的出现，数据库应用的设计、开发、服务逐步外包给专业化的 IT 公司，为数据集中共享和大数据分析提供了低成本、易扩展的基础环境。但其数据拥有者、维护者、使用者分离的特点，对数据安全共享提出了巨大挑战，推动了数据库加密的迫切需求。

数据库加密需求可以归纳为以下几个方面：

(1) 防止黑客突破边界防护窃取数据；

(2) 防止高权限内部用户，以及提供外包服务的系统设计人员、开发人员、维护人员，绕过合法应用系统数据访问入口，直接访问数据造成的失泄密；

(3) 不同安全级别的用户通过持有不同密钥，访问不同的数据，实现数据集中环境下的分级安全共享；

(4) 防止数据明文在服务器端内存中的泄露，因此，在服务器端必须具有在密文上对数据进行安全计算和安全处理的能力；

(5) 当前我国军队、政府、金融、电信等机构和行业，其很多应用系统仍使用国外数据库产品，除了逐步实施国产化替代策略之外，数据库加密可以避免因暗藏漏洞导致的数据泄露，使国家核心利益不遭受重大损失。

一般来说，数据库加密系统应该满足如下要求：

(1) 加密机制在理论上和计算上足够安全；

(2) 加解密速度快，数据库性能可满足用户需要；

(3) 加密后的数据库存储量增长不明显；

(4) 加密数据可满足 DBMS 定义的数据完整性约束；

(5) 合法用户可透明访问加密数据库，即合法用户可以像数据库没有被加密一样操作数据库；透明访问特性使得数据库的加密与应用程序独立，底层加密算法、密钥的变化无须修改上层数据库应用程序；

(6) 具有合理的密钥管理机制，密钥存储安全，使用方便、可靠；

(7) 具有较强的抗攻击能力，解密时能识别对密文数据的非法篡改。

7.5.2 数据库加密的实现方法

数据库加密可以通过 DBMS 内核层加密和 DBMS 外层加密来实现。

DBMS 内核层加密是指数据在物理存取之前由 DBMS 完成加解密操作。这种加密实现方法的加密功能强，对数据库性能影响小，但它在不开源或者接口不开放的商用 DBMS 上实现难度非常大，且基于商用 DBMS 实现，也存在数据库数据在服务器内存中泄露的风险，需要开发自主可信的 DBMS 才能实现真正意义上的安全。

在 DBMS 外层实现是指在客户端和 DBMS 之间增加可信的数据库加解密中间件，其体系结构如图 7-3 所示。数据库加密中间件划分为三个模块：加/解密引擎模块、数据库对象模块和加密系统管理模块。加/解密引擎模块由加/解密动态库和 SQL 语句解析模块组成，实现应用程序提交的 SQL 语句的解析、加密密钥的加载以及数据的加/解密；数据库对象模块是数据库加密中间件与 DBMS 的接口，可以访问和操作密文数据库；加密系统管理模块用于系统管理员对密文数据库中的数据及加密密钥进行管理，如修改加密字段信息、加载密钥和变更加密密钥等。数据库加密中间件将用户对数据库数据的加密要求和基础信息保存在加密字典中，通过调用数据加/解密引擎实现数据库表的加密、解密和数据转换功能。数据加/解密引擎是通过对扩展存储过程和对动态链接库实现的，以便 SQL Server 可以动态装载并执行动态链接库。

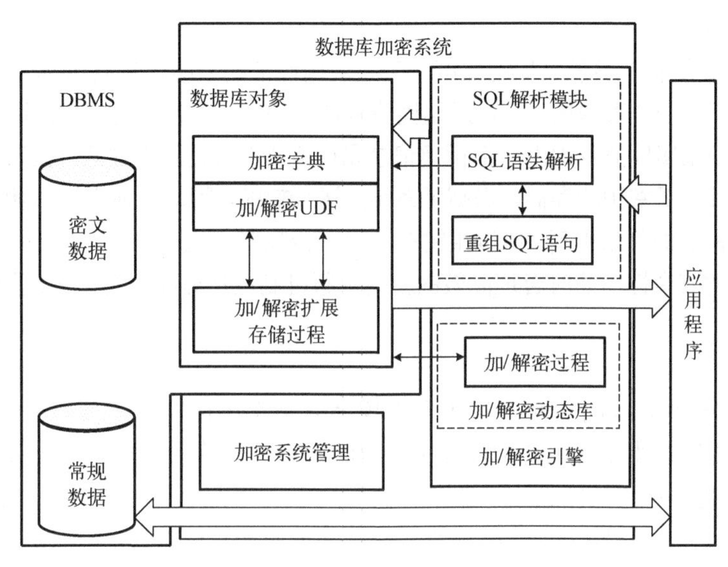

图 7-3　DBMS 外层实现数据库加密的体系结构

对用户 SQL 查询请求的工作流程为：①SQL 解析模块根据加密字典对应用提交的 SQL 语句进行解析和扩展，并生成重组后的 SQL 语句；②加/解密引擎模块将重组后的 SQL 语句提交给 DBMS，DBMS 将查询结果反馈给数据库对象模块；③数据库对象模块调用加/解密引擎模块中的加/解密动态库，根据一系列用户自定义函数(User Defined Function，UDF)，实现相应的数据加/解密以及密文索引操作；④应用程序通过数据库对象模块获得解密后的明文数据。对用户的数据插入、更新等操作的工作流程与查询操作的处理顺序有所不同，加/解密引擎模块需首先解析原始 SQL 语句，加密字典完成相关数据加密，重组 SQL 语句，提交 DBMS 完成加密数据的插入或更新等操作。

在 DBMS 外层加密实现数据库加密的优点在于：①加密中间件对用户透明，管理员可以根据需要定义数据加解密；②加/解密引擎模块独立于数据库应用系统，无须改动数据库应用系统就能实现数据加密功能；③加解密处理可以在客户端或可信的第三方服务器进行，对数据库服务器的效率影响小。

7.5.3　数据库加密相关技术

为满足应用对数据库加密的需求，并达到数据库加密系统的要求，涉及的数据库加密相关技术包括密钥管理、加密算法选择、关系数据的加密与存储和加密关系数据库的查询等。

1. 密钥管理

根据加密粒度的不同，数据库加密的加密单元分为表级、列级、行级和记录属性值级，不同的加密单元通常采用不同的密钥。因此，数据库加密系统拥有数量庞大的密钥，这自然导致了更加复杂的密钥管理问题。数据库密钥管理一般包括集中密钥管理和多级密钥管理。

集中密钥管理机制将对应于加密单元的密钥存储在数据库的密钥字典中。当需要加密和解密操作时，可以通过访问密钥字典来获得密钥。但这种方法的密钥存储量太大，密钥字典访问频繁，系统运行效率低。

多级密钥管理体制提供了以加密粒度作为记录属性值的三级密钥管理体制。整个系统有一个主密钥，每个表有一个表密钥，各记录属性值有各自的密钥。表密钥被主密钥加密后以密文存于数据字典中，记录属性值密钥由主密钥及记录属性值所在行、列通过某种函数自动生成，不需要保存，这大大减少了密钥的存储，提高了系统的运行效率。因为其他密钥依赖于主密钥，主密钥的变化会导致密文的大量更新，所以主密钥一般不会频繁变化。数据库系统的安全性很大程度上取决于主密钥的安全性，同时合理高效的密钥更新机制也是提高系统安全性的保障。

2. 加密算法选择

选择关系数据库系统的加密算法主要考虑因素是系统性能，需要综合考虑数据加密粒度、加密实现方式(软件加密还是硬件加密)、加密方法(对称加密还是非对称加密)、密钥管理的复杂性等问题。加密粒度越小，服务器就更易于支持更细致的基于加密的访问控制，但所付出的开销也更大。硬件加密速度更快，但软件加密在算法选择和粒度控制方面具有更大的灵活性和更好的可扩展性。AES、DES 等对称加密算法常用于加密关系数据，其效率较高，而使用 RAS 等非对称加密算法则可以避开对称密码算法所面临的密钥分配问题。

3. 关系数据的加密与存储

以行级加密为例，对数据库中的每一个关系表 $R(A_1, A_2,\cdots,A_n)$，存储于服务器的加密关系表为 R^S(etuple, $A_1^S, A_2^S,\cdots, A_n^S$)。其中，etuple 属性存储与关系表 R 中的元组$\{a_1, a_2,\cdots,a_n\}$对应的加密字符串 encrypt($\{a_1, a_2,\cdots,a_n\}$)，A_i^S属性存储对应 A_i 的索引值 $\mathrm{Map}_{R.Ai}(a_i)$，以便执行查询操作。设 E 为加密运算，D 为解密运算；R 和 T 是两个关系表，R 对应服务器上的加密关系表为 R^S，则有 $D(R^S)=R$。例如，如表 7-13 所示的关系表 emp 存有关于雇员的信息(ename, salary, addr, did)，其在服务器上对应加密表示 E(emp)对应的加密关系表为 emp^S(etuple, eid^S, ename^S, salary^S, addr^S, did^S)，具体信息如表 7-14 所示。同样的描述经理情况的关系表 mgr(mid, did, mname)也存储在此数据库中。

表 7-13　关系表 emp

eid	ename	salary	addr	did
23	Tom	70K	Maple	40
860	Mary	60K	Main	80
320	John	50K	River	50
875	Jerry	55K	Hopewell	110

表 7-14　加密关系表 emp^{S}

etuple	eid^{S}	ename^{S}	salary^{S}	addr^{S}	did^{S}
1100110011110010…	2	19	81	18	2
1000000000011101…	4	31	59	41	4
1111101000010001…	7	7	7	22	2
1010101010111110…	4	71	49	22	4

分区函数(Partition Function)：为了完成关系表 R 中的属性 A_i 到 R^S 中对应的 A_i^S 的映射，引入了分区函数。$R.A_i$ 属性的值域(D_i)映射到分区$\{p_1,p_2,\cdots,p_k\}$，这些分区(partition)合起来覆盖整个值域。分区函数定义如下：partition($R.A_i$)$=\{p_1, p_2,\cdots,p_k\}$。

例如，emp 表中 eid 的属性值，如果取值范围是[0, 1000]，假设整个取值范围分为如下的 5 个分区：partition(emp.eid)= {[0, 200],(200, 400],(400, 600],(600, 800],(800, 1000]}，那么不同属性可能会用不同的分区函数进行分割，属性 A_i 的分区对应把其值域分为一个存储桶(bucket)集合。将值域分割为多个分区所采用的策略(如采用等宽分割还是其他策略)，将影响查询处理效率和敏感数据泄露给服务器的风险。

标识函数(Identification Function)：标识函数 ident 为属性 A_i 的每个分区 p_j 分配一个随机数作为唯一标识符 $\text{ident}_{R.A.}(p_j)$。图 7-4 给出了分配给 emp.eid 属性的 5 个分区的标识符。例如，$\text{ident}_{\text{emp.eid}}$([0, 200])=2，$\text{ident}_{\text{emp.eid}}$((800, 1000])=4。

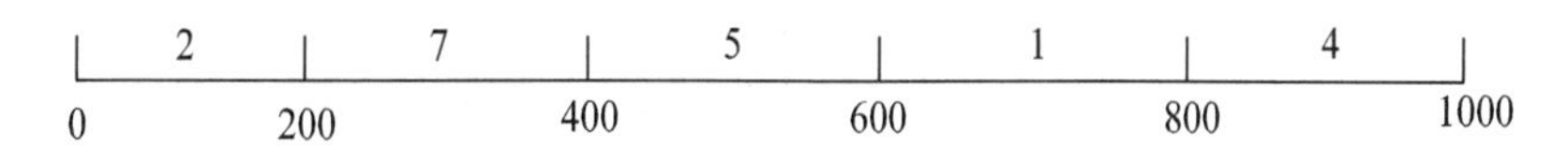

图 7-4　emp.eid 的分区函数和标识函数

映射函数(Mapping Function)：按照上述的分区函数和标识函数，映射函数 $\text{Map}_{R.A.}$把属性 A_i 值域中的一个值 v，映射到分区标识符，v 满足 $\text{Map}_{R.A.}(v)=\text{ident}_{R.A.}(p_j)$，其中 p_j 是含有 v 的分区。映射信息存储在客户端，以实现查询转换(例如，将明文查询转换为服务器端查询)。

4. *加密关系数据库的查询*

查询表达式涉及连接、选择等关系运算，需要将原始查询映射为服务器端能够在密文上执行的查询表达式。实现查询的策略是在客户端和服务器端分别执行部分运算，并使客户端完成的运算尽可能少。

设 Map_{cond} 为条件转换函数，它将原始查询表达式中的条件转换为服务器执行查询的条件；选择运算(σ)：对关系表 R 执行选择运算 $\sigma_C(R)$，其中 C 是与 R 中的属性相关的选择条件。实现策略是服务器端用与 C 中属性相关的索引部分计算选择运算，把结果返回客户端，客户端解密并进一步过滤不满足 C 的元组。这样该选择运算就可以重写为

$$\sigma_C(R)=\sigma_C(D(\sigma^{S}_{\text{Map}_{\text{cond}}(C)}(R^S)))$$

特别注意，在服务器上执行的σ运算注有上标 S，所有没注上标的运算都是在客户端执行的。解密运算只保留 R^S 中的元组属性，丢弃所有其他 A_i^S 属性。例如，$\sigma_{\text{eid}<395\wedge\text{did}=140}$(emp)。根据前述 $\text{Map}_{\text{cond}}(C)$的定义，上面的选择运算可以转换为 $\sigma_C(D(\sigma^{S}_{C'}(\text{emp}^S)))$。例如，表 7-15 展示了 Partitions 和 emp.did、mgr.did 属性的 Ident。

表 7-15　emp 和 mgr 的分区和标识

Partitions	$\text{Ident}_{\text{emp.did}}$	Partitions	$\text{Ident}_{\text{mgr.did}}$
[0,100]	2	[0,200]	9
(100,200]	4	(200,400]	8
(200,300]	3		
(300,400]	1		

C 可能是一个等值连接条件，也可能是一个更一般的连接条件。条件 C: emp.did=mgr.did 可以转换为服务器上的条件 C'：

$$C': (\text{emp}^{\text{S}}.\text{did}^{\text{S}} = 2 \wedge \text{mgr}^{\text{S}}.\text{did}^{\text{S}} = 9) \vee (\text{emp}^{\text{S}}.\text{did}^{\text{S}} = 4 \wedge \text{mgr}^{\text{S}}.\text{did}^{\text{S}} = 9)$$
$$\vee (\text{emp}^{\text{S}}.\text{did}^{\text{S}} = 3 \wedge \text{mgr}^{\text{S}}.\text{did}^{\text{S}} = 8) \vee (\text{emp}^{\text{S}}.\text{did}^{\text{S}} = 1 \wedge \text{mgr}^{\text{S}}.\text{did}^{\text{S}} = 8)$$

条件 $C:\sigma_{\text{eid}<395 \wedge \text{did}=140}(\text{emp})$ 转换为服务器上的条件 C' 为

$$C' = \text{Map}_{\text{cond}}(C) = (\text{eid}^{\text{S}} \in [2,7] \wedge \text{did}^{\text{S}} = 4)$$

连接运算（⋈）：对关系表 R 和 S 执行连接运算 $R \bowtie_C S$。该连接运算可以重写为

$$R \bowtie_C T = \sigma_C\left(D\left(R^{\text{S}} \underset{\text{Map}\ldots(C)}{\bowtie} T^{\text{S}}\right)\right)$$

例如，对于描述雇员的关系表 emp(eid, ename, salary, addr, did) 和描述经理情况的关系表 mgr(mid, did, mname)，连接运算：$\text{emp} \underset{\text{empd.did=mgr.did}}{\bowtie} \text{mgr}$ 转换为：$\sigma_C(D(\text{emp}^{\text{S}} \bowtie_{C'} \text{mgr}^{\text{S}}))$。

对于包含针对数据库中数值型、字符型字段进行大小比较、范围查询等操作的查询表达式 C，要想将 C 转换为在加密数据上的查询表达式 C'，就需要一种称为保序加密的方法，使字段上加密后的数据保持原始明文数据的大小可比较顺序。保序加密可以对大小可比较的字段加密，也可以对数据库的索引字段加密，这样就允许服务器直接在加密数据上进行大小比较查询、范围查询、求最小值、求最大值、GROUP BY、ORDER BY、COUNT 等操作。

对于更一般的查询表达式 C，其中可能包含复杂的查询条件，Map_{cond} 函数并不能直接将其转换为在密文上的查询表达式，此时，需要将 C 中的不能转化的查询条件去除，生成新的查询表达式 C_1，服务器根据 $\text{Map}_{\text{cond}}(C_1)$ 在密文上查询，得到密文形式的最终查询结果的超集并将其返回给客户端，然后在客户端解密后经进一步在明文上根据原来去除的查询条件进行选择和投影操作后，生成最终的查询结果。

数据库安全还涉及密文检索、同态加密、可验证计算、函数加密等更为复杂的密码技术，以及数据完整性验证、数据隐私保护等需求，相关技术将在本书高级篇相关章节中介绍。

第 8 章　数据安全管理

数据安全管理是指对数据及数据系统进行有效的管理和评估，使其处于有效、可用、合法、合规的状态。随着数据安全相关的法律法规及行业标准的颁布和实施，数据安全管理逐渐成为各类组织关注的焦点，在追求数据价值的同时，为保障数据安全，需要在数据安全目标的指引下进行数据安全管理建设，提高数据安全管理能力。本章主要阐述数据分类分级与等级保护、数据安全审计、数据安全风险评估和数据安全治理等内容。

8.1　数据分类分级与等级保护

数据的重要程度不同、安全需求不同，其安全措施也不尽相同，对数据进行分类分级管理势在必行，数据等级保护就是要从数据实际出发，依据数据的使命与目标，综合考虑安全成本和风险，对数据进行分类和定级，优化数据安全资源的配置，进行安全措施的定制和调整，对不同类别和级别的数据采取不同的安全措施。

8.1.1　数据分类分级

1. 数据分类分级概述

2021 年 9 月 1 日起施行的《中华人民共和国数据安全法》明确了数据分类分级保护制度，但我国目前尚未出台通用的数据分类分级的国家级标准，近年来地方、行业标准陆续出台。例如，2016 年 9 月贵州省发布的 DB52T 1123—2016《政府数据　数据分类分级指南》，2018 年 9 月中国证券监督管理委员会发布的金融行业标准 JR/T 0158—2018《证券期货业数据分类分级指引》，2020 年 2 月工业和信息化部印发的《工业数据分类分级指南(试行)》，2020 年 9 月，中国人民银行发布的 JR/T 0197—2020《金融数据安全　数据安全分级指南》等。

在《政府数据　数据分类分级指南》、团体标准 T/ISC-0011-2021《数据安全治理能力评估方法》等中均明确了数据分类分级的概念及重要地位。数据分类分级是指根据法律法规以及业务需求，明确组织内部的数据分类分级原则及方法，并对数据进行分类分级标识，以实现差异化的数据安全管理。数据分类是根据数据的属性、特征、应用范围等，将其按照一定的原则和方法进行区分和归类，并建立起一定的分类体系和排列顺序，以便更好地管理和使用数据的过程。数据分级是按照一定的分级原则对分类后的数据进行定级，从而为数据的开放和共享安全策略制定提供支撑。

数据分类分级是进行安全管理能力建设的基础支撑。首先，只有对数据的业务归属和重要程度有了明确认知，才能详实地把握敏感数据情况，从而有针对性地采取不同策略来保护和管理数据；其次，通过数据分类分级，方便组织对数据实施保护措施来降低数据的泄露风险，加强对数据隐私的保护；最后，从数据的创建到销毁，数据分类分级可以帮助组织有效地管理、保护、存储和使用数据资产，赋能业务运营，提升运营效率，降低业务风险。

目前的数据分类分级主要分为“自上而下”的数据分类分级和“自下而上”的数据分类分级(洪延青，2021)。

“自上而下”的数据分类分级是由国家来实施的，根据数据对国家、社会的价值以及出现安全事件后造成的危害后果来开展数据分类分级。《中华人民共和国数据安全法》明确了由国家建立数据分类分级制度、由主管部门制定重要数据目录并加强保护的重要制度，第二十一条规定：“国家建立数据分类分级保护制度，根据数据在经济社会发展中的重要程度，以及一旦遭到篡改、破坏、泄露或者非法获取、非法利用，对国家安全、公共利益或者个人、组织合法权益造成的危害程度，对数据实行分类分级保护”。国家、地区、行业主管部门在数据分类分级保护制度中承担主要角色，负责制定统一的标准和目录，建立数据安全监管平台，对组织的分类分级工作进行监管和指导，而行业或组织则需根据国家的分类分级标准规范，对自身的数据进行分类分级保护。

“自下而上”的数据分类分级是由行业或组织来实施的，数据分类的基本思路是不改变行业或组织的生产方式和流程，客观描述在这个方式和流程中所收集、产生出的数据类型。在完成数据分类的前提下，根据某类数据的安全属性(完整性、保密性、可用性等)遭到破坏后的影响对象、影响范围、影响程度，对数据进行定级。在国家有关部门发布的指引性文件或者国家和行业标准层面，对数据分类分级提出初步方案。《证券期货业数据分类分级指引》中，提出了数据分类是“依据自身业务特点对产生、采集、加工、使用或管理的数据进行分类”，数据分级是“以数据分类为基础，采用规范、明确的方法区分数据的重要性和敏感度差异，并确定数据级别”。《工业数据分类分级指南(试行)》中，提出了对工业数据的分类和分级标准，给出了工业企业的数据分类范例，根据数据发生“篡改、破坏、泄露或非法利用”后造成的危害，即“可能对工业生产、经济效益等带来的潜在影响”，作为数据分级的标准，将工业数据分为一级、二级、三级共 3 个级别。

2. *数据分类分级原则*

在全国信息安全标准化技术委员会发布的《网络安全标准实践指南——网络数据分类分级指引》中，数据分类分级应按照数据分类管理、分级保护的思路，依据以下原则进行划分。

(1) 合法合规原则：数据分类分级应遵循有关法律法规及部门规定要求，优先对国家或行业有专门管理要求的数据进行识别和管理，满足相应的数据安全管理要求。

(2) 分类多维原则：数据分类具有多种视角和维度，可从便于数据管理和使用角度，考虑国家、行业、组织等多个视角的数据分类。

(3) 分级明确原则：数据分级的目的是保护数据安全，数据分级的各级别应界限明确，不同级别的数据应采取不同的保护措施。

(4) 就高从严原则：数据分级时采用就高不就低的原则进行定级，例如，数据集包含多个级别的数据项，按照数据项的最高级别对数据集进行定级。

(5) 动态调整原则：数据的类别级别可能因时间变化、政策变化、安全事件发生、不同业务场景的敏感性变化或相关行业规则不同而发生改变，因此需要对数据分类分级进行定期审核并及时调整。

数据分类分级的对象一般是数据项和数据集，数据项是数据库表的某列字段，数据集是由多个数据项组成的集合。

3. 数据分类方法

1)分类框架

数据分类一定是以各种各样的方式并存的，不存在唯一的分类方式，分类方法的采用因管理主体、管理目的、分类属性或维度的不同而不同。

进行数据分类时，可在遵循国家和行业数据分类要求的基础上，采用面分类法从多个维度进行分类，对不同维度的数据类别进行标识，每个维度的数据分类也可采用线分类法进行细分。其中，面分类法是将所选定的分类对象，依据其本身固有的各种属性或特征，分成相互之间没有隶属关系即彼此独立的面，每个面中都包含了一组类别，适用于对一个类别同时选取多个分类维度进行分类的场景。线分类法是将分类对象按选定的若干个属性或特征，逐次分为若干层级，每个层级又分为若干类别，适用于针对一个类别只选取单一分类维度进行分类的场景。

常见的数据分类维度包括但不限于以下5种。

(1)公民个人维度：按照数据是否可识别自然人或与自然人关联，将数据分为个人信息、非个人信息。

(2)公共管理维度：为便于国家机关管理数据、促进数据共享开放，将数据分为公共数据、社会数据。

(3)信息传播维度：按照数据是否具有公共传播属性，将数据分为公共传播信息、非公共传播信息。

(4)行业领域维度：按照数据处理涉及的行业领域，将数据分为工业数据、电信数据、金融数据、交通数据、自然资源数据、卫生健康数据、教育数据、科技数据等。

(5)组织经营维度：在遵循国家和行业数据分类分级要求的基础上，可按照组织经营维度，将个人或组织用户的数据单独划分出来作为用户数据，用户数据之外的其他数据从便于业务生产和经营管理角度进行分类。

2)分类流程

进行数据分类时，应优先遵循国家、行业的数据分类要求，如果所在行业没有行业数据分类规则，也可从组织经营维度进行数据分类。具体数据分类步骤包括以下方面。

(1)识别是否存在法律法规或主管监管部门有专门管理要求的数据类别，并对识别的数据类别进行区分标识，包括但不限于：

①从公民个人维度识别是否存在个人信息；

②从公共管理维度识别是否存在公共数据；

③从信息传播维度识别是否存在公共传播信息。

(2)从行业领域维度，确定待分类数据的数据处理活动涉及的行业领域。

①如果该行业领域存在行业主管部门认可或达成行业共识的行业数据分类规则，应按照行业数据分类规则对数据进行分类；

②如果该行业领域不存在行业数据分类规则，可从组织经营维度结合自身数据管理和使用需要对数据进行分类；

③如果数据处理涉及多个行业领域，建议分别按照各行业的数据分类规则对数据类别进行标识。

(3)完成上述数据分类后，数据处理者可采用线分类法对类别进一步细分。

4. 数据分级方法

1)分级框架

从国家数据安全角度，根据数据一旦遭到篡改、破坏、泄露或者非法获取、非法利用，对国家安全、公共利益或者个人、组织合法权益造成的危害程度，将数据从低到高分成一般数据、重要数据、核心数据共三个级别。核心数据、重要数据的识别和划分，按照国家和行业的核心数据目录、重要数据目录执行，目录不明确时可参考有关规定或标准。

2)分级要素

数据分级主要从数据安全保护的角度，考虑影响对象、影响程度两个要素进行分级。

(1)影响对象：指数据一旦遭到篡改、破坏、泄露或者非法获取、非法利用后受到危害影响的对象，包括国家安全、公共利益、个人合法权益、组织合法权益四个对象。

(2)影响程度：指数据一旦遭到篡改、破坏、泄露或者非法获取、非法利用后，所造成的危害影响大小。危害程度从低到高可分为轻微危害、一般危害、严重危害。

数据各级别与影响对象、影响程度的对应关系如表 8-1 所示。

表 8-1　数据安全基本分级规则

基本级别	影响对象			
	国家安全	公共利益	个人合法权益	组织合法权益
核心数据	一般危害、严重危害	严重危害	—	—
重要数据	轻微危害	一般危害、轻微危害	—	—
一般数据	无危害	无危害	无危害、轻微危害、一般危害、严重危害	无危害、轻微危害、一般危害、严重危害

按照数据一旦遭到篡改、破坏、泄露或者非法获取、非法利用，对个人、组织合法权益造成的危害程度，一般数据从低到高分为 1 级、2 级、3 级、4 级共四个级别，如表 8-2 所示。

表 8-2　一般数据分级规则

安全级别	影响对象	
	个人合法权益	组织合法权益
4 级数据	严重危害	严重危害
3 级数据	一般危害	一般危害
2 级数据	轻微危害	轻微危害
1 级数据	无危害	无危害

3)分级流程

数据定级的具体步骤如下：

(1)按照国家和行业领域的核心数据目录、重要数据目录，依次判定数据是否为核心数据、重要数据，若是则按照就高从严原则定为核心数据级、重要数据级，其他数据定为一般数据；

(2)国家和行业核心数据、重要数据目录不明确时，可参考核心数据、重要数据认定的规定或标准，分析数据一旦遭到篡改、破坏、泄露或者非法获取、非法利用的危害对象和危害程度，参照表 8-1 进行基本定级，确定核心数据、重要数据和一般数据级别；

(3) 按照一般数据分级规则或者所属行业共识的数据分级规则对一般数据进行定级，确定一般数据细分级别；

(4) 如果数据属于个人信息，应识别敏感个人信息、一般个人信息，对个人信息进行定级。

数据安全定级完成后，在一定情形之下应重新定级，如数据内容发生变化导致原有数据的安全级别不再适用等情形。

8.1.2　等级保护中的数据安全

1. 网络安全等级保护概述

根据《中华人民共和国网络安全法》，等级保护制度是我国信息安全保障的基本制度，落实网络安全等级保护制度是法律义务。网络运营者是等级保护的责任主体，等级保护的对象是在中华人民共和国境内建设、运营、维护和使用的网络与信息系统。网络安全等级保护的对象是由计算机或者其他信息终端及相关设备组成的按照一定规则和程序对信息进行收集、存储、传输、交换、处理的系统，包括基础信息网络、云计算平台/系统、大数据应用/平台/资源、物联网、工业控制系统和采用移动互联技术的系统等。网络运营者应当按照网络安全等级保护制度的要求，保障网络免受干扰、破坏或者未经授权的访问，防止网络数据泄露或者被窃取、篡改。在等级保护对象建设完成后，运营使用单位或者其主管部门应当选择符合资质要求的第三方测评机构，依据 GB/T 28448—2019《信息安全技术　网络安全等级保护测评要求》等技术标准，定期对等级保护对象开展等级测评。

2020 年 11 月 1 日正式实施的 GB/T 22240—2020《信息安全技术　网络安全等级保护定级指南》，为网络运营者开展非涉及国家秘密等级保护对象的定级工作提供了依据。等级保护对象根据其在国家安全、经济建设、社会生活中的重要程度，遭到破坏后对国家安全、社会秩序、公共利益以及公民、法人和其他组织的合法权益的危害程度等，由低到高被划分为以下五个安全保护等级：

第一级，等级保护对象受到破坏后，会对相关公民、法人和其他组织的合法权益造成损害，但不危害国家安全、社会秩序和公共利益；

第二级，等级保护对象受到破坏后，会对相关公民、法人和其他组织的合法权益造成严重损害或特别严重损害，或者对社会秩序和公共利益造成危害，但不危害国家安全；

第三级，等级保护对象受到破坏后，会对社会秩序和公共利益造成严重危害，或者对国家安全造成危害；

第四级，等级保护对象受到破坏后，会对社会秩序和公共利益造成特别严重危害，或者对国家安全造成严重危害；

第五级，等级保护对象受到破坏后，会对国家安全造成特别严重危害。

网络安全等级保护从技术要求、管理要求两大维度，从安全物理环境、安全通信网络、安全区域边界、安全计算环境、安全管理中心、安全管理制度、安全管理机构、安全管理人员、安全建设管理和安全运维管理 10 个方面对等级保护对象提出安全要求。对以上每个小项，安全要求分为安全通用要求与安全扩展要求。安全通用要求针对网络安全共性安全保护需求，安全扩展要求针对云计算、移动互联、物联网、工业控制和大数据等新技术、新应用领域的个性安全保护需求。

2. 网络安全等级保护中的数据安全要求

数据安全是网络安全等级保护的核心内容之一，数据安全保护能力在新计算环境和业务场景下具有明确的安全要求。为实现数据安全保护，应全力加强数据全生命周期的安全防护，包括数据的采集、存储、处理、传输、交换、销毁等各个生产环节，针对数据全生命周期的不同环节采取有效的安全管控措施，从而达到有效的数据安全防护。对于数据资源，需要综合考虑其规模、价值等因素及其遭到破坏后对国家安全、社会秩序、公共利益以及公民、法人和其他组织的合法权益的侵害程度确定其安全保护等级。侵害程度由客观方面的不同外在表现综合决定，通过侵害方式、侵害后果和侵害程度加以描述，归结为三种：造成一般损害、造成严重损害、造成特别严重损害，如表 8-3 所示。

表 8-3　数据安全保护等级

受侵害客体	影响对象		
	一般损害	严重损害	特别严重损害
公民、法人和其他组织的合法权益	第一级	第二级	第二级
社会秩序、公共利益	第二级	第三级	第四级
国家安全	第三级	第四级	第五级

涉及大量公民个人信息以及为公民提供公共服务的大数据平台/系统，原则上其安全保护等级不低于第三级。

在网络安全等级保护中，数据安全技术体系建设需要落实“一个中心、三重防护”的理念。一个中心指的是安全管理中心，三重防护指的是安全通信网络、安全区域边界、安全计算环境。由于网络安全等级保护基本要求中仅规定了第一级到第四级等级保护对象的安全要求，根据 GB/T 25070—2019《信息安全技术　网络安全等级保护安全设计技术要求》，以下主要基于“一个中心、三重防护”，分别阐述第一级到第四级数据安全对应的控制措施。

1) 第一级安全控制措施

第一级需实现定级数据的自主访问控制，使用户具备自主安全保护能力，安全控制措施如表 8-4 所示。

表 8-4　第一级安全控制措施

安全要求	安全控制项	控制措施
安全通信网络	通信网络数据传输完整性保护	采用由密码等技术支持的完整性校验机制，以实现通信网络数据传输完整性保护
	可信连接验证	通信节点应采用具有网络可信连接保护功能的系统软件或可信根支撑的信息技术产品，在设备连接网络时，对源和目标平台身份进行可信验证
安全区域边界	区域边界包过滤	可根据区域边界安全控制策略，通过检查数据包的源地址、目的地址、传输层协议和请求的服务等，确定是否允许该数据包通过该区域边界

续表

安全要求	安全控制项	控制措施
安全计算环境	用户身份鉴别	应支持用户标识和用户鉴别。在每一个用户注册到系统时，采用用户名和用户标识符标识用户身份；在每次用户登录系统时，采用口令鉴别机制进行用户身份鉴别，并对口令数据进行保护
	自主访问控制	应在安全策略控制范围内，使用户/用户组对其创建的客体具有相应的访问操作权限，并能将这些权限的部分或全部授予其他用户/用户组。访问控制主体的粒度为用户/用户组级，客体的粒度为文件或数据库表级
	用户数据完整性保护	可采用常规校验机制，检验存储的用户数据的完整性，以发现其完整性是否被破坏
	可信验证	可基于可信根对计算节点进行可信验证
	数据备份恢复	应提供重要数据的本地数据备份与恢复功能

2）第二级安全控制措施

在第一级安全保护的基础上，增加系统安全审计、客体重用等安全功能，并实施以用户为基本粒度的自主访问控制，使系统具有更强的自主安全保护能力。第二级安全新增的安全控制措施如表 8-5 所示。

表 8-5　第二级安全新增控制措施

安全要求	安全控制项	控制措施
安全通信网络	通信网络安全审计	应在安全通信网络设置审计机制，由安全管理中心管理
	通信网络数据传输保密性保护	可采用由密码等技术支持的保密性保护机制，以实现通信网络数据传输保密性保护
	可信连接验证	应将验证结果形成审计记录
安全区域边界	区域边界安全审计	应在安全区域边界设置审计机制，并由安全管理中心统一管理
	区域边界完整性保护	应在区域边界设置探测器，探测非法外联等行为，并及时报告安全管理中心
	可信验证	可基于可信根对区域边界计算节点进行可信验证，在检测到其可信性受到破坏后进行报警，将验证结果形成审计记录
安全计算环境	用户身份鉴别	应支持用户标识和用户鉴别。在每一个用户注册到系统时，采用用户名和用户标识符标识用户身份，并确保在系统整个生存周期用户标识的唯一性；在每次用户登录系统时，采用受控的口令或具有相应安全强度的其他机制进行用户身份鉴别，并使用密码技术对鉴别数据进行保密性和完整性保护
	自主访问控制	在安全策略控制范围内，使用户对其创建的客体具有相应的访问操作权限，并能将这些权限的部分或全部授予其他用户。访问控制主体的粒度为用户级，客体的粒度为文件或数据库表级
	系统安全审计	应提供安全审计机制，记录系统的相关安全事件。该机制应提供审计记录查询、分类和存储保护，并可由安全管理中心管理
	用户数据保密性保护	可采用密码等技术支持的保密性保护机制，对在安全计算环境中存储和处理的用户数据进行保密性保护
	可信验证	可基于可信根对计算节点进行可信验证，在检测到其可信性受到破坏后进行报警，并将可信验证结果形成审计记录
	数据备份恢复	应提供异地数据备份功能，利用通信网络将重要数据定时批量地传送至备用场地
	剩余信息保护	应保证鉴别信息所在的存储空间被释放或重新分配前得到完全清除
	个人信息保护	应仅采集和保存业务必需的用户个人信息；应禁止未授权访问和非法使用用户个人信息

续表

安全要求	安全控制项	控制措施
安全管理中心	系统管理	可通过系统管理员对系统的资源和运行进行配置、控制和可信管理。应对系统管理员进行身份鉴别，只允许其通过特定的命令或操作界面进行系统管理操作，并对这些操作进行审计
	审计管理	可通过安全审计员对分布在系统各个组成部分的安全审计机制进行集中管理；应对安全审计员进行身份鉴别，只允许其通过特定的命令或操作界面进行安全审计操作

3) 第三级安全控制措施

在第二级安全保护的基础上，通过实现基于安全策略模型和标记的强制访问控制以及增强系统的审计机制，使系统具有在统一安全策略管控下，保护敏感资源的能力，并保障基础计算资源和应用程序可信，确保关键执行环节可信。第三级安全新增的安全控制措施如表 8-6 所示。

表 8-6　第三级安全新增控制措施

安全要求	安全控制点	控制措施
安全通信网络	通信网络安全审计	应在安全通信网络设置审计机制，由安全管理中心集中管理，并对确认的违规行为进行报警
	通信网络数据传输完整性保护	应采用由密码技术支持的完整性校验机制，以实现通信网络数据传输完整性保护，并在发现完整性被破坏时进行恢复
	通信网络数据传输保密性保护	应采用由密码技术支持的保密性保护机制，以实现通信网络数据传输保密性保护
	可信连接验证	通信节点应采用具有网络可信连接保护功能的系统软件或可信根支撑的信息技术产品。在设备连接网络时，对源和目标平台身份、执行程序及其关键执行环节的执行资源进行可信验证，并将验证结果形成审计记录，送至管理中心
安全区域边界	区域边界访问控制	应在安全区域边界设置自主和强制访问控制机制，应对源及目标计算节点的身份、地址、端口和应用协议等进行可信验证，对进出安全区域边界的数据信息进行控制，阻止非授权访问
	区域边界包过滤	应根据区域边界安全控制策略，通过检查数据包的源地址、目的地址、传输层协议、请求的服务等，确定是否允许该数据包进出该区域边界
	区域边界安全审计	应在安全区域边界设置审计机制，由安全管理中心集中管理，并对确认的违规行为及时报警
	区域边界完整性保护	应在区域边界设置探测器，探测非法外联和入侵行为，并及时报告安全管理中心
	可信验证	可基于可信根对计算节点进行可信验证，在检测到其可信性受到破坏时采取措施恢复，并将验证结果形成审计记录送至管理中心
安全计算环境	用户身份鉴别	在每次用户登录系统时，采用受安全管理中心控制的口令、令牌、基于生物特征、数字证书以及其他具有相应安全强度的两种或两种以上的组合机制进行用户身份鉴别，并对鉴别数据进行保密性和完整性保护
	标记和强制访问控制	在对安全管理员进行身份鉴别和权限控制的基础上，应由安全管理员通过特定操作界面对主、客体进行安全标记；应按安全标记和强制访问控制规则，对确定主体访问客体的操作进行控制。强制访问控制主体的粒度为用户级，客体的粒度为文件或数据库表级。应确保安全计算环境内的所有主、客体具有一致的标记信息，并实施相同的强制访问控制规则

续表

安全要求	安全控制点	控制措施
安全计算环境	系统安全审计	应记录系统的相关安全事件，确保审计记录不被破坏或非授权访问，应为安全管理中心提供接口；对不能由系统独立处理的安全事件，提供由授权主体调用的接口
	用户数据完整性保护	应采用密码等技术支持的完整性校验机制，检验存储和处理的用户数据的完整性，以发现其完整性是否被破坏，且在其受到破坏时能对重要数据进行恢复
	用户数据保密性保护	应采用密码等技术支持的保密性保护机制，对在安全计算环境中存储和处理的用户数据进行保密性保护
	可信验证	可基于可信根对计算节点进行可信验证，在应用程序的关键执行环节对系统调用的主体、客体、操作进行可信验证，对中断、关键内存区域等执行资源进行可信验证，并在检测到其可信性受到破坏时采取措施恢复，将验证结果形成审计记录送至管理中心
	配置可信检查	应将系统的安全配置信息形成基准库，实时监控或定期检查配置信息的修改行为，及时修复和基准库中内容不符的配置信息
	数据备份恢复	应提供异地实时备份功能，利用通信网络将重要数据实时备份至备份场地；应提供重要数据处理系统的热冗余，保证系统的高可用性
	剩余信息保护	应保证存有敏感数据的存储空间被释放或重新分配前得到完全清除
安全管理中心	系统管理	可通过系统管理员对系统的资源和运行进行密码管理
	安全管理	应通过安全管理员对系统中的主体、客体进行统一标记，对主体进行授权，配置可信验证策略，维护策略库和度量值库。应对安全管理员进行身份鉴别，只允许其通过特定的命令或操作界面进行安全管理操作，并进行审计

4) 第四级安全控制措施

在第三级安全保护的基础上，建立一个明确定义的形式化安全策略模型，将自主和强制访问控制扩展到所有主体与客体，相应增强其他安全功能强度；将系统安全保护环境结构化为关键保护元素和非关键保护元素，以使系统具有抗渗透的能力；保障基础计算资源和应用程序可信，确保所有关键执行环节可信，对所有可信验证结果进行动态关联感知。第四级安全新增的安全控制措施如表 8-7 所示。

表 8-7　第四级安全新增控制措施

安全要求	安全控制点	控制措施
安全通信网络	通信网络安全审计	对确认的违规行为做出相应处置
	可信连接验证	可进行动态关联感知
安全区域边界	区域边界安全审计	对确认的违规行为做出相应处置
	可信验证	可进行动态关联感知
安全计算环境	用户身份鉴别	其中一种鉴别技术产生的鉴别数据是不可替代的
	可信验证	可进行动态关联感知
	配置可信检查	可将感知结果形成基准值
	数据备份恢复	应建立异地灾难备份中心，提供业务应用的实时切换
安全管理中心	安全管理	应通过安全管理员对系统中的主体、客体进行统一标记，对主体进行授权，配置可信验证策略，并确保标记、授权和安全策略的数据完整性
	审计管理	应通过安全审计员对分布在系统各个组成部分的安全审计机制进行集中管理，根据分析结果进行及时处理

3. 等级保护实施过程

依据 GB/T 25058—2019《信息安全技术　网络安全等级保护实施指南》，可将数据安全等级保护的基本流程划分为数据定级与备案阶段、总体安全规划阶段、安全设计与实施阶段、安全运行与维护阶段和定级对象终止阶段，见图 8-1。

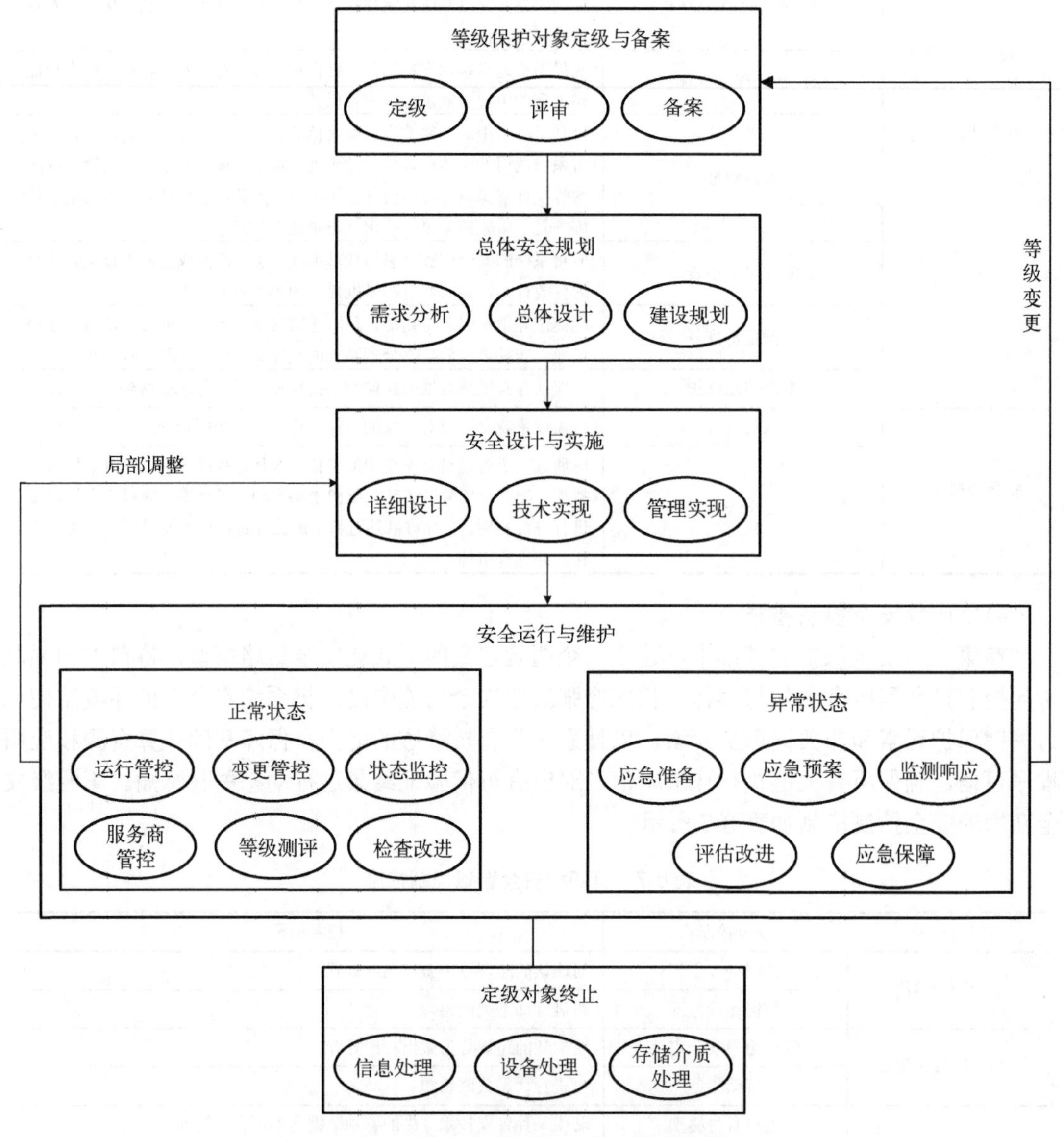

图 8-1　数据安全等级保护工作实施流程

在安全运行与维护阶段，数据因需求变化等原因导致局部调整，而其安全保护等级并未改变，应从安全运行与维护阶段进入安全设计与实施阶段，重新设计、调整和实施安全措施，确保满足等级保护的要求；当数据发生重大变更导致安全保护等级变化时，应从安全运行与维护阶段进入等级保护对象定级与备案阶段，重新开始一轮数据安全等级保护的实施过程。数据在运行与维护过程中，发生安全事件时可能会发生应急响应与保障。

(1)定级与备案阶段的工作流程。

数据定级阶段的目标是运营、使用单位按照国家有关管理规范和定级标准，确定数据及其安全保护等级，并经过专家评审。有主管部门的运营、使用单位，应经主管部门审核、批准，并报公安机关备案审查。

(2)总体安全规划阶段的工作流程。

总体安全规划阶段的目标是根据数据的划分情况、定级情况、业务情况，通过分析明确数据等级保护的安全需求，设计合理的、满足等级保护要求的总体安全方案，并制定出安全实施计划，以指导后续的数据安全建设工程实施。

(3)安全设计与实施阶段的工作流程。

安全设计与实施阶段的目标是按照数据安全总体方案的要求，结合数据安全建设项目规划，分期分步落实安全措施。

(4)安全运行与维护阶段的工作流程。

安全运行与维护是等级保护实施过程中确保数据安全的必要环节，包括：安全运行与维护机构和安全运行与维护机制的建立，环境、资产、设备、介质的管理，网络、系统的管理，密码、密钥的管理，运行、变更的管理，安全状态监控和安全事件处置，安全审计和安全检查等内容。

(5)定级对象终止阶段的工作流程。

定级对象终止阶段是等级保护实施过程中的最后环节。当定级对象被转移、终止或废弃时，正确处理其中的敏感信息对于确保机构信息资产的安全是至关重要的。在等级保护对象的生命周期中，有些定级对象并不是真正意义上的废弃，而是改进技术或转变业务到新的定级对象，对于这些定级对象在终止处理过程中应确保信息转移、设备迁移和介质销毁等方面的安全。

8.2 数据安全审计

8.2.1 数据安全审计概述

1. 数据安全审计概念

数据安全审计是依据数据安全的相关法律法规和上级部门的授权，根据制定的数据相关安全策略，记录和分析数据操作的历史事件，能够控制数据涉密人员范围，提高数据安全管理能力。它要求在收集和记录数据流转过程中有关活动的基础上，对记录结果进行分析处理、评估审查，查找系统的安全隐患，对系统安全进行审核、稽查和计算，追查造成安全事故的原因，并做出进一步的处理。

数据安全审计作为保证数据安全的一个重要的环节，必须在不影响整个系统可用性与执行效率的基础之上，通过对运行状态进行分析，对实时访问进行监控，对敏感信息、可疑信息进行拦截，为事后原因查找、责任鉴定提供有力依据。为了实现数据安全审计的目标，需要预先制定数据安全审计策略。数据安全审计策略的制定具有预先性，一般根据审计目标提前制定审计策略。同时，审计策略也具有动态性，需要根据审计过程中出现的情况动态修改策略。

2. 基于数据全生命周期的安全审计

参考 2019 年江茜提出的大数据安全审计框架和 2021 年石永提出的数据安全生命周期审计，数据安全审计需要覆盖数据生命周期，具体包括数据采集、数据传输、数据存储、数据处理、数据交换和数据销毁 6 个阶段。在不同的应用场景下，数据生命周期各个阶段过程可能没有绝对的顺序，某些阶段可以重复出现。

数据采集阶段，通常涉及元数据操作和数据分类分级过程，这两个过程会对后续的数据处理产生重要影响。因此，数据采集阶段的安全审计重点围绕这两个过程展开。通过采集元数据操作日志，实现元数据操作的追溯审计，确保元数据操作的可追溯性；通过对数据分类分级的操作、变更过程进行日志记录和分析，定期通过日志分析等技术手段进行变更操作审计，确保数据分类分级过程的可追溯性。

数据传输阶段，面临数据窃取、数据监听等安全风险，属于安全事件的频发阶段，尤其当传输过程涉及敏感数据时，如果安全控制措施采取不当，很有可能导致数据泄露事件发生，因此，数据传输审计需要重点关注传输安全策略的实施情况，及时发现传输过程中可能引发的敏感数据泄露事件。

数据存储阶段，需要具备分布式存储访问安全审计能力，同时，数据存储阶段的安全审计还需要解决数据的完整性保护问题，支持数据的动态变化和批量审计。

数据处理阶段，涉及数据访问、导出、展示、聚融合、公开披露等，数据处理前应进行数据脱敏处理。数据脱敏技术包括屏蔽、去标识化、匿名化等，脱敏后的数据会被进一步应用到数据处理的各阶段。对数据进行操作处理过程中应对用户身份进行标识和鉴别，明确数据处理权限策略，关注有无多余、临时账户与共用账户情况，有无用户操作日志，且日志内容是否满足监管需求，数据是否采用加密措施，数据处理过程中还应按照数据分级差异化管理，建立审批机制，确保数据处理过程安全可控，防止数据泄露。因此，为防范数据非法访问或敏感信息遭到泄露，数据处理阶段的安全审计重点关注数据脱敏处理和数据操作处理过程，对数据处理权限策略、用户操作日志、加密措施、数据脱敏策略和相关操作进行记录。

数据交换阶段，需要制定数据导入、导出、共享审计策略，对高风险的数据交换操作进行持续监控并形成审计日志，为数据交换阶段可能引发的安全事件处置、应急响应和事后调查提供帮助，确保共享的数据未超出授权范围。

数据销毁阶段，安全审计重点关注对存储介质的访问使用行为记录和审计。对销毁介质的登记、交接过程等进行监控，形成审计记录供分析使用。同时，对数据销毁策略进行审计，记录数据删除的操作时间、操作人、操作方式、数据内容、操作结果等相关信息。

8.2.2 数据安全审计功能

GB/T 18336.2—2015《信息技术　安全技术　信息技术安全评估准则　第 2 部分：安全功能组件》，将安全审计的功能分为安全审计自动响应、安全审计数据产生、安全审计分析、安全审计查阅、安全审计事件选择、安全审计事件存储六个族，每个族包括一个到四个不等的不同组件，安全功能最小到组件，如图 8-2 所示。其中，图中标号 1、2、3、4 表示每个功能下的组件的序号。

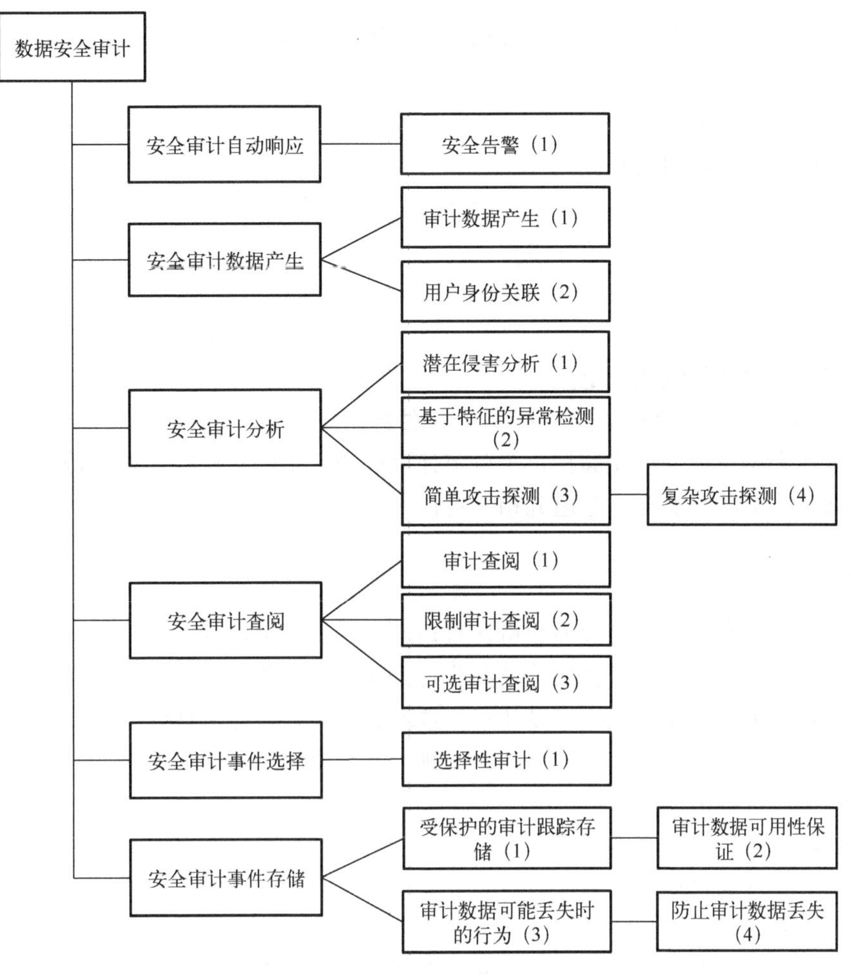

图 8-2　安全审计功能分类

1. 安全审计自动响应

安全审计自动响应是指当安全审计系统检测出一个安全侵害事件(或者是潜在的侵害)时采取的自动响应措施。当检测到潜在的安全侵害时，安全审计自动响应应该采取措施以避免即将发生的安全侵害，确保数据的安全。但在实际应用中可以自己定义多种响应措施。系统实现了安全审计自动响应的功能后，将会实时地通知管理员数据系统发生的安全事件，某些自动响应措施还可以实时地降低数据损失。

这里只给出了一种组件——安全告警，它是在发现某些影响数据安全的安全侵害事件时，安全审计系统所采取的一些至少可以中断侵害的安全措施。

2. 安全审计数据产生

安全审计数据产生是指在数据系统安全功能控制下对发生的安全相关事件进行记录。安全审计数据产生确定了审计等级、列举了可审计的事件的类型，并且定义了由不同类型审计记录提供的审计相关信息的最小集合。这里包括两个组件的定义：审计数据产生以及用户身份关联。下面详细介绍这两个组件：

组件 1：审计数据产生，定义了数据可审计事件的等级，规定了每条审计记录包含的数据信息。

下列行为将产生审计数据：

①数据审计功能的启动和关闭；

②所有不同审计等级产生的可审计事件；

③指定其他特别定义的可审计事件。

数据产生功能应该在每条审计记录中至少记录以下信息：

①事件发生的时间、事件类型、主标识以及事件发生的结果；

②可审计事件功能组成的定义。

组件 2：用户身份关联，用于将可审计事件和用户联系起来。

安全审计数据产生功能能够把每个可审计事件和产生此事件的用户身份关联起来，这样就可以根据数据出现的安全问题追究相关责任。

3. 安全审计分析

安全审计分析是指对系统行为和审计数据进行自动分析，发现潜在的或者实际发生的安全侵害。安全审计分析的能力直接关系到能否识别真正的数据安全侵害。安全审计分析需要配合入侵检测技术、自动响应技术以及其他技术的支持。这里包括四个组件的定义：潜在侵害分析、基于特征的异常检测、简单攻击探测、复杂攻击探测。

下列行为应进行审计分析：

①对任何分析机制的允许和禁止；

②用工具实现的自动响应。

以下主要介绍四个组件的功能。

组件 1：潜在侵害分析，根据数据安全审计专业技术人员制定的数据安全审计策略进行基本检测，其中策略规则应该实时变化，以适应新的安全需求。

在管理上应当做好对这个规则集合的维护，包括各种操作，如添加、修改、删除规则等，以保证审计策略的实时性、正确性和有效性。

在细节上应该提供一组规则集合来监视审计出的事件，并且能够基于这些规则发现潜在的数据安全侵害事件。

组件 2：基于特征的异常检测，包括数据系统使用的个别特征描述，每个特征描述代表特定的组成员所使用的某个历史模式。一个特征目的组是指由一个或多个成员(例如，一个用户，拥有相同组标识的用户，完成同一特定任务的用户，一个系统或者网络节点的用户)组成的组，数据系统对其中每个成员都分配了相对应的阈值，根据阈值来判断此用户当前行为是否属于已建立的该用户的使用模式。

在管理上应当做好对特定目的组的成员的维护，包括各种操作，如添加、修改、删除组成员等。

在细节上应该维护数据系统使用的个别特征描述，每个特征描述了组成员用户使用的历史模式，数据系统应该维护与每个用户相关的一个特征描述记录的阈值，这个阈值表示用户当前行为是否与已建立的该用户的使用模式相一致。当用户的值超过临界条件时，安全审计系统要能够提示即将来临的侵害事件。

组件 3：简单攻击探测，该功能能够检测出数据面临重大威胁相关特征事件的发生。

在管理上应当做好对系统事件子集的维护，包括各种操作，如对事件的删除、修改、添加等。

在细节上能够维护特征事件(系统事件的子集)的内部表示，在用于确定数据系统行为的信息检测中，能够从可辨认的系统行为记录中区别辨认特征事件，当系统事件匹配特征事件表明潜在侵害时，能够提示即将发生的数据安全侵害。

组件 4：复杂攻击探测，该功能能够描绘和检测出多重步骤的入侵攻击方案，能够对比数据系统事件和事件序列来描绘出整个攻击方案，当发现某个特征事件或者事件序列时，安全审计能够提示发生了潜在的侵害。

在管理上应当做好对系统事件子集的维护和对系统事件序列集合的维护。

在细节上能够维护已知攻击方案的事件序列(系统事件的序列表，表示已经发生了已知的渗透事件)和特征事件的内部表示，能够提示发生了潜在的侵害；在用于确定系统行为的信息检测中，能够从可辨认的系统行为记录中区别辨认特征事件和事件序列；当系统事件匹配特征事件或者事件序列表明潜在侵害时，能够提示即将发生的数据安全侵害。

4. 安全审计查阅

安全审计查阅是指经过授权的审计人员对于数据审计记录的访问和浏览。安全审计系统对审计数据的查阅有授权控制，审计记录只能被授权的用户查阅，并且对于审计数据也是有选择地查阅。有些审计系统提供数据解释和条件搜索等功能帮助管理员方便地查阅审计记录。这里包括三个组件的定义：审计查阅、限制审计查阅以及可选审计查阅。

下面分别介绍这几个审计查阅组件。

组件 1：审计查阅，提供从审计记录中读取数据审计信息的能力。

在管理上应当做好对审计记录具有读取、访问权限的用户组的维护，这些操作包括删除、修改、添加等。

这部分主要是提供授权用户得到审计记录信息，并且能够做出相应的解释。

在细节上能够提供授权用户从审计记录中读取审计信息列表的能力，即通过对信息的解释，以便于用户理解的方式提供数据审计记录。

组件 2：限制审计查阅，除了经过鉴别的授权用户，没有其他任何用户可以读取数据审计信息。

下列行为在审计查阅时应该是可允许的，即从数据审计记录读取审计信息的不成功尝试。

除了那些已授权读取访问的用户，在细节上需要禁止所有用户对审计记录的读取访问。

组件 3：可选审计查阅，可以通过审计工具按照一定标准来选择审计数据进行查阅。

在细节上需要对审计数据提供逻辑关系上的查询、排序等能力。

5. 安全审计事件选择

安全审计事件选择是指管理员可以选择接受审计的事件，它定义了从可审计的事件集合中选择接受审计的事件或者不接受审计的事件。一个系统通常不可能记录和分析所有的事件，因为选择过多的审计事件将无法实时处理和存储，所以安全审计事件选择的功能可以减少系统开销，提高审计的效率。此外，由于不同场合的需求不同，需要为特定场合配置特定的审计事件选择。由于数据的特殊性，审计事件的选择应当是对数据影响较关键的事件(如数据的查询、报送、修改等)。安全审计系统应该能够维护、检查或修改审计事件的集合，能够选择对哪些安全属性进行审计，如与目标标识、用户标识、主机标识或者事件类型有关的属性。这里只定义了一个组件：选择性审计。

组件 1：选择性审计，具有根据数据属性或者特别标识从可审计事件集合中选择接受审计的事件或者不接受审计的事件。

在管理上应当做好具有显示或修改审计事件的权限的维护。

6. *安全审计事件存储*

安全审计事件存储主要是指对安全审计跟踪记录的建立、维护，包括如何保护审计记录，如何保证审计记录的有效性，以及如何防止审计数据的丢失。数据审计系统需要对数据审计记录、审计数据进行严密保护，防止未授权的修改，还需要考虑在极端情况下保证审计数据的有效性，如存储介质失效、系统受到攻击等各种情况。审计系统在审计事件存储方面遇到的通常问题一般是磁盘空间用尽。由于数据的重要性，采用单纯的覆盖最旧审计记录的方法是不可取的。审计系统应当能够在审计存储发生故障时或者在审计存储即将用尽时采取相应的动作。这里包括四个组件的定义：受保护的审计跟踪存储、审计数据可用性保证、审计数据可能丢失时的行为、防止审计数据丢失。

组件 1：受保护的审计跟踪存储，需要存储好数据审计跟踪记录，防止未经授权的删除或修改。

在细节上需要保护好存储的审计记录，防止未授权删除，能够防止或者检测出审计记录的修改。

组件 2：审计数据可用性保证，在不希望出现的条件发生时，要能够保证审计数据的有效性。

在管理上应当做好对控制审计存储能力的参数的维护。

在细节上需要保护存储的数据审计记录，防止未授权删除，能够防止或者检测出审计记录的修改。当存储介质异常或失效、系统受到攻击时应该能够保证审计记录的有效性。

组件 3：审计数据可能丢失时的行为，当数据审计记录的数目超过预设值时，为了防止可能出现的审计数据丢失而必须采取一定的安全措施。

在管理上应当做好对审计记录预设值的维护和即将发生存储失效的情况下采取措施的行为的维护。

当审计记录数目超过预设值时要采取防止存储可能失效的一定措施。

组件 4：防止审计数据丢失，在数据审计跟踪记录用尽系统资源时，需要防止审计数据的丢失。

在管理上应当做好发生存储失效的情况下采取措施行为的维护，这些操作包括相应的删除、修改、添加等。

当审计记录跟踪用尽系统资源(一般情况是硬盘存储容量)时，需要选择以下几种操作之一：

①忽略可审计事件；

②除了具有特殊权限的用户操作外禁止审计事件；

③覆盖旧的存储的审计记录；

④其他防止存储失效的措施。

8.2.3 数据安全审计过程

1. 数据安全审计的基本要素

数据安全审计的基本要素包括：漏洞、控制措施、控制测试、安全控制目标，其基本关系如图 8-3 所示。

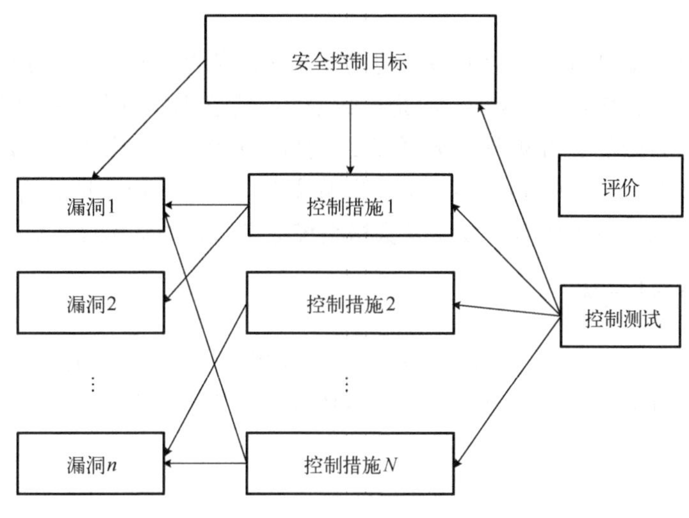

图 8-3 安全审计基本要素关系图

(1)漏洞是指数据安全的薄弱环节，它是容易被未授权的使用者或越权使用者有意或无意地进行干扰、破坏的地方。

(2)控制措施是指为了实现数据安全控制目标所制定出的安全控制技术、配置方法及各种规章制度。安全漏洞与控制措施是一种多对多的对应关系，即某种漏洞的出现需几个控制措施才能堵塞。而某一个控制措施的实施也会对防止若干漏洞有效。

(3)安全控制目标是指根据组织对数据环境的安全要求，结合系统自身的实际情况制定出的对数据安全的控制要求。

(4)控制测试是指将对数据的各种安全控制措施与制定的安全标准进行一致性比较，确定各项控制措施是否存在、是否得到执行，对漏洞的防范作用如何，评价数据安全措施的可依赖程度，如通过选择使用者样本证实它是否与授权表上列示的访问权限一致。安全控制目标与控制测试也存在多面关系。为了解是否达到控制目标，需执行多种不同的控制测试，而一个控制测试的完成能说明几个控制目标的效果。

2. 数据安全审计程序

数据安全审计程序是对数据安全监督活动的具体规程，它规定了数据安全审计工作的具体内容、时间安排、具体的审计方法和手段的使用。数据安全审计主要包括三个阶段：审计准备阶段、审计实施阶段及审计终结阶段。

(1)数据安全审计准备阶段。

数据安全审计准备阶段要对数据的具体情况、安全目标、数据安全相关制度、数据结构、一般控制和应用控制情况进行了解，并对具体的数据安全审计工作制定出工作计划。

(2)数据安全审计实施阶段。

数据安全审计实施阶段主要是对实施安全控制措施的测试审计，以明确数据系统是否为数据安全采取了适当的控制措施，这些措施是否发挥了作用。

(3)数据安全审计终结阶段。

数据安全审计终结阶段应对数据系统现存的安全控制措施做出评价，并提出改进和完善的意见。

数据安全审计终结的评价，按数据系统的完善程度、漏洞的大小和存在问题的性质一般分为三个等级：危险、不安全、安全。危险是指数据系统存在毁灭性数据丢失隐患(如缺乏合理的数据备份机制与有效的病毒防范措施)和系统的盲目开放性(如未授权用户能闯入系统，对系统数据进行查、增、删、改等)；不安全是指系统尚存在一些较常见的问题和漏洞，如系统缺乏监控机制和数据检测手段等；安全是数据系统应当达到的基本要求。

8.2.4　数据安全审计技术

在中关村网络安全与信息化产业联盟数据安全治理专业委员会发布的《数据安全治理白皮书 3.0》中，数据安全审计技术是数据安全技术体系建设的重要内容，主要包括行为审计与分析、权限变化监控和异常行为识别等技术。

1. 行为审计与分析

为实现对数据访问行为的审计与分析，通常需要利用网络流量协议分析技术将所有对数据的访问和操作行为信息全部记录下来。一套完善的审计机制是基于敏感数据、策略、数据流转基线等多个维度的集合体，对数据的生产流转、数据操作进行监控、审计、分析，及时发现异常数据流向、异常数据操作行为，并进行告警，输出报告。其为数据安全带来的价值主要体现在以下两个方面。

(1)事中告警。

一旦发现可能导致数据外泄、受损的恶意行为，审计机制可以第一时间发出威胁告警，通知管理人员。管理人员在及时掌握情况后，可以针对性地阻止该威胁，从而降低或避免损失。为此，审计机制应具备告警能力，并能够有效识别系统漏洞、注入攻击、口令破解、高危操作等威胁和风险。

(2)事后溯源。

发生数据安全事件后，可以通过审计机制记录的日志信息对该事件进行追踪溯源，确定事件的源头，还原事件的发生过程，分析事件造成的损失，进而对违规人员实现定责和追究，为调整防御策略提供非常必要的参考。为此，审计机制就需要具备丰富的检索能力，可以将全要素作为检索条件来检索其记录的日志信息。

2. 权限变化监控

权限变化监控是数据安全审计的重要一环，是指对所有数据访问账号及其权限的变化情况进行监视与控制。对权限变化进行监控的目的和意义既包括抵御外部提权攻击，也包括防范内部人员通过私自调整账号权限进行违规操作，这些均是数据安全审计必不可少的关键能力。

权限变化监控能力通常包括权限梳理和权限监控。权限梳理通过扫描嗅探和人工验证相结合的方式，对现有账号情况进行详细梳理，形成账号和权限基线。在此过程中，可通过可视化技术帮助管理人员直观掌握环境中的所有账号及权限的实际情况。权限监控通过对所有账号及权限进行周期性扫描，并与基线对比，监控账号和权限的变化情况，若发现违规行为（未遵循规章制度的权限调整），则及时向管理人员告警。

3. 异常行为识别

在安全审计过程中，除了明显的数据攻击行为和违规的数据访问行为外，很多数据入侵和非法访问是掩盖在合理授权下的，这时就需要利用数据分析技术，对异常性的行为进行发现和识别。

一般有两种定义异常行为的方式：一种是通过人工分析来进行定义；另一种则是利用机器学习算法对正常行为进行学习和建模，然后对不符合正常行为模型的行为进行告警。

8.3　数据安全风险评估

8.3.1　数据安全风险评估概述

风险是发生非期望事态带来的后果与事态发生可能性的组合。风险的定量评估或定性描述使得管理者能够按照他们感知的严重程度或其他已确定的准则对风险进行排序。风险评估活动应该识别风险，进行定量或定性的描述，并依据风险评价准则和与组织目标的相关性进行排序。

风险评估是风险识别、风险分析和风险评价的全过程。信息安全风险评估是依据有关信息安全技术与管理标准，对信息系统及由其处理、传输和存储的信息的保密性、完整性和可用性等安全属性进行评价的过程，它要评估资产面临的威胁以及威胁利用脆弱性导致安全事件的可能性，并结合安全事件所涉及的资产价值来判断安全事件一旦发生对组织造成的影响。

中国信息通信研究院刘明辉提出，数据安全风险评估在原有信息安全风险评估理论的基础上，更多关注于数据资产本身的安全性，呈现出围绕数据资产、强调数据应用场景的特点。其中，数据资产识别是一个“摸清家底”的过程，建立数据资产清单，掌握数据重要程度，是风险评估的基础，也是数据分类分级管理的基础；数据应用场景与数据生命周期息息相关，不仅包括数据采集、传输、存储等过程，还包括数据调取、加工分析、外发等处理活动。每个数据类型都对应着多个数据应用场景，每个应用场景背后都有潜在的安全风险和合规风险。

根据数据安全风险评估结果，针对每一个数据安全风险，结合被影响的数据资产重要程度，选择恰当的数据安全控制措施，可以实现数据分级分类管理与保护。

参考行业标准 YD/T 3801—2020《电信网和互联网数据安全风险评估实施方法》，数据安全风险评估需要遵循以下原则。

1. 关键数据原则

数据安全风险评估应以业务中重要程度较高的数据资产作为评估工作的核心，把这些数据涉及的各类应用场景作为评估的重点。数据重要程度越高，数据安全事件一旦发生对业务或组织的影响程度越大，因此应将重要程度较高的数据资产作为评估工作的重点对象，评估其在各应用场景中存在的威胁、脆弱性及相关安全风险。

2. 场景依赖原则

数据安全风险评估工作依赖数据所涉及的各应用场景。被评估数据的安全风险与其应用场景强相关，评估数据安全风险应评估数据在所涉及的各类应用场景下的安全风险。数据安全风险评估工作首先需要梳理数据所涉及的各类应用场景，然后在此基础上进一步分析数据应用时在场景中各主体及各主体间的活动可能存在的安全风险。

3. 可控性原则

风险评估的可控性原则包括以下方面。

(1) 风险评估服务可控性。

评估人员应事先被评估组织管理者认可，明确需要得到被评估组织协作的工作内容，明确评估工作中相关的管理和技术人员的任务，获得支持和配合，确保安全评估工作的顺利进行。

(2) 人员与信息可控性。

所有参与评估的人员应签署保密协议，以保证项目信息的安全，应对工作过程数据和结果数据严格管理，未经授权不得泄露给任何单位和个人。

(3) 过程可控性。

应按照项目管理要求，成立项目实施团队，项目组长负责制，达到项目过程的可控。

(4) 工具可控性。

安全评估人员所使用的评估工具应该事先通告被评估组织，并获得其许可。

(5) 对业务影响可控。

从项目管理层面和工具技术层面，将评估工作对相关系统正常运行的可能影响降低到最低限度。对于需要进行攻击性测试的工作内容，需与被评估组织沟通并进行应急备份，同时选择避开业务的高峰时间进行。

8.3.2 数据安全风险评估实施框架

1. 数据安全风险评估要素

数据安全风险评估围绕着数据资产、应用场景、数据威胁、脆弱性和安全措施这些基本要素展开，在对基本要素的评估过程中，需要充分考虑数据资产重要程度、安全需求、安全事件、残余风险等与这些基本要素相关的各类属性。

数据安全风险评估中各要素的关系如图 8-4 所示。

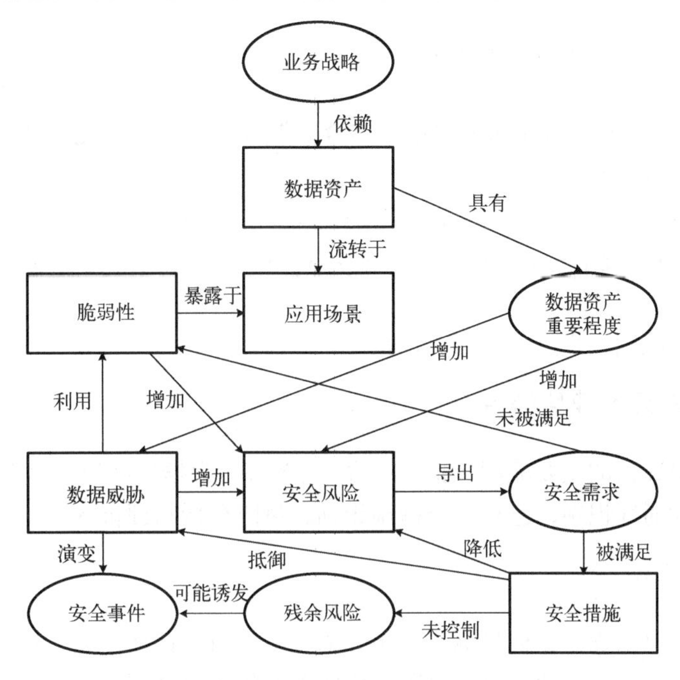

图 8-4　数据安全风险评估要素关系

2. 数据安全风险评估原理

数据安全风险评估的原理如图 8-5 所示，数据安全风险评估的每个要素有各自的属性，数据资产的属性是数据重要程度；数据威胁的属性是数据应用场景中的数据威胁发生的可能性；脆弱性的属性是数据应用场景中的脆弱性可利用性和脆弱性影响程度；安全措施的属性是和脆弱性的关联性。

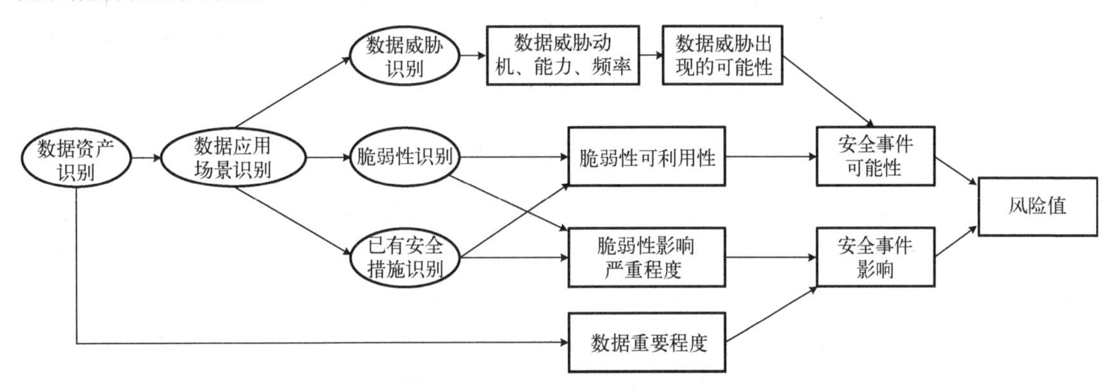

图 8-5　数据安全风险评估的原理

数据安全风险评估的主要内容如下。

1) 风险识别阶段

(1) 识别数据资产并分析其重要程度；

(2) 对数据应用场景进行识别；

(3) 识别数据应用场景中的数据威胁，并判断数据威胁发生的可能性；

(4) 识别数据应用场景中的脆弱性，与具体安全措施关联分析后，判断脆弱性可利用程度和脆弱性对数据资产影响的严重程度。

2) 风险分析阶段

(1) 根据数据威胁与脆弱性利用关系，结合数据威胁发生的可能性与脆弱性可利用性判断安全事件发生的可能性；

(2) 根据脆弱性影响严重程度及数据重要程度计算安全事件影响严重程度；

(3) 根据安全事件发生的可能性以及安全事件影响严重程度，判断风险值。

3) 风险评价阶段

根据风险接受准则判定风险是否可以接受。

8.3.3 数据安全风险评估流程

数据安全风险评估的主要流程包括：评估工作准备、数据资产识别、数据应用场景识别、数据威胁识别、脆弱性识别、已有安全措施识别、风险分析与评价等。

1. 评估工作准备

评估工作准备包括确定评估目标、确定评估范围、组建评估团队、组织数据安全相关工作调研、确定评估依据等活动。准备阶段中比较重要的内容是制定本次评估的范围及目标。由于数据的流转过程会涉及相当多的系统，需要使数据安全风险评估专注于被评估业务的数据安全风险，保障被评估业务的数据资产的机密性、完整性、可用性及可控性。评估内容包括数据资产、数据应用场景、面临威胁、脆弱性以及已有安全措施等各方面。

2. 数据资产识别

在确定评估范围的基础上，针对评估范围内的每项业务，识别业务涉及的数据资产。通过开展数据调研，识别业务数据类型、数据所在位置、数据量、保存方式等内容，输出数据资产清单，然后进行数据重要程度分析和赋值，根据关键数据原则选择重要程度较高的数据资产作为评估的重点。

3. 数据应用场景识别

确定待评估的数据对象后，针对每一类待评估的数据对象，识别其涉及的各类应用场景。数据应用场景识别包括识别业务流程或使用流程、相关数据活动、参与主体。数据应用场景包括主业务调用数据的场景、数据被其他业务系统调取的场景、对组织外部提供数据的场景(合作业务)、员工访问数据的场景、第三方服务人员访问数据的场景等。数据活动包括但不限于数据提取、数据获取、数据整合、数据分析、结果存储、数据下载、数据外发、结果展示等。流程各环节参与主体包括人员、内外部系统、内外部接口等。本阶段风险评估工作应输出数据应用场景分析报告和系统资产清单。

4. 数据威胁识别

威胁是一种对资产构成潜在破坏的可能性因素，是客观存在的。对于数据资产来说，数据威胁是指可能导致危害数据机密性、完整性、可用性、可控性的安全事故发生的潜在起因。数据威胁识别，主要分析数据在应用场景流转过程中可能影响数据机密性、完整性、可用性及可控性的威胁类型，并进一步分析其属性，包括攻击动机、攻击能力、威胁发生概率，并对其属性进行赋值。本阶段评估工作应输出数据威胁报告。

5. 脆弱性识别

脆弱性是数据应用场景自身存在的，若没有被数据威胁利用，脆弱性本身不会对数据资产造成损害。例如，数据应用场景中涉及的信息系统，如存储系统、业务系统足够健壮，数据威胁难以导致安全事件的发生。也就是说，数据威胁是通过利用应用场景中存在的脆弱性，才可能造成数据机密性、完整性、可用性、可控性的损害。相反，如果威胁没有对应的脆弱性，也不会造成风险。因此，组织一般通过尽可能消减数据应用场景的脆弱性，来阻止或消减数据威胁造成的影响，所以脆弱性识别是数据安全风险分析中最重要的一个环节。本阶段评估工作应输出脆弱性报告。

脆弱性识别所采用的方法主要有问卷调查、工具检测、人工核查、文档查阅、渗透性测试等。

6. 已有安全措施识别

安全措施可以分为预防性安全措施和保护性安全措施两种。预防性安全措施可以降低数据威胁利用脆弱性导致安全事件发生的可能性，如威胁情报系统、入侵检测系统。保护性安全措施可以减小因安全事件发生后对数据、业务或组织造成的影响。

以数据威胁为核心识别组织已有安全措施，在数据威胁识别的同时，评估人员应对已采取的安全措施进行识别。在识别脆弱性的同时，评估人员应对已有安全措施的有效性进行确认。安全措施的确认应评估其有效性，即是否真正地抵御了数据威胁，降低了应用场景的脆弱性。已有安全措施确认与脆弱性识别存在一定的联系。一般来说，安全措施的实行将减小系统技术或管理上的脆弱性，已有安全措施在脆弱性分析过程中，分别影响脆弱性可利用性与脆弱性影响严重程度的赋值。

本阶段应输出已有安全措施分析报告。

7. 风险分析与评价

在完成了数据资产识别、数据应用场景识别、数据威胁识别、脆弱性识别，以及对已有安全措施确认后，将采用适当的方法与工具确定数据威胁利用脆弱性导致安全事件发生的可能性，以及安全事件发生对组织的影响，得到安全风险。

数据安全风险分析的主要过程如下。

(1) 根据数据威胁与脆弱性利用关系，结合数据威胁发生可能性与脆弱性可利用性确定安全事件发生的可能性；

(2) 根据脆弱性影响严重程度及数据重要程度确定安全事件影响严重程度；

(3) 根据安全事件发生的可能性以及安全事件影响严重程度，确定被评估数据资产在该应用场景的风险。

根据风险分析过程中得到的基本要素及其属性作为输入，通过风险计算过程得到风险值，同时描述如何评价风险计算结果，并指导输出风险评估报告文档。

随着风险分析研究的深入，为了提高数据安全风险评估工作的效率和结果的正确性，风险评估工作应该有智能化的风险评估工具辅助风险评估工作。

经过前面的工作，可以得出数据生命周期各种不同阶段所面临的不同的威胁的风险值及风险等级，应根据风险接受准则判定风险是否可以接受，对不可接受的风险应采取相应的风险处置措施降低风险级别。风险处置措施应着重针对可能被威胁利用的脆弱性来制定，找出引发不可接受风险的脆弱性，提出具体的风险处置措施。风险处置措施应包括风险级别、风险描述、风险值、风险处置措施、风险处置步骤、相关责任人、预计时间等。

8.4 数据安全治理

8.4.1 数据安全治理概述

1. 数据安全治理概念

《数据安全治理白皮书 3.0》系统总结和分析了数据安全治理的相关概念、行业案例及相关政策法规，提出了数据安全治理的总体框架。白皮书区分了治理和管理的不同侧重点，指出治理是遵照具有共识的指导原则、通过协调和配合共同追求一致目标的过程，该概念强调协调和合作，一般难以表述成一套严格的规则条例或正式制度，通常是以一种方法论的形式呈现。而管理强调控制和执行，通常会以形成制度和条例规范的形式加以表述和落实。

数据治理是数据资源及其应用过程中相关管控活动、绩效和风险管理的集合。数据治理源于组织的外部监管、内部数据管理及应用的需求，数据治理的目标是保障数据及其应用过程中的运营合规、风险可控和价值实现。数据治理框架包含了数据管理和数据价值两套体系，前者统摄合规与风控，后者支撑价值实现。在数据治理框架下，数据安全是数据管理体系的重要组成部分，企业或组织在实施数据治理的过程中，应制定数据安全的管理目标、方针和策略，建立数据安全体系，实施数据安全管控，持续改进数据安全管理能力。

国内数据安全治理专业委员会认为，数据安全治理是以“让数据使用更安全”为目的，通过组织构建、规范制定、技术支撑等要素共同完成的数据安全建设的方法论。国际知名 IT 咨询与研究机构 Gartner 认为，数据安全治理不仅仅是一套用工具组合的产品级解决方案，而且是从决策层到技术层，从管理制度到工具支撑，自上而下贯穿整个组织架构的完整链条。中国软件评测中心在《电信和互联网行业数据安全治理白皮书(2020 年)》中提出，数据安全治理是数据治理的一个重要组成部分，贯穿数据治理各个过程及数据全生命周期，聚焦数据的“安全”属性，而数据治理则强调数据的“价值”属性。

2. 数据安全治理框架

数据安全治理是一个以风险和策略为基础，以运维体系为纽带，以技术体系为手段，将三者与数据资产基础设施进行有机结合的整体，它贯穿于数据的整个生命周期。数据安全治理框架主要包括数据安全治理目标、数据安全治理管理体系、数据安全治理技术体系、数据安全治理运营体系、数据安全治理评价体系、数据安全基础设施六个部分，保证数据的全生命周期的可用性、完整性、保密性以及合规使用。

(1) 数据安全治理目标。

数据安全治理的目标是保证数据的安全性，确保数据的合规使用，重点强调安全目标与业务目标的一致性，为业务目标的实现保驾护航。

(2) 数据安全治理管理体系。

该体系主要包括组织架构、数据安全管理制度等。在组织架构方面，通过成立专门的数据安全治理团队，自上而下地建立从各个领导层面至基层执行层面的管理组织架构，以保障数据安全管理方针、策略、制度的统一制定和有效实施。在管理制度方面，应在遵循现有相关国家要求的基础上，结合自身业务场景，明确需要编制的相关一级、二级、三级、四级管理和技术文件，指导数据安全制度体系的总体建设。

(3) 数据安全治理技术体系。

在技术方面，需要基于组织人员架构和拟定的制度规范，选择和实施适宜的数据安全产品、服务等技术手段。数据安全技术体系覆盖数据全生命周期，需要结合使用场景进行建设。

(4) 数据安全治理运营体系。

以资产为核心，以安全事件管理为关键流程，依托于安全运营平台，建立一套实时的资产风险模型，进行事件分析、风险分析、预警管理和应急响应处理的数据安全运营体系，主要包括风险防范、监控预警、应急处理等。

(5) 数据安全治理评价体系。

数据安全治理是一个持续性过程，治理评价是考核组织数据安全治理能力的重要环节，其结果也是新一轮数据安全治理的改进依据。如何评价数据安全治理成效，并实现治理体系的优化改进是组织在数据安全治理能力建设过程中面临的重要问题，数据安全治理评价主要包括内部评估、第三方评估。

(6) 数据安全基础设施。

重点强调数据所在基础设施的物理安全和网络安全。

以下重点从规划和实施层面介绍数据安全治理管理体系、数据安全治理技术体系、数据安全治理运营体系和数据安全治理评价体系。

8.4.2　数据安全治理管理体系

1. 组织架构

明晰的组织建设是保障数据安全治理工作顺利开展的首要条件。数据安全治理的典型组织架构自顶而下依次为决策层、管理层、执行层，外加一个贯穿数据安全治理全程并负责对上述三层进行监督审计的监督层。

(1) 决策层。决策层负责对开展和实施数据安全治理的体系目标、范围、策略等进行决策。成员包括主管数据价值实现的最高负责人和信息安全方面的最高负责人。

(2) 管理层。管理层一般由来自信息安全部门的人员组成，负责数据安全治理体系的建设、培训和运营维护工作。

(3) 执行层。执行层一般由来自业务部门和运维部门的人员组成。这些人员是数据的使用者、管理者、维护者、分发者，同时也是数据安全策略、规范和流程的重要执行者和管理对象。

(4) 监督层。监督层一般由风控、合规、审计等多部门承担，负责定期对数据安全方面的制度、策略、规范等的贯彻落实和执行遵守情况进行考查与审核，并将结果及时反馈给决策层，对违规行为予以纠正。

2. 制度流程

数据安全治理制度流程可分为四个层面，每一层作为上一层的支撑。

第一层是管理总纲，是组织数据安全治理的战略导向，应明确组织数据安全治理的目标重点。

第二层是管理制度，是数据安全治理体系建设导向，应建立数据安全管理制度、组织人员与岗位职责、应急响应、监测预警、合规评估、检查评价、教育培训等制度。

第三层是操作流程和规范性文件，是组织安全规范导向。作为制度要求下指导数据安全策略落地的指南，应建立分类分级操作指南、技术防护操作规范、数据安全审计规范等指导性文件。

第四层是表单文件，是组织安全执行导向。作为数据安全落地运营过程中产生的执行文件，应建立数据资产管理台账清单、数据使用申请审批表、安全审计记录表、账号权限配置记录表等。

3. 人员能力

数据安全治理离不开人员的具体执行，需要根据岗位职责、人员角色，明确相应的能力要求，并建立适配的数据安全人员能力培养机制。

8.4.3 数据安全治理技术体系

要依照数据安全建设的方针总则，围绕数据安全生命周期各阶段的安全要求，建立与制度流程相配套的技术和工具。技术工具是落实各项安全管理要求的有效手段，也是支撑数据安全治理体系建设的能力底座。围绕数据安全治理框架，结合实际场景，构建完善的技术工具，可以体系化地解决数据全生命周期各阶段的安全隐患，并不断完善各项技术工具以及产品平台的功能项，确保数据安全技术能力的具体落实。

结合中国互联网协会发布的《数据安全治理能力评估方法》标准和中国信息通信研究院发布的《数据安全治理实践指南(1.0)》，数据安全治理技术体系可以从安全管理、数据全生命周期安全、数据治理基础安全三个层面进行建设。

1. 安全管理

从战略规划、制度流程、人员管理及评价方面建立相应的技术或平台。

在战略规划方面，应建立数据安全规划分发及管理平台，确保对数据安全规划进行推广。

在制度流程方面，应建立公文/制度管理平台，具备公文和制度的审批、上传、下发、更新、废止等功能。

在人员管理及评价方面，应具备人员流动、数据操作权限、安全违规管理、人员数据安全意识及能力评价等功能。

2. 数据全生命周期安全

在数据采集安全技术方面，为确保在内部系统中或者从外部收集数据过程的合法、合规及安全性，需要采取一系列技术措施，包括采集数据源身份鉴别、敏感数据识别、采集工具及防泄露工具部署、采集过程监控及日志记录、采集合规性评估等。

在数据存储安全技术方面，为确保存储介质上的数据安全性，需要采取一系列技术措施，包括存储加密算法管理及实现、密钥管理、存储系统部署及安全配置管理、数据备份与恢复、数据可用性及完整性验证、存储介质管理等。

在数据处理安全技术方面，为保障对数据进行计算、分析等操作过程的安全性和数据处理环境的安全性，采取数据处理活动日志记录及监控审计、数据脱敏算法管理及实现、数据处理环境资源隔离、数据处理系统等的身份鉴别及访问控制、部署数据防泄露工具等一系列技术措施。

在数据传输安全技术方面，为防止传输过程中的数据泄露，需要采取一系列数据加密保护策略和安全防护技术措施，包括传输主体两端身份鉴别、数据加密算法管理及实现、密钥管理、传输通道加密管理、传输接口管理、认证及监控等。

在数据交换安全技术方面，为确保组织内部及不同组织之间的数据交换过程安全，需要采取交换双方身份鉴别、数据流转溯源实现、共享使用审批及授权、数据流转日志记录及监控审计等一系列技术措施。

在数据销毁安全技术方面，通过对数据及其存储介质实施一系列操作，使得数据彻底消除且无法通过任何手段恢复，包括逻辑删除、硬盘格式化、文件粉碎等内容销毁技术，消磁、捣碎、焚毁等介质物理销毁手段以及销毁结果验证等技术措施。

3. 数据治理基础安全

数据治理基础安全作为数据全生命周期安全能力建设的基本支撑，可以在多个生命周期环节内复用，是整个数据安全治理体系建设的通用要求，能够实现建设资源的有效整合。基础安全技术包括数据分类分级、合规管理、合作方管理、监控审计、鉴别与访问、风险和需求分析以及安全事件应急等方面涉及的技术及措施。

在数据分类分级技术方面，包括敏感数据识别、分类分级规则定义及管理、分类分级结果打标等技术，建立数据资产管理平台，包括数据资产的识别、录入、管理，以及数据资产分类分级标识等功能。

在合规管理方面，建立合规管理平台，包括法律法规、行业监管规范、组织合规要求等的文件管理，覆盖数据全生命周期和各业务场景的合规评审计划、记录、报告、整改的管理，以及合规风险库管理等功能。

在合作方管理方面，建立合作方管理平台，包括合作方录入、删除、更新等，合作商机评审管理，合作方安全评估计划、记录、报告等的管理等功能。

在监控审计方面，建立监控审计平台，包括覆盖全部业务场景、系统、平台等的数据流动及人员操作监控及审计，监控点及监控阈值管理，风险告警策略的配置管理等功能。

在鉴别与访问方面，建立账号及权限管理平台，包括账号申请、分配、回收等的管理，权限申请、分配、变更、回收等的管理，涉敏/超级账号及权限的统一管理等功能。

在风险和需求分析方面，建立需求和风险管理平台，包括业务数据安全需求的申请、分析及安全方案管理，覆盖数据全生命周期和各业务场景的数据安全风险的登记、评估、更新，以及与风险相对应的防控措施记录及更新等功能。

在安全事件应急方面，建立数据安全事件管理平台，包括数据安全事件的登记、应急处置记录，数据安全事件的宣贯宣导管理等功能。

8.4.4 数据安全治理运营体系

1. 风险防范

风险防范主要是建立有效的风险防范手段，预防发生数据安全事件，包括数据安全策略制定、数据安全基线扫描、数据安全风险评估。

(1)数据安全策略制定。一方面，根据数据全生命周期各项管理要求，制定通用安全策略；另一方面，结合各业务场景安全需要，制定针对性的安全策略。通过将通用策略和针对性策略结合部署，实现对数据流转过程的安全防护。

(2)数据安全基线扫描。基于面临的风险形势，定期梳理、更新相关安全规范及安全策略，并转化为安全基线，同时直接落实到监控审计平台进行定期扫描。安全基线是组织数据安全防护的最低要求，各业务的开展必须满足。

(3)数据安全风险评估。在业务需求阶段开展数据安全风险评估，并将评估结果与安全基线进行对标检查。针对不满足基线要求的评估项，可以通过改进业务方案或强化安全技术手段的方式实现风险防范。

2. 监控预警

数据安全保护以知晓数据在组织中的安全状态为前提，需要组织在数据全生命周期各阶段开展安全监控和审计，以实现对数据安全风险的防控。可以通过态势监控、日常审计、专项审计等方式对相关风险点进行防控，从而降低数据安全风险。

(1)态势监控。根据数据全生命周期的各项安全管理要求，建立组织内部统一的数据安全监控审计平台，对风险点的安全态势进行实时监测。一旦出现安全威胁，能够实现及时告警及初步阻断。

(2)日常审计。对账号使用、权限分配、密码管理、漏洞修复等日常工作的安全管理要求，利用监控审计平台开展审计工作，从而发现问题并及时处置。

(3)专项审计。以业务线为审计对象，定期开展专项数据安全审计工作。审计内容包括数据全生命周期安全、隐私合规、合作方管理、鉴别访问、风险分析、应急等多方面内容，从而全面评价数据安全工作执行情况，发现执行问题并统筹改进。

3. 应急处理

一旦风险防范及监控预警措施失效，导致发生数据安全事件，应立即进行应急处置、复盘整改，并在内部进行宣贯宣导，防范安全事件的再次发生。

(1)数据安全事件应急处置。根据数据安全事件应急预案对正在发生的各类数据安全攻击警告、数据安全威胁警报等进行紧急处置，确保第一时间阻断数据安全威胁。

(2) 数据安全事件复盘整改。应急处置完成后，应尽快在业务侧组织复盘分析，明确事件发生的根本原因，做好应急总结，沉淀应急手段，跟进落实整改，并完善相应应急预案。

(3) 数据安全应急预案宣贯宣导。根据数据安全事件的类别和级别，在相关业务部门或全线业务部门定期开展应急预案的宣贯宣导，降低类似数据安全事件风险。

8.4.5　数据安全治理评价体系

1. 内部评估

常见的内部评估手段包括评估自查、应急演练、对抗模拟等。

(1) 评估自查。通过设计评估问卷、调研表、定期执行检查工具等形式，在组织内部开展评估，主要评估内容至少应包括数据全生命周期的安全控制策略、风险需求分析、监控审计执行、应急处置措施、安全合规要求等。

(2) 应急演练。通过构建内部人员泄露、外部黑客攻击等场景，验证组织数据安全治理措施的有效性和及时止损的能力，并通过在应急演练后开展复盘总结，不断改进应急预案及数据安全防护措施。

(3) 对抗模拟。通过搭建仿真环境开展红蓝对抗，或模拟互联网网络攻击、盗窃、仿冒等各类团伙实施的黑产攻击行为，帮助组织面对数据安全攻击时实现以攻促防，并在这个过程中不断挖掘组织数据安全可能存在的攻击面和渗透点，有针对性地完善数据安全治理技术能力。

2. 第三方评估

第三方评估以国家、行业及团体标准等为执行准则，能客观、公正、真实地反映组织数据安全治理水平，实现对标差距分析。结合场景和数据全生命周期数据流，可以从组织架构、制度流程、技术工具、人员能力体系的建设情况入手，考察组织数据安全治理能力的持续运转及自我改进能力。

高 级 篇

第 9 章 云数据存储安全

基于虚拟化、分布式计算等技术，云存储将大量存储介质整合为一个存储资源池，用户可根据实际需求向云服务供应商租用存储资源，为用户提供可扩展、高稳定性、强容灾备份能力的存储系统。然而，在云计算模式下，由于数据和应用外包给了云服务提供商，用户数据面临着被窃取、泄露、篡改、丢失、非法访问、留存并非法使用等安全风险。针对这些风险，本章将针对云数据保密性、完整性、可用性及其可验证性等问题，重点介绍云数据持有性证明、可恢复性证明、加密数据确定性删除与去重、云数据容错与恢复等方面内容。

9.1 云存储系统及其安全模型

随着攻击手段的日益多样化，云存储平台面临着越来越多的安全挑战，云存储系统的安全性和可靠性问题已经成为业界的研究热点。在现有的云存储系统中，海量数据的集中存储增加了黑客的预期收益，使得云存储平台成为网络攻击和数据泄露的重灾区。数据采用集中存储方式，难以有效防范意外灾害和恶性安全事件造成的数据损失，系统的抗毁性和可靠性比较脆弱。不同安全等级的用户数据汇集使得传统的网络安全边界模糊不清，安全策略难以制定和实施。数据管理者、数据所有者和数据使用者的分离，使得数据所有者难以掌控自己存储于云中的数据，数据的完整性和隐私性难以保证。因此，需要提供可靠的存储机制和方案来保证云数据存储的安全性。

云数据存储安全涉及的内容较为广泛，既涉及数据本身的安全，又涉及身份认证与访问控制、数据安全治理(如制定威胁预防、检测和缓解的策略等)、数据保留和业务连续性规划、云数据存储与使用的法律合规等。本节将从数据安全层面，介绍云存储中的数据完整性、数据删除、数据恢复等方面的内容。数据完整性是指验证(证明)和保证云中数据的完整性；数据删除是指保证云存储中的数据及其副本均被确定性删除；数据恢复是指在部分存储节点失效的情况下，仍然完好保存用户数据并可被用户使用。

目前，云存储系统架构主要分为数据存储层、数据管理层、数据服务层和用户访问层四部分，如图 9-1 所示。

(1)数据存储层：云存储中的存储设备通常数量众多且分布在多个不同位置上，需要进行硬件设备的管理和维护，所以在存储系统之上要建立一层管理系统，以实现存储虚拟化。在数据存储层可以采用不同的方式存放数据，如基于副本、基于网络编码的方法。

(2) 数据管理层：这一层是云存储的核心，它利用分布式存储技术和集群技术实现存储设备的协同工作，还负责数据加密、备份、容灾等一系列扩展任务。

(3) 数据服务层：云存储供应商为用户提供可用的接口、协议，用户可根据不同的需求开发应用程序。

(4) 用户访问层：作为用户登录的入口，被授权的用户可以根据需求在该层选择或者定制服务。

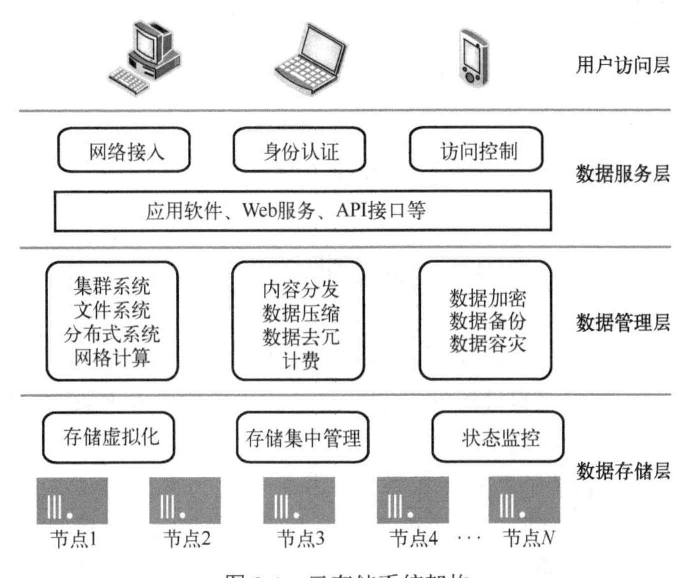

图 9-1　云存储系统架构

云存储系统安全模型大致可分为六个模块：用户访问模块、文件划分模块、编码模块、数据块分配模块、系统性能检测模块以及失效数据修复模块，如图 9-2 所示。

(1) 用户访问模块：用户通过标准的云接口登录系统，身份验证通过后开始使用系统提供的服务。

(2) 文件划分模块：用户将数据上传到服务器集群之后，系统将上传的文件按照文件的大小和存储节点的数量进行划分操作。

(3) 编码模块：文件划分成多块相同大小的数据块后，根据系统资源和存储空间选择编码系数，并通过选择的编码系数对数据块进行编码。

(4) 数据块分配模块：首先获取节点的状态，根据节点的能力对每个存储节点的编码数据块进行数量分配，然后将编码数据块和副本进行放置。

(5) 系统性能检测模块：在云存储系统运行时，需要对其状态进行监控。系统性能检测模块根据系统性能计算公式，对故障节点和安全节点进行分析，从而检测系统性能。

(6) 失效数据修复模块：在云存储系统中，引起云数据发生损坏的不确定性因素有很多。在系统发生保障时，通过检测发现失效的数据块，并使用不同方法及时修复，如最小存储和最小带宽再生(Minimum Storage and Minimum Bandwidth Regenerating，MSBR)编码存储修复法。

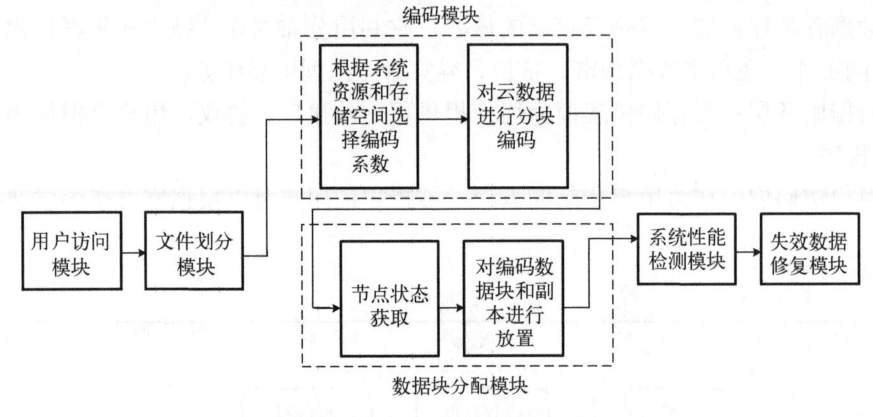

图 9-2　云存储系统安全模型

9.2　云数据完整性

云数据完整性是云存储安全的重要内容，云服务提供商(CSP)不仅要为用户提供云存储服务，还要能够通过云数据完整性验证机制向用户证明其数据未被篡改、损坏和丢失。云数据完整性证明机制需具有如下功能。

(1)支持动态操作。传统的数据完整性证明机制预先为数据文件生成不可伪造的数据签名标签集合，当数据进行更新时，需要重新生成大部分签名标签，使得计算代价和通信开销较大。因此，为了满足云中的应用，完整性验证机制需要支持动态操作。

(2)公开认证。为了缓解用户在存储和计算上的压力，云环境下的数据完整性验证机制需要支持公开验证，允许任意的第三方来代替用户完成数据完整性验证。

(3)本地无备份认证。完成云数据完整性认证不需要要求用户在本地存储数据副本。

(4)无状态认证。验证过程无须保存任何验证状态。

(5)确保用户隐私。采用公开验证时，需要确保用户的数据隐私。

云数据完整性验证技术主要包括数据持有性证明(Provable Data Possession，PDP)和数据可恢复性证明(Proof of Retrievability，POR)。PDP 是一种让用户不需要下载实际数据，便能够验证其存储的数据是否完整且没有被篡改的技术；而 POR 是由 CSP 向用户提供的用户可以完全恢复目标文件的证明。

9.2.1　云数据完整性证明方案

当用户将数据远程存储至云端后，为了释放本地的存储空间以及降低本地维护管理数据的成本，用户一般选择不再保留本地的数据备份，那么一个重要问题是如何保证用户存储至云端的数据是完整的。传统的完整性校验技术，如奇偶校验、循环冗余校验、MD5 校验等，并不直接适合于云计算环境下的数据完整性校验。例如，采用哈希算法，需要先对本地数据计算出一个哈希值，验证数据完整性的过程可以分为以下两步：

(1)从云端将外包数据下载至本地；

(2)将在本地计算这个数据的哈希值和之前的哈希值进行比较，如果一样，则证明数据是完整的。

但是以上方法存在两个明显的缺点：第一，在文件传输过程中消耗大量的网络带宽资源；第二，造成用户巨大的计算资源和存储空间的浪费。在云计算环境下，用户数目多，并且每个用户在云端存储的数据量都很巨大，传统的数据完整性校验方法消耗资源过多，不再适用。因此，需要一种方法，在验证云端数据完整性的同时，保证消耗的网络带宽和计算资源较少。

PDP 和 POR 允许用户通过挑战-应答方式，远程验证云数据的完整性。PDP 可以使用户无须将数据下载到本地的情况下，远程检查存放在云存储服务器上数据的完整性，判断节点上的数据是否损坏，但无法确保数据可恢复性；POR 可以使用户确认其可以完全恢复存储于云存储服务器上的数据，通过容错预处理判断数据是否已损坏，保证了数据的可恢复性。

根据方案采用的核心技术，数据完整性验证方案的分类如图 9-3 所示，其中 PDP 方案包括基于消息认证码(Message Authentication Code，MAC)的 PDP 方案、基于 RSA 签名的 PDP 方案、基于 BLS(Boneh-Lynn-Shacham)签名的 PDP 方案、基于 Merkle 哈希树(Merkle Hash Tree，MHT)的 PDP 方案、基于动态哈希表(Dynamic Hash Table，DHT)的 PDP 方案等；POR 方案包括基于哨兵的 POR 方案、基于紧缩的 POR 方案、基于编码的 POR 方案等。

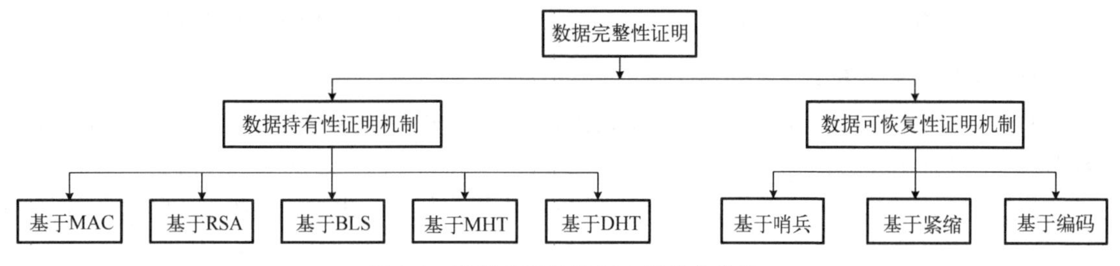

图 9-3　数据完整性验证方案的分类图

根据方案的功能，PDP 方案和 POR 方案可分为支持动态更新、支持多副本、支持隐私保护、支持多用户批量验证、支持数据共享、支持公开验证等方案。

1. 数据持有性证明

PDP 允许用户随时检查自己的数据是否仍然有效地存储在云平台中，是否可以随时随地获取。具体来说，首先为用户存储的文件生成特定的标签，如果云存储服务器持有完整的用户文件，那么就可以正确回答用户关于某些数据块的挑战。用户可以利用提前生成的文件标签和持有的密钥验证云存储服务器的回答是否正确，以判断云端是否持有正确的文件。PDP 的标签大多基于数学难解问题或只有用户持有的密钥，如果云端不持有正确的文件，那么必然会被验证出文件损坏。

PDP 方案由用户和云存储服务器两个实体组成，用于校验云服务器是否完整保留了一个文件，处理过程主要分为以下两个阶段。

(1)初始化阶段：如图 9-4 所示，用户对文件 F 进行处理。执行密钥生成函数 KeyGen(*)生成公钥 pk、私钥 sk。然后，将文件 F 划分成 n 块，记为 $F = \{m_1, m_2,\cdots, m_n\}$，采用标签生成函数 TagBlock(*)生成元数据 T。将处理后的文件 F' 发送至云服务器，然后删除本地存储的文件副本。

(2)“挑战-应答”阶段：如图 9-5 所示，整个“挑战-应答”的过程中用户作为验证的发起者，云服务器存储文件 F' 并应答用户发出的验证请求。用户会随机生成要验证的数据块的下标，并生成一个验证请求 R，云服务器收到这个验证请求 R 之后将运行 GenProof(*)算法计算证明 P 返回给验证者，验证者使用 CheckProof(*)来验证返回的证明 P 是否正确，输出验证结果 0/1(0 代表数据被破坏，1 代表数据完好)。

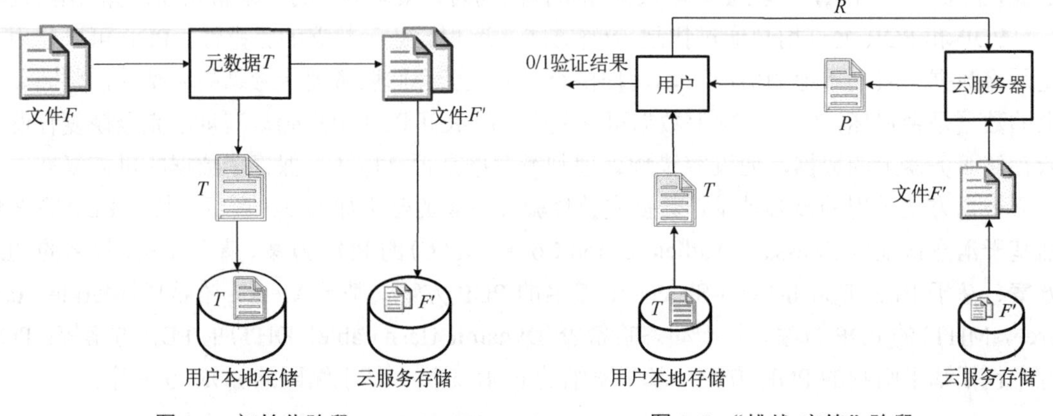

图 9-4　初始化阶段　　　　图 9-5　“挑战-应答”阶段

PDP 方案包含以下 4 个算法：

(1) KeyGen(1^k)→(pk, sk)。当系统初始化时，由用户在本地执行。1^k 是输入的安全参数，返回值为一对公钥和私钥(pk, sk)。

(2) TagBlock(sk, F')→{T}。TagBlock(*)算法由用户执行，生成元数据 T，也称为同态签名标签集。该算法的输入参数为私钥 sk 和数据文件 F'，返回值为认证的元数据 T。

(3) GenProof(pk, F', T, chal)→P。该算法由云存储服务器运行，生成完整性证明 P。输入参数包括文件 F'、公钥 pk、认证元数据集合 T 和挑战请求 chal，返回证明信息 P。

(4) CheckProof(pk, chal, P)→(1, 0)。由用户运行，对云存储服务器返回的证明 P 进行验证。输入参数为公钥 pk、挑战请求 chal 及证明 P。返回验证结果“1”或“0”，“1”表明数据完整，“0”表示数据被破坏。

PDP 方案作为静态的验证模型，计算的代价主要集中在标签值生成函数 TagBlock(*)。该函数使用模运算和幂运算对所有的数据块生成标签，时间复杂度很高，但是对于静态存储的文件来说，这个时间复杂度高的算法只在对数据进行预处理的时候会用到，而数据只有一次预处理，因此影响很小。在“挑战-应答”阶段中只验证随机抽取的 c 个数据块，而不会验证所有的数据块。尽管审计阶段也涉及模幂运算，但是由于 c 值不大，因此计算代价不高。所以整体而言，在不进行动态操作时，PDP 方案的审计计算复杂度与存储复杂度以及通信复杂度均为 $O(1)$，计算量和通信代价都比较低。

2. 数据可恢复性证明

PDP 能够验证云存储数据的完整性，但不能保证云存储数据的可恢复性，而数据可恢复性证明(POR)则可以使用户确认其可以完全恢复存储于云存储服务器上的数据。数据在受到一定程度的损坏时，可以利用编码技术恢复原数据。POR 模型会对用户的原始数据采用纠错码或纠删码进行编码，从而保证即使遗失一小部分用户数据也可恢复出原始数据。基于哨兵的验证方案以纠删码为基础，在编码后的数据中添加“哨兵”数据，用户通过验证哨兵数据的完整性就可以验证数据的完整性。

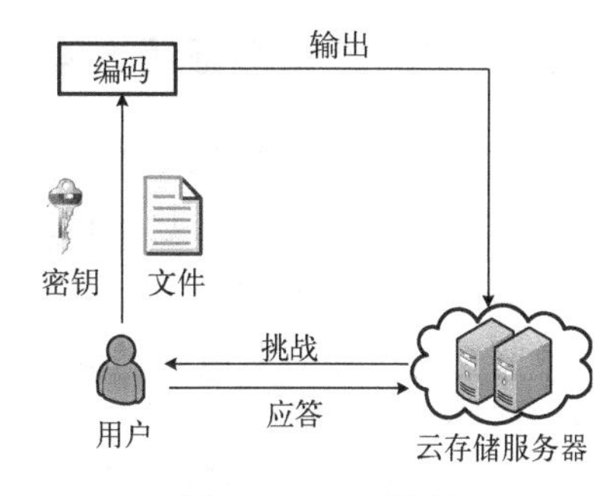

图 9-6　POR 模型

POR 模型如图 9-6 所示，它由用户、云存储服务器两个实体组成。用户先对文件进行预处理，用自己产生的密钥对文件进行特定编码处理，将编码好的数据上传至云存储服务器。验证时，用户向云存储服务器发起挑战请求，云存储服务器生成应答信息并返回给用户。用户验证收到应答信息，通过代表数据完整；如果不完整，可以利用编码恢复原始数据。

POR 经典方案主要包含以下 6 个算法。

(1) KeyGen$(n) \to k$：由用户执行密钥生成算法 KeyGen，n 为输入的系统参数，将会产生用户使用的密钥 k。

(2) Encode$(F, k, a) \to (F_\theta, n)$：由用户执行编码算法 Encode，输入文件 F、密钥 k 和用户记录的验证状态 a，对原文件进行编码，输出编码之后的文件 F_θ 和对应的句柄 θ。

(3) Extract$(P, \theta, k, x) \to F$：由用户执行的恢复算法 Extract，可以恢复损坏的文件。输入云存储服务器返回的响应证明 P、用户的密钥 k、用户的验证状态 a 和持有的句柄 θ，并且输出原始数据文件 F。

(4) Challenge$(\theta, a, k) \to c$：用户执行算法 Challenge 挑战云存储服务器，输入是验证状态 a 和文件句柄 θ，以及使用的公钥和私钥对 k，输出是挑战信息 c。

(5) Respond$(c, \theta) \to r$：由云存储服务器执行的应答算法 Respond，返回证据以证明数据的完整性。输入为用户发来的文件句柄 θ 和挑战信息 c，输出持有用户数据的证据 r。

(6) Verify$(r, n, k, c) \to b \in \{0, 1\}$：由用户执行验证算法 Verify 验证返回的证据是否正确。输入为文件句柄 θ、证据 r、用户保存的验证状态 a 以及用户的密钥 k。如果验证不通过，则输出 $b=0$，否则输出 $b=1$。

POR 方案的处理过程主要分为以下两个阶段。

(1) 初始化阶段：用户对文件进行预处理。使用密钥生成算法产生密钥对，并在纠错码中使用该生成的密钥。对文件进行分块，使用编码算法对文件进行编码，在编码中加入纠错码，并放置哨兵。生成相应的哨兵数据块，将其余编码文件相互混合后上传到云存储服务器。

(2) "挑战-应答"阶段：用户发起挑战请求，并通过本地保存的验证状态和数据，选定相应的数据块，生成挑战信息发送至云存储服务器。云存储服务器将收到的响应作为输入，运行响应算法产生证明。然后将产生的证明信息返回给用户，用户会对证明信息使用验证算法进行验证。如果验证通过，就保存证据，如果未通过验证，则表示数据被损坏，可以使用恢复算法对受损的数据进行恢复。

POR 方案最大的特性就是在对原文件进行预处理时加入了哨兵。插入哨兵的过程是随机的，哨兵的位置难以分辨，这样对隐藏哨兵十分有利，可以很好地进行后续的验证恢复。但是这种方案不方便对数据进行动态更新，因为数据的动态更新会扰乱哨兵的位置，严重影响后续的验证，且由于哨兵的数量有限，验证的次数也受到了限制，也不能使用公开验证。

下面将介绍一些较具体的 PDP 方案和 POR 方案。9.2.2 节介绍提出的基于同态 Hash 的 PDP 方案和基于带权多分支树的 PDP 方案。9.2.3 节介绍一些典型的 POR 方案。

9.2.2　数据持有性证明方案

PDP 方案最先应用于网格计算和 P2P 网络中。由于云存储服务的优越性，现在多数用户都倾向于将自己的数据存储在云上，用户在使用云上的数据时可能会对其进行动态操作。然而，传统的 PDP 方案不能满足这种需求，其局限性主要有以下三点：①检测次数有限制；②协议的通信开销过大；③对远程节点上的数据文件不能进行插入、删除、修改等动态操作。

CSP 通常承诺存储数据的多个副本，但用户无法验证 CSP 是否存储了约定的副本数量，以及这些副本是否完整。考虑到上述局限性，以及 CSP 对所有副本数据进行批量完整性检查时，计算和存储开销较大，本节提出了一个基于同态哈希的动态数据多副本持有性证明方案 (homomorphic Hash based - Dynamic Multiple Replica PDP，hHash-DMRPDP)。

1. 基于同态 Hash 的 PDP 方案

1) hHash-PDP 基本原理

将文件 F 以一个 $m\times n$ 的矩阵表示：

$$F=(b_1,b_2,\cdots,b_n)=\begin{pmatrix} b_{11} & \cdots & b_{1n} \\ \vdots & & \vdots \\ b_{m1} & \cdots & b_{mn} \end{pmatrix} \tag{9-1}$$

F 中两个数据块的和表示为

$$b_i+b_j=(b_{1i}+b_{1j},b_{2i}+b_{2j},\cdots,b_{mi}+b_{mj}) \bmod q \tag{9-2}$$

数据块的 Hash 表示为

$$h_K(b_j)=\prod_{t=1}^{m} g_t^{b_{tj}} \bmod p \tag{9-3}$$

从而数据块的 Hash 运算具有同态性质：

$$h_K(b_i+b_j)=h_K(b_i)\times h_K(b_j) \tag{9-4}$$

文件 F 的 Hash 为一个由各数据块 Hash 组成的 $1\times n$ 行向量：

$$h_K(F)=(h_K(b_1),h_K(b_2),\cdots,h_K(b_n)) \tag{9-5}$$

式中，p 和 q 为随机大素数，并满足 $q|(p-1)$；g 为 $1\times m$ 的行向量，其元素 $g_t(1\leqslant t\leqslant m)$ 为 Z_p(以 p 为模的有限域) 中随机选择的元素，阶为 q；$K=(p,q,g)$ 为 Hash 密钥。

User 将文件 F 与其 Hash 值存储到云服务器上，存储形式为 $F'=(b_1,b_2,\cdots,b_n;t_1,t_2,\cdots,t_n)$，其中 $t_i=h_K(b_i)$，称为数据块 b_i 的标签。

进行数据持有性检查时，User 生成随机密钥 e 和被挑战的数据块数目 c，将 (e,c) 发送给 CSP。CSP 根据随机置换 $v_i=\sigma_e(i)$ $(1\leqslant i\leqslant c)$ 计算 c 个被挑战块的位置，并对这些位置的数据块及其标签做如下运算：

$$B = \sum_{i=1}^{c} b_{v_i} \bmod q$$
$$P = \prod_{i=1}^{c} t_{v_i} \bmod p \tag{9-6}$$

最后，CSP 将(B, P)返回给 User。根据数据块 Hash 的同态性，User 验证 $h_K(B) = P$ 是否成立，若成立则认为 CSP 完整地存储了文件 F，否则认为文件 F 遭到破坏。

2) hHash-DMRPDP 方案

首先，对文件进行一次加密，并对密文进行掩码运算，得到多个文件副本；其次，采用同态哈希为文件密文的每个数据块计算验证标签，从而可批量对所有副本进行持有性检查，而无须取回副本数据块；最后，利用 Map-Version 表记录数据块的物理序号 BN(Block Number)、逻辑序号 SN(Serial Number)、版本号 VN(Version Number)，验证标签只包含数据块的 SN 和 VN，支持对数据的动态更新。通过 hHash-DMRPDP 可以检查 CSP 是否完整地存储了 SLA 所约定数量的文件副本，确保 User 获得了应有的服务并为存储在云中的数据提供可用性保证。

(1) Map-Version 表。

User 为文件 F 生成并维护一个 Map-Version 表(表 9-1)，它记录了每个数据块的 BN、SN 和 VN。同时，CSP 也应当为文件 F 生成并维护一个同样的 Map-Version 表。其中，BN 表示数据块在数据块序列中的实际位置，一个数据块的 BN 可能随序列中其他数据块的插入和删除而改变；SN 表示数据块在插入时间上的先后顺序，一个数据块被插入序列后其 SN 将保持不变；VN 在数据块被插入时初始化为 1，当一个数据块被修改后其 VN 将增加 1。

表 9-1　Map-Version 表

SN	BN	VN
1	1	1
5	2	1
2	3	3
3	4	1
4	5	2

(2) 数据块修改。

当 User 需要更新文件 F 时，它向 CSP 发送请求(Fid, OPE, SN, BN, VN, t_{BN}, $\{(i, b_{i\mathrm{BN}})\}$)，其中，Fid 向 CSP 指定了被更新的文件，OPE 表示更新类型(修改 M、删除 D、插入 I 和追加 A)，SN、BN、VN 分别表示被更新数据块的逻辑序号、物理序号、版本号，t_{BN} 表示被更新数据块的验证标签，$\{(i, b_{i\mathrm{BN}})\}$ $(1 \leqslant i \leqslant s)$表示被更新数据块在各副本中的值。

需要修改某个数据块时，User 首先更新 Map-Version 表中该数据块的版本号，将其增加 1。其次，User 计算该数据块在各副本中的值$\{(i, b_{i\mathrm{BN}})\}$ $(1 \leqslant i \leqslant s)$，以及该数据块的标签 t_{BN}。最后，User 向 CSP 发送消息(Fid, M, SN, BN, VN, t_{BN}, $\{(i, b_{i\mathrm{BN}})\}$)。收到数据块修改消息后，CSP 将该文件的 Map-Version 表中被修改块的版本号增加 1，并将新的数据块值和标签更新到相应的服务器中。

(3) 数据块插入。

当插入某个数据块时，User 首先在 Map-Version 表中为该数据块插入一条记录，其 BN 为被插入的物理位置、SN 为该表中最大的 SN 值加 1、版本号初始化为 1。同时，还需要将数据块序列中被插入块之后的所有块的 BN 加 1。其次，User 计算被插入块在各副本中的值$\{(i, b_{i\mathrm{BN}})\}$ $(1 \leqslant i \leqslant s)$和它的验证标签 t_{BN}。最后，User 向 CSP 发送消息(Fid, I, SN, BN, VN, t_{BN},

$\{(i, b_{i\mathrm{BN}})\}$)。收到数据块插入消息后，CSP 以与 User 同样的方式更新该文件的 Map-Version 表，并将被插入块的值和标签存储到相应服务器中。

数据块追加是特殊的插入操作，它将数据块“插入”到序列末尾，可采用插入操作的方法进行实现。

(4) 数据块删除。

当删除某个数据块时，User 只需要删除 Map-Version 表中该数据块的条目，还需要将数据块序列中被删除块之后的所有块的 BN 减 1，并向 CSP 发送消息(Fid, D, SN, BN, VN)。收到数据块删除消息后，CSP 以同样的方式更新 Map-Version 表，并删除各副本中的该数据块及其验证标签。

该方案满足正确性和完备性，能有效抵抗针对持有性证明的替换、重放和伪造攻击，具有较低的计算、存储和通信开销。

2. 基于带权多分支树的 PDP 方案

针对传统 PDP 方案不能支持动态操作和通信开销较大的局限性，提出了基于带权单链表多分支树(Weighted Single Linked List Large Branching Tree，WSLBT)的 PDP 方案。该方案通过引入带权单链表多分支树，有效地降低了验证过程中计算根节点、更新树和证据交换时的开销。同时采用随机掩码技术，防止第三方审计人员获取用户的数据信息。

1) WSLBT 的基本原理

Merkle 哈希树是一种全二叉树，每个中间层节点和根节点都有两个子节点，只在叶子节点存储数据信息。在一般的完整性验证方案中，每个叶子节点对应一个数据块的哈希值，每个父节点的值由其子节点的哈希值链接后再次哈希，以此类推，得到根节点 root 的值。与 Merkle 哈希树相比，多分支树(Large Branching Tree，LBT)中每个节点都有多个子节点，子节点的数量称为多分支树的出度，每个叶子节点对应一个数据块的哈希值。在 WSLBT 中，叶子节点对应的是链表而不是单个数据块的哈希值，每个节点存储的值是$(r_x, h(x))$。r_x表示可从该节点访问到的数据块数，如果 x 不是叶节点，则 x 的子节点哈希值链接后再次哈希得到 $h(x)$，如果 x 是叶节点，则 $h(x)$ 是 x 对应链表中所有数据块的哈希值链接之后再次哈希得到的。以此类推，可计算出根节点 R 的值 h_{root}。

图 9-7 是一个简单的 WSLBT，高度为 3，出度为 3，其中，叶节点 D、E、F 和非叶节点 A 及根节点 R 的值可通过下面的公式进行计算，节点 B、C 的计算方式类似于节点 A。

节点 $D = h(h(F_1) \| h(F_2) \cdots \| (h(F_{10}))$

节点 $E = h(h(F_{11}) \| h(F_{12}) \cdots \| h(F_{20}))$

节点 $F = h(h(F_{21}) \| h(F_{22}) \cdots \| h(F_{30}))$

节点 $A = h(h(D) \| h(E) \| h(F))$

节点 $R = h(h(A) \| h(B) \| h(C))$

2) WSLBT 方案

在实际应用中，用户需要更新存储在云系统中的数据，如修改、插入和删除。当用户更新数据时，需要向云存储系统提供更新后的数据块信息，如数据块的位置、新的标签值等。云存储系统收到更新信息后，更新 WSLBT，更新数据块所在叶节点的值，并将叶节点的值重新计算到根节点上的所有兄弟节点。相比于 Merkle 哈希树、LBT，WSLBT 的数据块查询效率更高，在相同高度可以存储更多的数据块。

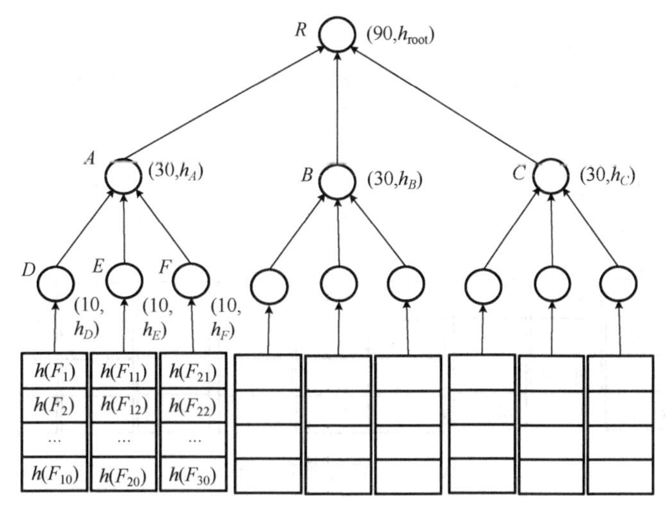

图 9-7　带权链表多分支树结构图

(1) 修改。

若用户需要将数据块 F_{12} 更新为 F_{12}'，则发送更新消息 $\{\text{modify},12,F_{12}',T_{12}'\}$ 到云系统。云系统收到更新消息，解析到这是个修改请求，将第 12 个数据块改为 F_{12}'，并将相应的数据块标签改为 T_{12}'。此时需要将 WSLBT 一并更新，将该数据块所在叶节点的值重新计算，并重新计算该叶节点到树根节点上所有节点的值，结果如图 9-8 所示。

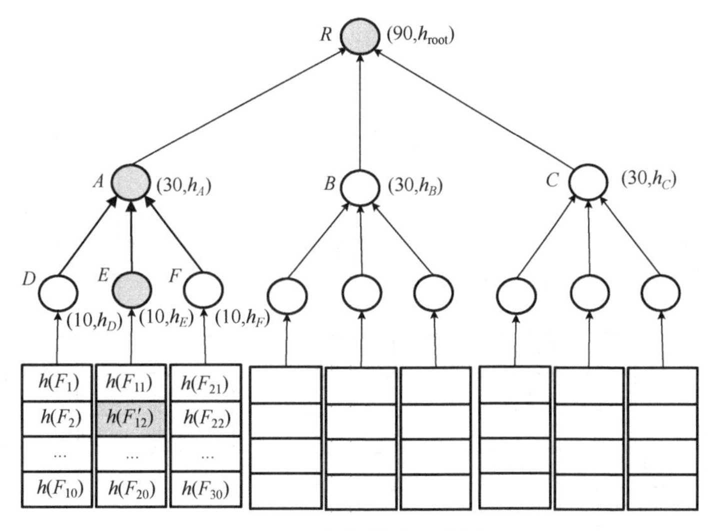

图 9-8　数据修改示意图

(2) 删除。

如果用户需要删除数据块 F_{12}，更新消息{delete, 12}将被发送到云系统。云系统解析这是一条删除消息，将数据块 F_{12} 及其标签 T_{12} 一起删除，重新计算对应的节点并更新 WSLBT，结果如图 9-9 所示。

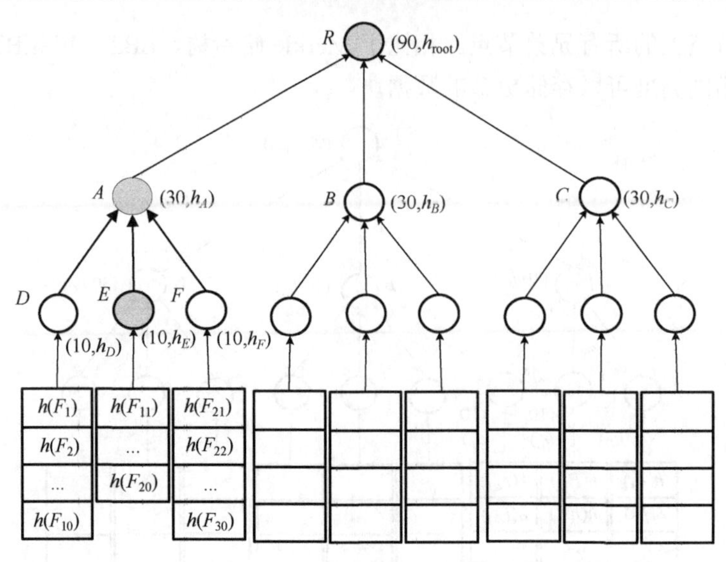

图 9-9　数据删除示意图

(3) 插入。

若用户需要在数据块 F_{19} 和 F_{20} 之间插入 F_i，则发送更新消息{insert, 19, F_i, T_i}到云系统。云系统解析到这是一个插入消息，将数据块 F_i 插入到链表 F_{19} 和 F_{20} 之间，重新计算链表对应的叶节点的值，并更新该叶节点到树根节点上所有节点的值，需要重新计算的节点与删除操作所更新节点相似，结果如图 9-10 所示。

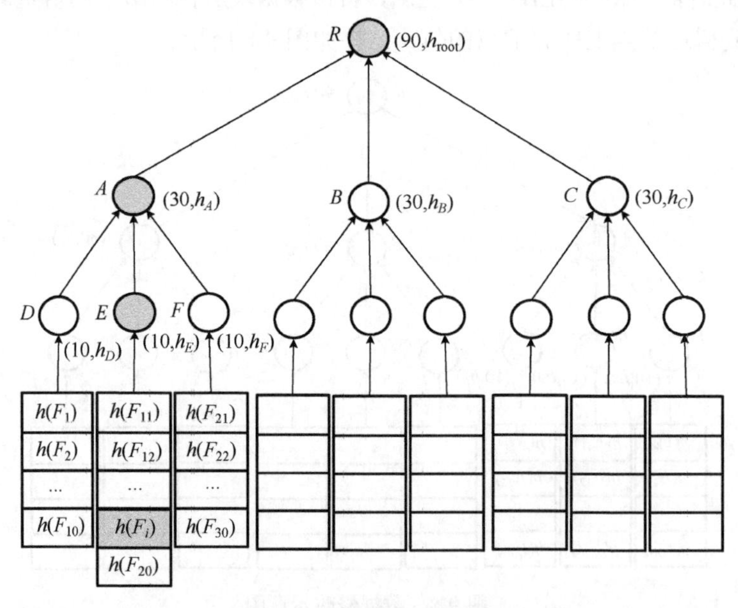

图 9-10　数据插入示意图

(4) 树的再平衡。

在多次更新之后，WSLBT 中叶节点对应链表的长度可能差距比较大，有些链表由于插入操作比较多导致链表长度很长，有些链表则由于删除操作比较多长度会很短，这就造成了 WSLBT 的不平衡，此时 WSLBT 如图 9-11 所示。当树的不平衡十分严重时，查询效率就会受到很大的影响，若要操作的数据块在较长的链表中，那么就会需要很长的查询时间。同时链表过长也导致叶节点值的计算开销增大，因此需要一种机制来维持树的平衡。

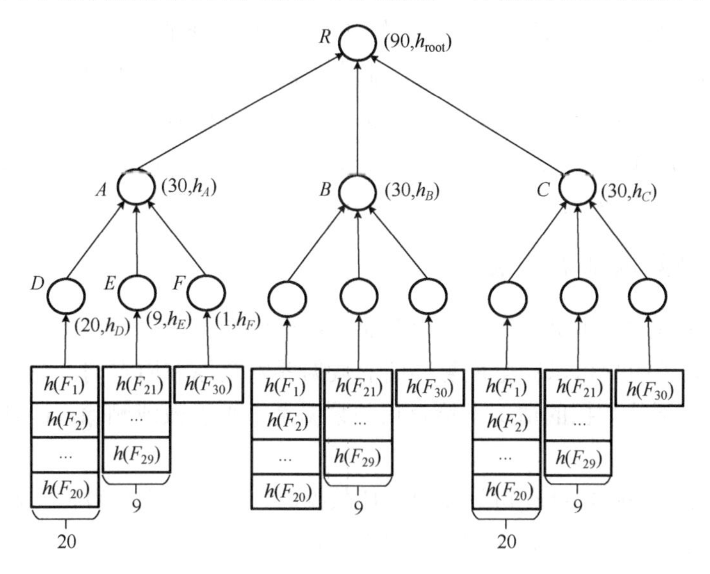

图 9-11　WSLBT 的不平衡状态图

在用户对数据进行多次更新后，WSLBT 的叶节点所对应的链表长度可能不等。在 WSLBT 中，每个节点上存储的信息$(r_x, h(x))$不仅有节点哈希值$h(x)$，而且有该节点下数据块的数目r_x。节点x、y、z的值分别为r_x、r_y、r_z，假设$r_x > r_y > r_z$，当最大的r_x与最小的r_z值相差大于阈值δ时，则称节点x、y、z不平衡(如图 9-11 中的节点D、E、F)。此时需对该节点进行再平衡，计算所有节点r值的平均值$r = (r_x+r_y+r_z)/3$，$d = (r_x+r_y+r_z) \bmod 3$。将前$d$个节点的数据块值调整为$r+1$，其余节点的数据块值调整为$r$，至此节点$x, y, z$之间实现了平衡。从根节点向下，对每一对兄弟节点进行再平衡，使得其节点之间r值最大最小之差小于阈值δ，从而实现 WSLBT 的平衡，再平衡后的 WSLBT 如图 9-12 所示。阈值δ选择比较关

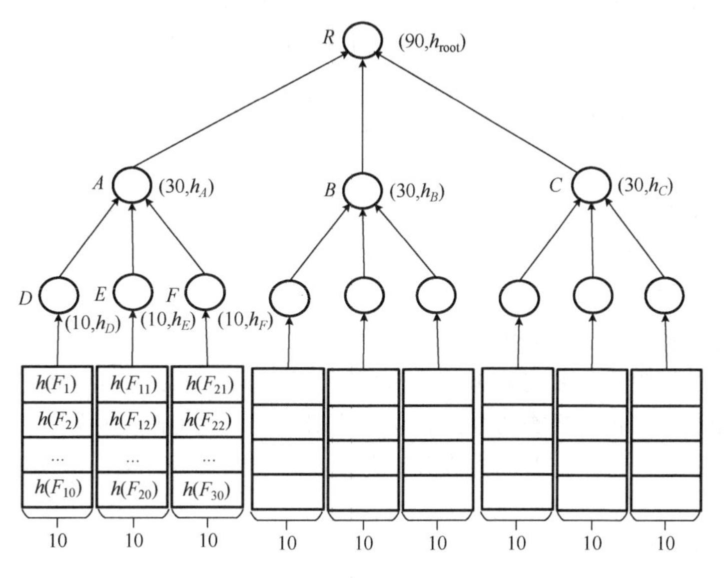

图 9-12　再平衡后的 WSLBT 图

键，如果过大，那么节点之间即便数据块差距比较大也不会进行再平衡，如果阈值δ过小，那么 WSLBT 就会频繁更新，造成系统资源的浪费。

上述的 PDP 方案虽然可以支持动态操作，并且在通信开销和计算开销方面有所优化，但是并不能在数据出现损坏时对其进行修复。而在实际的云存储环境中，云服务器可能会发生因为意外而出现故障导致数据出现损坏的情况。用户存储在云服务器上的有些数据是十分重要的，一旦数据被损坏，会给用户带来不可估量的损失。因此，能够检测数据损坏并恢复损坏数据的 POR 方案就应运而生了。

9.2.3 数据可恢复性证明方案

POR 是一种密码证明技术，用于证明存储服务提供商向数据用户证明存储的数据仍然保持完整性。它保证了用户可以完全恢复存储的数据并安全地使用它们。与通常的完整性认证不同，POR 可在不下载数据的情况下检查相关数据是否被篡改或删除，这对外包数据和文档存储极其重要。

与 PDP 相比，POR 能够在审计发现损坏数据时，立即对损坏数据文件进行恢复，保证云端文件的可用性。POR 方案的分类如图 9-13 所示。

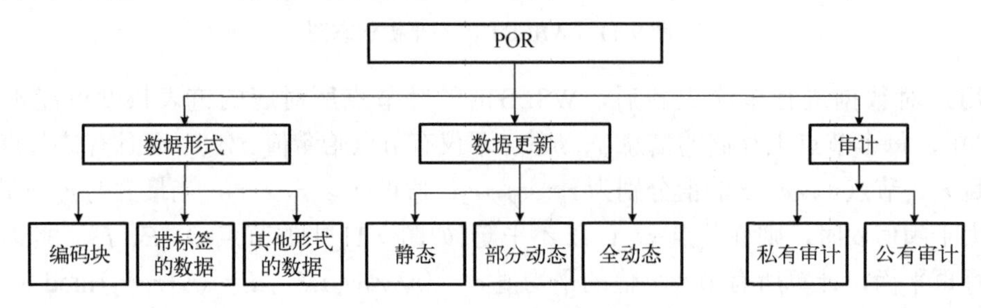

图 9-13　POR 方案的分类图

(1) 不同数据形式的 POR 方案。

云存储服务器存储文件的方式有许多种，如原始数据块或分布式的纠删码编码块。各数据存储形式都有其优点，这取决于 POR 方案采取哪种技术。POR 方案中数据存储形式可以分为以下三种，其中前两种采用了主流的数据存储方式。

①带有源数据或标签的编码块。源数据或标签是将原始数据分块之后进行异或运算得到的，可以作为密钥或解码等操作的关键信息。

②带有标签的数据。这些产生的标签被用来验证数据的完整性，支持单服务器的 POR 通常采用这种存储形式。

③其他形式的数据。

(2) 不同数据更新形式的 POR 方案。

用户存储的数据更新主要有静态、动态和部分动态三种形式。静态数据在被创造出来之后就不会再改变了，如视频之类的数据。动态数据则会一直地改变更新，如 Word 文档。由于在实际使用过程中，用户需要动态修改其存储在云端的数据。因此，实现数据动态修改也是有必要的。

(3) 不同审计方式的 POR 方案。

在 POR 方案中，存储审计可以检验云存储服务提供方是否正确存储了用户的信息。数据审计是由用户发起的要求存储服务提供方提供证据，一般有两种审计方式：

①私有审计，即由数据拥有者发起的数据审计；

②公共审计，即由第三方代替用户进行的数据审计。

私有审计主要针对的是一些比较机密的数据，不希望其他人接触。而公共审计主要针对的是已经加密的或者是对机密性要求不高的数据。

为了加深读者对 POR 的认识，下面我们将介绍几种典型的 POR 验证方案。

1. 基于数据分片技术的紧凑 POR 方案

基于岗哨的 POR 验证机制存在以下两个缺点：①验证次数有限；②它不是一种轻量级的验证机制。为了解决这些问题，Shacham 等于 2008 年提出了紧凑 POR（Compact POR，CPOR）模型。该机制具有无状态验证（验证者在验证过程中不需要保存验证状态）、任意验证和低通信开销等优点。其中，无状态验证和任意验证需要 POR 机制支持公开验证。通过公开验证，用户可将数据审计任务委托给第三方，减轻了用户的验证负担。

公开验证的 POR 机制允许任何第三方代替用户启动远程节点上的数据完整性检测。当发现数据的损坏程度小于阈值 ε 时，将会利用容错机制进行错误恢复，若大于 ε，将返回数据失效的结论给用户。与基于 BLS 签名的 PDP 机制相比，在初始化阶段之前，需增加一个冗余的编码数据预处理过程，使数据文件具有容错性，即把数据文件 F 分成 n 个块，再把 n 个块分成组，每组又分成 k 个块；然后，用 Reed-Solomon 纠错码对每组数据块进行容错编码，形成新的数据文件 $\tilde{F}$。

该方案提高了协议的效率并增强了安全性，同时也克服了在挑战数量上的局限性。

2. 支持动态操作的 POR 方案

Wang 等于 2009 年首次提出了支持部分动态操作的云存储 POR 机制，能够检测云存储系统中的错误及其在云存储服务器上的位置。该机制支持三种动态操作：追加、删除、修改。

该方案采用 Reed-Solomon 纠错码生成验证元数据，并存储在本地。在验证请求时，服务器根据纠错码的线性特性将多个响应聚合成一个较小的集合。验证者利用返回的证据重新生成验证元数据，并与本地存储的验证元数据进行比较，从而判断文件是否正确，若不正确，则会获取数据错误的服务器位置。该机制用于私有验证，它只能有限次地检查数据完整性。

3. 基于属性的密码体制 POR 方案

目前存在的大部分方案都是使用的基于身份的密码体制的思想，任燕等于 2020 年考虑将基于属性的密码体制用在数据可恢复性证明中，与基于身份的密码体制相比，基于属性的密码体制更直观。例如，从签名来说，某人使用一个基于身份的签名对消息进行签名后，验证者可以证实该消息的签名确实来自这个人，但是对于这个人所拥有的权限和社会职能却一无所知；而在基于属性的签名中，验证者可以检验签名是否为相应的属性的拥有者的签名，所以可以知道签名者的权限和职能，并且对于签名者的身份具有匿名性。如果用现实中的盖章来说明基于身份的签名与基于属性的签名的不同，则基于身份的签名就像是盖私章，而基于属性的签名就像是盖公章，私人章只能说明负责人是谁，而公章则可以表明颁发此签名的单位机构或者属性。在实际生活中，公章显然比私人章更具可信度。

一般地，一个基于属性的可公开验证的数据可恢复性证明方案有三个参与实体：数据拥有者、客户和云服务提供商。数据拥有者对数据进行采集，为了提高数据的鲁棒性，数据拥有者把采集到的数据进行纠错码编码，然后将编码后的数据存储到云端。满足数据拥有者指定属性的客户可以访问编码后的数据并对数据的完整性进行检验。为了验证数据的完整性，客户端生成一个挑战信息并把它发送给云端，然后云端对客户端所选择的文件块进行计算证明响应。收到证明后，客户端可以通过验证算法验证数据的完整性。

综上所述，在数据可恢复技术的研究领域，在保证安全性的条件下，保证方案高效性以及实现数据动态修改依旧是一个值得深入研究的问题。

9.3 云数据删除

在云存储中，当用户发送数据删除申请或数据的生命期结束后，他无法验证云服务提供商是否确实彻底删除了该数据及其所有副本。若云存储中保留了这些数据，则将导致用户数据被泄漏，甚至有扩散到第三方被非法利用的风险。通常，云存储中数据的删除问题包含两方面，一是如何消除云数据残留带来的保密性隐患，即如何实现云存储中加密数据的确定性删除；二是如何有效实施数据加密及加密数据多个副本的删除，即加密数据的重复性删除。下面将在9.3.1节和9.3.2节分别讨论这两个问题。

9.3.1 加密数据确定性删除

数据删除技术在云存储出现之前就已经存在，大概可以分为三种删除方式：删除指向数据文件的链接、文件覆写和删除加密数据的密钥。由于删除链接到文件的指针的方法只能保证通过文件系统看不到该文件，文件内容仍然保存在存储设备中，攻击者可以很容易地利用恢复和取证工具恢复已经被删除的数据，造成数据泄露。

为避免被删除的数据被恢复，文件覆写(Overwriting)方法使用了新数据覆盖原始数据以防止其被恢复。然而，文件覆写方法并不能保证数据被完全删除，攻击者仍然可以利用存储介质上留下的已删除数据的物理剩磁(Physical Remanence)来恢复数据。特别是在云计算环境中，由于云存储具有虚拟化的特点，数据的物理存储位置不再可控，且数据可能会有很多副本，用文件覆写方法不能保证覆写所有的物理存储位置，即使全部覆写，其效率也非常低，难以满足用户的需求。

在云存储中，数据不在用户可以控制的存储区域，用户对数据的修改、删除和替换都是由云服务提供商根据用户的申请完成的。通常情况下，用户无法使用删除指向数据文件的链接、覆盖文件等传统方法检查这些操作是否完成及其实现效果。为保证数据的保密性，云数据通常采用加密形式存储，因此，加密数据的确定性删除问题的解决思路主要是通过使加密数据的密钥删除或者失效，使数据变得不可访问，从而达到确定性删除的目的。

针对加密数据确定性删除方案中存在的数据删除不灵活问题，这里提出了一种支持数据更新的加密数据确定性删除方案，其解决思路是通过DHT(Distributed Hash Table)网络自动清除数据的控制密钥，达到自动删除数据的目的。下面介绍此方案的设计细节，以便读者以此为例，理解加密数据确定性删除问题的解决方法。

1. 方案描述

该方案的功能主要由KeyInit、Encryption以及MTKSGen等算法完成。

(1)密钥生成算法。

① $\mathrm{KeyInit}(k,p,n,k_{0,1},s)\to\{(p,j,k'_{p,j},r_{p,j})\}$。

首先，根据安全参数k随机选取根密钥$k_{0,1}$，再由密钥树派生规则生成一棵高度为p的树，以得到n个叶节点密钥，其中树高度p和叶节点数(数据块数)n满足$2^{p-1}<n\leqslant 2^p$。

将$k_{i,j}$设置为非叶子节点密钥，其左、右子节点密钥分别为$k_{i+1,2j-1}$和$k_{i+1,2j}$，并且：

$$\begin{aligned}k_{i+1,2j-1}&=f_{\mathrm{L}}(k_{i,j})=h(k_{i,j}\|i\|(2j-1))\\k_{i+1,2j}&=f_{\mathrm{R}}(k_{i,j})=h(k_{i,j}\|i\|2j)\end{aligned}\tag{9-7}$$

式中，$h(\cdot)$为哈希函数SHA-256；“$\|$”表示字符串的连接。

其次，以随机种子s为函数R的输入生成n个随机数$r_{p,j}(1\leqslant j\leqslant n)$，并利用下述等式计算得到$n$个变换叶节点密钥。

$$k'_{p,j}=f(k_{p,j})=h(k_{p,j}\|p\|j\|r_{p,j})\tag{9-8}$$

② $\mathrm{SinKeyGen}(k,i,j,k_{0,1},s)\to(i,j,k'_{i,j},r_{i,j})$。

使用密钥树推导规则，从$k_{0,1}$计算索引为(i,j)的叶节点密钥，并将其转换为变换后的叶节点密钥$k'_{i,j}$。运行该算法，只需要计算从$k_{0,1}$到$k_{i,j}$的路径上的节点。

③ $\mathrm{DataKeyGen}(s,\mathrm{cnt})\to\{k_i\}$。

以随机种子s为函数R的输入生成cnt个数据密钥，取数据密钥的长度为256比特。

$\mathrm{Encryption}(F,\{k_j\},\{(i,j,k'_{i,j},r_{i,j})\})\to(\{(\mathrm{Fid}_j,c_j)\},\{(\mathrm{Fid}_j,c_{k_j},i,j,r_{i,j})\})$。

(2)执行两层AES加密。

首先，Owner对数据进行分块$F=\{b_j\}$（$1\leqslant j\leqslant n$），取Fid_j为数据块b_j哈希值的前x比特，即

$$\mathrm{Fid}_j=[\mathrm{SHA}-1(b_j)]_{\mathrm{pre}\,x}\tag{9-9}$$

其次，以数据密钥k_j加密数据块，得到：

$$c_j=E_{k_j}(b_j)\tag{9-10}$$

最后，以变换叶节点密钥$k'_{i,j}$加密k_j，得到：

$$c_{k_j}=E_{k'_{i,j}}(k_j)\tag{9-11}$$

(3)密钥逐级合并。

$\mathrm{MTKSGen}(\{(i,j)\},c)\to\{(k_{\mathrm{tr}_i},i_{\mathrm{tr}_i},j_{\mathrm{tr}_i})\}_{\min}$。

对索引为$\{(i,j)\}$的c个叶节点密钥进行逐级合并，得到最小树密钥集$\{(k_{\mathrm{tr}_i},i_{\mathrm{tr}_i},j_{\mathrm{tr}_i})\}_{\min}$。合并规则为：若两个树密钥$k_{a,b}$和$k_{c,d}$具有相同的父节点密钥，即其索引满足条件：$a=c$，$d=b+1$，$b\equiv 1(\bmod 2)$，$d\equiv 0(\bmod 2)$，或者$a=c$，$b=d+1$，$d\equiv 1(\bmod 2)$，$b\equiv 0(\bmod 2)$，则用其父节点密钥代替这两个树密钥。

(4)生成树密钥序列。

$\mathrm{MTKSEnc}(\{(k_{\mathrm{tr}_i},i_{\mathrm{tr}_i},j_{\mathrm{tr}_i})\}_{\min},s)\to(x_0,\{x_i\})$。

首先，对$\{(k_{\mathrm{tr}_i}, i_{\mathrm{tr}_i}, j_{\mathrm{tr}_i})\}_{\min}$中的树密钥进行按序连接，树密钥的排序与其所对应数据块的排序相同，即可得到树密钥序列：

$$K_{\mathrm{tr}} = k_{\mathrm{tr}_1} \| k_{\mathrm{tr}_2} \| \cdots \| k_{\mathrm{tr}_q} \tag{9-12}$$

式中，$q = \left|\{k_{\mathrm{tr}_i}\}_{\min}\right|$。

其次，以 s 为 R 的输入生成两个 256 比特的随机数 r_1 和 r_2，取 r_1 的前 128 比特为 AON (All-or-Nothing) 密钥，后 128 比特为 MAC 密钥，即

$$\begin{aligned} k_{\mathrm{AON}} &= [r_1]_{\mathrm{pre128}} \\ k_{\mathrm{MAC}} &= [r_1]_{\mathrm{pos128}} \end{aligned} \tag{9-13}$$

同样，两个初始向量的取值为

$$\begin{aligned} \mathrm{ctr}_1 &= [r_2]_{\mathrm{pre128}} \\ \mathrm{ctr}_2 &= [r_2]_{\mathrm{pos128}} \end{aligned} \tag{9-14}$$

运用 AON 算法加密 K_{tr}，生成 stub x_0 和密文$\{x_i\}$。

(5) 密文块按序连接并分发：$\mathrm{MTKSDis}(s,t,m,\{x_i\}) \to \{\mathrm{Node}\}$

首先，将集合$\{x_i\}$中的密文块按序连接，得到：

$$X = x_1 \| x_2 \| \cdots \| x_q \tag{9-15}$$

式中，$q = \left|\{x_i\}\right|$。

其次，根据(t, m)门限方案，将 X 划分为 m 个分片，并以 s 为 R 的输入生成 m 个随机值，通过这 m 个随机值将 X 的 m 个分片分发到 DHT 网络的 m 个节点上。

(6) 密文提取。$\mathrm{MTKSExtract}(s,t,m) \to \{x_i\}$。以 s 为 R 的输入产生 m 个随机值，根据这些随机值从 DHT 网络中提取 X 的 t 个或 t 个以上分片，再利用(t,m)门限方案恢复出 X。对 X 按 128 比特长度进行顺序划分，得到集合$\{x_i\}$。

(7) 解密。

① $\mathrm{MTKSDec}(\{(i_{\mathrm{tr}_i}, j_{\mathrm{tr}_i})\}, x_0, \{x_i\}, s) \to \{(k_{\mathrm{tr}_i}, i_{\mathrm{tr}_i}, j_{\mathrm{tr}_i})\}_{\min}$。

以 s 为 R 的输入产生 AON 算法的密钥和初始向量，运行 AON 解密算法得到 K_{tr}，对 K_{tr} 按 256 比特长度进行顺序划分，得到$\{(k_{\mathrm{tr}_i}, i_{\mathrm{tr}_i}, j_{\mathrm{tr}_i})\}_{\min}$。

② $\mathrm{Decryption}(\{(\mathrm{Fid}_j, c_j)\}_{\mathrm{U}}, \{(\mathrm{Fid}_j, c_{k_j}, i, j, r_{i,j})\}_{\mathrm{U}}, \{(k_{\mathrm{tr}_i}, i_{\mathrm{tr}_i}, j_{\mathrm{tr}_i})\}_{\min}) \to \{(\mathrm{Fid}_j, b_j)\}_{\mathrm{U}}$。

User 从 CSP 获取具有访问权限的密文数据块和相应的元数据后，首先根据$\{(i, j, r_{ij})\}_{\mathrm{U}}$和$\{(k_{\mathrm{tr}_i}, i_{\mathrm{tr}_i}, j_{\mathrm{tr}_i})\}_{\min}$，利用派生规则 f_{L}、f_{R} 和变换函数 f 计算出对应的变换叶节点密钥，然后逐层解密数据密钥及数据块。

2. 确定性删除的执行

对数据块 b_j 的确定性删除可分为以下两种情况。

(1) 在 b_j 的生命期内，Owner 对其执行按需删除。此时，Owner 执行数据更新中的删除操作即可实现对 b_j 的确定性删除。因为 Owner 不再向 DHT 网络分发访问 b_j 需要的树密钥，同时 CSP 也将不再向 User 发送 b_j 的密文及元数据信息。

(2) b_j 因生命期结束而被确定性删除。在 timeout 到达时，存储在 DHT 网络中的所有 MTKS

分片都将被清除，从而任何实体都不能再从 DHT 网络提取出 MTKS，也就不能恢复出解密数据所需要的树密钥。此时，Owner 将为生命期未结束的数据块重新分发 MTKS 到 DHT 网络，而对于生命期已结束的数据块，在其生命期结束时 Owner 已删除 Block-Leaf 映射表中的相应条目，不再为其分发树密钥到 DHT 网络，因而将变得不可访问。从 b_j 生命期结束至 timeout 到达这段时间内，访问 b_j 所需要的树密钥分片还存储在 DHT 网络中。此时，授权 User 可以通过 MTKSExtract 提取出相应的 $\{x_i\}$，并通过 MTKSDec 恢复出 MTKS，但 User 没有叶节点密钥索引 (i, j) 和随机值 $r_{i,j}$ 将无法计算出变换叶子节点密钥。攻击者也可以通过跳跃或嗅探攻击获取该 $\{x_i\}$，但攻击者没有 AON 解密密钥和 stub x_0 将无法解密出 MTKS。因此，在这段时间内，b_j 也是不可访问的。

该方案综合利用了密钥派生树、AON 加密、秘密共享和 DHT 网络等技术，解决了加密数据确定性删除中存在的数据删除不灵活问题，实现了对数据更新的支持，使确定性删除技术也能应用于动态更新的数据。此外，该方案在存储效率、密钥初始化开销方面具有较高的性能。

9.3.2　加密数据重复性删除

在云存储中，由于基于加密的访问控制等需要，相同的用户数据可能被不同用户密钥加密，这样就会存在相同明文数据的多个加密副本。加密数据重复性删除问题就是如何保证相同明文数据的多个加密副本均被确定性删除的问题。

要解决保密数据的重复性删除问题，需要解决以下三个难题：首先，如何判断多个密文是否来自同一明文，即如何实现重复检测；其次，如何确定用户是否实际拥有文件，即如何实现数据拥有证明(Proof of Ownership，PoW)；最后，如何在不同的用户间共享被加密的数据副本，这涉及如何进行密钥管理等问题。此外，保密数据的重复性删除还需要解决对存储系统的滥用、非法获取目标文件、目标冲突等各类攻击问题。

针对保密数据的重复检测问题，并考虑到保密数据存在内外部攻击、目标冲突攻击，本节提出了一种基于 MHT 的加密数据重复性删除方案 MHT-Dedup(李超零，2014)。该方案由云服务器为数据密文生成一棵 MHT 来检查用户是否确实拥有所申请上传的文件，实现了确定性的文件拥有证明，并实现了文件级和数据块级的两级重复性删除，进一步提高了重复性删除的效率，能有效抵抗几类典型的针对重复性删除系统的攻击(如目标冲突攻击)。下面介绍此方案的设计细节，以便读者以此为例，理解加密数据重复性删除问题的解决方法。

1. MHT-Dedup 方案

1) $\mathrm{InitFid}(F) \to \mathrm{fid}_F$

User 利用哈希函数计算文件 F 的摘要，即 $\mathrm{fid}_F = h(F)$。这里，除特殊说明外函数 $h()$ 均采用 SHA-256。

2) $\mathrm{BlockHash}(F, \mathrm{bp}_F) \to (\{b_i\}, \{(i, h_i)\})$

User 根据数据块划分参数 bp_F，通过固定大小分块或可变长分块等方法将文件 F 划分成 n 个数据块 $\{b_i\}$ ($1 \leqslant i \leqslant n$)，并计算每个数据块的摘要 $h_i = h(b_i)$ ($1 \leqslant i \leqslant n$)。

3) $\mathrm{BlockCheck}(\{(i, h_i)\}, \mathrm{MD}_0) \to \{(i, \mathrm{fid}_{F'}, \mathrm{lb}_j, \mathrm{mb}_j)\}$

当云服务提供商 CSP 收到 User 发送的待上传文件 F 的数据块摘要集 $\{(i, h_i)\}$ ($1 \leqslant i \leqslant n$) 时，查找 User 存储的文件是否包含摘要为 h_i $(1 \leqslant i \leqslant n)$ 的数据块。如果包含这个数据块，会

为其生成一个元数据项$(i,\mathrm{fid}_{F'},\mathrm{lb}_j,\mathrm{mb}_j)$，这样 User 就可以确定文件 F 的第 i 个数据块与文件 F' 第 j 个数据块相同，b'_j 的数据密钥的密文为 lb_j，其控制密钥在密钥树中的位置为 mb_j。对于每个元数据项$(i,\mathrm{fid}_{F'},\mathrm{lb}_j,\mathrm{mb}_j)$，CSP 还需要生成一个元数据项$(i,t_j)$用于更新 TagInit 算法中文件 F 的元数据，其中 t_j 为 b'_j 的验证标签。

4) $\mathrm{Encrypt}(\{b_i\},p,n,1^\lambda,ft,fs,\{(i,\mathrm{fid}_{F'},\mathrm{lb}_j,\mathrm{mb}_j)\}) \to (C_F,\mathrm{MD}_F)$

由于文件 F 没有存储于云服务器中，User 需要将其加密后上传。

首先，User 初始化一棵高度为 p、包含 n 个叶子节点密钥的密钥树，并将叶子节点密钥转换为变换叶子节点密钥，以变换叶子节点密钥作为控制密钥。其中，树高度 p 与数据块数目 n 满足 $2^{p-1} < n \leqslant 2^p$。

根据安全参数 λ 随机选取一个根密钥 $k_{0,1}$，然后利用左右孩子派生规则 f_L 和 f_R 逐级计算得到树节点密钥。当 $k_{i,j}$ 为非叶子节点密钥时，其左、右孩子密钥分别为 $k_{i+1,2j-1}$ 和 $k_{i+1,2j}$，并且：

$$\begin{aligned} k_{i+1,2j-1} &= f_\mathrm{L}(k_{i,j}) = h(k_{i,j} \| i \| (2j-1)) \\ k_{i+1,2j} &= f_\mathrm{R}(k_{i,j}) = h(k_{i,j} \| i \| 2j) \end{aligned} \tag{9-16}$$

式中，“$\|$”表示字符串的连接。密钥树初始化完成后，对叶子节点密钥 $k_{p,i}$ $(1 \leqslant i \leqslant n)$ 运算得到变换叶子节点密钥：

$$k'_{p,i} = f(k_{p,i}) = h(k_{p,i} \| p \| i \| fa) \tag{9-17}$$

式中，$fa = h(ft \| fs)$ 被称为文件属性。

其次，User 执行数据块加密。采用密钥长度为 256 位的 AES 算法进行加密。对于数据块 b_i，若 $\{(i,\mathrm{fid}_{F'},\mathrm{lb}_j,\mathrm{mb}_j)\}$ 不包含 i，则 User 为其随机生成一个数据密钥 k_i，并计算其密文块 c_i、lockbox 值 lb_i 以及 mapbox 值 mb_i，其中：

$$\begin{aligned} c_i &= E_{k_i}(b_i) \\ \mathrm{lb}_i &= E_{k'_{p,i}}(k_i) \\ \mathrm{mb}_i &= (p,i) \end{aligned} \tag{9-18}$$

mapbox 记录数据块的控制密钥在密钥树中的位置。而对于数据块 b_i，若 $\{(i,\mathrm{fid}_{F'},\mathrm{lb}_j,\mathrm{mb}_j)\}$ 包含 i，则 User 从文件 F' 的根密钥 $k'_{0,1}$ 派生得到位置为 mb_j 的叶子节点密钥，并计算得到相应的变换叶子节点密钥(由于 F' 为 User 自身的文件，因此 User 知道 F' 的 fa)。进一步地，User 利用该变换叶子节点密钥解密 lb_j 得到 F' 的一个数据密钥，并将该密钥作为数据块 b_i 的数据密钥 k_i。此时，User 只需要计算 lb_i 和 mb_i，而不需要再次计算 c_i，其中：

$$\begin{aligned} \mathrm{lb}_i &= E_{k'_{p,i}}(k_i) \\ \mathrm{mb}_i &= (p,i) \end{aligned} \tag{9-19}$$

再次，User 对根密钥 $k_{0,1}$ 加密。User 首先以属性 fa 为密钥计算文件 F 的 HMAC-SHA256 值 HMAC_F，然后计算得到加密后的根密钥 τ_F，其中：

$$\begin{aligned} \mathrm{HMAC}_F &= \mathrm{HMAC-SHA256}_{fa}(F) \\ \tau_F &= \mathrm{HMAC}_F \oplus k_{0,1} \end{aligned} \tag{9-20}$$

最后，User 将加密结果组成数据密文 $C_F = \{(h_i,c_i)\}$ $(1 \leqslant i \leqslant n$，但不包含与 F' 重复的数据块$)$ 和元数据 $\mathrm{MD}_F = (\mathrm{fid}_F,\mathrm{bp}_F,\tau_F,\{(i,h_i,\mathrm{lb}_i,\mathrm{mb}_i)\}_F)$ $(1 \leqslant i \leqslant n)$。

5) $\text{InitTag}(C_F, \text{MD}_F) \rightarrow \text{MD}'_F$

首先，CSP 以哈希运算计算各数据块的验证标签。对数据密文 $C_F = \{(h_i, c_i)\}$ 中的每个密文块 c_i 进行哈希运算，并以该摘要值为数据块的验证标签，即 $t_i = h(c_i)$。而对于在 BlockCheck 算法中记录的所有元数据项 (i, t_j) 中的数据块，将其验证标签赋值为 $t_i = t_j$。

其次，CSP 以所有数据块的验证标签 $T = \{t_i\}$（$1 \leqslant i \leqslant n$）为叶子节点，并以数据块序号 i 为序，生成一棵如图 9-14 所示的验证二叉树 $\text{MT}_{h,n}(T)$（h 表示该二叉树采用的哈希函数，n 表示叶子节点的数目，T 表示叶子节点为文件 F 的验证标签），并以 $t_{\text{root},F}$ 表示树根节点。

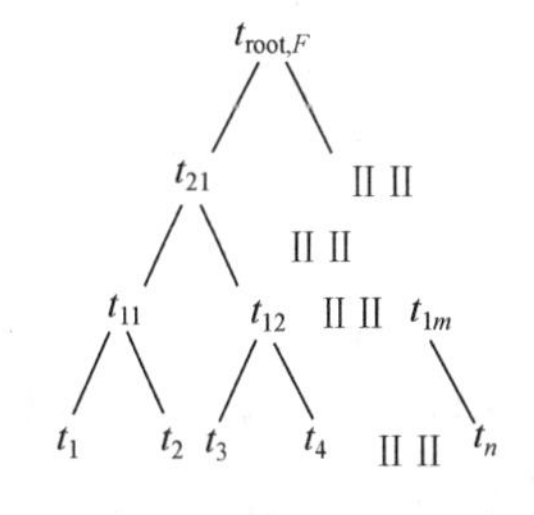

图 9-14　MHT-Dedup 中文件 F 的验证二叉树

最后，CSP 更新文件 F 的元数据为 $\text{MD}'_F = (\text{fid}_F, \text{bp}_F, \tau_F, t_{\text{root},F}, \{(i, h_i, \text{lb}_i, \text{mb}_i, t_i)\}_F)$（$1 \leqslant i \leqslant n$）。

6) $\text{Challenge}(n, \text{MD}_{F''}) \rightarrow (\text{bp}_{F''}, c, r, \tau_{F''}, \{(i, \text{lb}_i, \text{mb}_i)\}_{F''})$

CSP 随机选择一个数 c（$1 \leqslant c \leqslant n$）作为被挑战的数据块数目，并生成一个随机数 r 作为伪随机置换的密钥。另外，CSP 还需要从元数据 $\text{MD}_{F''}$ 中提取 $\text{bp}_{F''}$、$\tau_{F''}$ 以及 $\{(i, \text{lb}_i, \text{mb}_i)\}_{F'}$（$1 \leqslant i \leqslant n$），并将它们与 c、r 一起返回给 User。

7) $\text{Prove}(F, ft, fs, \text{bp}_{F''}, c, r, \tau_{F''}, \{(i, \text{lb}_i, \text{mb}_i)\}_{F''}) \rightarrow R$

首先，User 依次计算得到文件 F 的文件属性 fa 以及 HMAC 值 HMAC_F，进而解密出根密钥 $k''_{0,1}$：

$$k''_{0,1} = \text{HMAC}_F \oplus \tau_{F''} \tag{9-21}$$

其次，User 对文件分块并加密各数据块。

根据数据块划分参数 $\text{bp}_{F''}$ 对文件 F 分块 $\{b_i\}$（$1 \leqslant i \leqslant n$），并由根密钥 $k''_{0,1}$ 派生得到位置为 mb_i（$1 \leqslant i \leqslant n$）的 n 个叶子节点密钥 $k_{p,i}$（$1 \leqslant i \leqslant n$），从而可得到变换叶子节点密钥 $k'_{p,i}$（$1 \leqslant i \leqslant n$）。进一步地，User 利用 $k'_{p,i}$ 解密相应的 lb_i 以得到数据块密钥 k_i（$1 \leqslant i \leqslant n$），并利用 k_i 加密各数据块得到密文 c_i（$1 \leqslant i \leqslant n$），其中：

$$k_i = E^{-1}_{k'_{p,i}}(\text{lb}_i) \tag{9-22}$$

再次，User 为文件 F 生成一棵验证二叉树。

对各数据块密文 c_i 计算摘要值作为验证标签 t_i，并以 t_i（$1 \leqslant i \leqslant n$）为叶子节点、数据块序号 i 为序生成一棵验证二叉树 $\text{MT}_{h,n}(T)$。

最后，User 返回验证二叉树的部分节点作为响应 R。

以文件 F 的块数 n、被挑战数据块数目 c 和随机数 r 为伪随机置换函数 σ 的输入，得到 c 个被挑战数据块的序号：

$$i_j = \sigma_r(c, n), \quad 1 \leqslant j \leqslant c, 1 \leqslant i_j \leqslant n \tag{9-23}$$

User 将验证二叉树中被挑战块 i_j（$1 \leqslant j \leqslant c$）的叶子节点及其到根节点路径上的兄弟节点作为响应 R 返回给 CSP。

8) $\text{Verify}(R, \text{MD}_{F''}) \rightarrow \text{TRUE / FALSE}$

CSP 利用响应 R 中的节点生成一棵验证二叉树，比较该树的根节点 $t_{\text{root},F}$ 与 $t_{\text{root},F''}$ 是否相等。

若相等则表示User拥有文件F，并且文件F与F''是同一个文件；若不相等，则表示User所申请上传的文件F与CSP所存储的文件F''具有相同的标识，但文件内容不同，两者中存在文件内容与标识不相符的情况。

当出现文件内容与标识不相符的情况时，为确定文件F与F''中哪个为伪造的，CSP（或一个可信的仲裁方）需要要求该User出示文件F的明文，并同时要求文件F''的所有者出示解密F''的根密钥及文件属性等信息，由CSP（或可信的仲裁方）分别对文件F和F''的明文计算摘要，若所计算的摘要与文件标识不相等，则表示该文件为伪造的。

9) $\mathrm{Decrypt}(C_F,\{i,\mathrm{lb}_i,\mathrm{mb}_i\}_F) \to F$

User需要访问文件F时，从CSP获得其密文C_F和元数据$\{i,\mathrm{lb}_i,\mathrm{mb}_i\}_F$，再利用本地存储的根密钥$k_{0,1}$和文件参数$ft$、$fs$，即可按生成$F$的密钥树、计算变换叶子节点密钥、解密出数据密钥以及解密数据块的顺序得到文件F。

2. 重复数据删除的执行

User申请存储文件F时，首先调用InitFid算法计算文件F的标识fid_F，再将fid_F发送给CSP，CSP检查是否已经存储了标识为fid_F的文件。

若是，则CSP与User分别调用Challenge、Prove和Verify算法运行PoW协议，若User通过了检查则CSP将其记录为文件fid_F的所有者，否则终止本次文件上传，并对文件的真实性进行仲裁。

若CSP未存储标识为fid_F的文件，则User与CSP分别调用BlockHash和BlockCheck算法检查哪些数据块是该User已经存储过的，并将这些已存储数据块的数据密钥等信息返回给User。随后，User调用Encrypt算法加密文件F，将加密结果发送给CSP，并在本地为文件F存储fid_F、$k_{0,1}$、fs、ft、n等参数。CSP调用InitTag算法计算文件的验证标签，并将元数据和数据密文分别存储到主服务器和存储服务器中。其中，MHT-Dedup中文件F的元数据包括fid_F、bp_F、τ_F、$T_{\mathrm{root},F}$以及存储数据块参数的Block-Info表；hMAC-Dedup中文件F的元数据包括fid_F、bp_F、τ_F、s、α和Block-Info表。Block-Info表的结构如表9-2所示。完成文件存储后，User可以随时访问存储于云中的文件并调用Decrypt算法对其解密。

表 9-2 Block-Info 元数据表

块序号	块摘要	lockbox	mapbox	块标签
1	h_1	lb_1	mb_1	t_1
2	h_2	lb_2	mb_2	t_2
…	…	…	…	…
n	h_n	lb_n	mb_n	t_n

MHT-Dedup不仅实现了文件级的重复性删除，还实现了本地数据块级的重复性删除，并避免了采用hash-as-a-proof引起的目标冲突攻击等攻击行为；解决了重复性删除与数据加密之间的矛盾，实现了对数据块的加密保护；能有效抵抗利用存储系统进行内容分发、对数据机密性的内外部攻击，以及目标冲突攻击。

9.4　云数据恢复

云存储系统往往包含成千上万的存储节点，庞大的节点数量使得节点故障成为常态。因此，需要提供相应的容错和恢复方案，以保证即使某些存储节点出现故障，用户仍能正常访问数据。大部分的数据恢复技术集中在研究基于纠删码的数据恢复，再生码是纠删码的一种重要改进，本书 6.3 节中具体介绍了数据容错技术，同时也详细介绍了纠删码、网络编码、再生码的原理。本节基于上述技术的研究提出一种基于功能性最小存储再生码的数据恢复方案(朱彧等，2020a)，以期读者对此有一个直观的了解。该方案将用户数据分块后，采用功能性最小存储再生码(Functional Minimum Storage Regenerated code，FMSR 码)进行编码，编码后的数据块存储在云端，通过“挑战-应答”协议验证编码块的完整性并定位受损数据块，利用 FMSR 码的特性修复受损数据块。

1. *数据恢复方案*

1) 初始化

验证方案初始化流程如图 9-15 所示。

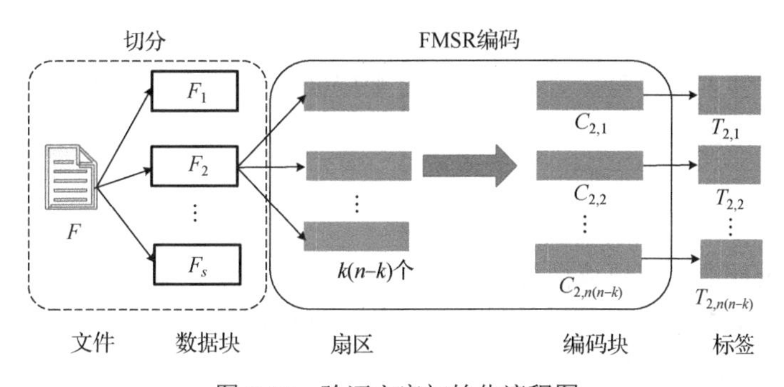

图 9-15　验证方案初始化流程图

用户将每个数据块分割编码后的 $n(n-k)$ 个编码块上传给云系统，并由其将编码块分别存储到 n 个不同数据节点，每个节点存储相邻的 $n-k$ 个编码块，将所有编码矩阵 $(\mathrm{EM}_i)_{i=1,2,\cdots,s}$ 上传到第三方审计者并由其负责存储和维护。用户根据文件分块情况构造 LBT，通过不断迭代计算出根节点值 Root，对其进行数字签名 $\mathrm{Sig}_{\mathrm{sk}}(h(\mathrm{Root}))=h(\mathrm{Root})^x$。每个叶子节点的值是对应数据块分块编码后所得的 $n(n-k)$ 个编码块的哈希值链接后再次哈希所得。将生成的标签集合和 LBT 根节点签名值 $\mathrm{Sig}_{\mathrm{sk}}(h(\mathrm{Root}))$ 上传给云系统，云系统根据收到的编码块构造 LBT。

2) 发起挑战

第三方审计者不定时地向云系统发送检测挑战来判断数据完整性是否被破坏。第三方审计者从编码块索引值集合 $\{(i,j)\}_{i=1,2,\cdots,s,\ j=1,2,\cdots,n(n-k)}$ 中随机选取 e 对数值，将 e 个数值构建索引集合 $I=\{(i_1,j_1),(i_2,j_2),\cdots,(i_e,j_e)\}$，同时为每一对数值选取对应的随机数 v。然后第三方审计者向云系统发送检测信息 $\mathrm{chal}=\{((i_1,j_1),v_1),((i_2,j_2),v_2),\cdots,((i_e,j_e),v_e)\}$。

3) 返回证据

云系统根据检测信息中的索引值找到 LBT 中对应的节点，找到该节点到根节点之间路径上的所有兄弟节点，将所有的兄弟节点汇聚成一个集合即为辅助信息$\{\Omega_{i_m j_m}\}_{1\leqslant m\leqslant e}$，并计算证据，云系统将证据返回给第三方审计者。

4) 证据验证

第三方审计者收到证据后，进行验证计算。

2. 损坏数据检测及修复

在数据检测阶段，第三方审计者对索引为$\{(i_1,j_1),(i_2,j_2),\cdots,(i_e,j_e)\}$的编码块进行了完整性检测，当检测未通过时，表明索引为$\{(i_1,j_1),(i_2,j_2),\cdots,(i_e,j_e)\}$的编码块中至少有一个编码块的完整性遭到了破坏。由于并不知道异常编码块的数量及位置，因此需要对所有编码块进行检测，通过实验分析得出分批检测法效率更高。

检测时，将索引I中的编码块按一定长度等分成多个集合，分别检查其完整性。分批集合的长度称为验证步长 step。如果集合中的编码块通过了完整性检查，则集合中的所有编码块都被认为是完整的。如果集合中的编码块未能通过检查，则意味着集合中存在着损坏的数据块。在将验证 step 减半之后，对这一集合中的编码块进行等分检验，直到找到损坏的数据块。

3. 数据下载

当用户下载文件F时，第三方审计者通过编码恢复单个的数据块F_i，将数据块组合起来得到原始文件F并返回给用户。

4. 动态操作

在实际应用过程中，用户将需要动态操作存储在云端。一些云数据完整性验证方案通过对数据进行预编码来支持数据恢复，但是任何动态操作都会使得整个文件需要重新编码，导致方案不支持数据的动态操作。该方案中，数据先分块再编码，不仅可以修复数据，还支持插入、删除、修改等动态操作。

基于功能最小码的数据恢复方案可以支持数据动态操作，高效定位和修复受损数据块，修复数据时在带宽开销上也有一定优势。

第 10 章　云数据访问安全

云计算是大数据存储、管理和分析的基础平台，其优势在于高灵活性、可扩展性、高性比等，因此，用户越来越倾向于把数据、应用迁移到云环境中。然而，当数据迁移到云端服务器之后，用户失去了对数据的控制权，所储数据存在被泄露的风险。因此，云数据访问控制主要采用基于密码学的方法，即将数据加密后再存储到云端服务器，并通过密钥的管理等方法实现访问控制，使得只有被授权用户才能访问和使用数据。此时，为了防止非法用户或者恶意的云服务提供商访问加密数据，需定义灵活可扩展的访问控制策略，实现数据的细粒度安全共享，这是一个十分具有挑战性的问题。本章主要介绍基于广播加密的云数据访问控制、基于属性加密的云数据访问控制和基于代理重加密的云数据访问控制。

10.1　基于广播加密的云数据访问控制

在云存储环境下，外包数据由不可信的云服务提供商管理，基于密码学的访问控制技术实现数据安全共享的关键在于保证所使用的加密密钥的安全性。广播加密(Broadcast Encryption，BE)技术可实现安全的密钥生成、分发等操作，从而避免依赖可信密钥管理服务器的访问控制机制。

广播加密的概念被提出后，2001 年 Naor 等基于通用的“子集-覆盖”(Subset-Cover，SC)框架提出了无状态接收装置的广播加密方案。为进一步降低通信开销、提高计算效率和存储效率，后续又有大量的 SC 框架下的广播加密方案相继被提出，这些基于对称加密算法的方案中，广播发送者需要拥有所有数据接收者的对称加密密钥，这也在一定程度上限制了潜在的数据接收者的规模。为克服上述限制，2002 年 Dodis 等基于“子集–覆盖”框架提出了公钥广播加密方案，在此基础上，学者对广播加密的研究进行了扩展，提出了基于身份的广播加密和基于属性的广播加密等。

本节首先介绍广播加密的相关基本概念，然后介绍基于对称广播加密和基于公钥广播加密的两种云数据访问控制机制，最后总结广播加密体制的局限性及一些扩展。

10.1.1　广播加密的基本概念

广播加密允许数据发送者定义密文的访问控制策略，使用一个用户集合标识其授权，若用户标识在集合中，则具有正确解密密文的权限，否则无法正确解密密文。

1. 广播加密方案的定义

广播加密方案一般包含以下三个算法。

(1) 密钥提取：该算法输入一个用户标识 $u \in U = \{u_1, u_2, \cdots, u_n\}$，输出用户 u 的私钥集合 $K_u = \{k_1, k_2, \cdots, k_l\}$。

(2) 加密：该算法输入明文M、撤销用户集合$R \subseteq U$和会话密钥K，输出广播消息B，然后，广播该消息B。

(3) 解密：该算法输入广播消息B和用户私钥集合K_u，若用户$u \notin R$，则输出会话密钥K，否则失败。

2. 广播加密的分类

(1) 有状态广播加密，即广播加密的接收者在接收到信息后，可以保存该信息，然后，根据该信息对自己的密钥进行更新。有状态广播加密方案采用授权用户的共享密钥加密，所以其密文较短，计算量较小。其不足之处是：当用户加入和退出时，集合内的其他用户密钥也需要更新，造成较大的通信开销。

(2) 无状态广播加密，即广播加密的接收者不能更新用户密钥，只能用初始密钥解密接收到的广播消息。基于对称密钥的无状态广播加密方案要求系统中必须有一个信任中心，负责产生所有用户密钥并广播消息；而在基于公钥的无状态广播加密方案中，所有用户都可以用公钥加密并广播消息。

3. 基于广播加密的云数据访问控制框架

基于广播加密的云数据访问控制框架如图 10-1 所示，它由公钥服务器、数据所有者、数据服务器和用户组成。其中公钥服务器负责维护一个密钥集合，即将系统中的所有用户按照一定的方法划分为子集，每个子集代表可能的数据接收者集合；数据所有者负责加密数据；数据服务器负责加密数据的存储；用户即数据的访问者。

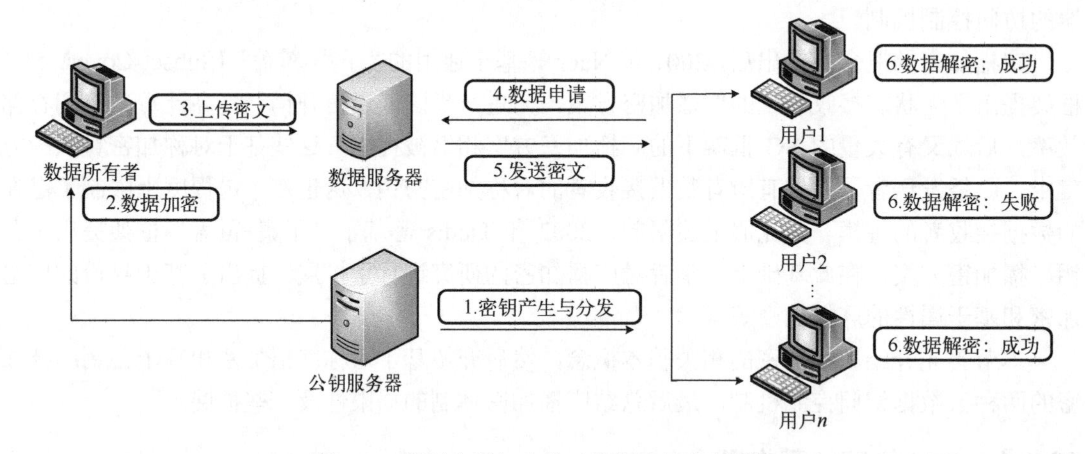

图 10-1　基于广播加密的云数据访问控制框架

基于广播加密的云数据访问控制过程具体描述如下。

(1) 密钥产生与分发：公钥服务器为每个子集产生公私钥对，并将私钥安全分发给其包含的用户。

(2) 数据加密：数据所有者采用基于公钥广播加密技术对加密密钥进行加密，以实现对授权接收者的限定。

(3) 上传密文：数据所有者将加密后的数据上传至数据服务器。

(4) 数据申请：用户访问数据时，先向数据服务器提交申请。

(5) 发送密文：数据服务器发送密文给被数据所有者授权的用户。

(6) 数据解密：被数据所有者授权的用户获得数据的加密密钥，并进一步解密出数据。

10.1.2　基于对称广播加密的云数据访问控制机制

2001 年 Naor 等基于“子集-覆盖”框架提出了无状态接收者的广播加密方案，并给出了完备子树和子集差分两种实现方法。

1. “子集-覆盖”框架

(1) “子集-覆盖”框架定义。设子集集合为 $S_1,S_2,\cdots,S_w$，其中 $S_i \subseteq U, i=1,2,\cdots,w$，每个子集有一个密钥 LK_i，开始时，系统给每个用户分配一个密钥集合 K_u，然后用户通过 K_u 计算出所在集合的密钥 LK_i。用户 $u \in R$ 表示用户被撤销，用户集合 $R \subseteq U$ 划分为不相交的子集集合 $S_{i_1},S_{i_2},\cdots,S_{i_m}$，$\{i_1,i_2,\cdots,i_m\} \subseteq \{1,2,\cdots,w\}$ 并且满足 $U \setminus R = \bigcup_{j=1}^{m} S_i$。称子集集合 $S_{i_1},S_{i_2},\cdots,S_{i_m}$ 为 $U \setminus R$ 的一个覆盖。

广播中心选择随机会话密钥 K，然后计算广播消息如下：

$$B = \left\langle [i_1,i_2,\cdots,i_m, E_{\mathrm{LK}_{i1}}(K), E_{\mathrm{LK}_{i2}}(K),\cdots,E_{\mathrm{LK}_{im}}(K)], F_K(M) \right\rangle$$

接收者接收到广播消息 B，若用户 $u \in U \setminus R$，则可以得到在自己所在集合的 S_i，然后用私钥计算出 S_i 对应的子集密钥 LK_i，进而解密出会话密钥 K，获得明文；否则解密失败。

(2) “子集-覆盖”框架的基本思想。用一个完全二叉树的叶子节点表示 N 个用户，称这棵二叉树为用户树，如图 10-2 所示。基于该用户树，通过 Subset 算法对用户进行划分，使每个用户属于若干集合。如果有用户被撤销，则通过 Cover 算法对非撤销用户进行划分，划分出多个互不相交的集合，所有合法用户被这些集合的并集覆盖。

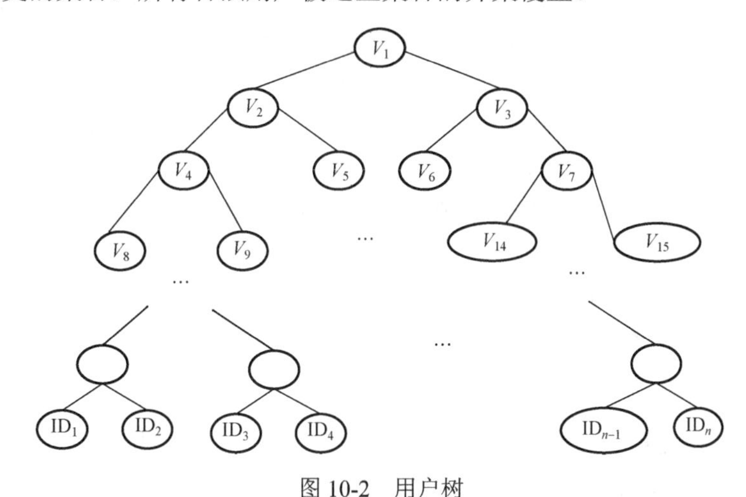

图 10-2　用户树

(3) Subset 算法：每个集合与二叉树中的节点一一对应，该节点的所有子孙节点表示该集合中的所有用户。一个包含系统中所有用户的集合与根节点对应。

(4) Cover 算法：一棵由根节点和 R 个撤销用户节点组成的树，Cover 算法的划分结果包含树中所有出度为 1 的节点的子女节点所对应的集合。

2. 基于“子集-覆盖”框架的广播加密方案

该方案包含以下算法。

(1)初始化：把用户集合 N 划分成 w 个子集 $L_1, L_2, \cdots, L_w \subseteq N$，每个密钥 $K_i(1 \leqslant i \leqslant w)$ 对应一个子集 L_i，每个用户有一个密钥集合，包含其所属若干集合的子集密钥 L_i。

(2)广播加密：首先选会话密钥 K，然后通过 Cover 算法对用户划分，并用划分子集的密钥加密会话密钥 K，最后用 K 加密待广播的消息 M。

(3)解密：解密时，用户首先找到利用自己所属集合的密钥加密的数据，先解密出会话密钥 K，再用 K 解密，最后得到广播消息 M。

3. “子集-覆盖”框架的具体实现

子集差分方法。设用户 u 用完全二叉树中的叶节点表示，一个有效子集 S 可由树 (V_i, V_j) 的两个节点来表示，其中节点 V_i 是节点 V_j 的父节点。节点子集 $S_{i,j}$ 被看成根节点为 V_i 的子树减去根节点为 V_j 的子树，如图 10-3 所示。若叶节点 u 是 V_i 的子孙节点，而不是 V_j 的子孙节点，则定义用户 $u \in S_{v_i, v_j}$。

对给定的撤销用户集合 R，设 $u_1, u_2, \cdots, u_T$ 是 R 中元素对应的叶子节点，覆盖是对非撤销用户集合 $N \setminus R$ 进行划分，划分出若干个互不相交的集合，其具体过程如下。

(1)设 T 是由 R 个撤销用户节点与根节点组成的 steiner 树，在 T 中找到两个叶节点 v_i 和 v_j，v_i 和 v_j 最近的祖先节点 v 在其子树中不包含树 T 的任何其他叶子。设 v_l 和 v_k 是 v 的两个子节点，这样 v_i 是 v_l 的子节点，v_j 是 v_k 的子节点(如果只剩下一个左叶子节点，则 $v_i = v_j$，v 作为 T 的根节点，且 $v_l = v_k = v$)。

(2)如果 $v_l \neq v_i$，则将 $S_{l,i}$ 添加到集合；否则，如果 $v_k \neq v_j$，则将 $S_{k,j}$ 添加到集合。

(3)从 T 中移除 v 的全部子节点，并使其成为一个叶节点。

(4)重复步骤(1)～步骤(3)的操作，直到 T 中仅包含一个节点。

密钥分配时，为完全二叉树中的每个 $1 \leqslant i \leqslant w$ 内部节点对应地选择一个随机的独立值 LABEL_i，这个值可以推导出所有合法子集 $S_{i,j}$ 的密钥。如图 10-4 所示，用户 u 收到由 v_i 的 LABEL_i 值推导出的 $v_{i1}, v_{i2}, \cdots, v_{ik}$ 的标签值，因此，所有子孙节点的差分子集密钥可以由其祖先节点对应的密钥生成。

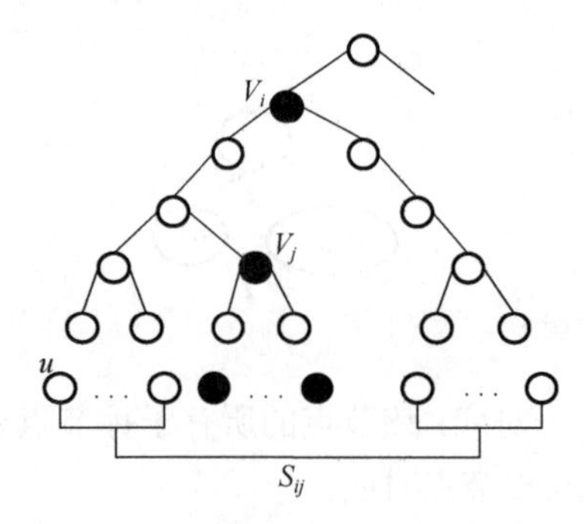

图 10-3　子集差分方法中的子集 $S_{i,j}$

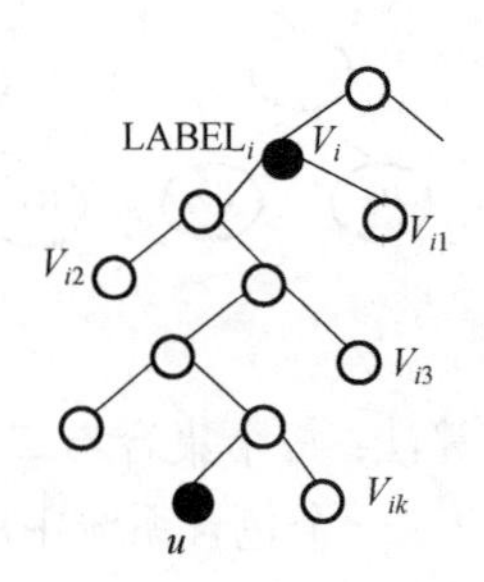

图 10-4　子集差分方法中的密钥分配

10.1.3　基于公钥广播加密的云数据访问控制机制

为实现所有用户都可以用公钥加密并广播消息，需要解决只有信任中心才能广播加密信息的问题。下面以 2002 年 Dodis 等提出的公钥广播加密方案为例进行介绍，该方案通过将基于“子集-覆盖”的对称广播加密转换为公钥广播加密，以避免对信任中心的依赖。

1. 方案的具体构造

该方案由系统建立 $\mathrm{Setup}(n)$、加密 $\mathrm{Encrypt}(S,\mathrm{PK})$ 和解密 $\mathrm{Decrypt}(S,i,d_i,\mathrm{Hdr},\mathrm{PK})$ 三个算法组成，具体实现如下。

(1) $\mathrm{Setup}(n)$：输入接收者的数量 n，输出 n 个私钥 $d_1,d_2,\cdots,d_n$ 和公钥 PK。执行过程：令 G 是一个阶为 p 的双线性映射群。选取 G 的任意生成元 $g\in G$ 和任意 $\alpha\in Z_p$，对于 $i=1,2,\cdots,n,n+2,\cdots,2n$，计算 $g^{(\alpha^i)}\in G$，将 $g^{(\alpha^i)}$ 视作 g_i。选取任意 $\gamma\in Z_p$，计算 $v=g^{\gamma}\in G$，最终得到：$\mathrm{PK}=(g,g_1,\cdots,g_n,g_{n+2},\cdots,g_{2n},v)$。计算用户私钥：

$$d_i=g_i^{\gamma}\in G \tag{10-1}$$

(2) $\mathrm{Encrypt}(S,\mathrm{PK})$：输入一个接收者的子集 $S\subseteq\{1,2,\cdots,n,n+2,\cdots,2n\}$ 和公钥 PK，输出 (Hdr,K)，其中 K 为对称密钥用于加密，Hdr 则是本次加密产生的公开信息。具体过程为：在 Z_p 中选取随机的 t，令会话密钥 $K=e(g_{n+1},g)^t$，其中 $e(g_{n+1},g)$ 可通过 $e(g_n,g_1)$ 得到，最后输出 (Hdr,K)：

$$(\mathrm{Hdr},K)=(C_0,C_1,K),\quad C_0=g^t,\quad C_1=\left(v\cdot\prod_{j\in S}g_{n+1-j}\right)^t \tag{10-2}$$

(3) $\mathrm{Decrypt}(S,i,d_i,\mathrm{Hdr},\mathrm{PK})$：输入公钥 PK、授权用户集合 S、密文头 Hdr 以及用户的 id 和私钥 d_i，如果该用户是授权用户，则可以计算出 K：

$$K=e(g_i,C_1)/e\left(d_i\cdot\prod_{j\in S,j\neq i}g_{n+1-j+i},C_0\right) \tag{10-3}$$

2. 方案正确性

上述方案的正确性由式(10-4)保证：

$$\begin{aligned}
K&=e(g_i,C_1)\Big/e\left(d_i\cdot\prod_{j\in S,j\neq i}g_{n+1-j+i},C_0\right)\\
&=e\left(g^{(\alpha^i)},\left(v\cdot\prod_{j\in S}g_{n+1-j}\right)^t\right)\Big/e\left(v^{(\alpha^i)}\cdot\prod_{j\in S,j\neq i}g_{n+1-j+i},g^t\right)\\
&=e(g^{(\alpha^i)},(g_{n+1-i})^t)\cdot e\left(g^{(\alpha^i)},\left(v\cdot\prod_{j\in S,j\neq i}g_{n+1-j}\right)^t\right)\Big/e\left(v^{(\alpha^i)}\cdot\prod_{j\in S,j\neq i}g_{n+1-j+i},g^t\right)\\
&=e(g_{n+1},g)^t\cdot e\left(g^{(\alpha^i)},\left(v\cdot\prod_{j\in S,j\neq i}g_{n+1-j}\right)^t\right)\Big/e\left(v^{(\alpha^i)}\cdot\prod_{j\in S,j\neq i}g_{n+1-j+i},g^t\right)\\
&=e(g_{n+1},g)^t\cdot e\left(g,v^{(\alpha^i)}\cdot\prod_{j\in S,j\neq i}g_{n+1-j}\right)^t\Big/e\left(v^{(\alpha^i)}\cdot\prod_{j\in S,j\neq i}g_{n+1-j+i},g^t\right)=e(g_{n+1},g)^t
\end{aligned} \tag{10-4}$$

10.1.4　广播加密体制的局限性及一些扩展

1. 广播加密体制的局限性

广播加密体制是一种保证用户之间“一对多”通信安全的密码体制，即一个发送者加密广播消息，多个授权用户可以接收并解密密文从而获得广播消息。在对称广播加密中，因要求广播发送者和接收者的密钥必须一致，所以无法实现用户变更的动态性。而公钥广播加密体制中的广播密钥分为加密密钥和解密密钥，即不需要广播发送者和每个接收者持有不同的广播密钥对，这样虽然可以节省密钥空间，但传输速度较慢。传统的公钥广播加密的另一个局限是依赖公钥基础设施，其中证书授权中心(Certificate Authority，CA)需存储和管理用户的公钥证书，所以计算量和通信开销大。

2. 广播加密体制的扩展

1)基于身份的广播加密

基于身份的广播加密可实现动态加入和撤销用户，以解决传统公钥广播加密中对 CA 的依赖。这里以 Delerablee 于 2007 年提出的基于身份的广播加密方案为例进行介绍。该方案有一个私钥生成中心 PKG 负责为每个用户生成用户私钥，广播者使用系统公共参数进行加密，因此不需要持有任何私密信息。该方案包含以下四个具体算法。

(1)系统建立 $\text{Setup}(\lambda,m)$：输入安全参数 λ 和一次加密中接收者集合的最大数目 m。构建双线性映射群系统 $B=(p,G_1,G_2,G_T,e(\cdots))$，其中 $|p|=\lambda$。随机选择两个生成元($g\in G_1$, $h\in G_2$)和一个秘密值($\gamma\in Z_p^*$)，选择哈希函数 $H:\{0,1\}^*\to Z_p^*$，B 和 H 构成系统公共参数。输出主密钥 $\text{MSK}=(g,\gamma)$，公钥 $\text{PK}=(\omega,v,h,h^{\gamma},\cdots,h^{\gamma^m})$，其中 $\omega=g^{\gamma}$，$v=e(g,h)$。

(2)私钥提取 $\text{Extract}(\text{PK},\text{MSK},S,\text{ID}_i)$：该算法输入主密钥 $\text{MSK}=(g,\gamma)$ 和用户身份 ID，输出用户私钥：

$$\text{sk}_{\text{ID}}=g^{1/\gamma+H(\text{ID})} \tag{10-5}$$

(3)加密算法 $\text{Encrypt}(\text{PK},S,M)$：该算法输入公钥 $\text{PK}=(\omega,v,h,h^{\gamma},\cdots,h^{\gamma^m})$，假设 $S=\{\text{ID}_j\}_{j=1}^{s}$，其中 $s\leqslant m$。广播者随机选择 $k\in Z_p^*$，并计算 Hdr 和 K：

$$\text{Hdr}=(C_1,C_2)\ C_1=\omega^{-k},\quad C_2=h^{k\prod_{i=1}^{s}(\gamma+H(\text{ID}_i))},\quad K=v^k \tag{10-6}$$

(4)解密算法 $\text{Decrypt}(S,\text{ID}_i,\text{sk}_{\text{ID}_i},\text{Hdr},\text{PK})$：为了恢复封装在 $\text{Hdr}=(C_1,C_2)$ 中的 K，用用户身份 ID_i 和私钥 $\text{sk}_{\text{ID}_i}=g^{\frac{1}{\gamma+H(\text{ID}_i)}}$ 计算 K：

$$K=\left(e(C_1,h^{p_i,s(\gamma)})\cdot e(\text{sk}_{\text{ID}_i},C_2)\right)^{\frac{1}{\prod_{j=1,j\neq i}^{s}H(\text{ID}_j)}} \tag{10-7}$$

式中，$p_i,s(\gamma)=\dfrac{1}{\gamma}\left(\prod\limits_{j=1,j\neq i}^{s}(\gamma+H(\text{ID}_j))-\prod\limits_{j=1,j\neq i}^{s}H(\text{ID}_j)\right)$。

方案的正确性：

$$
\begin{aligned}
K' &= e(C_1, h^{p_i,s(\gamma)}) \cdot e(\mathrm{sk}_{\mathrm{ID}_i}, C_2) \\
&= e(g^{-k\cdot\gamma}, h^{p_i,s(\gamma)}) \cdot e(g^{\frac{1}{\gamma+H(\mathrm{ID}_i)}}, h^{k\cdot\prod_{j=1}^{s}(\gamma+H(\mathrm{ID}_j))}) \\
&= e(g,h)^{-k\cdot\left(\prod_{j=1,j\neq i}^{s}(\gamma+H(\mathrm{ID}_j))-\prod_{j=1,j\neq i}^{s}H(\mathrm{ID}_j)\right)} \cdot e(g,h)^{k\cdot\prod_{j=1,j\neq i}^{s}(\gamma+H(\mathrm{ID}_j))} \\
&= e(g,h)^{k\cdot\prod_{j=1,j\neq i}^{s}H(\mathrm{ID}_j)} = K^{\prod_{j=1,j\neq i}^{s}H(\mathrm{ID}_j)}
\end{aligned} \tag{10-8}
$$

因此，$K'^{\frac{1}{\prod_{j=1,j\neq i}^{s}H(\mathrm{ID}_j)}} = K$。

2)基于属性的广播加密

基于属性的广播加密可实现灵活的访问控制策略，以解决具有撤销功能的细粒度访问控制问题。这里以 2015 年 Wesolowski 等提出的基于密文策略的属性基广播加密方案为例进行介绍。该方案中，用户私钥关联用户身份信息以外的多个属性，当且仅当用户身份属于广播授权用户集合，同时用户的其他属性满足访问结构时，才可以正确解密密文。该方案包含以下四个算法。

(1) $\mathrm{Setup}(k)$：输入系统安全参数 k、系统属性集合 U 和用户身份集合 N，该算法输出系统公钥 PK 与主密钥 MK。

(2) $\mathrm{KeyGen}(\mathrm{PK},\mathrm{MK},\omega,\mathrm{ID})$：输入系统主密钥 MK、用户身份信息 ID、用户属性集合 ω 以及系统公钥 PK，输出相应用户的私钥 $\mathrm{SK}_{(\mathrm{ID},\omega)}$。

(3) $\mathrm{Encrypt}(L,A,\mathrm{PK},M)$：输入明文 M、公钥 PK、授权用户对应的访问结构 $A\subseteq AS$ 以及授权用户的身份集合 $L\subseteq N$，输出 (Hdr,K)，前者为密文头部，后者为会话密钥，利用会话密钥 K 加密明文 M 得到广播消息 C_1，并将 C_T 即 (Hdr,C_1) 以广播的方式发给接收用户。

(4) $\mathrm{Decrypt}(\mathrm{ID},\omega,C_T,\mathrm{SK}_{(\mathrm{ID},\omega)})$：首先进行验证，若 $\mathrm{ID}\in L$，并且 $\omega\in A$，则用户使用自己的私钥 $\mathrm{SK}_{(\mathrm{ID},\omega)}$ 对密文 C_T 进行解密，得到会话密钥 K，从而得到明文 M；否则解密工作终止。

10.2　基于属性加密的云数据访问控制

广播加密技术虽然提供了一种不依赖于可信密钥管理服务器的访问控制解决方案，但是在实现数据安全共享时，要求数据所有者拥有对称加密密钥或公钥。大数据场景下的数据共享，其系统规模进一步扩大，参与者增多，基于属性加密的技术通过灵活的加密策略和属性集合，提供了实现对数据的细粒度访问控制的理想途径。

基于属性加密(Attribute-based Encryption，ABE)在数据加密时用属性集合作为公钥，只有用户的属性满足该属性集合才能解密。2006 年，Goyal 等首次将 ABE 分为密钥策略基于属性加密(Key-policy Attribute-based Encryption，KP-ABE)和密文策略基于属性加密(Ciphertext-policy Attribute-based Encryption，CP-ABE)。在 KP-ABE 方案中，用户密钥与某个访问结构相关，而密文则与某个属性集合相关，只有属性集合满足访问结构，用户才能成功地解密密文；而在 CP-ABE 方案中，用户密钥与某个属性集合相关，而密文则与某个访问控制策略相关。2009 年，Attrapadung 等提出了基于属性的双策略加密(Dual-policy ABE，DP-ABE)方案，该方案是 KP-ABE 方案和 CP-ABE 方案的组合。学者在应用场景和安全功能等方面对 ABE 技术进行了扩展，例如，2008 年 Liang 等提出了一个利用二叉树实现用户撤销的 CP-ABE 方案；2014 年 Ning 等给出了白盒可追踪的 CP-ABE 系统等。

本节首先介绍基于属性加密的相关基本概念和基于属性加密的云数据访问控制框架，然后给出 ABE 体制的几种具体构造方案，最后介绍基于属性加密体制中的用户撤销和追踪问题。

10.2.1　基于属性加密的基本概念

定义 10.1　访问结构　令 $\{P_1,P_2,\cdots,P_n\}$ 为参与方的集合，2^P 为集合 P 的所有子集组成的集合。给定非空子集 $A\in 2^P$，对于任意的集合 B、C，如果有 $B\in A$ 且 $B\subseteq C$ 则有 $C\in A$，此时称集合 A 是单调的。访问结构 A 为 P 的非空子集，即 $A\subseteq 2^P\setminus\{\varnothing\}$。如果一个属性集合 $D\in A$，则称 D 是授权集合，否则 D 是非授权集合。

设系统中的属性集合为 $\{a,b,c,d\}$，定义一个访问结构 $A=\{\{a,b\},\{a,b,c\},\{a,b,d\},\{a,b,c,d\}\}$，那么集合 $D=\{a,b,d\}$ 即为授权集，且访问结构 A 是单调的。

定义 10.2　访问树结构　设 T 是一棵访问树，树中的非叶子节点 x 用一个 (k_x,num_x) 门限结构表示其孩子节点的连接关系。当 $k_x=1$ 时，该节点表示或门；当 $k_x=\text{num}_x$ 时，该节点表示与门；否则其为门限。属性用树中的叶子节点表示，且满足 $k_x=\text{num}_x=1$。定义函数 $\text{att}(x)$ 表示叶子节点 x 所对应的属性、函数 $\text{parent}(x)$ 表示节点 x 对应的父节点和函数 $\text{index}(x)$ 表示节点 x 在其父节点中的一个索引排序值。

设树 T 中以节点 x 为根的一棵子树为 T_x。当 r 为 T 的根节点时，$T_r=T$。ω 满足 T_x 时 $T_x(\omega)=1$，ω 不满足 T_x 时 $T_x(\omega)=0$。按照如下递归方式计算 $T_x(\omega)$ 的值。

(1) 当 x 为叶子节点时，若 $\text{att}(x)\in\omega$，则令 $T_x(\omega)=1$；反之，$T_x(\omega)=0$。

(2) 当 x 为非叶子节点时，计算其子节点 x' 对应的 $T_{x'}(\omega)$ 值。如果至少有 k_x 个子节点 x' 满足 $T_{x'}(\omega)=1$，则令 $T_x(\omega)=1$；反之，$T_x(\omega)=0$。

通过上述递归过程，可以判定 ω 是否满足 T。如果 ω 满足访问树 T，则属性集合 ω 是授权集，否则 ω 是非授权集。

令访问树结构的逻辑表达式为 $T=(A \text{ OR } B) \text{ OR } (C \text{ AND } D \text{ AND } E)$。假设系统用户 Alice 的属性集合为 $S_{\text{Alice}}=(A,C,D)$，Bob 的属性集合为 $L_{\text{Bob}}=(C,D)$。由此可知，Alice 的属性集合 S_{Alice} 满足 T，而 Bob 的属性集合 L_{Bob} 不满足 T。所以，Alice 为授权用户，Bob 为非授权用户。

定义 10.3　线性秘密共享方案　假设参与者集合为 $P=\{P_1,P_2,\cdots,P_n\}$，如果 Π 满足下述条件，则 Π 是定义在 P 上的一个线性秘密共享方案(Linear Secret Sharing Scheme，LSSS)。

(1) 对于每个参与者所持有的秘密份额都可以构成 Z_p 上的向量。

(2) 每个 LSSS 方案 Π 都对应着一个生成矩阵 $M(l\times n)$，且映射 $\rho:\{1,2,\cdots,l\}\to P$ 把 M 的每一行 $(i=1,2,\cdots,l)$ 映射到参与者 $\rho(i)$，ρ 为单射函数。考虑向量 $v=(s,y_2,\cdots,y_n)$，$s\in Z_p$ 是共享秘密值，选择随机数 $y_2,\cdots,y_n\in Z_p^*$ 隐藏共享秘密值 s，则共享秘密值 s 的 l 个秘密份额可以记为 M_v，其中 $\lambda_i=(M_v)_i$ 是共享秘密值 s 的第 i 个秘密份额，并将其分配给 $\rho(i)$。

LSSS 方案具有线性重构特性。对于访问结构 A 的任一授权集 S，即 $S\in A$，定义

$I=\{i:\rho(i)\in S\}$，则存在一个算法能够在多项式时间内根据矩阵 M 计算出系数 $\{w_i\in Z_p\}_{i\in I}$ 使 $\sum_{i\in I}w_iM_i=(1,0,\cdots,0)$。因此，可得秘密值 $s=\sum_{i\in I}w_iM_i\cdot v=\sum_{i\in I}w_i\lambda_i$。对于非授权集，上述系数不存在，即不能得到秘密值 s，但存在一个多项式时间算法能够计算出向量 $w=(w_1,w_2,\cdots,w_n)\in Z_p^n$ 使 $w_1=-1$，并且对所有的 $i\in I$，都有 $M_i\cdot w=\sum_{i=1}^{n}w_iM_i=(0,0,\cdots,0)$。

1. CP-ABE 方案的形式化定义

基本的 CP-ABE 方案主要包含四个多项式时间算法，其形式化定义如下。

(1) Setup(λ)：系统设置算法输入系统安全参数 λ，输出系统公钥 PK 和系统主私钥 MSK。

(2) KeyGen(PK,MSK,S)：密钥生成算法输入属性集合 S、主私钥 MSK 和系统公钥 PK，输出私钥 SK。

(3) Encrypt(PK,A,M)：加密算法输入明文消息 M、访问结构 A 和系统公钥 PK，输出密文 CT。

(4) Decrypt(PK,CT,SK)：解密算法输入系统公钥 PK、密文 CT 和私钥 SK，如果 S 满足 A，则可以解密成功，获得明文消息 M，否则解密失败。

2. CP-ABE 正确性

对于任意正确生成的系统公钥 PK 和主密钥 MSK、任意明文 m、任意访问结构 A、所有满足访问结构 A 的属性集 S 以及所有按正确方式生成的属性私钥 SK，下式成立：

$$\Pr[\text{Decrypt}(\text{PK},\text{Encrypt}(\text{PK},m,A),\text{SK})=m]=1$$

3. CP-ABE 安全性

CP-ABE 方案的安全性通过挑战者 B 和攻击者 A 之间的安全博弈游戏来描述，具体过程如下。

(1) 系统初始化：攻击者 A 选择一个挑战访问结构 A^* 并发送给挑战者 B。

(2) 参数设置阶段：挑战者 B 运行 Setup 算法获得系统公钥 PK 和系统主私钥 MSK，然后将 PK 发送给攻击者 A。

(3) 查询阶段 1：在该阶段，攻击者 A 可以查询一系列与属性集合 $S_1,S_2,\cdots,S_{q_1}$ 有关的密钥，即攻击者 A 将属性集合 S_i 发送给挑战者 B，然后挑战者 B 将与 S_i 有关的私钥 SK_{S_i} 返回给攻击者 A。该阶段要求 $S_i\notin A^*$。

(4) 挑战阶段：攻击者 A 提交两个等长的消息 M_0^* 和 M_1^* 给挑战者 B。挑战者 B 接收到消息后，随机选择 $b\in\{0,1\}$，用 A^* 加密消息 M_b^*，最后，将获得的挑战密文 CT_b^* 发送给攻击者 A。

(5) 查询阶段 2：类似查询阶段 1。

(6) 猜测阶段：攻击者 A 输出对 b 的猜测 b'。

如果 $b'=b$，那么称攻击者 A 赢得了该游戏。定义攻击者 A 在该游戏中的优势为 $\text{Adv}_A=\left|\Pr[b'=b]-1/2\right|$。

定义 10.4　CP-ABE 选择安全性　若无多项式时间内攻击者能以不可忽略的优势赢得上述安全性游戏，则称该 CP-ABE 方案满足选择安全性。

4. KP-ABE 方案的形式化定义

一个 KP-ABE 方案主要包含四个多项式时间算法，其形式化定义如下。

(1) Setup(λ)：参数设置算法输入系统安全参数 λ，输出系统公钥 PK 和系统主私钥 MSK 。

(2) KeyGen(PK,MSK,A)：密钥生成算法输入用户的访问结构 A、主私钥 MSK 和系统公钥 PK，输出 A 所对应的属性私钥 SK 。

(3) Encrypt(PK,S,M)：加密算法输入明文消息 M、属性集 S 和系统公钥 PK，输出密文 CT 。

(4) Decrypt(PK,CT,SK)：解密算法输入系统公钥 PK、密文 CT 和私钥 SK，若 $S \in A$，则可以正确解密，获得 M，否则解密失败。

KP-ABE 正确性和安全性的定义与 CP-ABE 十分类似，只需将 CP-ABE 相关定义中访问结构和属性集的位置互换即可，此处不再赘述。

10.2.2　基于属性加密的云数据访问控制框架

基于属性加密的云数据访问控制框架(图 10-5)由可信权威机构、数据加密者、数据服务器和用户组成，其中可信权威机构负责维护每个用户的属性与密钥的对应关系；数据加密者负责访问策略的定义并产生与策略绑定的密文数据；数据服务器负责存储数据和对数据的各种操作服务；用户即数据的访问者。

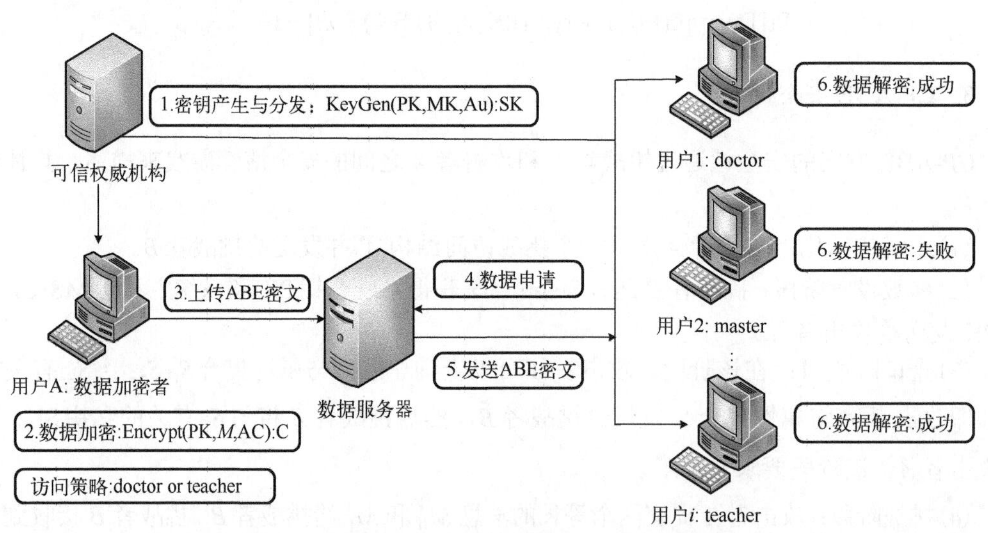

图 10-5　基于属性加密的云数据访问控制框架

基于属性加密的云数据访问控制过程具体描述如下。

(1) 密钥产生与分发：可信权威机构产生系统的公开参数 PK 和主密钥 MK，并为用户分发属性密钥 SK 。

(2) 数据加密：数据所有者通过加密算法对数据进行加密。

(3) 上传 ABE 密文：数据所有者将加密后的数据发送给数据服务。

(4) 数据申请：用户访问数据时，先向数据服务器提交申请。

(5) 发送 ABE 密文：服务提供者发送密文给被数据加密者授权的用户。

(6) 数据解密：如果用户的属性满足密文策略，那么就可解密出明文信息，实现对数据的访问。

10.2.3　基于属性加密体制的几种具体构造方案

在云数据访问控制中，基于属性加密体制如何实现对加密数据细粒度的访问控制，依赖于具体方案的构造。下面从加密策略嵌入位置和属性集合描述方式介绍 3 种具体构造方案。

1. KP-ABE 方案

早期提出的 ABE 方案的访问结构仅支持属性间的与操作，随后，学者将 ABE 方案所能支持的访问结构推广到支持属性间的与、或和门限操作的任意单调访问结构。为了进一步增强访问结构的表达能力，实现访问结构支持非单调访问结构，Ostrovsky 等于 2007 年提出了一个支持逻辑非(NOT)的 KP-ABE 方案，该方案通过在属性域中加入每个属性的非值，实现属性间的与、或和非操作，并给出了从单调访问结构到非单调访问结构的转换方法，其具体描述如下。

令 AS 为单调访问结构集合，$\{\Pi_A\}_{A\in \mathrm{AS}}$ 为实现这些单调访问结构的 LSSS 族。对于任意一个单调访问结构 $A\in \mathrm{AS}$，其满足属性集 P 中的属性元素可以是正的(表示为 x)，也可以是负的(表示为 x')，但必须满足如下条件：若 $S\in \mathrm{AS}$，则 $\mathrm{SK}\in \mathrm{AS}$，反之亦然。对于一个支撑属性集为 $\mathcal{P}$ 的单调访问结构 $A\in \mathrm{AS}$，令 $\tilde{P}$ 为由 SK 中所有正属性构成的属性子集，则按如下方式可定义一个支撑属性集为 $\mathrm{SK}=(D=g^{(\alpha+\beta)/\beta},\forall j\in S: D_j=g^r\cdot H(j)^{r_j}, D_j'=g^{r_j})$ 的非单调访问结构 $\mathrm{Delegate}(\mathrm{SK},\tilde{S})$：首先，对于任意子集 $\tilde{S}\subset \tilde{P}$，定义 $\tilde{S}\subseteq S$ 为由 $\tilde{r}$ 中所有属性和所有满足 $\tilde{r}_k \forall k\in \tilde{S}$ 且 $\mathrm{SK}'=(\tilde{D}=Df^{\tilde{r}},\forall k\in \tilde{S}:\tilde{D}_k=D_k g^{\tilde{r}} H(k)^{\tilde{r}_k},\tilde{D}_k'=D_k' g^{\tilde{r}_k})$ 的属性 x 的负属性 PK 构成的属性子集；其次，令 CT 为 SK 的授权属性子集当且仅当 $N(\tilde{S})$ 为 A 的授权子集。在上述定义下，M 的授权集合中的属性都是正属性，同时，对于任意授权集合 DecryptNode(CT, SK, x)，存在 CT 的一个授权集合包含了 X 中的所有属性以及所有不在 X 中的属性的负属性。

该方案由以下四个多项式时间算法组成。

(1) $\mathrm{Setup}(\lambda,d)$：给定系统安全参数 λ 和每个密文所拥有属性的数量 d，首先生成相应的双线性群 (G,G_T,e,p,g)；然后，随机选择整数 $\alpha,\beta\in Z_p$，并令 $g_1=g^\alpha$、$g_2=g^\beta$，此外，定义阶为 d 的两个多项式函数 $h(x)$ 和 $q(x)$，且 $q(0)=\beta$，输出系统公共参数 $\mathrm{PK}=(g,g_1;g_2=g^{q(0)},g^{q(1)},g^{q(2)},\cdots,g^{q(d)};g^{h(0)},g^{h(1)},\cdots,g^{h(d)})$，系统主密钥 $\mathrm{MK}=\alpha$。

(2) $\mathrm{Encrypt}(M,\gamma,\mathrm{PK})$：给定系统公开参数 PK、属性集 $\gamma\subset Z_p^*$ (满足 $|\gamma|=d$) 和待加密的消息 $M\in G_T$，然后，选取随机整数 $s\in Z_p$，计算并输出密文如下：

$$E=(\gamma,E^{(1)}=M\cdot e(g_1,g_2)^s,E^{(2)}=g^s,\{E_x^{(3)}=T(x)^s\}_{x\in\gamma},\{E_x^{(4)}=V(x)^s\}_{x\in\gamma}) \tag{10-9}$$

(3) $\mathrm{KeyGen}(\tilde{A},\mathrm{MK},\mathrm{PK})$：给定系统公开参数 PK、系统主密钥 MK 和一个非单调访问结构 $\tilde{A}$，首先令 A 为与之相对应的支撑属性集为 $\mathcal{P}$ 的单调访问结构，而 Π 为 LSSS；然后，依

据Π生成主密钥α的所有共享份额$\{\lambda_i\}$，这里下标i对应于 LSSS 共享生成矩阵的第i行。令份额λ_i所对应的属性为$x_i \in P$，进一步，对每一个i，选取随机整数$r_i \in Z_p$，最后，按照下述方式生成私钥：

$$D_i = \begin{cases} (D_i^{(1)} = g_2^{\lambda_i} \cdot T(x_i)^{r_i}, D_i^{(2)} = g^{r_i}), & \breve{x}_i \text{是正属性} \\ (D_i^{(3)} = g_2^{\lambda_i + r_i}, D_2^{(4)} = v(x_i)^{r_i}, D_i^{(5)} = g^{r_i}), & \breve{x}_i \text{是负属性} \end{cases} \tag{10-10}$$

(4) Decrypt(E, D)：给定系统公开参数 PK、密文E和解密密钥D，解密过程如下：首先，密钥持有者检查属性集$\gamma \in \tilde{A}$，若密文中的属性集γ不满足访问结构$\tilde{A}$，则输出解密失败符号$\perp$；否则，令A为与$\tilde{A}$相对应的单调访问结构，则$\gamma' = N(\gamma) \in A$，并令$I = \{i : \breve{x}_i \in \gamma'\}$，从而可计算出一组常数$\Omega = \{w_i\}_{i \in I}$使得$\sum_{i \in I} w_i \lambda_i = \alpha$，下面分情况进行计算。

若$\breve{x}_i \in \gamma'$是正属性(即有$x_i \in \gamma$)，则解密过程计算如下：

$$\begin{aligned} Z_i &= e(D_i^{(1)}, E^{(2)}) / e(D_i^{(2)}, E_i^{(3)}) \\ &= e(g_2^{\lambda_i} \cdot T(x_i)^{r_i}, g^s) / e(g^{r_i}, T(x)^s) \\ &= e(g_2, g)^{s\lambda_i} \end{aligned} \tag{10-11}$$

若$\breve{x}_i \in \gamma'$是负属性(即有$x_i \notin \gamma$)，令$\gamma_i = \gamma \cup \{x_i\}$，其中$|\gamma_i| = d + 1$，计算拉格朗日差值$\{\sigma_x\}_{x \in \gamma_i}$，使$\sum_{x \in \gamma_i} \sigma_x q(x) = q(0) = \beta$。然后计算：

$$\begin{aligned} Z_i &= e(D_i^{(3)}, E^{(2)}) / e\left(D_i^{(5)}, \prod_{x \in \gamma} (E_x^{(4)})^{\sigma_x}\right) \cdot e(D_i^{(4)}, E^{(2)})^{\sigma_{xi}} \\ &= e(g_2^{\lambda_i + r_i}, g^s) / e\left(g^{r_i}, \prod_{x \in \gamma} (V(x)^s)^{\sigma_x}\right) \cdot e(V(x_i)^{r_i}, g^s)^{\sigma_{xi}} \\ &= e(g_2^{\lambda_i}, g^s) e(g_2^{\gamma_i}, g^s) / e\left(g^{r_i}, g^s \sum_{x \in \gamma} \sigma_x q(x)\right) \cdot e(g^{r_i \sigma_{xi} q(x_i)}, g^s) \\ &= e(g_2, g)^{s\lambda_i} \end{aligned} \tag{10-12}$$

最后，解密出明文：$\dfrac{E^{(1)}}{\prod_{i \in I} Z_i^{w_i}} = \dfrac{Me(g_2, g)^{s\alpha}}{e(g_2, g)^{s\alpha}} = M$。

方案安全性：在 BDHE 困难性问题假设下，上述方案可以在标准模型下被证明是选择安全的。

2. CP-ABE 方案

为实现数据拥有者可以根据实际情况自己定义访问结构，CP-ABE 方案将访问结构嵌入在密文中，属性集合嵌入在用户私钥中，使其具有更强的灵活性。2007 年 Bethencourt 等首次提出了支持属性间的与、或和门限操作的 CP-ABE 方案，该方案的访问结构是一个单调的访问树，其中，访问结构的节点由陷门组成，叶子节点描述属性。具体而言，该方案由以下五个多项式时间算法组成。

(1) Setup：该算法选择一个阶为素数p的双线性群G_0，该群的生成元为g。然后，随机选择加密指数$\alpha, \beta \in Z_p$。输出系统公钥为

$$\text{PK}=(G_0,g,h=g^{\beta},f=g^{1/\beta},e(g,g)^{\alpha})\text{，系统主密钥 MK}=(\beta,g^{\alpha})$$

(2) Encrypt(PK,T,M)：该算法基于访问树结构T对消息M进行加密。该算法首先为树T中的每一个节点x(包括叶子)选择一个多项式q_x。这些多项式采用自顶向下的方式从根节点R进行选择。对于树中的每一个节点x，设多项式q_x的阶d_x为节点x的阀值k_x减 1，即$d_x=k_x-1$。

从根节点R开始随机选择$s\in Z_p$并设置$q_R(0)=s$。然后，随机选择多项式q_R的其他d_R个点来定义该多项式。对于任何其他的节点x，令$q_x(0)=q_{\text{parent}(x)}(\text{index}(x))$且随机选择多项式$q_x$的其他$d_x$个点来定义该多项式，令$Y$为树的叶子节点的集合。通过访问树结构$T$构建密文如下：

$$\text{CT}=(T,\tilde{C}=M\cdot e(g,g)^{\alpha s},C=h^s,\forall y\in Y:C_y=g^{q_y(0)},C'_y=H(\text{att}(y)^{q_y(0)})) \tag{10-13}$$

(3) KeyGen(MK,S)：该算法以系统主私钥 MK 和属性集合S作为输入，输出用户私钥 SK。该算法首先选择一个随机数$r\in Z_p$，然后对于每一个属性$j\in S$，随机选择$r_j\in Z_p$。计算用户私钥 SK：

$$\text{SK}=(D=g^{(\alpha+\beta)/\beta},\forall j\in S:D_j=g^r\cdot H(j)^{r_j},D'_j=g^{r_j}) \tag{10-14}$$

(4) Delegate(SK,$\tilde{S}$)：该算法以私钥 SK 和一个属性集合$\tilde{S}\subseteq S$为输入，选择随机数$\tilde{r}$和$\tilde{r}_k\forall k\in\tilde{S}$，构建一个新的密钥：

$$\text{SK}'=(\tilde{D}=Df^{\tilde{r}},\forall k\in\tilde{S}:\tilde{D}_k=D_k g^{\tilde{r}}H(k)^{\tilde{r}_k},\tilde{D}'_k=D'_k g^{\tilde{r}_k}) \tag{10-15}$$

(5) Decrypt(PK,CT,SK)：该算法以系统公钥 PK、密文 CT 和用户私钥 SK 作为输入，若S满足A，则可以正确解密，并获得明文M。

解密过程：定义一个递归算法 DecryptNode(CT,SK,x)，该算法输入一个密文 CT、一个基于属性集S的 SK 和树T中的一个节点x。

当节点x为叶子节点时，令$i=\text{att}(x)$，假如$i\in S$，定义：

$$\text{DecryptNode(CT,SK},x)=\frac{e(D_i,C_x)}{e(D'_i,C'_x)}=\frac{e(g^r\cdot H(i)^{r_i},h^{q_x(0)})}{e(g^{r_i},H(i)^{q_x(0)})}=e(g,g)^{rq_x(0)} \tag{10-16}$$

当$i\notin S$时，定义 DecryptNode(CT,SK,x) $=\perp$。

当x是非叶子节点时，算法 DecryptNode(CT,SK,x) 的计算过程如下：对于节点x的所有孩子节点z，调用函数 DecryptNode(CT,SK,z) 并且存储结果为F_z。令S_x为一个任意的大小为k_x的孩子节点z的集合，并且满足$F_z\neq\perp$。不存在这样的集合，函数返回$\perp$。否则，计算：

$$\begin{aligned}F_z&=\prod_{z\in S_x}F_z^{\Delta_{i,s'_x}(0)}=\prod_{z\in S_x}(e(g,g)^{r\cdot q_z(0)})^{\Delta_{i,s'_x}(0)}\\&=\prod_{z\in S_x}(e(g,g)^{r\cdot q_{\text{parent}(z)}(\text{index}(z))})^{\Delta_{i,s'_x}(0)}\\&=\prod_{z\in S_x}(e(g,g)^{r\cdot q_x(i)})^{\Delta_{i,s'_x}(0)}=e(g,g)^{r\cdot q_x(0)}\end{aligned} \tag{10-17}$$

并且返回上述计算结果。

解密算法通过调用树T的根节点R上的函数开始执行。如果属性集合S能够满足访问树T，则令$A=\text{DecryptNode(CT,SK},r)=e(g,g)^{r\cdot qR(0)}=e(g,g)^{rs}$，然后，算法进行解密运算：

$$\tilde{C}/(e(C,D)/A=\tilde{C}/(e(h^s,g^{(\alpha+\gamma)/\beta})/e(g,g)^{rs})=M \tag{10-18}$$

3. DP-ABE 方案

由于 KP-ABE 方案和 CP-ABE 方案中的策略只能控制对用户私钥或密文的访问，为实现密文策略与密钥策略相结合的双策略 ABE，使得与密文相关的访问策略有效保护数据资源，与用户私钥相关的策略有效控制用户权限。我们以 Attrapadung 在 2009 年提出的 DP-ABE 方案为例介绍，其核心思想是在加密消息时，在密钥和密文中同时部署两种策略。密文的两种访问控制策略是加密数据自身的客观属性和解密者的主观属性，密钥的两种访问策略是用户凭证的主观属性和用户解密能力的客观属性。只有用户的主观属性和客观属性同时满足了密文的主观属性和客观属性时，用户才可以正确解密。

1) 方案的形式化定义

一个 DP-ABE 方案包含以下四个过程。

(1) Setup：系统设置算法输入安全参数，输出系统公共参数 pk 和系统主密钥 msk 。

(2) $\mathrm{Encrypt}(\mathrm{pk},M,(S,\omega))$：加密算法输入消息 M、公共参数 pk、一个主观的访问结构 S 和一个客观的属性集合 ω，输出加密密文 ct 。

(3) $\mathrm{KeyGen}(\mathrm{pk},\mathrm{msk},(\psi,O))$：密钥生成算法输入公共参数 pk、主密钥 msk、一个访问结构 O 和一个主观的属性集合 ψ，输出一个解密密钥 sk 。

(4) $\mathrm{Decrypt}(\mathrm{pk},(\psi,O),\mathrm{sk},(S,\omega),\mathrm{ct})$：解密算法输入公共参数 pk、解密密钥 sk 和与密钥对应的访问结构 O 和属性集合 ψ，密文 ct 以及密文对应的访问结构 S 和属性集合 ω。若 $\psi\in S$，同时 $\omega\in O$，则输出明文消息 M。

2) DP-ABE 方案的具体描述

(1) Setup：系统设置算法首先选择一个随机生成元 $g\in G$ 和随机指数 γ，$\alpha\in Z_p$，然后随机选择 $h_0,\cdots,h_{m'},t_0,\cdots,t_{n'}\in G$，定义两个函数 $F_s:Z_p\to G$ 和 $F_o:Z_p\to G$，函数设置为 $F_s(x)=\prod_{j=0}^{m'}h_j^{x^j}$，$F_o(x)=\prod_{j=0}^{n'}t_j^{x^j}$。

最后，该算法输出系统公共参数 $\mathrm{pk}=(g,e(g,g)^\gamma,g^\alpha,h_0,\cdots,h_{m'},t_0,\cdots,t_{n'})$ 和系统主密钥 $\mathrm{msk}=(\gamma,\alpha)$。

(2) $\mathrm{Encrypt}(\mathrm{pk},M,(S,\omega))$：加密算法输入一个 LSSS 访问结构 (M,ρ) 作为主观访问结构和一个客观属性集合 $\omega\subset U_o$。设 M 是一个 $l_s\times k_s$ 矩阵。算法首先随机选择 $s,y_2,\cdots,y_{k_s}\in Z_p$，并设 $u=(s,y_2,\cdots,y_{k_s})$。计算 $\lambda_i=\{M_i\cdot u\}_{1\leqslant i\leqslant l_s}$，其中 M_i 对应矩阵 M 的第 i 行。计算密文为

$$\mathrm{ct}=(C,\hat{C},\{C_i\}_{i=1,2,\cdots,l_s},\{C'_x\}_{x\in\omega}) \tag{10-19}$$

式中，$C=M\cdot(e(g,g)^\gamma)^s$；$\hat{C}=g^s$；$C_i=g^{\alpha\lambda_i}F_s(\rho(i))^{-s}$；$C'_x=F_o(x)^s$。

(3) $\mathrm{KeyGen}(\mathrm{pk},\mathrm{msk},(\psi,O))$：密钥生成算法输入一个 LSSS 访问结构 (N,π) 作为客观访问策略和一个主观属性集合 $\psi\subset U_s$。设 N 是一个 $l_o\times k_o$ 矩阵。算法首先随机选择 $r,z_2,\cdots,z_{k_s}\in Z_p$，并设 $v=(\gamma+\alpha r,z_2,\cdots,z_{k_o})$。计算 $\sigma_i=\{N_i\cdot v\}_{1\leqslant i\leqslant l_o}$，其中 N_i 对应矩阵 N 的第 i 行。随机选择 $r_2,\cdots,r_{l_o}\in Z_p$ 计算解密密钥为

$$\mathrm{sk}=(K,\{K_x\}_{x\in\psi},\{\hat{K}_i,K_i'\}_{i=1,2,\cdots,l_o}) \tag{10-20}$$

式中，$K=g^{\gamma}$；$K_x=F_s(x)^r$；$\hat{K}_i=g^{\sigma_i}F_o(\pi(i))^{-r_i}$；$K_i'=g^{r_i}$。

(4) $\mathrm{Decrypt}(\mathrm{pk},(\psi,O),\mathrm{sk},(S,\omega),\mathrm{ct})$：解密算法输入密文 ct 和解密密钥 sk，其中密文包含一个主观访问结构 (M,ρ) 和一个客观属性集合 ω，解密密钥包含一个主观属性集合 ψ 和一个客观访问结构 (N,π)。若 $\psi\in(M,\rho)$，同时 $\omega\in(N,\pi)$，然后，令 $I_s=\{i\mid\rho(i)\in\psi\}$，$I_o=\{i\mid\pi(i)\in\omega\}$，计算出相应的重构常数集 $\{(i,u_i)\}_{i\in I_s}=\mathrm{Recon}_{(M,\rho)}(\psi)$，$\{(i,v_i)\}_{i\in I_o}=\mathrm{Recon}_{(N,\pi)}(\omega)$。最后，解密算法计算：

$$C\cdot\frac{\prod_{i\in I_s}(e(C_i,K)\cdot e(\hat{C},K_{\rho(i)}))^{u_i}}{\prod_{j\in I_o}(e(\hat{K}_j,\hat{C})\cdot e(K_j',C_{\pi(j)}'))^{v_j}}=M \tag{10-21}$$

方案正确性：令 ct 和 sk 的定义见上述方案，由 LSSS 方案的线性重构性质，有 $\sum_{i\in I_s}u_i\lambda_i=s$，$\sum_{i\in I_o}v_i\sigma_i=\gamma+\alpha r$。

正确性验证如下：

$$\begin{aligned}
&C\cdot\frac{\prod_{i\in I_s}(e(C_i,K)\cdot e(\hat{C},K_{\rho(i)}))^{u_i}}{\prod_{j\in I_o}(e(\hat{K}_j,\hat{C})\cdot e(K_j',C_{\pi(j)}'))^{v_j}}\\
&=C\cdot\frac{\prod_{i\in I_s}(e(g^{\alpha\lambda_i}F_s(\rho(i))^{-s},g^r)\cdot e(g^s,F_s(\rho(i))^r))^{u_i}}{\prod_{j\in I_o}(e(g^{\sigma_i}F_o(\pi(j))^{-r_j},g^s)\cdot e(g^{r_j},F_o(\pi(j))^s))^{v_j}}\\
&=C\cdot\frac{\prod_{i\in I_s}e(g^{\alpha\lambda_i},g^r)^{u_i}}{\prod_{j\in I_o}e(g^{\sigma_i},g^s)^{v_j}}\\
&=C\cdot\frac{e(g^{\alpha\lambda_i},g^r)}{e(g^{\gamma+\alpha r},g^s)}=C\cdot\frac{1}{e(g,g)^{\gamma s}}=M
\end{aligned} \tag{10-22}$$

方案安全性：基于判定双线性 Diffie-Hellman 指数困难性问题假设，上述方案在随机预言模型下被证明是选择性安全的。

10.2.4 基于属性加密体制中的用户撤销与追踪问题

在云数据访问控制中，针对系统中用户权限发生变化的情况，用户撤销机制可以阻止已离开系统的用户继续访问系统中的加密数据。另外，在传统的 ABE 方案中，用户私钥仅仅与它拥有的属性集合相关，如果用户私钥泄露，很难确认泄露密钥的恶意用户，这带来了密钥泄露的不可追踪性。因此，学者对最初始的 ABE 体制进行了相应的扩展，如可撤销和可追踪的 ABE 体制等。

1. ABE 的用户撤销

在基于属性加密密码系统中，如果某个系统用户离开系统，那么该用户就不能再解密任何存储在系统中的加密数据，即该用户的访问权限应该被收回，这称为用户撤销。同样，如果系统中某个用户的权限发生变化，如被降级等，那么该用户先前拥有的属性集合中的某些属性就要被撤销，这称为属性撤销。为实现在不影响合法属性正常访问的前提下，解决对单个属性的撤销问题，这里以 2010 年 Liang 等提出的方案为例进行介绍，该方案将用户与二叉树中的每个叶节点对应，用户的解密密钥包括私钥和更新密钥，且私钥关联某个访问结构，更新密钥则关联某个时间。

(1) 方案的具体构造。该方案由以下五个多项式时间算法组成。

① $\mathrm{Setup}(\lambda,U,n_{\max})$：该算法首先选择阶为 p 的循环群 G，g 为其生成元。另外，该算法选择随机指数 $\alpha,a,b,d\in Z_p$，以及随机群参数 $h_{j,x}\in G$，并定义函数 $H:Z_p\to G$。

定义 $H(x)=g^{bx^2}\prod_{i=1}^{3}h_i^{\Delta_{i,3}(x)}$，其中 $(h_i)_{1\leqslant i\leqslant 3}\in G$，拉格朗日系数 $\Delta_{i,3}(x)=\prod_{j=1,j\neq i}^{3}\left(\dfrac{x-j}{i-j}\right)$。最后，输出系统公开参数为：$\mathrm{PK}=(g,e(g,g)^{\alpha},A=g^{a},B=g^{b},(h_{j,x})_{1\leqslant j\leqslant n_{\max},x\in U},d,H)$。

在用户密钥生成后，为了撤销用户的解密能力，系统会首先生成一个二进制树，以 T 表示，每个叶节点与撤销用户 u_{id} 关联。$\mathrm{Path}(u_{\mathrm{id}})$ 表示从叶节点 C 到初始节点 R 的所有节点集合。$\mathrm{KUN}(\mathrm{rl},t)$ 表示覆盖所有与未撤销用户关联的叶节点的所有节点集合，其中，rl 表示时间 t 下的撤销列表。对于二进制树中的每个节点 y，算法随机选择一个参数 $a_y\in Z_p^*$，并令 $A_Y=\{a_y\}$ 表示这些数值的集合。最后，该算法设置系统主密钥为 $\mathrm{MK}=(g^{\alpha},a,b,A_Y)$。

② $\mathrm{KeyGen}(\mathrm{PK},\mathrm{MK},S,u_{\mathrm{id}})$：该算法首先检查输入的身份标识 u_{id} 是否注册过，若注册过，那么输入的属性集合 S 必须与先前查询的属性集合相同，且算法输出相同的私钥。若未注册过，那么算法选择一个空的叶节点，且将其绑定 u_{id} 上。然后，对于每个节点 $y\in\mathrm{Path}(u_{\mathrm{id}})$，$1\leqslant j\leqslant n_{\max}$，该算法随机选择参数 $t_y(t_{j,y})_{1\leqslant j\leqslant n_{\max}},r_{d,y}\in Z_p$，最后输出私钥：

$$\begin{aligned}\mathrm{SK}&=(\{(L_{j,y})_{1\leqslant j\leqslant n_{\max}},(K_{x,y})_{x\in S},K_y,D_y,d_y\}_{y\in\mathrm{Path}(u_{\mathrm{id}})})\\&=\left(\left\{(g^{t_{j,y}})_{1\leqslant j\leqslant n_{\max}},\left(\prod_{1\leqslant j\leqslant n_{\max}}h_{j,x}^{t_{j,y}}\right)_{x\in S},g^{\alpha}g^{at_{1,y}}g^{bt_y},B^{a_yd+t_y}H(d)^{r_{d,y}},g^{r_{d,y}}\right\}_{y\in\mathrm{Path}(u_{\mathrm{id}})}\right)\end{aligned}\tag{10-23}$$

③ $\mathrm{KeyUpdate}(\mathrm{PK},\mathrm{MK},\mathrm{rl},t)$：该算法首先将所有属于 $\mathrm{Path}(u_{\mathrm{id}})$ 的节点标记为 (R,A,B,C)，其中 $u_{\mathrm{id}}\in\mathrm{rl}$。$\mathrm{KUN}(\mathrm{rl},t)$ 则定义为剩余为标记节点的最小覆盖集合 (D,F)。然后，算法随机选择参数 $t,r_{t,y}\in Z_p$，并输出更新密钥：

$$\mathrm{UK}=(\{E_y,e_y\}_{y\in\mathrm{KUN}(\mathrm{rl},t)})=(\{B^{a_yt_y}H(t)^{r_{t,y}},g^{r_{t,y}}\}_{y\in\mathrm{KUN}(\mathrm{rl},t)})\tag{10-24}$$

④ $\mathrm{Encrypt}(\mathrm{PK},M,(A,\rho),t)$：该算法的输入参数 A 为一个 $l\times n$ 矩阵，并且将第 $n+1$ 列到第 $n+m$ 列的数值填充为 0，因此矩阵变为一个 $l\times n_{\max}$ 矩阵。然后，算法随机选择向量 $\vec{v}=(s,y_2,\cdots,y_{n_{\max}})\in Z_p^{n_{\max}}$。定义参数 $A_{i,j}$ 为矩阵的第 i 行、第 j 列。最后，该算法输出包含 (A,ρ) 的密文如下：

$$\mathrm{CT}=(C_M,C_s,(C_{i,j})_{1\leqslant i\leqslant l,1\leqslant j\leqslant n_{\max}},C_d,C_t)$$

$$= (Me(g,g)^{\alpha s}, g^s, (g^{aA_{i,j}v_j} h_{j,\rho(i)}^{-s})_{1\leqslant i\leqslant l, 1\leqslant j\leqslant n_{\max}}, H(d)^s, H(t)^s) \tag{10-25}$$

⑤ Decrypt(CT,SK,UK)：若与解密密钥 SK 有关的用户身份 u_{id} 未撤销，那么基于 $\mathrm{Path}(u_{\mathrm{id}})$ 和 $\mathrm{KUN}(\mathrm{rl},t)$ 的定义，能够找到参数 $\overline{y}$ 满足 $\overline{y}\in \mathrm{Path}(u_{\mathrm{id}})\cap \mathrm{KUN}(\mathrm{rl},t)$。

首先，算法从解密密钥 SK 和更新密钥 UK 得到如下集合：

$$((L_{j,\overline{y}})_{1\leqslant j\leqslant n_{\max}}, (K_{x,\overline{y}})_{x\in S}, K_{\overline{y}}, D_{\overline{y}}, d_{\overline{y}}) \text{和} (E_{\overline{y}}, e_{\overline{y}})$$

用户计算如下：若与解密密钥 SK 有关的属性集合 $S\in(A,\rho)$，则可以找到集合 $I=(i\mid \rho(i)\in S)$，计算权重 $(w_j)_{j\in I}$ 满足 $\prod_{i\in I} A_{i,1}w_i=1$，并且对于 $2\leqslant j\leqslant n_{\max}$ 满足 $\prod_{i\in I} A_{i,j}w_i=0$。因此，可以得到如下结果：

$$\begin{aligned}\prod_{1\leqslant j\leqslant n_{\max}} e\left(\prod_{i\in I} C_{i,j}^{w_i}, L_{j,\overline{y}}\right) e\left(\prod_{i\in I} K_{\rho(i),\overline{y}}^{w_i}, C_s\right) &= \prod_{1\leqslant j\leqslant n_{\max}} \prod_{i\in I} e(g^{aA_{i,j}w_i v_j}, g^{t_{1,\overline{y}}}) \\ &= \prod_{i\in I} e(g^{aA_{i,1}w_i v_1}, g^{t_{1,\overline{y}}}) = e(g,g)^{at_{1,\overline{y}}s}\end{aligned} \tag{10-26}$$

用户计算双线性映射 e 的方法如下：

$$e(D_{\overline{y}}, C_s)/e(d_{\overline{y}}, C_d) = e(g,g)^{(a_{\overline{y}}d+t_{\overline{y}})bs},\quad e(E_{\overline{y}}, C_s)/e(e_{\overline{y}}, C_t) = e(g,g)^{(a_{\overline{y}}t+b_{\overline{y}})bs}$$

然后，算法使用拉格朗日算法计算 $e(g,g)^{t_{\overline{y}}bs}$。

该算法解密如下：

$$e(C_s, K_{\overline{y}}) = e(g,g)^{\alpha s} e(g,g)^{at_{1,\overline{y}}s} e(g,g)^{t_{\overline{y}}bs},\quad C_M/e(g,g)^{\alpha s}=M \tag{10-27}$$

(2) 方案的安全性。基于 DBDH 困难性问题假设，上述方案被证明具有选择安全性。

2. ABE 的追踪问题

为实现 ABE 体制中对用户解密密钥的追踪，解决用户密钥泄露的问题，这里以 Ning 等于 2014 年提出的可追踪的 ABE 方案为例进行介绍，该方案是一个白盒可追踪的 CP-ABE 方案，且支持动态属性空间构造。在方案构造中采用属性层和秘密分享层，通过一个绑定因子来绑定这两层构造。

该方案概述如下：首先，在算法 Setup 中初始化一个 Shamir 的 $(\overline{t},\overline{n})$ 门限方案的实例 $\mathrm{INS}_{(\overline{t},\overline{n})}$，并秘密地保存多项式 $f(x)$ 和 $\overline{t}-1$ 个在多项式 $f(x)$ 上的点 $\{(x_1,y_1),(x_2,y_2),\cdots,(x_{\overline{t}-1},y_{\overline{t}-1})\}$。接着，在 KeyGen 阶段将参数 c 插入解密密钥 sk 中，其中 $c=\mathrm{Enc}_{\overline{k}2}(x\parallel y), x=\mathrm{Enc}_{\overline{k}1}(\mathrm{id}), y=f(x)$。在 Trace 阶段，Trace 算法从解密密钥 sk 中的 $x'\parallel y'=\mathrm{Dec}_{\overline{k}2}(K')$ 抽取 $(x^*=x', y^*=y')$，并进一步确定 sk 是否是由系统分发的。若 $(x^*=x', y^*=y')\in\{(x_1,y_1),(x_2,y_2),\cdots,(x_{\overline{t}-1},y_{\overline{t}-1})\}$，那么计算 $\mathrm{Dec}_{\overline{k}2}(x^*)$ 得到身份标识 id，id 即为恶意用户；否则，利用已知的 $\overline{t}-1$ 个点 $\{(x_1,y_1),(x_2,y_2),\cdots,(x_{\overline{t}-1},y_{\overline{t}-1})\}$ 和抽取的点 (x^*,y^*) 计算并恢复 Shamir 的 $(\overline{t},\overline{n})$ 门限方案实例 $\mathrm{INS}_{(\overline{t},\overline{n})}$ 的秘密。如果按照以上计算恢复的秘密与 $f(0)$ 相等，那么计算 $\mathrm{Dec}_{\overline{k}1}(x^*)$ 得到身份标识 id，id 即为恶意用户；否则，判定 sk 并不是由系统分发的。

(1) 方案的具体构造。

① Setup(λ)：该算法运行群生成算法 $g(\lambda)$，得到群和双线性映射的描述 $\mathrm{GD}=(p,G,G_T,e)$，其中 (G,G_T) 是阶为 p 的群，e 是一个双线性映射。令 $U\subseteq Z_p$ 表示系统的属性空间。算法随机

选取 $g,u,h,w,v\in G$ 和 $a,\alpha\in Z_p$。另外，算法初始化一个空的用户列表 T。最后，算法将 $(\mathrm{GD},g,u,h,w,v,g^a,e(g,g)^\alpha)$ 设置为系统公开参数 pp，将 (a,α) 设置为系统主私钥 msk。

② $\mathrm{KeyGen}(\mathrm{pp},\mathrm{msk},\mathrm{id},S=\{A_1,A_2,\cdots,A_k\}\subseteq Z_p)$：算法随机选取 $c\in Z_p^*$ 和 $r,r_1,r_2,\cdots,r^k\in Z_p$。解密密钥 $\mathrm{sk}_{\mathrm{id},S}$ 被设置为

$$\left\langle K=g^{\alpha/(a+c)}w^r,K'=c,L=g^r,L'=g^{ar},\{K_{\tau,1}=g^{r_\tau},K_{\tau,2}=(u^{A_\tau}h)^{r_\tau}v^{-(a+c)r}\}_{\tau\in[k]}\right\rangle \tag{10-28}$$

最后，算法将元组 (id,c) 放入用户列表 T 中。

③ $\mathrm{Encrypt}(\mathrm{pp},m\in G_T,(M,\rho)\in(Z_p^{l\times n},F([l]\to Z_p)))$：算法输入公开参数 pp、明文消息 m 和访问结构 (M,ρ)，算法随机选取 $\vec{y}=(s,y_2,\cdots,y_n)^{\mathrm{T}}\in Z_p^{n\times 1}$，其中 s 是用于分享的随机秘密。算法计算 $\lambda_i=M_i\vec{y}$ 并得到分享向量 $\vec{\lambda}=(\lambda_1,\lambda_2,\cdots,\lambda_l)^{\mathrm{T}}$，其中 M_i 是矩阵 M 的第 i 行。接着，算法随机选取 $t_1,t_2,\cdots,t_l\in Z_p$。密文 ct 被设置为

$$\left\langle (M,\rho),C=m\cdot e(g,g)^{\alpha s},C_0=g^s,C_0'=g^{as},\{C_{i,1}=w^{\lambda_i}v^{t_i},C_{i,2}=(u^{\rho(i)}h)^{-t_i},C_{i,3}=g^{t_i}\}_{i\in[l]}\right\rangle$$

最后，算法输出密文 ct。

④ $\mathrm{Decrypt}(\mathrm{pp},\mathrm{sk}_{\mathrm{id},S},\mathrm{ct})$：算法首先计算 $I=\{i:\rho(i)\in S\}$。假如属性集合 S 不满足访问结构，那么它将不满足访问结构 (M,ρ)，算法输出 ⊥。否则，计算满足 $\sum_{i\in I}w_iM_i=(1,0,\cdots,0)$ 的常量 $\{w_i\in Z_p\}_{i\in I}$，其中 M_i 是矩阵 M 的第 i 行。假如属性集合 S 是授权的，那么有 $\sum_{i\in I}w_i\lambda_i=s$，并且满足这种关系的 w_i 的值存在多种选取方式。算法计算：

$$\begin{aligned}&E=e(K,C_0^{K'}C_0')=e(g,g)^{\alpha s}e(w,g)^{(a+c)sr}\\&D=\prod_{i\in I}(e(L^{K'}L',C_{i,1})e(K_{\tau,1},C_{i,2})e(K_{\tau,2},C_{i,3}))^{w_i}=e(g,w)^{(a+c)sr}\\&F=E/D=e(g,g)^{\alpha s}\end{aligned} \tag{10-29}$$

最后输出明文消息 $m=C/F$。

(2) 方案的正确性。

$$\begin{aligned}F&=\frac{E}{D}=\frac{e(g,g)^{\alpha s}e(g,w)^{(a+c)sr}}{\prod_{i\in I}D_1\cdot D_2\cdot D_3\cdot D_4\cdot D_5}\\&=\frac{e(g,g)^{\alpha s}e(g,w)^{(a+c)sr}}{e(g,w)^{(a+c)r\sum_{i\in I}w_i\lambda_i}}=e(g,g)^{\alpha s}\end{aligned} \tag{10-30}$$

式中，$D_1=e(g,w)^{(a+c)r\lambda_iw_i}$；$D_2=e(g,v)^{(a+c)rt_iw_i}$；$D_3=e(g,u^{\rho(i)}h)^{-r_\tau t_iw_i}$；$D_4=e(u^{\rho(i)}h,g)^{r_\tau t_iw_i}$；$D_5=e(v,g)^{-(a+c)rt_iw_i}$。

① $\mathrm{KeySanityCheck}(\mathrm{pp},\mathrm{sk}_{\mathrm{id},S})$：算法输入公开参数 pp 和解密密钥 $\mathrm{sk}_{\mathrm{id},S}$。假设条件：$\mathrm{sk}_{\mathrm{id},S}$ 中的组成元素形式为 $(K,K',L,L',\{K_{\tau,1},K_{\tau,2}\}_{\tau\in k})$，且满足：$K'\in Z_p^*,K,L,L',K_{\tau,1},K_{\tau,2}\in G$；$e(L',g)=e(L,g^a)$；$e(K,g^ag^{K'})=e(g,g)^\alpha e(L'L^{K'},w)$；$\exists\tau\in[k]$，满足 $e(K_{\tau,2},g)e(L^{K'}L',v)=e(K_{\tau,1},h)e(K_{\tau,1},u)^{A_\tau}$。

如果 $\mathrm{sk}_{\mathrm{id},S}$ 满足以上所有条件，则 $\mathrm{sk}_{\mathrm{id},S}$ 通过密钥完整性检查，算法输出 1。否则，输出 0。

② $\text{Trace}(\text{pp},\text{sk}_{\text{id},S},T)$：如果 $\text{KeySanityCheck}(\text{pp},\text{sk}_{\text{id},S})\to 0$，则输出 T。否则，$\text{sk}_{\text{id},S}$ 是一个在解密过程中解密功能完整的解密密钥。

10.3　基于代理重加密的云数据访问控制

为保护用户数据的隐私性，用户采用数据加密的方式在云端存储数据。当需要数据共享时，数据所有者由于不完全信任云服务提供商，不愿意将解密密文的密钥发送给云端，由云端来解密并分享出去。如果数据所有者自行下载密文，先解密再用数据接收者的公钥加密并分享，这样使云计算环境下的数据共享失去了意义。代理重加密可以在不泄漏数据拥有者解密密钥的情况下，实现云端密文数据共享。

本节首先介绍代理重加密的基本概念和基于代理重加密的云数据访问控制框架，然后给出代理重加密体制的基本构造与安全性，最后介绍广播代理重加密与属性代理重加密。

10.3.1　代理重加密的基本概念

Blaze 等于 1998 年首次提出了代理重加密(Proxy Re-Encryption，PRE)的概念，即用户 Alice 将代理密钥授权给一个半可信的代理者 Proxy 后，该代理者可以将加密给用户 Alice 的密文转换成得到 Alice 允许的用户 Bob 的密文，然后 Bob 可以用自己的私钥对该密文进行解密，从而获得对应的信息。

1. 代理重加密的分类

按照密文转换方向的不同，代理重加密分为单向的代理重加密和双向的代理重加密；根据密文被允许转换的次数多少，代理重加密分为单跳的代理重加密和多跳的代理重加密。

2. 代理重加密方案的属性

Ateniese 等在 2006 年对代理重加密方案的属性总结如下。

(1) 单向性(Unidirectionality)即代理只能将密文从一方转换到另一方，反之则不能。

(2) 多跳性(Multi-use)即一个密文可以被转换多次。

(3) 秘密代理(Private Proxy)即代理可以保密自己所掌握的用来转换密文的额外信息，也就是攻击者无法从代理执行的转换过程中获得其他信息。

(4) 透明性(Transparent)即授权者也能够产生由代理转换过的密文。

(5) 密钥最优(Key-optimal)即用户只需保护和存储一个常数级的秘密。

(6) 非交互性(Non-interactivity)即被代理者不需要参与产生代理所拥有的额外信息。

(7) 非传递性(Non-transitivity)即密文的转换功能不能由代理自己产生。

(8) 暂时性(Temporary)即代理者可以随时撤销他所给予的代理的转换功能。

(9) 抗同谋攻击(Collusion-resistant)即被代理者不能和代理合谋得到代理者的私钥。

3. 单向代理重加密的形式化定义

一个单向代理重加密方案由五个算法组成，具体如下。

(1) 生成密钥：输入系统安全参数，输出用户的公私钥对 (pk,sk)。

(2) 生成重密钥：输入用户 i 的私钥 sk_i 和用户 j 的公钥 pk_j，输出重签名密钥 $\text{rk}_{i\to j}$。

(3) 加密：输入消息 u 和用户公钥 pk，输出密文 c。

(4) 重加密：输入用户 i 的密文 c_i 和重签名密钥 $\text{rk}_{i\to j}$，输出用户 j 的密文 c_j。

(5) 解密：输入重加密密文 c_j 和用户 j 的私钥 sk_j，输出明文 u。

4. 正确性

正确性满足如下等式：

$$\text{Dec}(\text{sk}_i,\text{Enc}(\text{pk}_i,u))=u\text{，}\quad \text{Dec}(\text{sk}_j,\text{ReEnc}(\text{ReKeyGen}(\text{sk}_i,\text{pk}_j),c_i)=u$$

5. 安全模型

用 $\text{Exp}_{\text{PRE},A}^{\text{ind-cpa}}(n)$ 来表示敌手 A 与挑战者 C 之间的实验，CPA 安全的单向代理重加密的安全模型描述如下。

(1) 系统设置阶段：挑战者 C 输入安全参数 n，得到公开参数 PP 并发送给敌手 A。

(2) 查询阶段 1：在此阶段敌手 A 进行如下询问，挑战者 C 回答敌手 A 的询问。

①公钥询问：敌手 A 询问用户 i 的公钥，挑战者 C 调用密钥生成算法得到用户 i 的公、私钥对 $(\text{pk}_i,\text{sk}_i)$，并且将公钥 pk_i 发送给敌手 A，自己保留私钥 sk_i，同时挑战者 C 维持一个列表 $T_K=(\text{pk}_i,\text{sk}_i)$。

②私钥询问：敌手 A 提供 pk_i，要求挑战者 C 返回 sk_i，则挑战者 C 查询列表 $T_K=(\text{pk}_i,\text{sk}_i)$ 并发送 sk_i 给敌手 A；否则停止。

③重密钥询问：敌手 A 输入 $(\text{sk}_i,\text{pk}_j)$，挑战者 C 运行重密钥生成算法产生一个重密钥 $\text{rk}_{i\to j}$，并返回 $\text{rk}_{i\to j}$ 给敌手 A。

④重加密询问：敌手 A 输入 $(\text{pk}_i,\text{sk}_i,c_i)$，挑战者 C 调用重加密算法 $c_j=\text{ReEnc}(\text{rk}_{i\to j},c_i)$，发送密文给敌手 A。

(3) 挑战阶段：敌手 A 给两个等长的明文消息 $m_0,m_1\in M$ 和一个目标用户 i^*，挑战者 C 随机选择 $b\in\{0,1\}$，且设置挑战密文 $c_{i^*}=\text{Enc}(\text{pk}_{i^*},m_b)$，发送 c_{i^*} 给敌手。上述 IND-CPA 敌手 A 针对这个代理重加密方案的优势定义为

$$\text{Adv}_{\text{PRE},A}^{\text{ind-cpa}}(n)=\left|2\Pr[\text{Exp}_{\text{PRE},A}^{\text{ind-cpa}}(n)=1]-1\right|$$

若对任意的概率多项式时间敌手 A，$\text{Adv}_{\text{PRE},A}^{\text{ind-cpa}}(n)$ 是可忽略的，那么称这个代理重加密方案是 IND-CPA 安全的。

10.3.2 基于代理重加密的云数据访问控制框架

一个代理重加密方案包括授权者、受理者和代理者。这里把 Alice 称为授权者，Proxy 为代理者，而把 Bob 称为受理者。与常规的公钥加密方案相比，代理重加密方案多了重加密过程。代理重加密方案如图 10-6 所示。

(1) 授权者 Alice 用自己的公钥 pk_i 对明文加密得到密文 c_i，并上传到代理者 Proxy。

(2) 授权者 Alice 获取受理者 Bob 的公钥 pk_j。

(3) 授权者 Alice 用自己的私钥 sk_i 和受理者 Bob 的公钥 pk_j 生成重加密密钥 $\text{rk}_{i\to j}$。

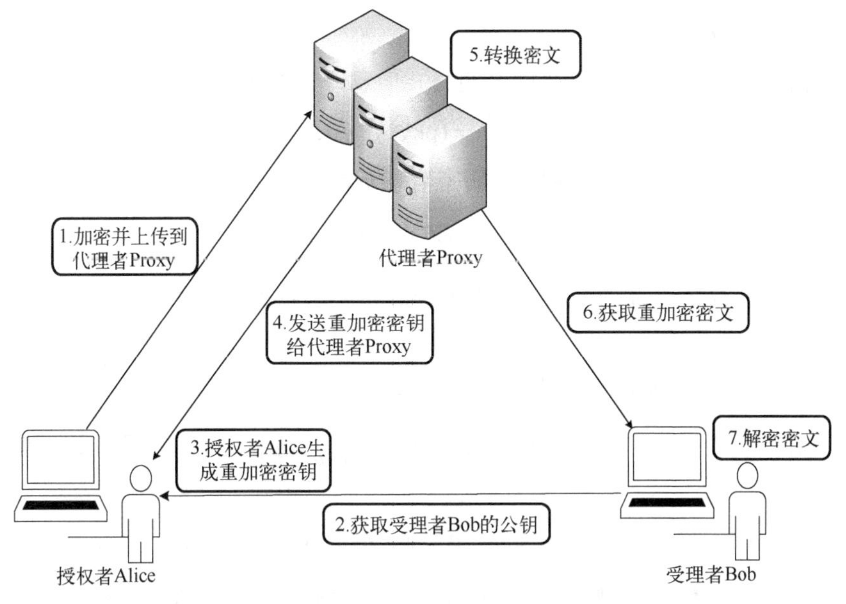

图 10-6　代理重加密示意图

(4) 授权者 Alice 将重加密密钥 $\mathrm{rk}_{i\to j}$ 发送给第三方代理者 Proxy。

(5) 代理者 Proxy 通过重加密密钥 $\mathrm{rk}_{i\to j}$，把授权者 Alice 的密文 c_i 转换成受理者 Bob 的密文 c_j。

(6) 受理者 Bob 从代理者 Proxy 处获取重加密密文 c_j。

(7) 受理者 Bob 通过自己的私钥 sk_j 解密转换后的密文 c_j。

从上述代理重加密的访问控制框架可以看出，代理重加密特别适用于云计算环境下加密数据共享的场景。在云计算环境中，为了保证数据的安全性及数据使用的便利性，数据所有者首先用自己的私钥加密数据，把得到的密文数据上传到云服务器。当数据所有者打算共享自己的数据给数据使用者时，数据所有者可以用数据使用者的公钥生成重加密密钥，并将该密钥发送给云服务器。云服务器使用重加密密钥将密文数据转换为数据使用者的密文数据。这时，数据使用者就可以从云服务器下载并解密该重加密密文，并获得明文数据。通过上述过程，数据所有者可以灵活地将自己加密的数据授权给指定的数据使用者，从而实现了加密数据从云端的直接获取，大大提高了效率，节省了计算与通信开销。

10.3.3　代理重加密体制的基本构造与安全性

为实现云计算环境下对加密数据的直接访问，解决用户先下载加密数据再加密带来的计算和通信开销问题，这里以 Ateniese 于 2006 年提出的代理重加密方案为例进行介绍，该方案是基于双线性对构造的单向非交互式的、抗合谋攻击且 CPA 安全的代理重加密方案。

1. 基本构造

该方案的具体构造如下。

(1) 密钥生成算法：给定一个双线性映射 $e:(G_1\times G_1)\to G_T$，随机产生生成元 $g,h,v\in G_1$，$Z=e(g,g)\in G_T$。A 的私钥为 $\mathrm{sk}_a=(a_1,a_2)$，公钥为 $\mathrm{pk}_a=(Z^{a_1},g^{a_2})$，$B$ 的公私钥对为 $<\mathrm{sk}_b,$

$\text{pk}_b >=< (b_1,b_2),(Z^{b_1},g^{b_2}) >$。

(2) 重加密密钥生成算法：A 通过 B 的公共信息，计算重加密密钥

$$\text{rk}_{A\to B} = g^{a_1 b_2} = (\text{pk}_b^{(2)})^{a_1} \in G_1$$

(3) 第一层加密算法：A 用公钥 pk_a 加密消息 $m \in G_2$，sk_a 的持有者 A 可以解密，密文

$$C_{a,1} = \varepsilon_1(m) = (C_1,C_2) = (Z^{a_1 k}, mZ^k), k \xleftarrow{\$} Z_p^*$$

(4) 第二层加密算法：A 用公钥 pk_a 加密消息 $m \in G_2$，sk_a 的持有者 A 和他的委托者都可以解密，输出密文为

$$C_{a,r} = \varepsilon_2(m) = (C_{r1},C_{r2}) = (g^k, mZ^{a_1 k}), k \xleftarrow{\$} Z_p^*$$

(5) 重加密算法：任何人都可以用重加密密钥 $\text{rk}_{A\to B}$，把 A 的第二层密文转换为 B 的第一层密文

$$C_2' = e(C_{r2},\text{rk}_{A\to B}) = e(g^k, g^{a_1 b_2}) = Z^{b_2 a_1 k}, C' = (C_1, C_2')$$

(6) 解密算法：用私钥 sk_a 解密第一层密文 $C_{a,1}$，输出明文为 $D_{\text{sk}_i}(C_1,C_2) = C_1 / C_2^{a_i^{-1}} = m$。

2. 方案的安全性

对于依据安全参数生成的双线性群 (G_1,G_T,g,p,e)，若扩展的判定性 Diffie-Hellman 假设在群 G_1 上成立，则该方案在随机预言模型下是 CPA 安全的。

10.3.4　广播代理重加密与属性代理重加密

传统的代理重加密主要实现了代理将单个用户的密文进行重加密后转发给单个指定的用户，而在云数据访问控制中，密文的接收者需要通过代理服务器将密文重加密转发给多个受理者，广播代理重加密可以满足这一需求，在广播代理重加密方案中，授权者的密文能够被一次性重加密成一组用户的密文。属性代理重加密可以使授权者对需要转化的密文进行更加灵活的控制，实现加密云数据的细粒度访问控制。

1. 广播代理重加密

这里以 Sun 等于 2018 年提出的代理广播重加密(Proxy Broadcast Re-Encryption，PBRE)方案为例进行介绍，该方案包含以下几个算法。

(1) $\text{Setup}(\lambda,n)$：令 $M=\{0,1\}^k$ 为消息空间。随机选取 $\alpha,\gamma,\varepsilon \in Z_p$，并对 $i=1,2,\cdots,n, n+2,\cdots,2n$ 计算 $g_i = g^{\alpha^i}$。令 $H_1:\{0,1\}^k \times G_2 \to Z_p^*$，$H_2: G_2 \to \{0,1\}^k$，$H_3: G_2 \times G_1 \times G_1 \times G_1 \times_1 \{0,1\}^k \to G$，$H_4:\{0,1\}^k \to G_1$ 为哈希函数，计算 $v = g^\gamma$，输出公共参数 PK 和主密钥 msk 为

$$\text{PK} = (g,g_1,g_2,\cdots,g_n,g_{n+2},\cdots,g_{2n},v,g^\varepsilon,H_1,H_2,H_3,H_4)，\quad \text{msk} = \gamma$$

(2) $\text{KeyGen}(\text{PK},\text{msk},i)$：用户 i 的私钥可以计算如下

$$\text{sk}_i = g_i^\gamma$$

(3) $\text{Encrypt}(\text{PK},S,m)$：对 $S \subseteq \{1,2,\cdots,n\}$ 中的消息 $m \in M$ 进行加密，选取一个随机数 $R \in G_2$，

并计算$t = H_1(m,R)$，得到原始密文$C = (C_1,C_2,C_3,C_4,C_5,C_6)$，其中$C_1,C_2,C_3,C_4,C_5,C_6$分别计算如下

$$C_1 = R \cdot e(g_1,g_n)^t,\quad C_2 = g^t,\quad C_3 = \left(v \cdot \prod_{j \in S} g_{n+1-j}\right)^t,$$

$$C_4 = (g\varepsilon)^t,\quad C_5 = m \oplus H_2(R),\quad C_6 = H_3(C_1,C_2,C_3,C_4,C_5)^t$$

(4) $\mathrm{RKGen}(\mathrm{PK},\mathrm{sk}_i,S')$：输入$\mathrm{sk}_i = g_i^{\gamma}$，$S' \subseteq \{1,2,\cdots,n\}$。选取随机值$s \to Z_p^*$，$\sigma \in \{0,1\}^k$，$R' \in G_2$，并计算

$$\mathrm{rk}_0 = \mathrm{sk}_i \cdot (g^{\varepsilon})^s,\quad t' = H_1(\sigma,R'),\quad \mathrm{rk}_1 = R' \cdot e(g_1,g_n)^{t'},\quad \mathrm{rk}_2 = (g)^{t'},\quad \mathrm{rk}_3 = \left(v \cdot \prod_{j \in S'} g_{n+1-j}\right)^{t'},$$

$$\mathrm{rk}_4 = g^s \cdot H_4(\sigma),\quad \mathrm{rk}_5 = \sigma \oplus H_2(R'),\quad \mathrm{rk}_6 = H_3(\mathrm{rk}_1,\mathrm{rk}_2,\mathrm{rk}_3,\mathrm{rk}_4,\mathrm{r}k_5)^{t'}$$

得到重加密密钥：$\mathrm{rk}_{i \to S'} = (\mathrm{rk}_0,\mathrm{rk}_1,\mathrm{rk}_2,\mathrm{rk}_3,\mathrm{rk}_4,\mathrm{rk}_5,\mathrm{rk}_6)$。

(5) $\mathrm{ReEnc}(\mathrm{PK},\mathrm{rk}_{i \to S'},C)$：根据重加密密钥数据$\mathrm{rk}_{i \to S'} = (\mathrm{rk}_0,\mathrm{rk}_1,\mathrm{rk}_2,\mathrm{rk}_3,\mathrm{rk}_4,\mathrm{rk}_5,\mathrm{rk}_6)$和原始密文$C = (C_1,C_2,C_3,C_4,C_5,C_6)$，检查下列三个等式是否成立

$$e\left(C_2, v \cdot \prod_{j \in S} g_{n+1-j}\right) \overset{?}{=} e(g,C_3) \tag{10-31}$$

$$e(C_2,g^{\varepsilon}) \overset{?}{=} e(g,C_4) \tag{10-32}$$

$$e(C_2,H_3(C_1,C_2,C_3,C_4,C_5)) \overset{?}{=} e(g,C_6) \tag{10-33}$$

若上述式(10-31)～式(10-33)三个等式有一个不成立，即中止检查，得到结果⊥。否则，计算$\tilde{C}_1 = C_1 \cdot e\left(\mathrm{rk}_0 \cdot \prod_{j \in S, j \ne i} g_{n+1-j+i}, C_2\right) / e(g_i,C_3)$，得到重加密密文为$C_R = (\tilde{C}_1,C_4,C_5,\mathrm{rk}_1,\mathrm{rk}_2,\mathrm{rk}_3,\mathrm{rk}_4,\mathrm{rk}_5,\mathrm{rk}_6)$。

(6) $\mathrm{Decrypt2}(\mathrm{PK},\mathrm{sk}_i,C)$：输入私钥$\mathrm{sk}_i$和原始密文$C = (C_1,C_2,C_3,C_4,C_5,C_6)$，解密过程如下

首先检查等式(10-31)、等式(10-32)、等式(10-33)的合法性，如果验证错误，则中止并输出⊥。否则，计算$R = C_1 \cdot e\left(\mathrm{sk}_i \cdot \prod_{j \in S, j \ne i} g_{n+1-j+i}, C_2\right) / e(g_i,C_3), m = C_5 \oplus H_2(R), t = H_1(m,R)$，并检查等式是否成立：$C_2 = g^t, C_3 = \left(v \cdot \prod_{j \in S} g_{n+1-j}\right)^t, C_4 = (g\varepsilon)^t, C_6 = H_3(C_1,C_2,C_3,C_4,C_5)^t$。若成立，则返回$m$，否则返回⊥。

(7) $\mathrm{Decrypt1}(\mathrm{PK},\mathrm{sk}_j,C_R)$：根据计算得到的私钥$\mathrm{sk}_j$和重加密的密文$C_R$，首先检查等式是否成立$e\left(\mathrm{rk}_2, v \cdot \prod_{j \in S} g_{n+1-j}\right) \overset{?}{=} e(g,\mathrm{rk}_3),\ e(C_2,H_3(\mathrm{rk}_1,\mathrm{rk}_2,\mathrm{rk}_3,\mathrm{rk}_4,\mathrm{rk}_5)) \overset{?}{=} e(g,\mathrm{rk}_6)$，如果不成立，那么得到结果⊥。否则，计算

$$R' = \mathrm{rk}_1 \cdot e\left(\mathrm{sk}_j \cdot \prod_{l \in S', j \ne l} g_{n+1-l+j}, \mathrm{rk}_2\right) / e(g_i,\mathrm{rk}_3),\quad \sigma = \mathrm{rk}_5 \oplus H_2(R'),$$

$$g^s = \mathrm{rk}_4 / H_4(\sigma),\quad t' = H_1(\sigma,R')$$

然后检查等式 $\mathrm{rk}_2 = g^{t'}, \mathrm{rk}_3 = \left(v \cdot \prod_{l \in S'} g_{n+1-l}\right)^{t'}, \mathrm{rk}_6 = H_3(\mathrm{rk}_1, \mathrm{rk}_2, \mathrm{rk}_3, \mathrm{rk}_4, \mathrm{rk}_5)^{t'}$ 是否成立，如果不成立，那么得到结果⊥。否则，计算 $R = \tilde{C}_1 \cdot e(C_4, g^s), m = C_5 \oplus H_2(R), t = H_1(m, R)$。检查 $C_4 = (g^{\varepsilon})^t$ 是否成立，如果成立，那么返回 m，其余返回⊥。

下面检查方案的正确性。

首先，对原始密文 $C = (C_1, C_2, C_3, C_4, C_5, C_6)$，有

$$
\begin{aligned}
&C_1 \cdot e\left(\mathrm{sk}_i \cdot \prod_{j \in S, j \neq i} g_{n+1-j+i}, C_2\right) / e(g_i, C_3) \\
&= R \cdot e(g_1, g_n)^t \cdot \frac{e\left(g_i^{\gamma} \cdot \prod_{j \in S, j \neq i} g_{n+1-j+i}, g^t\right)}{e\left(g_i, g^{\gamma} \cdot \prod_{j \in S, j \neq i} g_{n+1-j+i}\right)} \\
&= R \cdot e(g_1, g_n)^t \cdot \frac{e\left(g^t, \prod_{j \in S, j \neq i} g_{n+1-j+i}\right)}{e\left(g^t, \prod_{j \in S} g_{n+1-j+i}\right)} \\
&= R \cdot e(g_1, g_n)^t \cdot \frac{1}{e(g^t, g_{n+1})} = R
\end{aligned}
$$

然后，对一个重加密的密文 $C_R = (\tilde{C}_1, C_4, C_5, \mathrm{rk}_1, \mathrm{rk}_2, \mathrm{rk}_3, \mathrm{rk}_4, \mathrm{rk}_5, \mathrm{rk}_6)$，有

$$
\begin{aligned}
\tilde{C}_1 &= C_1 \cdot e\left(\mathrm{rk}_0 \cdot \prod_{j \in S, j \neq i} g_{n+1-j+i}, C_2\right) / e(g_i, C_3) \\
&= R \cdot e(g_1, g_n)^t \cdot \frac{e\left(g_i^{\gamma} \cdot (g^{\varepsilon})^s \prod_{j \in S, j \neq i} g_{n+1-j+i}, g^t\right)}{e\left(g_i, g^{\gamma} \cdot \prod_{j \in S} g_{n+1-j}\right)} = R \cdot e(g^{\varepsilon s}, g^t)
\end{aligned}
$$

最后，元素 g^s 用上面同样的方式计算，得 $\tilde{C}_1 / e(C_4, g^s) = R \cdot e(g^{\varepsilon s}, g^t) / e((g^{\varepsilon})^t, g^s) = R$。

2. 属性代理重加密

为实现代理重加密的细粒度访问控制，学者引入了密文策略的基于属性代理重加密方案和密钥策略的基于属性代理重加密。这里以 Lin 等于 2016 年提出的可验证的 ABPRE 方案为例进行介绍，该方案包含以下几个算法。

(1) Setup(λ)：令 $(p, g, G_0, G_T, \hat{e})$ 为双线性对的参数。算法生成系统属性列表 $\Omega = \{a_1, a_2, \cdots, a_k\}$，随机选择 $\alpha, \beta, f, x_1, x_2, \cdots, x_k \in Z_p^*$，令 $T_j = g^{x_j} (1 \leqslant j \leqslant k)$，对每个 $a_j \in \Omega (1 \leqslant j \leqslant k)$ 都有相应的 $x_j \in Z_p^* (1 \leqslant j \leqslant k)$。算法还定义了函数 $H_1 : G_T \to G_0$。

输出系统公钥 $\mathrm{PK} = (g, \hat{e}(g, g)^{(\alpha+\beta)}, g^f, \{T_j\}_{j=1}^k, H_1)$，主密钥 $\mathrm{MK} = (\alpha, \beta, f, (x_j)_{j=1}^k)$。

(2) KeyGen(MK, ω)：密钥生成算法输入主密钥 MK 和用户的属性集 ω。算法选择一个随机数 $r \in Z_p^*$，计算用户私钥 SK_ω

$$
\mathrm{SK}_\omega = (D^{(1)} = g^{\alpha - r}, \{D_j^{(2)} = g^{\frac{r+\beta}{x_j}}\}_{a_j \in \omega}) \tag{10-34}
$$

(3) Encrypt(m, p_1, PK)：加密算法输入待加密消息 $m \in G_T$、访问策略 p_1 和系统公钥 PK。算法选择一个随机数 $s \in Z_p^*$，并指定 s_i 在访问策略 p_1 的属性值。输出密文

$$\text{CT}_{p_1} = (C^{(1)} = g^s, C^{(2)} = m \cdot \hat{e}(g,g)^{(\alpha+\beta)s}, C^{(3)} = g^{fs}, \{C_{j,i}^{(4)} = g^{x_j s_i}\}_{a_j \in p_1}) \tag{10-35}$$

(4) RKeyGen$(\text{SK}_\omega, p_1, p_2, \text{PK})$：重加密密钥生成算法输出一个重加密密钥，代理者可用重加密密钥把和 p_1 相关的密文更新到和 p_2 相关的密文。令 $\omega' \subseteq \omega$ 是满足访问策略 p_1 的最小集合，算法首先解析 $\text{SK}_\omega = (D^{(1)}, \{D_j^{(2)}\}_{a_j \in \omega})$，选择随机数 $l, x' \in Z_p^*$，令 $(g^f)^{x'} = g^x$，计算重加密密钥

$$\text{rk}_{p_1 \to p_2} = (\hat{D}^{(1)} = D^{(1)} \cdot g^l,\quad \hat{D}^{(2)} = \text{Encrypt}(g^{x-l}, p_2, \text{PK}),$$

$$\hat{D}^{(3)} = g^{x'} = g^{\frac{x}{f}},\quad \hat{D}^{(4)} = \{\hat{D}_j^{(2)}\}_{a_j \in \omega'})$$

(5) Re-Encrypt$(\text{CT}_{p_1}, \text{rk}_{p_1 \to p_2})$：重加密算法解析密文 CT_{p_1} 和重加密密钥 $\text{rk}_{p_1 \to p_2}$，计算重加密过程如下。

①对每个属性 $a_j \in \omega'$，计算 $I^{(1)} = \prod_{a_j \in \omega'} \hat{e}(\hat{D}_j^{(4)}, C_{j,i}^{(4)}) = \prod_{a_j \in \omega'} \hat{e}(g^{\frac{r+\beta}{x_j}}, g^{x_j s_i}) = \hat{e}(g^{r+\beta}, g^s)$。

②计算 $I^{(2)} = \hat{e}(C^{(1)}, \hat{D}^{(1)}) \cdot I^{(1)} = \hat{e}(g^s, g^{\alpha-r}) \cdot \hat{e}(g,g)^{(r+\beta)s} = \hat{e}(g^s, g^{\alpha+\beta} \cdot g^l)$。

③计算 $I^{(3)} = \dfrac{C^{(2)}}{I^{(2)}} = \dfrac{m\hat{e}(g^s, g^{\alpha+\beta})}{\hat{e}(g^s, g^{\alpha+\beta} \cdot g^l)} = \dfrac{m}{\hat{e}(g^s, g^l)}$，$\hat{C}^{(2)} = \hat{e}(C^{(3)}, \hat{D}^{(3)}) \cdot I^{(3)} = \hat{e}(g^{sf}, g^{x/f}) \cdot \dfrac{m}{\hat{e}(g^s, g^l)} = m\hat{e}(g^s, g^{x-l})$。

令 $\hat{C}^{(1)} = C^{(1)}, \hat{C}^{(3)} = \hat{D}^{(2)}$，最后，算法输出重加密密文 $\text{CT}_{p_2} = (\hat{C}^{(1)}, \hat{C}^{(2)}, \hat{C}^{(3)})$。

(6) Decrypt$(\text{CT}_{p_i}, \text{SK}_\omega)$：解密算法输入密文 CT_{p_i} 和私钥 SK_ω。算法检查与属性集 ω 相关的私钥 SK_ω 是否满足访问策略 p_i，如果不满足，则输出一个错误符号 ⊥。如果属性集 ω 满足访问策略 p_i，并且密文 C_{p_i} 是原始密文，那么解密算法执行如下过程。

①算法选择最小属性集合 $\omega' \subseteq \omega$ 满足访问策略 p_i，并解析出：

$$C_{p_1} = (C^{(1)}, C^{(2)}, \{C_{j,i}^{(4)}\}_{a_j \in p_1}) \text{ 和 } \text{SK}_\omega = (D^{(1)}, \{D_j^{(2)}\}_{a_j \in \omega})$$

②对每个属性 $a_j \in \omega'$，计算 $Z^{(1)} = \prod_{a_j \in \omega'} \hat{e}(\hat{D}_j^{(2)}, C_{j,i}^{(4)}) = \prod_{a_j \in \omega'} \hat{e}(g^{\frac{r+\beta}{x_j}}, g^{x_j s_i}) = \hat{e}(g^{r+\beta}, g^s)$。

③计算 $Z^{(2)} = \hat{e}(D^{(1)}, C^{(1)}) \cdot Z^{(1)} = \hat{e}(g^{\alpha-r}, g^s) \cdot \hat{e}(g^{(r+\beta)}, g^s) = \hat{e}(g,g)^{(\alpha+\beta)s}$。

④计算 $m = C^{(2)} / Z^{(2)}$。

如果属性集 ω 满足访问策略 p_i，并且密文 C_{p_i} 是重加密密文，首先，算法解析出 $C_{p_1} = (\hat{C}^{(1)}, \hat{C}^{(2)}, \hat{C}^{(3)})$；然后，恢复消息 $m = \dfrac{\hat{C}^{(2)}}{e(\hat{C}^{(1)}, \text{Decrypt}(\hat{C}^{(3)}, \text{SK}_\omega))}$。

第 11 章　数据计算安全

数据计算安全是在确保数据安全性的前提下，实现数据检索、计算等操作并保证其结果正确性的技术，主要解决外包数据的安全高效利用问题。围绕这一问题，已发展出了许多相关的密码学技术，它们的出现和快速发展系统地解决了外包云存储环境下资源受限用户外包数据与计算数据之间的矛盾，保护了用户数据的安全和隐私。本章将阐述数据计算安全方面的有关技术，涉及密文数据检索、同态加密技术、可验证算法、安全多方算法、函数加密以及安全外包算法的发展背景与关键进展。

11.1　密文数据检索

虽然对数据加密后外包存储到云端服务器能保证数据的保密性，但同时也给用户检索和分析数据带来了不便，在一定程度上抑制了数据的可用性。因此，如何有效地获取和使用云数据，同时保护用户的敏感信息是一个亟待解决的问题。针对此问题，学者提出了密文数据检索的概念，即支持在云端对加密后的数据进行检索，主要涉及可搜索加密技术。

11.1.1　密文数据检索的一般框架

密文数据检索的一般框架包含：一是数据拥有者，它主要使用加密算法对数据和相应的索引一起加密，再外包至云端；二是云服务器，它主要负责接收和存储数据所有者上传的密文和可搜索索引；云服务器匹配关键词陷门和可搜索索引，顺序返回最终的检索结果给数据使用者；三是数据使用者，能够上传关键词陷门，接收并解密云端计算返回的加密数据。系统框架如图 11-1 所示。

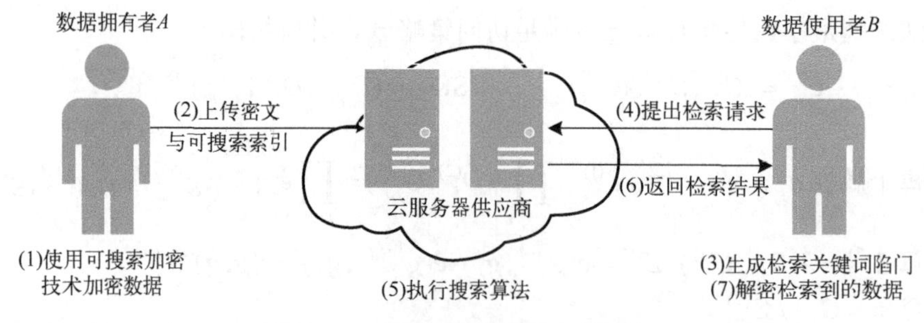

图 11-1　密文数据检索的一般框架

具体流程如下：

(1) 数据拥有者 A 使用可搜索加密技术加密数据。

(2) 将密文以及对应的可搜索索引上传至云端服务供应商，并存储于云服务器。

(3) 数据使用者 B 生成检索关键词陷门。

(4) 向云服务器供应商提出检索请求并发送关键词陷门。

(5) 云服务器将执行搜索算法，将关键词陷门和搜索索引进行匹配计算。

(6) 返回检索结果。

(7) 数据使用者 B 对检索到的数据进行解密。此过程中必须确保云服务器不窃取任何与检索内容相关的额外信息。

可搜索加密技术包括两类，一是对称可搜索加密技术(Symmetric Searchable Encryption，SSE)，使用对称的密钥进行检索；二是公钥可搜索加密技术(Public Key Encryption with Keyword Search，PEKS)。按照下述模型可将可搜索加密分为以下四类。

(1) 单用户模型。在单用户模型中，单服务器用户加密个人数据，并将密文上传至不受信任的外部单服务器中。该用户可以通过关键词检索密文，同时服务器不能获得明文数据和检索索引。

(2) 多对一用户模型。在多对一用户模型中，相对于单服务器，用户的数量是存在多个的。用户将加密后的数据上传至不可信的服务器中，任意单个接收者能够接收这些数据。在多对一用户模型中接收者可以通过关键词检索密文，此时发送者不能接收自己发送的数据。

(3) 一对多用户模型。在一对多用户模型中，单个发送者发送加密数据，多个接收者接收这些数据。在该模型中，接收者可以通过关键词检索密文，此时发送者不能接收自己发送的数据。

(4) 多对多用户模型。在多对多用户模型中，用户既能成为发送者，也能成为接收者。当其属性符合某个发送者预先确定的访问结构或身份条件时，尽管它也具有基于关键字搜索的能力，但服务器却无法得到明文数据信息和需要搜索的关键词。

可搜索加密中的服务器一般可分为两类：诚实且好奇(Honest-but-curious)的服务器模型和恶意(Malicious)服务器模型。在前者中，服务器诚实地履行协议，但尽可能获取用户隐私。在恶意服务器模型中，服务器诚实地履行协议，但为了自身的经济利益或因软硬件故障等，服务器返回的搜索结果可能是错误的或不真实的，因此使用者必须对结果的正确性和完整性进行检查。

11.1.2 对称可搜索加密

在上述密文数据检索的一般框架中，如果使用的加密方式是对称加密，则这种可搜索加密称为对称可搜索加密，它适用于单用户模型或私有数据库的外包与检索场景。

对称可搜索加密操作通常包括数据所有者和云服务器。数据所有者将加密数据外包给云服务器。在检索期间，用户通过私钥检索云端中相应的数据内容。其基本原理包含两个方面，①数据加密方面，数据所有者通过对称加密算法加密数据，存储在云服务器内，拥有对称密钥的用户才拥有解密权限；②在生成可搜索索引方面，数据拥有者使用对称密钥生成安全加密索引，通过索引检索文件生成关键词，云服务器对该关键词进行查询。在检索时，由数据拥有者为数据使用者提供陷门，最终完成检索。

定义 11.1 对称可搜索加密

(1) $k=\mathrm{KGen}(\lambda)$：密钥生成算法输入一个安全参数 λ，输出一个由随机函数生成的对称密钥 k；

(2) $(I,C)=E_k(M)$：加密算法输入明文文件集 $M=(m_1,m_2,\cdots,m_n)$ (其中 n 为文件集的数量)和加密密钥 k，输出关键词和索引 I 以及加密后的密文集 $C=(c_1,c_2,\cdots,c_n)$；

(3) $T_w = \text{Trapdoor}(k,w)$：陷门生成算法输入关键词 w、加密密钥 k，输出由一个陷门函数产生关键词陷门 T_w；

(4) $C_w = \text{Search}(I,T_w)$：索引算法输入加密关键词陷门 T_w、映射索引结构 I，输出索引所对应的密文文件 C_w；

(5) $D_w = D_k(C_w)$：解密算法输入加密文件 C_w、密钥 k，输出与关键词 w 相关联的明文文件集 D_w。

基于以上定义，对称可搜索加密的具体流程如下。

(1)加密阶段，数据所有者使用密钥生成算法KGen生成密钥 k，使用密钥 k 对文件集 F 进行加密得到密文集 C，数据所有者提取关键词并建立文件索引 I，将 (C,I) 上传云服务器进行存储。

(2)检索阶段，用户获得关键词 w 对应的陷门 T_w，将陷门 T_w 提交给云服务器请求检索响应。

(3)返回阶段，云服务器将索引 I 与陷门 T_w 进行匹配，将匹配对应的密文 C_w 返回给用户。

(4)解密阶段，用户利用共享的密钥 k 解密 C_w 来恢复明文。

对称可检索密码的构造一般采用伪随机函数，有着计算费用少、计算简便、速率快的优点，除加解密步骤使用了同样的密钥之外，其陷门生成过程也需要新密钥的加入。

当前 SSE 方法的研究内容大致包括以下四个方面。①单关键词检索：单关键词检索是SSE 的基本搜索方法，即返回含有单一搜索关键字的全部文件；②多模式搜索：想要构建比较有效的 SSE 方法，必须提供支持更为多样化搜索的方法，如多关键字搜索、模糊关键词检索、检索结果排序和范围查询等；③前/后向安全性搜索：由于动态 SSE 方法必须支持文件的自动更新与撤销，而且在动态更新中会遗漏敏感信息，因此怎样确保动态 SSE 方法的前/后向安全性是其必须要解决的问题；④可验证、可搜索加密：在恶意服务器模型中，需要检验服务器所返回结果的正确性与完整性，有必要研究可验证的 SSE 方法。

11.1.3　公钥可搜索加密

公钥可搜索加密的基本原则与对称可搜索加密相同，但一般包括三方主体：数据拥有者、云服务器和使用者。数据拥有者可以通过公钥加密数据然后外包给云服务器，最后由用户通过私钥搜索云服务器上的所有信息。

定义 11.2　公钥可搜索加密

(1) $(\text{pk},\text{sk}) = \text{KGen}(\lambda)$：密钥生成算法输入一个安全参数 λ，输出密钥对 (pk,sk)；

(2) $C_w = E_{\text{pk}}(w)$：加密算法输入公钥 pk 及关键词 w 进行加密，输出结果为 C_w；

(3) $T_{w'} = \text{Trapdoor}(\text{sk}, w')$：陷门生成算法输入私钥 sk、要查询的关键词 w'，输出关键词陷门 $T_{w'}$；

(4) $b = \text{Test}(\text{pk}, C_w, T_{w'})$：匹配算法输入公钥 pk、关键词密文 C_w 和关键词陷门 $T_{w'}$，根据输出的 b 结果判断关键词是否匹配，其中 $b \in \{0,1\}$，1 代表匹配成功，0 代表匹配失败。

基于以上定义，公钥可搜索加密的具体流程如下。

(1)加密阶段，数据所有者执行密钥生成算法 KGen 输入参数 λ，生成公私钥 (pk,sk)。数据所有者使用数据接收者的公钥 pk 来加密邮件信息和相应的关键词 w，并将加密后的密文 C_w 发送给云服务器。

(2) 检索阶段，数据接收者使用自己的私钥 sk 和要搜索的关键词 w' 生成陷门 $T_{w'}$，并把该陷门发送给邮件服务器。

(3) 返回阶段，云服务器收到请求、接收到陷门 $T_{w'}$ 和邮件密文 C_w 之后，开始执行 Test 算法进行关键词匹配检索，匹配成功返回加密的相关文件 C_w。

(4) 解密阶段，数据接收者接收返回结果 C_w，通过共享的密钥 sk 解密 C_w 得到明文。

公钥可搜索加密一般构建于双线性对，其安全性都是基于不同的安全假设，如离散 Diffie-Hellman 问题、双线性 Diffie-Hellman 问题等。

公钥可搜索加密计算量大，加解密速率较慢，但是，由于其公私钥分离的特性，十分适合于在多用户模式下（多对一用户模型、多对多用户模型）可搜索加密问题的处理：发送方使用接收方的公钥加密文档和相应的关键字，在信息检索时，接收方利用私钥计算生成的待查询关键字陷门，由服务器根据陷门完成信息检索后返还加密后的目标文件。该过程解决了在发送方和接收方之间接收数据的安全问题，有很大的实用价值。

11.2　同 态 加 密

当加密数据存储在云端之后，如果无密钥方能够进行对密文的运算，则能够降低双方通信和计算开销。同态加密为实现这些要求而提出了一个重要的可选择方法，能够做到让云端服务器在不获得与密文对应的信息的情况下进行运算，而客户方解密密文形式的计算结果，就可以得到其想得到的明文形式的计算结果。正是基于同态加密技术在运算复杂度、网络复杂性以及信息安全上的优点，很多研发者投身到其基础理论与应用的研究之中。本节将阐述同态加密的定义与基本原理、部分同态加密方案和全同态加密方案。

11.2.1　同态加密的概念和定义

同态加密（Homomorphic Encryption，HE）允许第三方对密文消息进行某些运算功能，并同样保持计算结果的密封状态。实质上说，这种同态加密对应着抽象代数中的映射。

定义 11.3　同态加密　设 E 为加密算法，$E_k(x)$ 表示用加密算法 E 和密钥 k 对 x 加密，F 表示一种运算，如果存在有效算法 G 满足：

$$E_k(F(x_1,x_2,\cdots,x_n))=G(F,(E_k(x_1),E_k(x_2),\cdots,E_k(x_n))) \tag{11-1}$$

则称加密算法 E 对于运算 F 是同态的。

如果式(11-1)仅对 $F(x_1,x_2,\cdots,x_n)=\sum_{i=1}^{n}x_i$ 成立，那么该加密方案称为加法同态加密方案；如果仅对 $F(x_1,x_2,\cdots,x_n)=\prod_{i=1}^{n}x_i$ 成立，那么该加密方案称为乘法同态加密方案。

按照所使用的计算类型，同态加密方案又可以分成两种：部分同态加密和全同态加密，前者仅能进行有限次的加法同态运算或有限次的乘法同态运算，后者支持任意次的加法同态运算或是乘法同态运算。部分同态加密由于只能完成有限次的同态加法和同态乘法运算的局限性，在实际应用中有较大的限制，如针对一些比较复杂的函数算法问题。全同态加密虽然克服了部分同态密码在算法性能上的不足，不过由于全同态加密的算法开销也较高，所以在适用部分同态加密算法的场景中，没有必要再使用全同态加密。

11.2.2　部分同态加密

部分同态(Partial Homomorphic Encryption，PHE)又称单同态，指的是该同态加密方案可以做无限次同态加法或者可以做无限次同态乘法操作，即仅支持单一的密文计算操作。部分同态加密方法根据在明文空间上可实现的代数或算术运算，分为乘法同态加密、加法同态加密和异或同态加密三种类别。

(1)乘法同态加密。乘法同态加密方案的同态性表现为$[m_1 \times m_2 = D_{\text{sk}}(E_{\text{pk}}(m_1) \times E_{\text{pk}}(m_2))]$。RSA 是一种典型的乘法同态加密方案，如表 11-1 所示。

从表 11-1 可以看出，明文与密文的运算都是乘法运算，式(11-2)表示出两个密文直接相乘就可得到对应明文相乘后再加密所得密文：

$$c_1 \cdot c_2 = m_1^e \cdot m_2^e \bmod n = (m_1 \cdot m_2)^e \bmod n = E_{\text{pk}}(m_1 \cdot m_2) \quad (11\text{-}2)$$

(2)加法同态加密。加法同态加密方案的同态性表现为$[m_1 + m_2 = D_{\text{sk}}(E_{\text{pk}}(m_1) + E_{\text{pk}}(m_2))]$。Paillier 是一种典型的加法同态加密方案，如表 11-2 所示。

表 11-1　RSA 方案

RSA 方案
私钥：d
公钥：模 n 和指数 e
明文：$m \in \mathbb{Z}_n$
加密算法：$c = E_{\text{pk}}(m) = m^e \bmod n$
解密算法：$m = D_{\text{sk}}(c) = c^d \bmod n$

表 11-2　Paillier 加法同态加密方案

Paillier 加法同态加密方案
设 p、q 为大素数，$n = pq$，$\lambda = \text{lcm}(p-1, q-1)$，$r$ 为随机数
定义 $L(u) = u - 1/n$，设整数 g 满足 $\gcd((g^\lambda \bmod n^2), n) = 1$
私钥：λ
公钥：(n, g)
明文：$m \in \mathbb{Z}_n$
加密算法：$c = E_{\text{pk}}(m) = g^m r^n \bmod n^2$
解密算法：$m = D_{\text{sk}}(c, \lambda) = (L(c^\lambda \bmod n^2) / L(g^\lambda \bmod n^2)) \bmod n$

从表 11-2 可以看出，该方案在明文上是加法运算，但在密文上是乘法运算。式(11-3)表示出密文的乘积与相应明文相加后再加密所得密文相同：

$$c_1 \cdot c_2 = (g^{m_1} r_1{}^n)(g^{m_2} r_2{}^n) = g^{m_1 + m_2}(r_1 r_2)^n = E_{\text{pk}}((m_1 + m_2) \bmod n) \quad (11\text{-}3)$$

Paillier 加法同态加密方案是部分同态加密，具有 IND-CPA 安全，基于高阶合数度剩余类困难问题。

(3)异或同态加密。异或同态加密方案的同态性表现为$[m_1 \oplus m_2 = D_{\text{sk}}(E_{\text{pk}}(m_1) \circ E_{\text{pk}}(m_2))]$。其中$\circ$既可以表示加法也可以表示乘法。目前，该类同态加密方案与二次剩余困难问题密切相关，加密效率较低。

表 11-3 从密文同态运算属性、算法设计几个方面，对主流 PHE 方案进行了对比。

表 11-3　PHE 方案对比

PHE 方案	加密体制				同态属性
	确定型	概率型	加法	乘法	运算算法
RSA82	√			√	$(M_1^e)(M_2^e) \bmod N = (M_1 \times M_2)^e \bmod N$
GM84		√	√		$(x^{M_1} r_1^2) \times (x^{M_2} r_2^2) \bmod N = [x^{M_1+M_2}(r_1 r_2)^2] \bmod N$

续表

PHE方案	加密体制				同态属性
	确定型	概率型	加法	乘法	运算算法
EGM85		√		√	$(g^{r_1}, M_1h^{r_1}) \bmod N \times (g^{r_2}, M_2h^{r_2}) \bmod N \equiv [(g^{r_1+r_2}), (M_1M_2)h^{r_1+r_2}] \bmod N$
Ben87		√	√		$(g^{M_1}, r_1^{\sigma}) \bmod N \times (g^{M_2}, r_2^{\sigma}) \bmod N \equiv [(g^{M_1+M_2}), (r_1r_2)^{\sigma}] \bmod N$
OU98		√	√		$(g^{M_1}h^{r_1}) \bmod N \times (g^{M_2}h^{r_2}) \bmod N \equiv (g^{M_1+M_2}h^{r_1+r_2}) \bmod N$
Pai99		√	√		$(g^{M_1}r_1^{N}) \bmod N^2 \times (g^{M_2}r_2^{N}) \bmod N^2 \equiv [(g^{M_1+M_2}), (r_1r_2)^{N}] \bmod N$
BGN05		√	√		$(g^{M_1}h^{r_1}) \bmod N \times (g^{M_2}h^{r_2}) \bmod N \equiv (g^{M_1+M_2}h^{r_1+r_2}) \bmod N$
MREA12	√		√		$(g^{M_1^e \bmod N}r^{M_1}) \bmod N^2 \times (g^{M_2^e \bmod N}r^{M_2}) \bmod N^2$ $\equiv (g^{(M_1+M_2)^e} \bmod N \cdot r^{M_1+M_2}) \bmod N^2$
CEG13		√	√		$(g^{r_1}, h^{r_1}g^{M_1}) \bmod N \times (g^{r_2}, h^{r_2}g^{M_2}) \bmod N \equiv [(g^{r_1+r_2}), h^{r_1+r_2}g^{M_1+M_2}] \bmod N$

11.2.3　全同态加密

全同态加密(Fully Homomorphic Encryption，FHE)的概念在 2009 年首次提出，它是同时支持加法与乘法的同态加密方案。

在目前的全同态加密方法中，通常使用电路结构来生成同态加密的计算模式。电路由许多门电路组合而成，这些门电路可能是多变量的加法门也可能是双变量的乘法门，或者是由加法门和乘法门共同组成的异或门等。电路的输入输出可以是任意整数，也可以是布尔值，对应集合运算、循环运算、四则运算等门运算，也可能是逻辑操作。对于一个函数 f ，可以将该函数表示成一个电路 C ，电路中的门电路依次执行相应的计算，对于一个电路 C ，出现 $C(x_1,x_2,\cdots,x_n)$ 时，可以认为它等价于某个函数 $f(x_1,x_2,\cdots,x_n)$ 。

同态计算函数 f 描述为一个有限域 GF(2) 上的算术电路，即函数被表示成一个以与门和异或门为完备集的布尔电路。例如， $f(x,y)=x^2+xy+y^2$ ，该函数可表示成如图 11-2 所示的一个算术电路 C 。

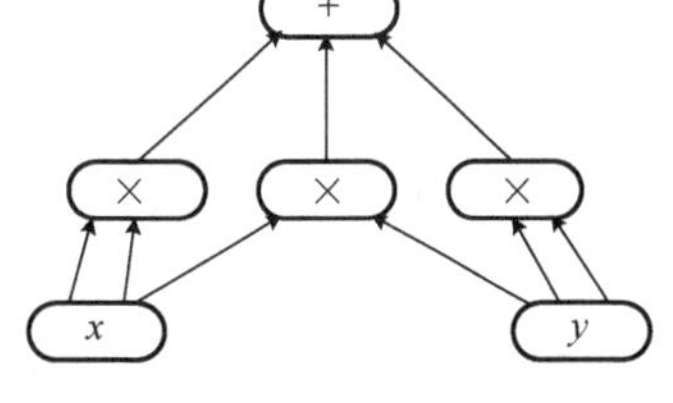

图 11-2　$f(x,y)=x^2+xy+y^2$ 对应的算术电路

下面给出基于电路计算模型全同态加密的定义。

定义 11.4　基于电路计算模型的同态加密方案　一个同态加密方案 ψ 是由一组多项式时间算法组成的， $\psi=(\text{KGen},E,D,\text{Eval})$ ，算法可描述如下。

(1) $\text{KGen}(\lambda)\to(\text{sk},\text{pk})$ ：输入一个安全参数 λ ，输入私钥和公钥 (sk,pk) 。

(2) $E_{\text{pk}}(m)\to\pi$ ：输入公钥 pk 和明文 m ，输出一个密文 π 。

(3) $D_{\text{sk}}(\pi)\to m$ ：输入私钥 sk 和密文 π ，输出一个明文 m 。

(4) $\text{Eval}(\text{pk},C,Y)\to\Pi$ ：输入公钥 pk 、一个电路 C 和一组密文 $Y=(\pi_1,\pi_2,\cdots,\pi_l)$ ，输出一个同态计算密文 Π ，如果 $\pi_i=E_{\text{pk}}(m_i)$ ， $i=1,2,\cdots,l$ ，则

$$\text{Eval}(\text{pk},C,Y)=E_{\text{pk}}(C(\pi_1,\pi_2,\cdots,\pi_l))$$

定义 11.5　同态加密方案的正确性　ψ 对于上述算法，输入正确输入后 $\text{KGen}(\lambda)$ 得到密钥对 (sk,pk) ；对于任意电路 $C\in C_{\psi}$ 和密文 $Y=(\pi_1,\pi_2,\cdots,\pi_l)$ ，有 $\pi_i=E_{\text{pk}}(m_i)$ ；对于 $\Pi=\text{Eval}(\text{pk},C,Y)$ 有 $D_{\text{sk}}(\Pi)=C(\pi_1,\pi_2,\cdots,\pi_l)$ ，则同态加密方案 ψ 对于电路集合 C_{ψ} 是正确的。

定义 11.6　紧凑性　如果存在一个多项式 f，任意给定安全参数 λ，同态加密方案 ψ 可以由一个规模最多为 $f(\lambda)$ 的电路 C_ψ 表示，就说该同态加密方案 ψ 是紧凑的。

定义 11.7　全同态加密　如果同态加密方案能够紧凑地计算电路，那么它必须满足方案 ψ 能够对电路 C_ψ 紧凑且正确地计算。满足上述条件就说该方案是全同态的。

当求解有关实际问题的同态加密运算时，所涉及的运算模式可以不要求同时对任何函数进行任意次数的加法同态计算和乘法同态计算，而仅要求一定数量的加法同态计算和乘法同态计算，而采用这样思想的同态加密称为 Somewhat 同态加密（Somewhat Homomorphic Encryption，SHE）。SHE 算法在经过密文计算后的新密文中会伴随着噪声，因此需要在解密过程中把噪声尽可能控制在安全参数所容许的范围内，以使得密文在进行模糊同态运算后仍能被正确解密。SHE 的一个经典构造是 BGN 方案。

BGN 方案是一种可以进行无限次密文加法和一次密文乘法的运算，包含下述算法。

（1）系统建立算法 Setup：给定安全参数 λ，一个大质素的乘积 $n = q_1 \cdot q_2$，q_1 阶的双线性群 G_1，双线性映射为 $e: G_1 \times G_1 \to G_2$，随机选取 $h, g \leftarrow G_1$，令 $u = h^{q_2}$，公钥为 $\mathrm{pk} = (n, G_1, G_2, e, h, g)$，私钥为 $\mathrm{sk} = q_1$。

（2）加密算法 E_{pk}：对于明文 $m \in M$，$M = \{0, 1, \cdots, N\}, N < q_2$，$n = q_1 \cdot q_2$，选取随机数 r，得到密文 $C = g^m u^r \in G_1$。

（3）解密算法 D_{sk}：对于密文 C，用私钥解密，令

$$C^{q_1} = (g^m u^r)^{q_1} = (g^{q_1})^m (u^r)^{q_1}, u^r = \underbrace{(h^{q_2}) \cdot (h^{q_2}) \cdot \cdots \cdot (h^{q_2})}_{r}, (u^r)^{q_1} = \underbrace{(u^r) \cdot (u^r) \cdot \cdots \cdot (u^r)}_{q_1}$$

则 $C^{q_1} = (g^{q_1})^m \cdot (u^r)^{q_1} = (g^{q_1})^m \cdot 1 = (g^{q_1})^m$，由于 C, q_1, g 已知，则明文为

$$m = \log_{g^{q_1}} \cdot C^{q_1}$$

其同态性表现如下。

（1）加法同态：由于密文 $C_1 \cdot C_2 = (g^{m_1} u^r) \cdot (g^{m_2} u^r) = g^{m_1 + m_2} u^{2r} = E_{\mathrm{pk}}(m_1 + m_2)$，所以满足加法同态性。

（2）乘法同态：定义 $g_1 = e(g, g), u_1 = e(g, u), u = g^{\alpha q_2} (\alpha \in Z), r, r_1, r_2 \in Z_n$，$C_1 = g^{m_1} u^{r_1}$，$C_2 = g^{m_2} u^{r_2}$，则

$$C_1 \otimes C_2 = e(C_1, C_2) u_1^r = e(g^{m_1} u^{r_1}, g^{m_2} u^{r_2}) u_1^r = e(g, g)^{m_1 \cdot m_2} u_1^r = C_3 = g_1^{m_1 \cdot m_2} u_1^{r'} = E_{\mathrm{pk}}(m_1 \cdot m_2)$$

其中，$r' = m_1 r_2 + m_2 r_1 + \alpha q_2 r_1 r_2 + r$，密文乘积 $C_3 \in G_1$，该方案对同态密文乘法运算仅支持一次，无法解密超过一次以上的运算。

在当前的研究中，主流同态方案都是基于环错误学习（Ring Learning With Errors，RLWE）假设的 Somewhat 同态加密方案的。传统基于错误学习的同态加密方法将公钥和密文同时表示为矩阵和向量，而由于环错误学习的方案是通过多项式运算的，其整系数多项式表示为它的系数向量，方案中公钥和密文也可以表示为向量上的元素。因此，环错误学习的方案具有更高的计算效率。另外，基于环错误学习的同态加密方案已经被证明是抗量子算法攻击的。

11.3　可验证计算

在云计算环境下，大的计算任务将被分解到多个计算节点协同完成。为防止存在单个用户不诚实计算的可能，当前很多分布式计算模式将相同的计算任务单元分配给不同的计算方，再对比两组计算结果的差异，确定结果的正确性。可验证计算技术是在云计算环境下处理任务分包和任务委托计算过程中产生的计算可信性问题的主要技术手段，已有近 30 年的发展历程。本节分别介绍基于审计和安全硬件、基于计算复杂性理论和基于密码学的可验证计算。

11.3.1　基于审计和安全硬件的可验证计算

在一些实际应用中，为了处理分布式系统通过应用程序或工具所可能产生的运算、传输数据的泄露与丢失等安全问题，必须通过采用可验证计算的方式来消除隐患，主要是通过审计系统和各种安全协处理器工具。基于审计的方式一般是随机选择一部分服务器分配计算任务，并对比计算结果，以证明其计算结果的正确性。因为任务分配的随机性，虽然无法预知某些作业将被分配给哪些服务器，但是通过多个服务器的计算结果对比也能够检测服务器是否有不诚实行为。基于此方法验证计算结果，需要确保服务器的数量满足统计需求。此外，一旦服务器被随机选中并进行了计算，将无法有效对抗服务器的合谋性入侵。而另一个办法就是采用更安全的硬件，如安全协处理器。安全协处理器是一种硬件模块，它主要由 CPU、只读存储器引导程序，以及安全的非易失寄存器三个部分所构成。安全协处理器能够创造一种相互隔离的运行环境。入侵者可以破坏处理器的内部结构，但他们无法理解处理器的内部结构并改变其结构。由于安全协处理器可以满足安全性和私密性，因此基于安全协处理器这类安全硬件可实现可验证计算。这种方案的缺点是成本高，难以推广应用。

11.3.2　基于计算复杂性的可验证计算

计算复杂性理论致力于将可计算问题依据计算复杂度进行分类，主要研究计算时所需要的资源，计算资源通常包括时间、空间及其他资源。在该理论中，交互式证明系统(Interactive Proof System，IPS)是其中的一类计算模型。交互式证明系统和可验证计算具有类似的使用场景，因此，通过交互式证明系统能够建立验证计算模型。

定义 11.8　交互式证明系统　语言 L 的交互式证明系统是计算能力不受限制的证明者 P 和 PPT 验证者 V 之间的交互式协议，其中语言 $L \subseteq \{0,1\}^*$ 是一种 NP 语言(NP 语言是多项式时间内不可被图灵机接受，但可验证的语言类)，使以下条件成立。

$$\text{完备性：}\ \forall x \in L : \Pr[(P,V)(x)=1] \geqslant 1-\mathrm{negl}(n)$$

$$\text{可靠性：}\ \forall x \notin L, \forall P^* : \Pr[(P^*,V)(x)=1] \leqslant \mathrm{negl}(n)$$

其中，使用 $(P,V)(x)=1$ 来表示 V 接受在公共输入 x 上与 P 的交互作用，$\mathrm{negl}(n)$ 是计算上可忽略的函数，对于每个多项式 $p(\cdot)$，存在一个 N，使得所有的整数 $n>N$，都满足 $f(n)<(1/p(n))$。上述的完备性表明，当随机选择 $x \in L$ 时，证明者 P 使得验证者接受的概率应当为 $1-\mathrm{negl}(n)$。上述的可靠性表明，当输入 $x \notin L$ 时，对证明者任意选择的策略 P^*，使验证者接受的概率是可以忽略的。

在可验证计算中，证明者 P 收到外包计算任务，进行计算后返回计算结果给验证者 V，并提交一个结果的正确性证明给V。系统具有的可靠性要求V拒绝错误的计算结果，也可以说以可以忽略的概率接受错误结果。当前使用交互式证明系统的情况极少，因为满足一个拥有无限计算能力的证明者P几乎是不可能的，且外包计算应当有实际意义，这要求V的运行时间应当小于函数计算的实际运行时间。

在近年来的发展研究中，使用交互式证明体系也可以建立简单的非交互式知识论证体系(Succinct Non-interactive Argument of Knowledge，SNARK)。简单而论之，SNARK允许证明者以最简洁的方法向验证者证明，并且通过准确的输入正确无误地进行计算，而非交互性则是指在证明系统的所有交互都仅限于证明者向验证者之间发出的一个消息，而交互性指的是在证明者与验证者之间交互的消息多于一个。目前，通常基于可随机检验证明(Probabilistically Checkable Proofs，PCPs)系统或者基于二次扩张程序(Quadratic Span Program，QSP)来构建非交互零知识证明系统。

11.3.3 基于密码学的可验证计算

与基于计算复杂性的可验证计算不同，基于密码学的可验证计算使用密码方法构建非交互式可验证计算方案。尽管基于计算复杂性的方案也可以是非交互式的，但它们的可靠性基于随机谕示机模型或基于不可伪造的假设进行测试，即该假设不存在理论推导出来的结论与现实实验结果发生冲突的可能，不可证伪的理论不能成为科学理论。另外，基于计算复杂性的方案不会顾及对输入和输出结果的隐私性，但通过密码学手段可以达到这种隐私性。在云存储下的可验证计算中，我们将始终考虑以下情况。客户端C希望服务器S来计算某个输入上的函数f。因此，C将f和x的编码给S，S将结果y返回给C。为了证明结果的正确性，即证明y确实等于$f(x)$，可以使用一个可验证的计算方案。下面给出基于密码学可计算方案的定义。

定义 11.9 基于密码学的可验证计算方案 一个可验证的计算方案VC是以下概率多项式时间算法的一个元组。

(1) $\text{KGen}(1^\lambda, f)$：概率密钥生成算法采用安全参数$\lambda$和函数$f$的描述。它生成一个密钥sk、一个相应的验证密钥vk和一个公开评估键ek，并返回所有这些键。

(2) $\text{ProbGen}(\text{sk}, x)$：问题生成算法采用一个密钥sk和数据$x$。它输出一个解码值$\rho_x$和一个编码数据$x$的公开编码结果$\sigma_x$。

(3) $\text{Compute}(\text{ek}, \sigma_x)$：计算算法取评估密钥ek和编码的输入$\sigma_x$。它输出函数输出的$y = f(x)$的编码版本$\sigma_y$。

(4) $\text{Verify}(\text{vk}, \rho_x, \sigma_y)$：该验证算法得到了一个验证密钥vk和解码值$\rho_x$。它将编码的输出$\sigma_y$转换为函数$y$的输出。如果$y = f(x)$保持不变，那么它返回$y$，若$\sigma_y$不表示$x$上$f$的有效输出，则输出$\perp$。

如果对于密钥生成算法的f和输出$(\text{sk}, \text{vk}, \text{ek}) \leftarrow \text{KGen}(1^\lambda, f)$的任何选择，可验证计算方案VC是正确的，且$\forall x \in$ 域(f)，$(\sigma_x, \rho_x) \leftarrow \text{ProbGen}(\text{sk}, x)$，则对于$\forall x \in$ 域(f)和$y \leftarrow \text{Compute}(\text{ek}, \sigma_x)$，有$y = f(x) \leftarrow \text{Verify}(\text{vk}, \rho_x, \sigma_y)$。

可验证计算要求正确性，对于上述算法，客户端通过输入正确的输入将得到准确的函数值$f(x)$。此外，可验证计算还需满足安全性，安全性要求客户端不被服务器欺骗。在安全性分析时，主要依据敌手在挑战时输出错误值的概率来判断方案是否安全。方案按照敌手的攻击能力判断方案的强弱。我们说一个方案是安全的，则敌手无法使客户端接受错误的输入，或者说客户端接受错误输入的概率是可以忽略的。

11.4　安全多方计算

安全多方计算(Secure Multi-party Computation，SMC)是在数据安全和隐私保护领域的一个重要概念。安全多方算法也可理解为：解决一个在互不信任的参与方之间保守秘密的协同算法问题。例如，患者 A 怀疑其可能得了遗传病，如果他将自己的 DNA 样品寄给 DNA 模型数据库的拥护者 B，那么 B 可以给他诊断结果，但同时会暴露 A 的隐私。安全多方计算是计算机科学的一个成熟的研究领域，已经活跃了几十年。本节主要介绍安全多方计算的基本概念、模式和应用。

11.4.1　安全多方计算的基本原理

在安全多方算法过程中，由于用户永远保持对数据的所有权，因此能够被公开的只有算法逻辑，而运算参与方则只参与了算法协议，所得出的计算结果并无法用来推断原始数据。这个过程可以抽象为：用户 A 与用户 B 通过某个函数 $f(x,y)$ 达到计算目的，x、y 分别为用户 A 与用户 B 的输入，f 为公共函数，即计算逻辑，得到的计算结果 z 双方可知，但无法通过 z 得出双方输入的数据。

SMC 通过计算逻辑 f 取代不可信第三方，参与方只需要运行计算协议，就能通过算法的处理得到计算结果。SMC 的计算算法并不仅仅适用于加法、乘法、集合计算，以及高级的加密标准，其对于可表示为计算过程的算法都适用。下面介绍两种模型。

(1) 半诚实敌手模型：计算方对参与方的数据有需求，但仍然运行计算协议，适用于机构之间的数据运算。

(2) 恶意敌手模型：参与方不运行计算协议，并使用任何可能的方式，不存在信任关系，可能导致协议运行失败，或运行成功，双方仅知道计算结果，适用于个人与机构之间的数据运算。

一个信息论安全的安全多方计算要求对于拥有无限计算能力敌手攻击仍然是安全的；一个密码学安全的安全多方计算要求对于拥有多项式时间计算能力的敌手攻击仍然是安全的。现有的结果证明在信息论安全模型下，当且仅当恶意参与者的人数少于总人数的 1/3 时，安全的方案才存在。而在密码学安全模型下，当且仅当恶意参与者的人数少于总人数的一半时，安全的方案才存在。

11.4.2　安全两方计算

安全两方计算顾名思义参与方只有两个，在保护各自秘密输入的前提下，共同合作完成某个功能函数的计算任务，并最终得到各自正确的计算结果。较之于多方计算，安全两方的计算模式都比较简单，如并不存在多方计算场景的“不诚实的大多数”(Dishonest Majority)问题。安全两方计算的应用较多，如基因匹配、人脸识别、音乐检索等模式匹配问题，安全两方计算协议尤其适用于这些具体场景的建模分析。

在两方计算的场景中，双方用各自的私有输入 x 和 y，希望共同计算一个函数 $f(x,y)=$

$(f_1(x,y), f_2(x,y))$，这样，第一方接收 $f_1(x,y)$，第二方接收 $f_2(x,y)$。粗略地说，安全要求是除了输出(隐私)之外，没有从协议中学到任何东西，并且输出是按照规定的功能分发的(正确性)。实际的定义遵循仿真范式，并混合了上述两个要求。当然，即使其中一方相互对抗，也必须有安全保障。安全两方计算所使用的协议为混淆电路(Garbled Circuits，GC)和不经意传输(Oblivious Transfer，OT)，具体的执行过程可以概述如下。

(1)输入数据的预处理。遵循的原则为较小的数据输入和较多的数据预处理。对于计算逻辑，采用较为简单的计算逻辑，提升 SMC 的执行效率。计算逻辑将转化成布尔电路，布尔电路再进行 GC 和 OT 算法，以获得计算结果。

(2)关于计算逻辑到布尔电路的转化。使用手动转化或者使用高级语言 Frutta 编写的电路翻译器。

(3)关于 GC 和 OT 算法。GC 和 OT 算法可以支持任意计算逻辑的安全两方计算。GC 是一种加密计算方式，通过对电路中的逻辑运算进行加密，可以在不揭露中间值的情况下得到计算结果。OT 是一种算法，发送方有两个数据 m_0 及 m_1，并将其中一个发送给接收方，接收方收到消息后，发送方并不知道发送的是哪个消息，接收方也不知道另一个消息。

关于 GC 和 OT 算法在安全两方计算中的运行原理如下：A 将计算函数 f 转化为等价电路 l_0，并使用 label 将 l_0 加密得到加密电路 GC，A 发送 GC 和输入数据 x 的 label，B 运行 GC，并获取 y 的 label，解密 GC 得到输出结果，将计算的结果交予 A。

11.4.3 安全多方计算协议

定义 11.10 安全多方计算 n 个参与方 $P_1, P_2, \cdots, P_n$ 共同执行协议计算：

$$f(x_1, x_2, \cdots, x_n) \to (f_1(\cdot), f_2(\cdot), \cdots, f_n(\cdot)) \tag{11-4}$$

在上述的式(11-4)中 f 为计算函数，x_i 为 P_i 的隐私输入，$i \in \{1,2,\cdots,n\}$，$f_i(\cdot)$ 为 P_i 通过协议得到的计算结果。参与者 P_i 无法获得 $f_i(\cdot)$ 以外的任何其他信息。由于参与方无法获得其他参与方输入数据的任何信息，无法获得除自己收到的计算结果以外的其他信息，因而保证了隐私性。

安全多方计算所使用的协议为同态加密+秘密共享(Secret Sharing，SS)+OT。所挑战的敌手模型一般适用于 JUGO 技术产品的半诚实敌手模型和恶意敌手模型，JUGO 是一个安全多方计算平台，集成了通用 SMC 算法的 SDK，同时提供编写高级语言 Frutta 的 IDE，方便用户将 Frutta 语言编写的程序转换成电路。从实现的层面上说，安全多方运算与安全两方运算很相似，因为任何可计算函数都可以转换为等价的集成电路，所以只要依次地对集成电路门执行安全运算就可以解决任何可计算函数的安全运算问题。安全与多方计算的合作协议通常都以此为依据。在云环境下，通常将复杂的计算任务外包给云端，减少参与方的计算压力，提高协议效率。下面重点介绍在云环境下基于秘密共享的安全多方计算协议和基于同态加密的安全多方计算协议。

1)基于秘密共享的安全多方计算协议

首先把实现秘密共享的基本计算函数看成是一种电路门，该电路由加法门与乘法门所组成，而对于上述基本运算门，协议的各个主要参与者就把电路输入视为秘密共享，因此主要参与者就占有了该秘密共享的部分份额，当还原秘密时，主要参与者就把他们所占有的全部份额视为输入，然后利用上述基本运算门进行电路门的运算，得到了计算结果(秘密)，而计算结果也就以一种共有份额的方式，在参与者中共有。在该协议中，需要同时利用加法门与乘法门的交换计算进行大量运算任务，这是很复杂的问题，它既要求参与者完成大量运算任务，又要求参与者完成多个交互。

在半诚实敌手模型中，该协议可分为 3 个步骤。首先，用户通过秘密共享方案输入共享份额和一个盲化值(盲化值用于将计算函数的输出结果盲化，使得计算函数的输出对云服务器保密)并分享给 n 个参与者；然后，在这些参与者中间执行安全多方计算协议，协议中将提供每个用户的盲化输出结果，通常盲化输出结果包含用户的真实产出并加上其盲化值；如果最后 n 个参与者将盲化输出结果秘密地共享给用户，用户可以通过来自所有参与者的共享份额回复自身的盲化产出，然后通过减去盲化值的方法重新获得相应产出。

在恶意敌手模型中，恶意敌手可能会篡改来自用户的输入，因此需要附加一个校验协议来验证参与者执行安全多方计算协议的输入是正确的；由于恶意的服务器可能会输出错误结果，因此需要修改安全多方计算的计算函数，使得 n 个参与者都得到全部用户的盲化输出，之后都向全部用户发送各个用户对应的盲化输出，这样用户可以检验从各个参与者收到的输出结果是否相同。

2) 基于同态加密的安全多方计算协议

基于同态加密的安全多方计算协议通常也基于秘密共享。在云环境下，参与者将各自的输入先经过同态加密处理，再上传到云端，由云服务器对经过同态加密处理后的秘密文件加以运算，并反馈计算结果，这样就能够保证数据的保密性。在该协议中，各个主要参与者首先执行一个密钥生成协议生成公钥密码，再通过公钥实现同态加密，而同态加密算法的私钥则经过秘密共享给各主要参与者，最后各个参与者在得到由云服务器返回的计算结果后用执行一个解码协议对结果加以解码，从而得出最后的计算结果。

11.4.4　基于安全多方计算的隐私保护数据分析

隐私保护数据挖掘法(Privacy Preserving Data Ming，PPDM)的提出是为了提高数据挖掘流程的可信度，并防止人们因为将个人信息泄露给参加数据挖掘的主体而造成经济损失。近年来，对 PPDM 技术的研发主要采用两个途径：数据扰乱和基于安全多方计算。

安全多方计算能够对数据挖掘中的数据加密，进而保护数据隐私性。反过来说，不同种类的隐私保护数据挖掘也能够转化为安全多方计算问题。因此安全多方计算协议是隐私保护数据挖掘法的主要研究方向。对于样本集 (x_1,x_2,x_3,x_4,x_5,y)，其分布存储是异构垂直的，用户甲观察预测变量 (x_1,x_2) 后得到 n 个观察值，用户乙拥有剩余三个变量 (x_3,x_4,x_5) 的 n 个观察值，则响应变量 y 的 n 个观察值都是公开的。在此情况下，对于是否可以在不披露各数据拥有者原始数据的同时，不可信任的第三方可通过多元数据分析来获取相应变量的估计模型。从密码学视角出发，以上情况就是一种典型的安全多方计算问题，也可以采用安全多方计算协议来处理。

为了支持分布式环境下的数据挖掘隐私保护，通常采用非对称加密机制形成互操作协议，在不暴露信息的情况下进行分布式安全操作。在分布式条件下，可将参与者依据其行为分成准诚信攻击者(Semi-honest Adversary)和恶意攻击者(Malicious Adversary)。准诚信攻击者在计算时符合约定但尝试实施攻击，而恶意攻击者则是不符合约定的，在攻击时将公开隐私。一般情况下，会假设每个参与者都是准诚实攻击者，准诚实环境就是在分布式计算中研究较多的一种假想环境。准诚实环境中可以出现许多的共谋节点，共享过程中的信息，并找到任何节点的原始数据，此种攻击又被称为共谋攻击。

在分布式环境下，基于隐私保护的数据挖掘定义为在设置可信第三方(Trusted Third Party)下处理 SMC 问题。以在分布式下运算集合的并为例，假设有 N 个独立参与者 $S_1,S_2,\cdots,S_N$，参与者 S_i 拥有数据 m_i，这 N 个参与者在不暴露每个参与者具体数据的情况下，计算出 $\bigcup_{i=1}^{N} m_i$。具体过程如下。

输入：参与者 $S_1,S_2,\cdots,S_N$；数据 $m_1,m_2,\cdots,m_N$。

输出：$\bigcup_{i=1}^{N} m_i$。

(1) $\forall i, i\in[1,N]$，参与者 i 产生密钥 K_i，且任意两个参与者 i,j 的密钥满足可交换：$E_{K_i}(E_{K_j}(M)) = E_{K_j}(E_{K_i}(M))$，其中 M 为任意数据。

(2) 对任意参与者 i：加密数据 m_i 并将 $E_{K_i}(m_i)$ 传递给其他参与者，将其他参与者传递给自己的加密数据用 K_i 加密后传递给其他参与者。

(3) 任意数据 m_i 加密得到 $E_{K_x}(\cdots E_{K_i}(m_i)\cdots)$，当所有数据都被全部参与者的私钥加密后，消除重复数据项。剩余的数据项将被继续传递给所有参与者解密。

(4) 对数据进行解密的参与者将得到 $\bigcup_{i=1}^{N} m_i$。

11.5 函数加密

函数加密(Functional Encryption，FE)使得信息的所有者可以允许别人得到对他的敏感数据的某个具体函数值，但不会得到其他的任何数据。与传统公钥加密算法相比，函数加密在实现细粒度访问控制、密文信息快速查询、隐私保护数据挖掘等方面，均有着很大的优越性。本节将重点讲述函数加密的基本概念、基本结构以及在密文机器学习中的应用。

11.5.1 函数加密的基本概念

函数加密为特定的用户提供密文上的函数计算，在具有相关函数密钥的情况下可直接得到函数值(明文)。函数 F 描述了能从密文中获得的关于明文的函数值，函数加密的定义如下。

定义 11.11 函数加密的形式化定义 一个函数加密方案由四个概率多项式时间算法构成(系统建立、密钥生成、函数加密和函数解密)。

(1) 系统建立 $\mathrm{FE.Setup}(1^\lambda)$：算法输入为安全参数 1^λ，输出为公私钥对 $(\mathrm{fmpk}, \mathrm{fmsk})$。

(2) 密钥生成 $\mathrm{FE.KGen}(\mathrm{fmsk}, f)$：根据系统主私钥 fmsk 及函数 f，输出一个对应的私钥 fsk_f。

(3) 函数加密 $\mathrm{FE.E}(\mathrm{fmsk}, x)$：输入主公钥 fmpk 和一个消息序列 $x\in\{0,1\}^*$，输出密文 c。

(4) 函数解密 $\mathrm{FE.D}(\mathrm{fsk}_f, c)$：输入密文 c 及解密密钥 sk_f，算法输出返回值 y。

正确性：对任何多项式 $n(\cdot)$，对于每一个充分大的安全参数 k，且 $n=n(k)$，对于所有的

$f \in F_n$ 和一切的 $x \in \{0,1\}^n$，均有

$$\Pr[(\text{fmpk}, \text{fmsk}) \leftarrow \text{FE.Setup}(1^\lambda);\ \text{fsk}_f \leftarrow \text{FE.KGen}(\text{fmsk}, f);\\ c \leftarrow \text{FE.E}(\text{fmsk}, x); \text{FE.D}(\text{fsk}_f, c)] = f(x) = 1 - \text{negl}(k)$$

函数加密的安全性：该安全性要求敌手不能获得其权限能获取到的信息以外的其他信息。以下给出函数加密体制安全性的典型定义。

定义 11.12　基于游戏的安全性定义　设 $\mathcal{X}$ 是一个对应于定义在 (K,M) 上的函数集 F 的函数加密体制。基于游戏的安全性应该能够确保语义安全，即允许敌手发起对密钥 fsk_f 的自适应询问，该询问可以重复，最终能够抵抗敌手对密文的攻击。具体地讲，当询问结束后敌手提交挑战信息 m_0、$m_1 \in M$ 给挑战者，挑战者随机选取 m_0、m_1 中的一个并进行加密得到密文 c，如果敌手可获得对应的密钥 k，那么他就能够得知被加密的消息具体是 m_0、m_1 中的哪一个，对于敌手 $b \in \{0,1\}$ 的实验 b 具体如下。

(1) 初始化设置：运行 FE.Setup，输入安全参数 1^λ，生成系统公私钥 $(\text{fmpk}, \text{fmsk})$ 并将主公钥 fmpk 发送给敌手 $\mathcal{A}$。

(2) 密钥生成查询 1：敌手自适应地询问所需要的密钥并获得相关密钥。

(3) 挑战：敌手发出两则消息 m_0、$m_1 \in M$，并且得到 m_b 的密文值，其中 m_0、$m_1 \in M$ 满足 $f(k,m_0) = f(k,m_1)$。

(4) 密钥生成查询 2：收到挑战密文后，敌手 $\mathcal{A}$ 继续进行密钥查询。

(5) 猜测：敌手输出一个对消息 b 的猜测 b'，如果 $b = b'$，则称敌手 $\mathcal{A}$ 赢得游戏。

对于 $b \in \{0,1\}$，设 W_b 是敌手在实验 b 中输出 1 的事件，如果对函数加密体制 $\mathcal{X}$ 在对所有多项式时间的敌手满足 $|\Pr(W_0) - \Pr(W_1)| = \text{negl}(k)$，那么就说其安全性能够抵抗联合攻击，即多个密钥持有者联合也无法解密其权限之外的任何信息。

11.5.2　单输入函数加密

在单输入函数加密(Single-Input Functional Encryption，SI-FE)中，密钥生成算法生成密钥对 mpk 和 msk，其中主私钥 msk 能够通过任意函数 f 生成私钥 sk_f。给定密文 $[x]$ 和私钥 sk_f，通过私钥能够解密密文计算得到 $f(x)$ 的值。函数加密能够使得对于明文 x，敌手不能获取除 $f(x)$ 和从 $f(x)$ 可推出的信息外有关 x 的任何其他信息。

下面介绍一种简单函数加密方法，该方法基于属性加密、全同态加密以及混淆电路，由于属性加密能够通过设置访问策略对函数计算权限进行分解，这样就能实现密钥权限的分配，通过全同态加密加密明文，通过混淆电路的计算值对密文加以解密，从而实现了整个系统的构造，该方法实现了一种适用于任意函数方法的加密系统。

具体算法描述如下。

(1) FE.Setup：运行基于属性加密方案的 ABE.Setup 算法 λ 次。

$$(\text{fmpk}_i, \text{fmsk}_i) \leftarrow \text{ABE.Setup}(1^k)$$

其中，$i \in [\lambda]$。

产生的主公钥和主私钥分别为

$$\text{MPK} = (\text{fmpk}_1, \text{fmpk}_2, \cdots, \text{fmpk}_\lambda),\quad \text{MSK} = (\text{fmsk}_1, \text{fmsk}_2, \cdots, \text{fmsk}_\lambda)$$

其中，$i \in [\lambda]$。

(2) FE.KGen：密钥生成算法通过输入电路的比特数 n、公钥 hpk 及通过全同态加密得到的密文 $\varphi_1,\varphi_2,\cdots,\varphi_n$ 生成密钥，密钥生成过程包含以下两步。

① 对 $\text{FHE.Eval}^i_f(\text{hpk},\varphi_1,\varphi_2,\cdots,\varphi_n)$ 运行基于属性加密算法的密钥生成算法，其中 $\text{FHE.Eval}^i_f(\text{hpk},\varphi_1,\varphi_2,\cdots,\varphi_n)$ 指计算电路 f 在密文上同态计算后结果的第 i 位，即依次用每个主私钥对对应的每比特的 $\text{FHE.Eval}^i_f(\text{hpk},\varphi_1,\varphi_2,\cdots,\varphi_n)$ 值产生密钥：

$$\text{fsk}_i \leftarrow \text{ABE.KGen}(\text{fmsk}_i, \text{FHE.Eval}^i_f)$$

其中，$i\in[\lambda]$。

②输出 $\text{fsk}_f=(\text{fsk}_1,\text{fsk}_2,\cdots,\text{fsk}_\lambda)$ 作为函数 f 的私钥。

(3) FE.E：$x=x_1\cdots x_n$，其中 n 为比特长度，加密过程包含以下 4 步。

①运行密钥生成算法重新生成密钥对 $(\text{hsk},\text{hpk})\leftarrow\text{FHE.KGen}(1^k)$；

对 x 的每比特进行全同态加密：$\varphi_i\leftarrow\text{FHE.E}(\text{hpk},x_i,\cdots,\varphi_n),\varphi=(\varphi_1,\varphi_2,\cdots,\varphi_n)$ 作为对 x 的加密输出。

②对全同态解密算法 $\text{FHE.D}(\text{hsk},\cdot)$ 运行加密电路生成算法 Gb.Garble，生成加密电路 T，共进行 λ 次，每次产生标签 L_i^0 或 L_i^1，即 $(T,\{L_i^0,L_i^1\}_{i=1}^n)\leftarrow\text{Gb.Garble}(1^k,\text{FHE.D}(\text{hsk},\cdot))$。

③用基于属性加密方案的 ABE.E 算法生成密文序列：$c_i\leftarrow\text{ABE.E}(\text{fmpk}_i,(\text{hpk},\varphi),L_i^0,L_i^1)$，其中 $i\in[\lambda]$。

④输出全部密文 $c=(c_1,c_2,\cdots,c_\lambda,T)$。

(4) FE.D：解密过程由以下两步完成。

①对密文 $c_1,c_2,\cdots,c_\lambda$ 使用属性加密的解密算法进行解密，得到相应的电路标签，即 $L_i^{d_i}\leftarrow\text{ABE.D}(\text{fsk}_i,c_i)$，其中 $d_i=\text{FHE.Eval}^i_f(\text{hpk},\varphi_1,\varphi_2,\cdots,\varphi_n),i\in[\lambda]$。

②用加密电路中的计算过程进行计算：

$$\text{Gb.Eval}(T,L_1^{d_1},L_\lambda^{d_\lambda})=\text{FHE.D}(\text{hsk},d_1,d_2,\cdots,d_\lambda)=f(x)$$

11.5.3　多输入函数加密

多输入函数加密(Multi-Input Functional Encryption，MI-FE)中函数 f 的输入为由多个公钥加密的密文。与单输入函数加密一样，多输入函数加密也可以获取对多个秘密文件的函数处理结果，也可以被用作对密码信息的安全查询等场景，从而能够更好地完成对明文信息的保护工作。在多输入函数加密中，加密密钥和同时处理的密文数据被拓展成 $n(n>1)$ 个，由主私钥 msk 生成的 sk_f 能从 n 个密文 $(c_1,c_2,\cdots,c_n)$ 中计算 $f(x_1,x_2,\cdots,x_n)$，其中 $(c_1,c_2,\cdots,c_n)$ 分别为 $(x_1,x_2,\cdots,x_n)$ 对应的密文，且其分别经不同的 pk_i 加密得到。

多输入函数加密的形式化定义：一个多输入函数加密方案主要由四个多项式时间算法(FE.Setup，FE.E，FE.KGen，FE.D)组成，具体形式如下。

(1) 系统建立 $\text{FE.Setup}(1^\lambda,n)$：输入安全参数 1^λ 和函数的元数 n，输出 n 个公钥，即加密密钥 $\text{pk}_1,\text{pk}_2,\cdots,\text{pk}_n$ 和主私钥 msk。

(2) 加密 $\text{FE.E}(\text{PK},x)$：输入加密密钥 $\text{PK}=(\text{pk}_1,\text{pk}_2,\cdots,\text{pk}_n)$ 和明文 $x\in\mathcal{X}_k$，输出密文 c。

(3) 密钥生成 $\text{FE.KGen}(\text{msk},f)$：其输入主私钥 msk 和 n 元函数 f，输出与 msk 关联的密钥 sk_f。

(4)解密 $\mathrm{FE.D}(\mathrm{sk}_f, c_1, c_2, \cdots, c_n)$：其为确定性算法，其输入密钥 sk_f 和 n 个密文 $c_1, c_2, \cdots, c_n$，输出解密结果 $y \in \mathcal{Y}_k$。

正确性：要求有

$$\mathrm{FE.D}(\mathrm{sk}_f, \mathrm{FE.E}(\mathrm{pk}_1, x_1), \cdots, \mathrm{FE.E}(\mathrm{pk}_n, x_n)) = f(x_1, x_2, \cdots, x_n)$$

对任意 $f \in F_k, (x_1, x_2, \cdots, x_n) \in \mathcal{X}_k^n$ 成立，即解密结果为明文的函数。

11.5.4　基于函数加密的机器学习

随着大数据分析与机器学习的蓬勃发展，基于海量信息的机器学习技术已彻底改变着人们的生活方式。通过超强计算技术和巨量储存空间，再加上在其中保存的巨量信息，云服务器能够运用机器学习进行病情预测与判断、广告推荐、自动驾驶服务等。在利用机器学习技术为人们提供各种便捷的今天，云服务器上存放着大量关乎国家安全、企业商务秘密以及使用者个人隐私的数据。为保障使用者的隐私权并保证数据的秘密性，初始数据可能被加密成密文，随后，这部分经过加密的数据被上传至云端数据库。由于云端数据处于密文状态，所以数据分析非常艰难。如果想要使用这种加密数据做出相应的预测与数据分析，则云服务器就不得不进行基于密文状态的机器学习。

公钥密码机制下无法进行密文机器学习，因此对秘密文件的算法处理主要采用全同态加密算法或函数加密算法进行。全同态密码在最常见的使用情景中，应用对数据进行加密后将秘密文件发送到云服务器，而云服务器则在接收到秘密文件和运算函数后，再对秘密文件进行运算，并将得到的加密计算结果传给用户，由用户解密后再获取计算结果。在这个过程中，云服务器只是计算过程，所以根本无法获取所有有关数据分析的消息。在机器学习应用场景中，由于使用者缺乏巨大的计算技术，从而必须使用云服务器运算并获得加密密钥的运算结果。而函数加密算法和全同态加密算法最大的差别就是因为运算函数在密钥产生阶段就已定义，同态加密的密文经过运算后还是密文，函数加密的密文运算后就是明文，所以函数加密算法也就能使云服务器在密文运算后无须解密就能得到明文信息，因此函数加密算法可以很好地应用于外包计算，而同时原本利用函数对加密结果实现解密的应用则没法获得原来的明文数据结果消息。而全同态加密获取的结果也是加密的结果，必须用户完成破解后才能获取明文结果。与全同态加密相比，函数加密算法省去了对密文执行解密运算等的过程。所以，在云环境下对秘密文件数据的基于函数加密的机器学习具有广阔的应用前景。

11.6　外 包 计 算

云环境能够为用户提供计算服务和大规模计算资源的服务器集群，使得云计算和外包计算有很多相似之处，云计算和外包计算的差异体现在：同样是为了降低成本，云计算使用基于云的服务，而外包计算基于第三方供应商。在应用程序的管理和控制、数据安全上分别依托于第三方和云平台。当前，客户端在计算资源有限的情况下，一般将本地的计算任务经过处理后外包给云端服务器，在确保不将敏感信息泄露给服务器的前提下，通过云服务器解决计算任务。

11.6.1 云环境下外包计算的一般模式

云环境下的数据在进行外包前，首先会对数据进行预处理，并上传到各个云数据库中。文件M将被分为多种原始数据块$M_1, M_2, \cdots, M_m$。这些数据块的大小为$|M|/m$位，其中$|M|$表示文件M的位数，m表示数据块数，经过异或(XOR)运算加以整合，得到一种编码为$n\alpha$个新数据块，这些新数据块是外包给各个存储服务器的，其中n表示新数据块分成n组，α则是每组中包含的新数据块数。

为保证数据信息的保密性，可在解码成数据块前先对敏感数据进行加密。通过适当的数据访问控制机制，就能够避免从云服务器上窥探外包的数据信息。

一般使用 LT 编码(Lubytransformcode)技术来实现，即编码过程中能够产生任意数量的编码块，这些编码块通过原始块的子集进行逐位异或运算得到。当使用 LT 码重组m个原始块时，必须使用数量大于m的编码块进行解密。由于解密过程由多个存储服务器来完成，数据所有者一般会设置一个阈值k，通过访问任意k个运行正常的存储服务器，数据将恢复成功。为达到这一目的，数据所有者在外包前必须在执行编码算法，先检验这些编码数据块的可解码性。因此，将这些$n\alpha$解码的块分成n组，每组都由α块构成，得到编码块$\{\{C_{li}\}_{1\leqslant i\leqslant\alpha}\}_{1\leqslant l\leqslant n}$。一旦数据所有者对可解码性检验完毕，就可以对指定任意k个存储服务来恢复原始块。

每个编码块$C_{li}(1\leqslant l\leqslant n, 1\leqslant i\leqslant\alpha)$包含编码向量、检索标签和验证标签。编码向量$\Delta_{li}$有$m$位，其中每个位表示是否相应的原始数据块被组合到$C_{li}$中。检索标签$\phi_{li}$，通过$\phi_{li}\leftarrow(H(l\|i\|C_{li}))^{\eta}\in G$是验证数据检索中编码块$C_{li}$，如果有必要，也可以进行数据修复。

为了生成完整性检查的验证标签，每个编码的数据块C_{li}被分成t段，$\{C_{li1}, C_{li2}, \cdots, C_{lit}\}$。每个段$C_{lij}$包含$\mathbb{Z}_p:\{C_{lij1}, C_{lij2}, \cdots, C_{lijs}\}$。对于每个段$C_{lij}$，可通过式(11-5)生成一个验证标签$\sigma_{lij}$ $(1\leqslant j\leqslant t)$：

$$\sigma_{lij}\leftarrow\left(H\|i\|j\cdot\prod_{l=1}^{s}u_l^{C_{lijl}}\right)^{\eta}\in G \tag{11-5}$$

这些数据以$\{l, C_{li}, \Delta_{li}, \phi_{li}, \{\sigma_{lij}\}_{1\leqslant i\leqslant\alpha 0}, \varphi_l\}$的形式外包给云存储服务器，其中$\varphi_l$是一个编码标签用于验证之前所有的编码向量。组合$\varphi_l$的性质如方程(11-6)所示：

$$\varphi_l\leftarrow(H(l\|\Delta_{l1}\|\cdots\|\Delta_{l\alpha}))^{\eta}\in G \tag{11-6}$$

11.6.2 科学计算安全外包

安全外包协议中的科学计算问题可以转化为方程或线性方程组，出于协议的安全性和减少计算开销等方面的考虑，需要改进方程和线性方程组中的一些数值或外包计算的条件和计算方法。具体来说，协议中的科学计算问题主要包括矩阵伪装、矩阵求逆和大规模线性方程组的求解三个方面。

1. 矩阵伪装

给定两个$n\times n$矩阵M_1和M_2，客户端C的目标是计算乘积M_1M_2。由于输入不应该被服

务器 S 获知，因此该协议中的主要技巧是如何有效地伪装矩阵。伪装矩阵的一个简单实现方法为：将输入的矩阵 M_1 和 M_2 分别左乘和右乘一个 $n\times n$ 的随机密集矩阵，此时计算复杂度为 $O(n^3)$。如果资源有限的客户端不能执行 $O(n^3)$ 操作，可以通过将上述的密集矩阵替换为稀疏矩阵来实现矩阵伪装。下面介绍一个使用稀疏矩阵的伪装协议。

设 $\delta_{x,y}$ 是克罗内克增量函数，如果 $x=y$，则等于 1，如果 $x\neq y$，则等于 0，协议包括以下步骤。

(1) C 生成整数 π_1、π_2、π_3 是 $\{1,2,\cdots,n\}$ 和三组非零随机数 $\{\alpha_1,\alpha_2,\cdots,\alpha_n\}$、$\{\beta_1,\beta_2,\cdots,\beta_n\}$、$\{\gamma_1,\gamma_2,\cdots,\gamma_n\}$ 的排列。定义：$P_1(i,j)=\alpha_i\delta_{\pi_1(i),j}$，$P_2(i,j)=\beta_i\delta_{\pi_2(i),j}$，$P_3(i,j)=\gamma_i\delta_{\pi_3(i),j}$。

(2) C 计算矩阵 $X=P_1M_1P_2^{-1}$ 和 $Y=P_2M_2P_3^{-1}$，其 $X(i,j)=(\alpha_i/\beta_j)M_1(\pi_1(i),\pi_2(j))$，$Y(i,j)=(\beta_i/\gamma_j)M_2(\pi_2(i),\pi_3(j))$。

(3) C 将 X 和 Y 发送给 S。S 计算乘积 $Z=XY=(P_1M_1P_2^{-1})(P_2M_2P_3^{-1})=P_1M_1M_2P_3^{-1}$，然后发送回 Z。

(4) C 在 $O(n^2)$ 时间内局部计算矩阵 $M_1M_2=P_1^{-1}ZP_3$。

为了确定 M_1 或 M_2，S 必须猜测两个排列和 $3n$ 个数字 $(\alpha_i,\beta_i,\gamma_i)$。因此，当 n 足够大时，它在许多应用程序中是足够安全的(虽然不是在密码学的意义上)。此外，伪装需要 $O(n^2)$ 本地计算，不需要 $O(n^3)$ 操作。注意，这种伪装技术并不是完全的伪装，因为矩阵中的数据并不是完全盲的。矩阵 M_1 转换为 $X=P_1M_1P_2^{-1}$，其 $X(i,j)=(\alpha_i/\beta_j)M_1(\pi_1(i),\pi_2(j))$。$M_1$ 中的非零数将被转换为 $\alpha_i a/\beta_j$，并根据两个随机排列 $(\pi_1(i),\pi_2(j))$ 改变位置。然而，M_1 中的数字 0 仍然是 0，即使位置已更改。因此，这种伪装技术不能保护 M_1 中的数字 0。

2. 矩阵求逆

当稀疏矩阵是随机产生的矩阵时，矩阵的求逆计算对客户端来说是一项计算代价昂贵的任务。为了解决这个问题，本节介绍一个安全的矩阵求逆协议，它使用上面的安全矩阵乘法协议作为子例程。该协议的目的是进行计算 $n\times n$ 矩阵 M 的逆矩阵 M^{-1}。

(1) C 选择一个随机的 $n\times n$ 矩阵 N。

(2) 客户端使用安全矩阵乘法协议将 $\hat{M}=MN$ 外包给 S。通常，服务器既不知道 M、N、也不知道 $\hat{M}$。

(3) C 生成 5 个矩阵 P_1、P_2、P_3、P_4、P_5，其中，$P_1(i,j)=a_i\delta_{\pi_1(i),j}$，$P_2(i,j)=b_i\delta_{\pi_2(i),j}$，$P_3(i,j)=c_i\delta_{\pi_3(i),j}$，$P_4(i,j)=d_i\delta_{\pi_4(i),j}$，$P_5(i,j)=e_i\delta_{\pi_5(i),j}$，其中 π_1、π_2、π_3、π_4、π_5 为随机排列，a_i、b_i、c_i、d_i、e_i 为随机数。C 计算矩阵 $Q=P_1\hat{M}P_2^{-1};R=P_3NP_4^{-1}$。

(4) C 将 Q^{-1} 的计算外包给 S。如果它成功了，S 将返回 Q^{-1}。否则，S 返回“不可恢复”。我们知道 N 或 M 中至少有一个(可能两者都有)是不可逆的。C 执行以下步骤：C 首先得到 $\hat{N}=N_1NN_2$，其中 N_1 和 N_2 是已知的可逆的矩阵，然后将 $\hat{N}$ 外包给服务器进行反演。如果 S 可以反转 $\hat{N}$ (注意 C 真的不关心 $\hat{N}$ 值，而是关心 $\hat{N}$ 是否可逆)，那么 N 是可逆的。因此，我们知道 M 是不可逆的，否则，$\hat{N}$ 是不可逆的，因此 N 是不可逆的。在这种情况下，返回到步骤(1)。

(5) C 计算矩阵 $T=P_4P_2^{-1}Q^{-1}P_1P_5^{-1}$，并外包 S 使用安全矩阵乘法协议计算 $Z=RT$。

(6) C 计算 $M^{-1}=P_3^{-1}ZP_5$，其中 $Z=P_3M^{-1}P_5^{-1}$。

上述协议的安全性源于 $\hat{M}$ 和 Z 的计算是使用安全矩阵乘法完成的事实。矩阵 P_1、P_2、P_3、P_4、P_5 计算 Q、R、T 不重复(也就是说，随机致盲因素不应该重复使用)。另一个重要的事实是,用于安全矩阵乘法子例程的随机排列和数字在步骤(2)和步骤(5)必须从步骤(3)中独立生成。该协议的一个缺点是必须运行矩阵乘法四次、矩阵反演(至少)一次，这就意味着，该协议需要至少五轮 C 和 S 的交互，这对于实际的应用程序是非常低效的。该协议的另一个缺点是 C 必须选择大量的随机排列和数字。

3. 大规模线性方程组的求解

求解大规模线性方程组 $Ax=b$ 是科学界中最基本的代数问题之一。在很多现实世界的计算问题中，经常需要处理一个包含数千至数百万个未知变量的大规模线性方程组。例如，一个典型的双精度 50000×50000 系统矩阵很容易占用高达 20GB 的存储空间。因此，对于这种系统，系数矩阵的存储要求很容易超过客户端产品(如笔记本电脑)的可用内存。此外，对如此大的系统系数矩阵进行计算也是效率低下的。大量的研究人员已经投入了相当多的资金，努力寻找有效的高效率算法。

安全外包大规模线性方程组的问题可以表述如下：客户端 C 寻求大规模线性方程组 $Ax=b$ 的解，其中 $A\in\mathbb{R}^{n\times n}$ 是一个秩为 n 的实系数矩阵，$b\in\mathbb{R}^{n}$ 是一个系数向量。由于缺乏计算资源，C 可能无法执行 $O\leqslant(n^{p})$ 等昂贵的计算。因此，将该计算任务外包给云服务器 S。需要注意的是，我们只考虑 A 是一个一般的非奇异密集矩阵的情况。对于(极差)稀疏矩阵的情况，可能还有其他更有效的方法来求解线性方程。Atallah 等基于上述矩阵乘法和反演的外包技术，提出了一种线性方程组的外包协议。该外包协议的主要技巧是隐藏通过随机排列和缩放，绘制成矩阵，然后使用矩阵反演技术。其主要流程概述如下。

(1) C 选择一个随机的 $n\times n$ 矩阵 B 和一个随机数 $j\in\{1,2,\cdots,n\}$；然后，C 将 B 的第 j 列替换为 b，即 $B=[B_1,\cdots,B_{j-1},b,B_{j+1},\cdots,B_n]$。

(2) C 生成三个矩阵 P_1、P_2、P_3，其中 $P_1(i,j)=a_i\delta_{\pi_1(i),j}$，$P_2(i,j)=b_i\delta_{\pi_2(i),j}$，$P_3(i,j)=c_i\delta_{\pi_3(i),j}$，式中，$\pi_1$、$\pi_2$、$\pi_3$ 为随机排列，a_i、b_i、c_i 是随机数。

(3) C 计算矩阵 $A'=P_1AP_2^{-1};B'=P_1BP_3^{-1}$。

(4) C 将 A'、B' 外包给 S，以得到线性系统 $A'X'=B'$ 的解。如果服务器返回 A' 为单数，则 C 也返回 A 为单数。否则，S 返回 $X'=A'^{-1}B'$。

(5) C 计算 $X=P_2^{-1}X'P_3$，它等于 $A^{-1}B$。

(6) 答案 x 是 X 的第 j 列，即 $x=X_j$。

这一过程的安全性源于 b 通过展开到矩阵 B 而被隐藏，然后 A 和 B 通过随机缩放和排列而被隐藏。

11.6.3 密码操作安全外包

本节考虑公钥密码体制中基本密码操作的安全外包问题。首先说明两个不信任的程序模型，简单地说，有两个不同的服务器的模型，在这个模型中，假设其中最多有一个是敌对的(即不诚实的)，此外，虽然有极大的概率检测出不诚实服务器的不当行为，但我们不知道究竟是哪一个。具体地说，对抗性环境 E 编写代码 $S'=(S_1',S_2')$ 用于两个(可能不同的)

程序。然后 E 把这个软件给 C，告知 C 可能准确计算也可能不准确计算的 S_1' 和 S_2' 的功能，C 安装这个软件 E，使 E、S_1' 和 S_2' 中的任何两个之间的所有后续通信都必须通过 C。攻击 C 的新敌手是 $\mathcal{A}=(E,S_1',S_2')$。此外，假设仅有 S_1' 或 S_2' 中一个程序在不可忽略的一个输入上偏离了它的功能。

在两个不信任的程序模型下，密码操作安全外包通常基于模指数(Modular Exponentiation)和双线性配对来实现。

(1)下面说明安全外包中的单一模指数(Single Modular Exponentiation)的安全外包。模指数是基于离散对数的密码协议中最基本的操作。然而，对于资源有限的设备，如射频，它被认为要比身份证标签或智能卡昂贵得多。因此，提出一种有效的方法来安全地将这些操作外包给(不受信任的)功能强大的服务器是很重要的。基于单一模指数的安全外包问题可以描述如下：客户端 C 的目的是计算一个单模指数和 $u^a \bmod p$，其中 p 是一个很大的质数。由于有限的计算资源，C 将该操作外包给两个计算功能强大的服务器 S_1 和 S_2，但其中一个是恶意服务器，要求敌手 $\mathcal{A}$ 不能知道该算法的输入和输出信息，即 (u,a,u^a)。

(2)双线性配对是密码学中最耗时的操作之一。随着云计算的发展，可以将双线性配对外包给云服务器，减轻本地计算的负担。在基于双线性配对的安全外包方面，Mames 等提出了一种椭圆曲线对安全外包算法，其算法是基于不可信服务器模型的。此外，如果服务器行为不当，将计算任务外包的一方必定能检测到错误的返回结果。然而，该算法的一个明显缺点是，将计算任务外包的一方会执行其他一些高计算量的运算，如点乘法和指数法。更准确地说，一方面，这些高计算量的运算过于消耗资源，可能无法在一个计算能力有限的设备上执行；另一方面，在某些情况下使用该算法，可能存在使用点乘法的计算资源消耗与双线性配对的计算资源消耗相当，因此，如果客户端必须执行点乘法和指数法进行外包计算是没有意义的，因为这与外包计算的目的相矛盾。为了解决这个问题，Chen 等于 2015 年提出了一种新的单恶意模型双线性配对的安全外包算法，该模型实际上是基于双不可信服务器中的单恶意服务器模型的(两个不可信服务器中最多有一个是恶意的)。该算法的一个显著特性是：用户从未执行任何高计算量的运算，如点乘法和指数乘法。

第 12 章　数据可信与可追溯

数据可信是指保证数据整个生命周期的数据可信性的综合安全技术。数据可信性与真实性、保密性、完整性、可认证性、不可抵赖性、可控性等安全属性相关。我们将数据可信性定义为原始数据真实、历史数据固化、过程和责任可溯可追等数据安全特性。本章首先介绍构建数据可信计算环境的可信计算技术，然后介绍用于历史数据固化的可信记录保持技术，最后阐述区块链技术及其数据可信与溯源应用。

12.1　从计算环境可信到数据可信

计算环境可信是数据可信的基础，计算环境可信需要采用可信计算技术，从硬件系统开始向外扩展，建立完整的信任链，保证整个系统的可信。本节介绍构建数据可信计算环境的可信计算技术，并从总体上说明建立在此基础上的数据可信技术。

12.1.1　可信计算环境

如今，互联网的快速发展在便利人们生活的同时也面临着许多数据安全问题。尤其是一些病毒利用计算机硬件的漏洞对计算机发起攻击，造成数据的泄露或毁坏。因此，在计算机体系结构上部署主动防御机制，从计算机底层提供基于硬件的计算机平台整体安全性非常必要。为了解决以上问题，可信计算技术被提出以从体系结构上全面增强系统和网络信任。在发展初期，对可信计算的研究主要以可信计算组织(Trusted Computing Group，TCG)为主，TCG 用实体行为的预期性来定义可信：一个实体在实现给定目标时，如果其行为总是产生如同预期一样的结果，则称该实体是可信的，该定义强调行为的结果可预测和可控制。我国沈昌祥院士认为，可信计算系统是能够提供系统的可靠性、可用性、信息和行为安全性的计算机系统。总而言之，可信计算是指在进行计算的同时提供安全防护，保障计算全程可测可控，不被干扰，使计算结果总是与预期一致。在《信息安全技术 可信计算 可信计算体系结构》(GB/T 38638—2020)(图 12-1)中可信计算节点可以根据所处业务环境部署不同功能的应用程序，各可信计算节点可以通过建立可信连接构成可信计算体系。可信计算节点包括管理服务节点和终端节点，管理服务节点是一种特殊的服务节点，其可以对网络中的各类可信节点进行集中管理。网络/边界服务节点是实现路由、交换等功能的网络服务节点。各可信节点具有相同的组成结构：可信部件和计算部件。可信部件主要对计算部件进行度量和监控，其中监控功能依据不同的完整性度量模式为可选功能，同时提供密码算法、平台身份认证、平台数据安全保护等可信计算功能调用的支撑。计算部件为程序提供计算、存储和网络资源，主要由通用硬件和固件、操作系统及中间件、应用程序和网络等部分构成。可信计算节点中的可信部件和计算部件的逻辑相互独立，形成计算功能和防护功能并存的双体系结构。

可信部件的一个重要组成是可信平台模块(Trusted Platform Module，TPM)，它是可信计算的基础和出发点，也被称为可信根，通常是可信硬件芯片。TCG 提出的 TPM 以可信根为起点，在每个环节结束后都要进行度量，以此来评估下一环节的安全性。只有确定下一个环节可信后，才能将控制权交给下一环节，并依次进行此过程直到结束。此过程建立了一条完整的信任链，完成了整个系统的可信度量。

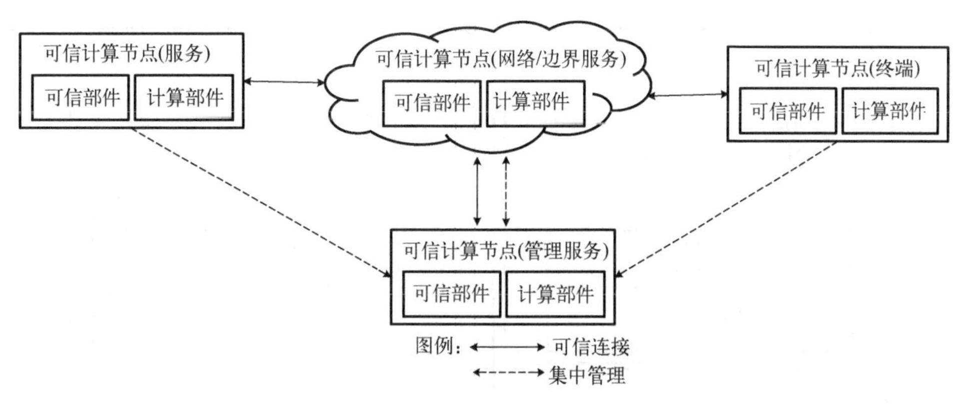

图 12-1　可信计算的体系结构

这些度量值将存储在 TPM 内的平台状态寄存器(Platform Configuration Register，PCR)中。这些寄存器的内容只能通过重置或扩展两种操作修改，并且它们具有防止重放攻击的特性。验证者可以通过远程认证要求 TPM 对这些 PCR 值进行签名，从而验证 TPM 所在平台的安全状态。此外，TPM 还可以将一些安全敏感数据绑定到计算机的状态，从而保证只有在计算机处于特定状态时才能解封这些数据。上述核心安全功能为用户提供了从底层系统到上层应用的密码保护和可信证明。

而随着可信计算的发展，可信平台模块不一定再是硬件芯片的形式，特别是在资源比较受限的移动和嵌入式环境中，可信执行环境(Trusted Execution Environment，TEE)也可以作为保护敏感数据的技术手段。2006 年，开放移动终端平台(Open Mobile Terminal Platform，OMTP)工作组提出一种使用双系统保证信息安全的解决方案。该方案为敏感信息专门开辟了一块与多媒体操作系统硬件隔离的安全区域来运行安全操作系统，以保护敏感数据的安全。该方案即为可信执行环境的原型。之后，ARM 公司根据 OMTP 工作组提出的方案，提出了一种硬件虚拟化技术——TrustZone 及其相关硬件实现方案支持 TEE 技术。2009 年，OMTP 工作组又提出了 TEE 标准 Advanced Trusted Environment: OMTP TR1，定义 TEE 为“一组软硬件组件，可以为应用程序提供必要的设施”，其中规定了两种级别的安全，第一种级别：抵御软件级别的攻击；第二种级别：可同时抵御软件和硬件的攻击。TEE 的标准规范是后来由全球平台(Global Platform，GP)组织提出的，它对 TEE 的定义为：计算机中央处理器(Central Processing Unit，CPU)内的一个安全区域，运行在一个独立的环境中且与操作系统并行运行，其安全性通常通过硬件相关的机制来保障。

TEE 的安全性介于操作系统和安全元件(Secure Element，SE)之间。SE 通常以芯片形式提供，为了防止外部恶意解析攻击、保护数据安全，在芯片中具有加密或解密逻辑电路，但其性能较低，受生产厂商限制。与 SE 相比，TEE 有开发更容易、处理速度更快、额外成本更低等优点。而相对于操作系统，TEE 有更高的安全级别，对于一些应用的保护强度已经足够。因此，TEE 不仅能保护大多数应用的安全，而且成本低和易开发，可以使用在数字产权、移动金融、生物认证等领域。其系统架构如图 12-2 所示，其中的富操作系统(Rich OS)和可信执行环境中的操作系统相对应。与 Rich OS 相比，TEE 的安全级别更高，TEE 所能访问的软硬件资源是与 Rich OS 分离的。为了保证 TEE 本身的可信根，TEE 在安全启动过程中是要通过验证并且与 Rich OS 隔离的。

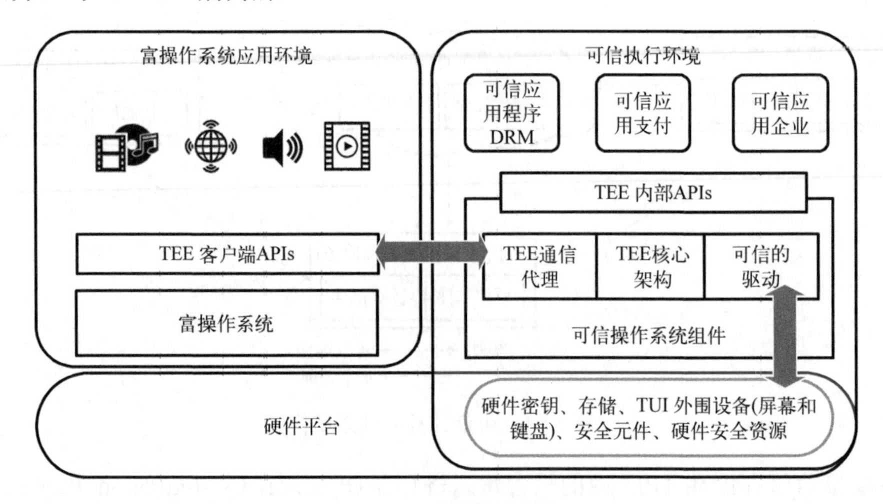

图 12-2　TEE 系统架构

常见的 TEE 包括 Intel 软件防护扩展(Software Guard Extensions，SGX)、ARM TrustZone 技术、Intel 管理引擎(Management Engine，ME)、x86 系统管理模式(System Management Mode，SMM)、AMD 内存加密(Memory Encryption)技术、AMD 平台安全处理器(Platform Security Processor，PSP)和 ARM TrustZone 技术。下面简要介绍主流的 TEE 技术：SGX 和 TrustZone。

英特尔公司于 2015 年提出了 SGX，假设任何软件(包括操作系统)甚至一些硬件都是不可信的，因此 SGX 的可信计算基(Trusted Computing Base，TCB)只包含 CPU 和它的微指令。在 SGX 中，TEE 的实例称为“飞地(Enclaves)”，用于在用户空间执行敏感的程序代码，与可能恶意的操作系统、虚拟机监视器隔离。SGX 允许应用程序指定需要保护的代码和数据部分，当应用程序启动 Enclave 时，该 Enclave 放在受保护的内存中。当应用程序需要保护的部分加载到 Enclave 后，SGX 保护它们不被外部软件所访问。Enclave 可以向远程认证者证明自己的身份，并提供必需的功能结构用于安全地提供密钥。其主要缺点是：英特尔公司在设计 SGX 的时候没有考虑侧信道攻击。

在 TEE 的概念被提出后，ARM 就提出了 TrustZone，实现了在移动设备上的 TEE 安全架构。TrustZone 将系统分为正常和安全两个世界，正常世界包含不可信的商业操作系统和所有的非敏感应用，安全世界包含敏感程序(Trusted Apps，TAs)和可信操作系统(Trusted OS，TOS)，任何时刻处理器仅在其中的一个环境内运行。TOS 为 TA 提供进程的隔离和服务。与 SGX 不同的是，TrustZone 只支持一个 TEE 实例。由于通过将外设的驱动程序放入 TOS，TrustZone 可以从外设到敏感程序建立安全的通信通道，设置允许安全的直接内存访问(Direct Memory Access，DMA)。TrustZone 最核心的思想是“世界切换”，在特权等级最高的软件模块可信固件(Trusted Firmware，TF)实现正常和安全两个世界之间的切换，TF 也负责两个世界的通信。TrustZone 不支持缓存分区，因此无法抵御侧信道攻击，而且两个世界的通信速度较慢，成本较高。

12.1.2　数据可信技术

可信计算通过完整性度量机制可以保证数据的存储环境安全。它首先从数据存储平台的可信根开始，建立一条从系统 BIOS 到系统应用的信任链，并在每一层生成度量值，通过检验度量值判断数据的完整性，可以抵抗敌手对数据的攻击和篡改。另外，可信计算也可以为数据可信安全传输提供保证，通过使用可信计算中的数据加密技术防止数据在传输过程中被窃取或篡改。可信技术也可以应用在认证技术中，终端中的 TPM 实现数据的完整性度量，且只有通过可信监测验证的用户才能访问网络，防止恶意用户接入可信终端。

然而，可信计算并不能解决所有的数据安全问题，尤其是类似于恶意内部用户故意作恶、数据误差累积等数据应用安全威胁。例如，数据可信性存在两种威胁：①为了营造某种“假象”，让数据接收者得到错误信息，敌手在数据的生成阶段，就刻意伪造数据；②在数据采集或处理过程中引入了误差，从而导致数据分析结果不准确，造成数据的失真和偏差。因此，除了使用可信计算来保证数据可信之外，还需要其他技术实现数据可信。根据在第 1 章给出的定义，数据可信指原始数据真实、历史数据固化、过程和责任可溯可追等数据安全特性。其中，原始数据真实是指原始数据真实反映了客观世界和认知世界中的事物的状态、关系和过程；历史数据固化是指保证历史数据长久地保持产生时的原始状态，不会随时间和环境的变化而变化；过程和责任可溯可追是指与现实事件发生对应所产生的数据可以向前追溯，并可以对事件过程中的主体责任进行追踪，且主体对自己的行为、承诺等具有不可抵赖性。下面将从技术层面讨论可信记录保持、数据可信溯源、数据可信存储、数据可信共享等数据可信保障方法。

(1) 可信记录保持。记录产生于社会生活的方方面面，其可信保存至关重要。传统的记录保存方法都是使用纸质记录数据，难以管理。而随着计算机的发展，许多记录产生在计算机中，如电子病历、学籍信息等，通过计算机保存记录具有操作便捷、查找容易等优点。主要的保存载体有：磁存储载体(包括硬盘、磁带等)、光存储载体(光盘)和电存储载体(U 盘)。可信记录保持是实现历史数据固化的数据存储手段，其主要特征是“一次写入多次读取”，其技术主要包括可信记录保持体系结构、可信索引技术和可信迁移技术。

(2) 数据可信溯源。数据溯源是指对目标数据的来源和传播进行追溯、确认、描述和记录的过程，主要包括三个方面：一是对当前数据是从何处产生的进行追溯，并对追溯到的源数据进行描述；二是追溯、捕获或记录源数据如何演化为当前数据状态的过程信息，包括数据转移、变更、交付、执行、操作、流转和使用等行为，以及在此过程中派生的其他数据；三是从源数据到当前数据状态的过程中，追溯、描述和记录所有能够影响数据状态的因素(如影响数据的实体和工具等)。因此，数据溯源包括从源数据开始捕捉和记录数据变化信息的过程，也包括数据的当前状态到源数据的反向逆推过程。追溯过程中记录的所有信息组成了一套内容充实、系统全面、联系紧密的数据集，这就是数据追溯的结果信息。实现数据溯源主要利用两种思想，分别是基于标注的溯源和基于非标注的溯源。基于标注的溯源是指在数据源和数据产生过程中加上标注(如元数据、注释和声明)，然后将标注和数据一起作为存储和传播的信息，溯源时通过标注来验证数据来源；而基于非标注的溯源是指根据数据的转换过程来构造逆置函数实现反向查找数据源信息。这两种溯源思想适用环境不同，实现技术也有所不同。

(3) 数据可信存储。数据在存储阶段，由于数据被系统管理员、用户和存储提供者等多方使用，数据很容易被篡改或删除，数据存储环境也容易受到外部攻击者的攻击。数据可信存储正是为了解决上述问题而提出的。数据可信存储在不同的需求场景下可通过多种技术方式实现，如可信计算、区块链、云存储安全(第 9 章)等。例如，基于可信计算技术，可以使用 TPM 芯片或 TEE 作为可信根，并依次为之后的操作系统再到应用程序提供完整性度量，从而实现数据的可信存储。

(4) 数据可信共享。数据可信共享是指只有被授权的参与方才能访问共享数据，可以防止恶意窃取和篡改数据的攻击行为。数据所有者能够认证访问者的身份，并控制哪些身份才能访问数据，解决共享数据环境下的身份认证和访问控制问题。数据可信共享技术包括：基于访问控制的数据可信共享、基于密码的数据可信共享、基于区块链的数据可信共享等。基于访问控制的数据可信共享(第 5 章)在身份认证(鉴别)的基础上，根据不同的身份或角色对提出的资源和数据访问请求加以控制实现数据共享；基于密码的数据可信共享(第 10 章)采用基于密码学的方法，即将数据加密后再存储到云端服务器，并通过密钥的管理等方法实现访问控制。

近年来，整合了密码学、分布式计算、共识机制等技术的区块链引起了人们的关注。区块链的去中心化、防篡改、可追溯、公开透明等特点为保证数据信息的可信提供了新的思路。为此，本章除了介绍传统的可信记录保持技术外，还介绍基于区块链的数据可信溯源、可信存储和可信共享技术。

12.2 可信记录保持技术

目前，国内外很多法律都要求企业和政府部门在商业和公共事务中，必须要保证电子记录在其生命周期中的可信，即在电子记录的建立、保存、迁移和删除的过程中，无论外部还是内部攻击者都无法篡改记录。例如，在 2018 年国家档案局档案科学技术研究所发出的招标文件中，可以看出其对电子记录的可信要求。可信记录保持需要新的存储服务器、数据库管理系统和新的存储、索引、迁移及删除技术。本节主要介绍传统的可信记录保持技术。

12.2.1 可信记录保持概述

1. 定义

在档案科学中，可信记录可以定义为：如果一份记录被评估为准确(Accurate)、可靠(Reliable)和真实(Authentic)，就可以说它是可信的。可信记录保持可以定义为：在记录的生命周期内保证记录无法被删除、隐藏或篡改，并且无法恢复或推测已被删除的记录。这些记录可以是非结构化的聊天记录、订单、文件，也可以是结构化的数据库记录。

2. 安全威胁分析

1) 可信保持的威胁

可信保持主要面临以下威胁：人为错误(用户或是操作者无意间修改或删除了他们事后认为仍然需要的数据)、大范围灾难(洪灾、火灾、地震以及战争对电子文件长期存储造成的威胁)、失窃与人为破坏(不法分子毁灭、修改、偷盗数字仓库的内容，计算机病毒对数据保密性和完整性造成的危害等)、元件故障(由于硬件、软件、网络接口等故障造成的数据损坏或丢失)、载体故障(存储介质故障造成的数据损坏或丢失)、硬件和软件过时(如位数不够)等。

2) 可信迁移的威胁

元件故障、载体故障、硬件和软件过时等都可能导致电子记录损坏或丢失，为了保证记录能长期保存，迁移记录成为必然的选择。迁移是指把记录从一个存储系统或存储介质中转移到另外一个存储系统或存储介质中的过程。数据迁移面临的主要威胁和问题包括：迁移过程中文件数据结构、编码方式、压缩方法和存储手段等发生变化可能造成文件内容不可读，影响对文件内容的准确理解；时机把握不及时可能造成文件的丢失或者因频繁迁移带来巨大的资源消耗和数据偏差的累计失真；文件格式变化和载体改变造成文件内容缺失、载体失效、文件内含功能的丧失、文件关键属性改变、文件信息失密等问题；记录迁移后的有效性、兼容性和稳定性必须经过测试；迁移可能存在效率低的问题。

3) 可信删除的威胁

可信删除是指用户在提出删除请求后，数据永久性无法被访问和无法被恢复。完整的安全数据生命周期意味着数据不仅安全存储，而且以安全的方式删除。但是，典型的文件删除(加密或不加密)只从其目录或文件夹中删除文件名，而文件的内容仍然保存在物理媒体上，直到数据块被覆盖，这些数据才被清除。攻击者可以使用许多取证技术来恢复数据，如使用磁力显微镜(Magnetic Force Microscopy)、磁力扫描隧道显微镜(Magnetic Force Scanning Tunneling Microscopy)和自旋支架(Spin-stand)恢复数据。如何保证在删除文件链接就能达到可信删除成为需要解决的问题，本节将介绍针对此问题涉及的可信删除技术。

12.2.2　可信记录保持存储体系结构

1. 存储体系结构

存储体系结构是以存储为中心的存储技术。目前常用的存储技术包括：磁存储技术、光存储技术等。其中基于磁存储技术的磁带在 1951 年就被应用于存储数据，并到目前为止磁带技术仍在发展。它不仅能达到 30~50 年的存储年限，且具有存储安全性高、防病毒性强、存储容量大等特点。但其访问速度较慢，只比较适用于数据的离线存储和备份。硬盘也是一种在 1956 年就出现的基于磁存储技术的存储介质，它具有体积小、访问速度快等特点，可用于存储经常需要访问的数据。光盘是基于光存储技术的一个存储介质，虽然它的存储容量有限，但价格低、稳定性高，也常常作为长期存储数据的存储介质。

2. WORM 存储设备

WORM(Write Once Read Many)即一次写入，多次读取。该技术将存储介质进行不可逆转的改变来存储记录，写入后只能读取而不能被修改或删除，以确保记录的可信性。同时，随着政府部门对数据可信保持要求的不断提高，如今的企业面临着比以往任何时候都更高程度的监管和问责，而 WORM 技术刚好符合政府法律法规的要求。当前基于 WORM 的可信记录保持的商业化产品有光盘产品、磁盘产品等。

(1)光盘产品。目前常用的WORM光盘大部分为高密度数字视频光盘(Digital Video Disc，DVD)，它依赖于不可逆转的物理写入，以确保写入的内容无法改变。然而，数据存储需求较大时，需要管理大量的光盘，加上商业环境对低延迟的需求，需要有一种可扩展的光学WORM的解决办法。另外，光盘无法抵抗恶意复制，因此它们不能提供强壮的安全功能。WORM光盘相较于其他存储介质，价格适中、速度较快，可以满足中等的应用需求。

(2)磁盘产品。通过磁盘阵列柜管理软件，创建WORM存储卷，数据存入WORM存储卷之后，在规定时间内，即使是数据拥有者也不能改变或删除存入的数据。它拥有速度快、延迟低、保存长久的优点，可适用于性能要求较高的系统。

3. 强WORM

然而，前面所述的WORM产品不能完全满足法律法规中的要求，即：①保证记录保持，一旦写入数据就不能在法律法规规定的生命周期结束之前被不可察觉地更改或删除，即使可以物理访问存储；②安全删除，一旦记录达到其生命周期的终点，就可以(并且在某些情况下必须)将其删除，即使对底层存储介质的访问不受限制，删除的记录也不应该恢复，此外，删除不应在存储服务器上留下它们存在的任何迹象；③合规迁移，需要兼容的数据迁移机制将信息从过时的存储介质传输到新的存储介质，同时保留相关的安全保证。如果不能满足以上要求，记录容易受到无意行为或恶意攻击者的攻击，导致记录被修改或删除。因此，研究人员提出了可以满足以上要求的强WORM，实现可信存储。

4. 抗物理攻击

物理攻击是指攻击者通过物理手段(如专用仪器设备)对计算机系统的处理器芯片外部进行信息窥探和恶意破坏。就一般的物理攻击而言，其安全模型通常设定为：处理器是安全的，但片外部分尤其是存储器是不安全的。例如，攻击者可以借助简单的仪器设备改变内存总线信号、注入虚假的总线事务、直接读取或篡改内存单元的内容、阻塞或重新排序总线上传输的数据，从而达到了解程序执行过程、干扰程序执行状态、颠覆程序执行结果等恶意目的。

随着计算机设备的部署和使用越来越分散、无监督(不在用户的可视范围内)和物理暴露(攻击者可以接触物理设备)愈发普遍，对攻击者而言物理攻击变得越来越容易实现，而对物理攻击的防御措施还比较薄弱。就物理攻击的实施情形和存储器的作用与地位而言，防御物理攻击最主要的方法是将存储器加密和进行存储器的完整性校验，使得攻击者无法理解在处理器之外获得的存储器数据，并且在处理器之外改动存储器数据的行为都会被发现。

为了防止物理攻击，许多机构和学者研究出很多方法，如斯坦福大学提出的XOM(eXecute-Only Memory)、麻省理工学院提出的AEGIS(Architecture for Tamper-Evident and Tamper-Resistant Processing)、Microsoft公司的预防软件盗版计算机平台、Intel公司的可信计算平台，以及一些其他的国外研究机构对此开展的大量研究等。其中用到的加密技术主要包括直接块加密方式、一次性密码(One Time Password，OTP)加密方式和GCM(Galois/Counter Mode)加密方式等。

12.2.3　可信索引技术

索引可以用在包括结构化数据检索和非结构化数据检索中，如数据库系统索引、文件系统索引、文件中记录的索引、文本索引等。本节主要考虑文件中结构化的记录索引和用于非结构化记录的文本索引，并阐述不同的索引结构特点和适用场景。

1. 可信索引的特征

关键字与数据的映射关系称为索引，建立索引的目的是在大量数据中快速找到记录。但是，攻击者可以通过篡改或隐藏索引项来攻击记录。因此，必须确保索引也是可信的。可信索引必须具有以下特征。

(1)索引本身必须是可信的，这就要求索引项的搜索路径必须在记录的整个生命周期内保持不变。

(2)索引关键字要保存在其他存储服务器上。

(3)索引的建立需要原子地完成，确保记录相关信息被准确地记入索引。

(4)当删除一条记录时，索引中不能有该记录的相关信息。

2. 几种常用的索引结构

1)基于 B-树的索引结构

B-树是一种平衡的多路查找树，通常在查找磁盘中的大量数据时使用，B-树结构如图 12-3 所示，其构造规则如下。

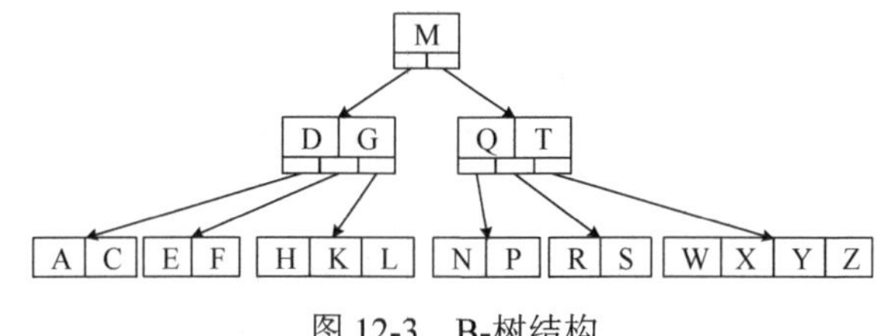

图 12-3　B-树结构

(1)排序方式：所有节点关键字是按递增次序排列，并遵循左小右大原则；

(2)每个节点最多有 m 个子节点；

(3)每个非叶子节点(除了根节点)最少有 $\lceil m/2 \rceil$ 个子节点；

(4)如果根节点不是叶子节点，那么它至少有两个子节点；

(5)有 k 个子节点的非叶子节点拥有 $k-1$ 个键；

(6)所有的叶子节点都在同一层。

先来看一次性写入 B-树。图 12-4(a)是一次性写入 B-树的插入操作，要插入 45，发现节点已经满了，这时要保留先前的节点，同时把原节点分裂成两个新节点插入 45 后复制到旁边，并在父节点添加两个指针，取代先前的指针，如阴影部分所示。攻击者可以在复制节点时对其进行篡改。如图 12-4(b)所示，攻击者在复制过程中略去了 51。所以这种索引结构不能保证可信。

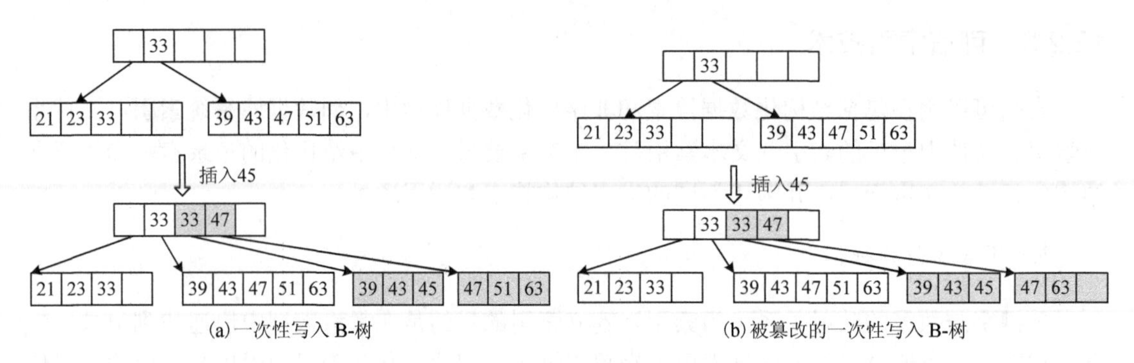

图 12-4　B-树的插入操作

2)基于哈希函数的索引结构

哈希(Hash)索引基于哈希表实现。哈希索引通过 Hash 函数将记录的索引列数据(Key)转换成定长顺序地址空间中的哈希值，该值作为这个数据记录的地址，由于多条数据记录索引列数据的哈希值可能相同，即哈希值可能出现碰撞，该哈希值对应的地址单元中通常存放的是一个链表的头指针，指向以链表的形式存放的多个记录。该定长顺序地址空间及其中的每个地址上对应的链表，构成了 Hash 表。在 Hash 表中查找某个数据记录的过程与 Hash 表的生成过程类似，即用求数据记录的索引列的值(Key)的 Hash 值，并在该 Hash 值对应的地址所对应的链表中查找数据记录。在冲突较小的情况下，此种索引结构查找速度是非常快的。当 Hash 表中记录的数目超过一定数值时，可能需要进行 Hash 表的重构，这样搜索路径也随之改变了。由于攻击者可以在 Hash 表生成过程中对搜索路径进行修改，因此，这种基于 Hash 函数的架构也是不完全可信的。

3)基于广义哈希树(Generalized Hash Tree，GHT)的索引结构

研究人员又提出了基于 GHT 的索引结构，它可以保证固定的搜索路径。广义哈希树适用于基于属性值的匹配索引。

GHT 是一种平衡的基于树的数据结构。在 GHT 中，记录属性值的哈希值决定了其插入或查询位置。在 GHT 中，要插入或查询记录时，通过对记录的属性值进行哈希运算以获得节点上的位置。如果节点上的相应位置为空，则记录被插入到那里。如果该位置被占用，属性值将再次被哈希运算，这是一个迭代过程，直到找到一个空节点位置。如果现有节点都没有空位置，则添加一个新的子节点。图 12-5 是插入元素 k 到 GHT 的例子。图中阴影节点表示被占用，白色节点表示为空。首先用 h_0 对 k 进行哈希运算得到 $h_0(k)=1$，但是对应的节点 1 已经被占用，所以需要用 h_1 再次进行哈希运算。$h_1(k)=0$，但是相应的节点 0 也被占用。然后用 h_2 再次进行哈希运算。$h_2(k)=6$，那么 k 被插入到节点 6 的位置。这样，记录的搜索路径是固定的。

4)文本搜索

文本搜索(也称关键字搜索)，通常使用倒排索引结构，是查询非结构化记录最简便的方法。文本搜索的特点有：数据是非结构化的，并且有歧义；查询语句是有歧义的，是不完整的；返回的结果是与查询条件相关的；如图 12-6(a)所示，倒排索引包括关键字字典，加上每个关键字的一个记录表单，其中包含记录的标识符(如记录中关键字的频率、类型和位置)。标识符通过特定的函数运算生成一个数值，按顺序排列在记录表中，通过扫描记录表单来查询文本。

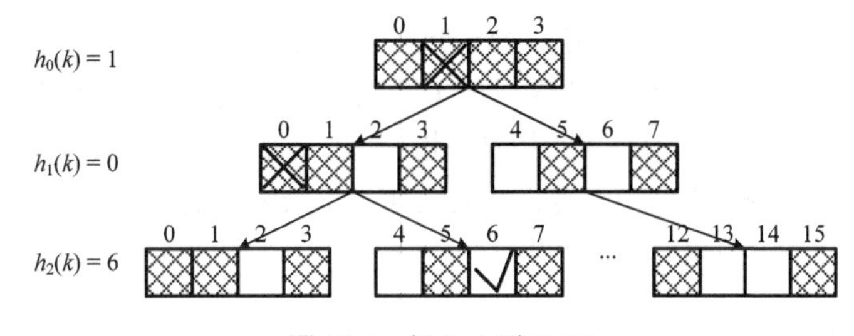

图 12-5　插入 k 到 GHT

每个记录表单在 WORM 设备上保存为单独的仅添加文件。在通用倒排索引中，更新是成批处理的，包括对所有条目进行排序和重建记录表单。然而，这种方法效率低，并且不支持实时插入，可以通过合并记录表单来提高效率，如图 12-6(b)所示。合并后，关键字或它们的哈希值也必须存储在记录表单中。这种方法通常使用一个基于 B+树结构的辅助索引来指示记录表单。与普通倒排索引相比，合并倒排索引的工作效率将提高 10%。

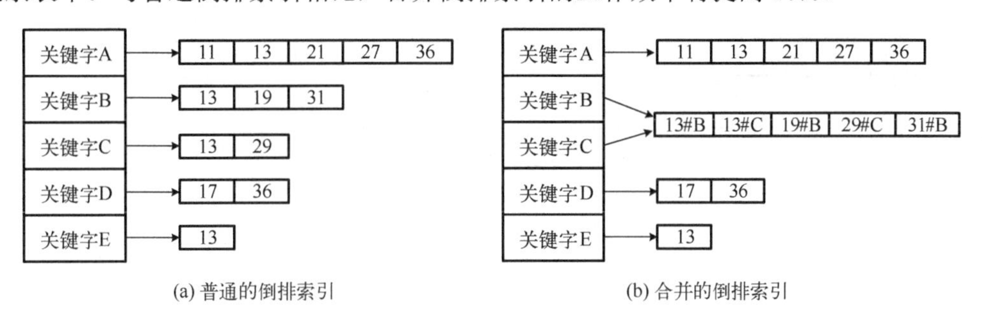

图 12-6　倒排索引结构

5) 基于 B+树结构的索引

B+树是 B-树的一个升级版，相对于 B-树来说 B+树更充分地利用了节点的空间，使查询速度更加稳定，其速度完全接近于二分法查找。

B+树的定义：B+树是 B-树的一种变形形式，B+树上的叶子节点存储关键字以及相应记录的地址，叶子节点以上各层作为索引使用。一棵 m 阶的 B+树定义如下:

(1) 每个节点至多有 m 个子节点；

(2) 除根节点外，每个节点至少有 $\lceil m/2 \rceil$ 个子节点，根节点至少有两个子节点；

(3) 有 k 个子节点的父节点必有 k–1 个关键字。

B+树的查找与 B 树不同，当索引部分某个节点的关键字与所查的关键字相等时，并不停止查找，应继续沿着这个关键字左边的指针向下，一直查到该关键字所在的叶子节点为止。

图 12-7(a)是一个 B+树的构造图，以文档 ID 递增的顺序，从底部开始构造，不需要任何节点分裂或合并。但是，合并倒排索引中基于 B+树的辅助索引也是不可靠的。与 B 树一样，攻击者可以在插入新条目的复制过程中篡改它。如图 12-7(b)所示，攻击者在根节点上加了 25，并指向一个没有 31 的伪子树，从而成功隐藏了 31。所以这种基于 B+树的架构是不完全可信的。

6) 跳跃索引

跳跃索引适合用来指示单调序列，如记录表单中的文档 ID，研究人员提出了用跳跃索引来替代基于 B+树的辅助索引。如图 12-8 所示，没有被填充阴影的指针是空的。每个节点只显示前 5 个指针。跳跃索引项 n 的第 i 个跳跃指针指向最小的索引项n'，n'由公式$n+2^i \leqslant n' < n+2^{i+1}$得到。以查寻 15 为例，从索引项 1 开始，把 1 代入公式$1+2^3 \leqslant 15 < 1+2^4$，根据不等号前 2 的指数是 3，找到索引项 1 的指针 3 指向 10，再把 10 代入公式$10+2^2 \leqslant 15 < 10+2^3$，根据索引项 10 的指针 2 找到了 15。实验结果表明，跳跃索引的搜索性能是等价 B+树性能的 1.4 倍，其搜索路径是固定的。

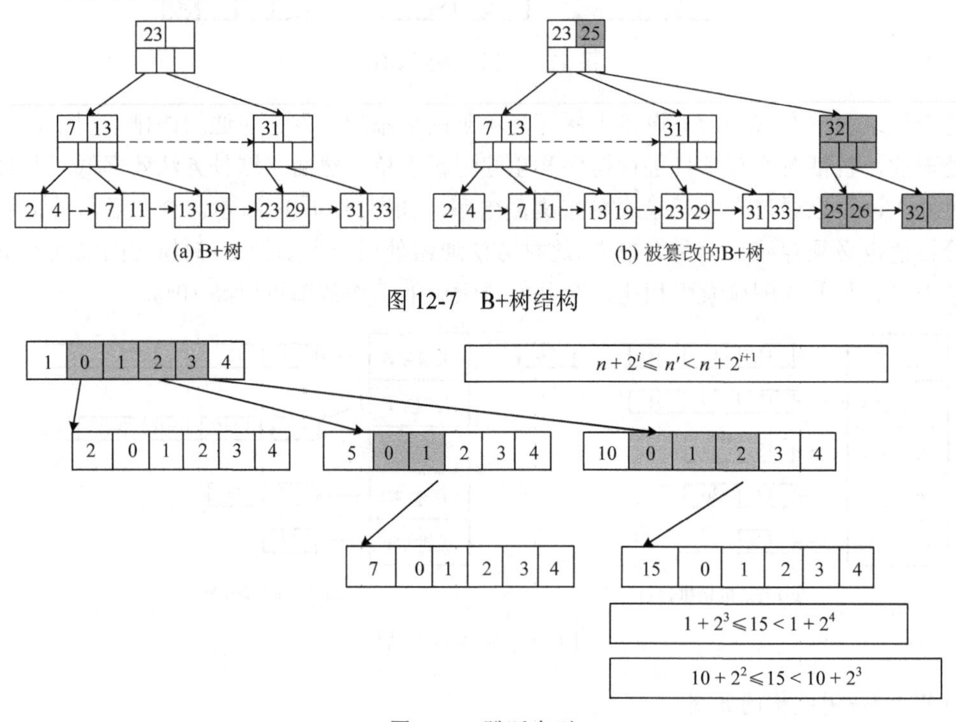

图 12-7　B+树结构

图 12-8　跳跃索引

3. 索引的可信删除

索引的结构化特性也会让攻击者推断出一些相关的信息。因为在索引中关键字都是按照一定序列插入的，攻击者可以根据删除的索引项在索引中的位置，推断出删除记录的关键字。因此，索引的可信删除是保证数据生命周期安全的最后一步，也是必不可少的一步。下面介绍几种实现索引可信删除的方法。

1) 根据保持期限建立索引

早期的可信索引方案可以根据保存期限建立索引，并到保持期限之后就删除索引。如图 12-9 所示，表单中的 X 表示索引，当达到保持期时，索引被删除。在期限 2022.01.01 删除索引后，文档 X 无法被访问。但如果记录成为诉讼证据，则要求保存至证据出示。这种方案只是按照保留期限删除记录和索引项，显然不适用于要求证据保留的场合。

2) 重建索引

研究人员还提出了一种重建索引的方法，当删除记录时，通过建立新的索引，将记录和相应的索引一并删除。该方案要求索引的重建速度应等于索引的删除速度，这是为了索引之间不冲突和不影响文件的访问。但是当数据记录数量巨大时，重建索引将耗费大量的计算资源和时间，在实际中不太可行。

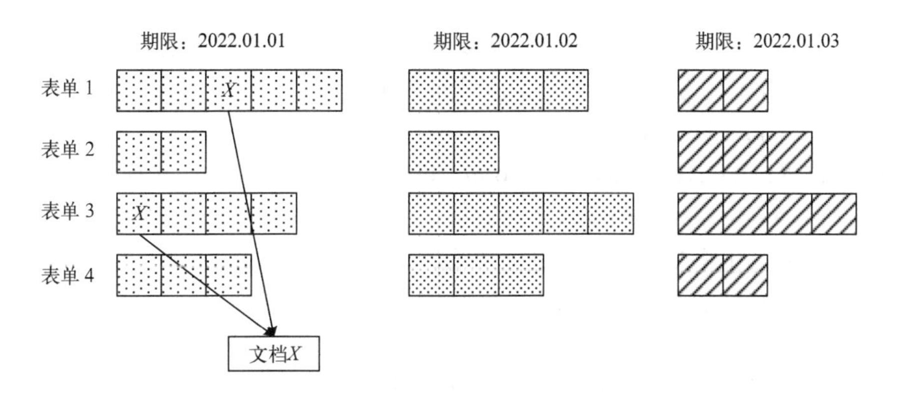

图 12-9　根据保持期限建立的索引

3) 倒排索引的可信删除

目前一种满足可信删除的方法是对倒排索引进行改进，如图 12-10 所示。记录中的关键字编码与随机序列进行 XOR 运算，替换关键字编码存储在表单中。随机序列 r 存储在一个单独的文件中，在记录过期后，随机序列将被一起删除。一旦删除了随机序列，就无法从存储的 XOR 值中恢复关键字编码，攻击者也无法推断出记录的内容。这种方法不要求在期限内删除记录，因此可以支持诉讼保留。

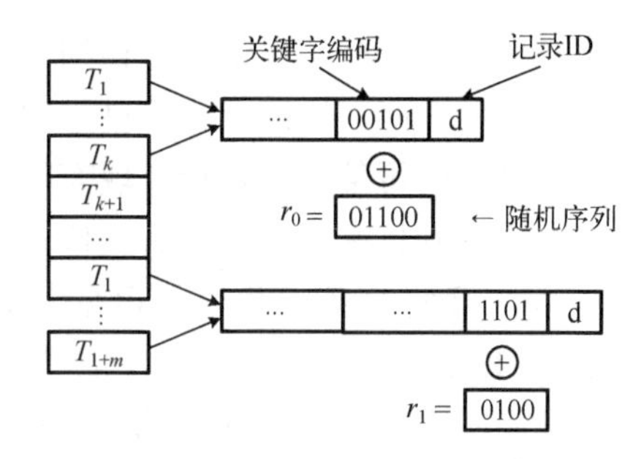

图 12-10　改进的倒排索引

12.2.4　可信迁移技术

随着信息技术的发展及大数据的应用，在信息系统硬件升级更新、新老系统切换、机房搬迁及数据中心建设等过程中，数据迁移不可避免，如何实现数据平稳迁移是信息系统运维工作必须面对的问题。

1. 数据迁移的需求

数据迁移的需求包括但不限于以下方面。

(1) 新老系统切换需要：由于老系统不能满足现有新系统的业务逻辑和数据格式需求；

(2) 搬迁或数据中心合并需求：相关法律法规要求数据需要整合或隔离；

(3) 分级存储架构需求：为了减少成本，将分级存储的记录从价格高的存储设备中迁移到更廉价的存储环境中；

(4) 存储整合需求：记录可能存在多副本，为了节省存储空间，需要将重复的数据整合。

2. 数据迁移技术

数据迁移技术包括但不限于以下方面。

(1) 直接复制：利用操作系统的一些命令将存储设备中的记录复制到本地或远程存储系统；逻辑卷数据镜像方法：对于使用逻辑卷管理器 (Logical Volume Manager，LVM) 的服务器操作系统，可以利用逻辑卷管理器的管理功能实现数据的迁移；

(2)存储虚拟化方法：利用VMware虚拟架构技术，进行虚拟机的在线迁移；

(3)数据库备份恢复方法：许多数据库都有自带的数据备份方法和复制工具，可以使用这些备份方法或复制工具实现数据迁移；

(4)ETL技术：ETL(Extract，Transform，Load)即为“抽取”、“转换”和“装载”的含义。抽取是指从源应用系统中抽取需要的数据。转换是指源数据的数据格式等需要满足目标系统的要求。装载是指将数据存储在目标系统。

然而，在记录转移的过程中如何保证迁移的可信性，是需要关注的另一个问题。目前，针对该问题主要提出了基于TPM的终端数据可信迁移和虚拟机的可信迁移。

基于TPM的终端数据可信迁移应该具备下列条件：首先，在迁移记录的过程中必须进行加密处理，且迁移过程应该对合法用户公开；其次，不管是在迁出平台或迁入平台，不应该降低记录的保密级别；最后，只有合法终端和合法用户才能解密迁入平台中的迁移记录。该方法利用TPM实现记录迁移的密钥管理问题，不仅具有便捷和安全的特点，而且提供了访问控制的功能，保证了迁移过程中数据的保密性，并抵抗恶意代码的入侵。

虚拟机的可信迁移是指在现有可信计算技术的基础上，确保虚拟机从云计算平台的原计算节点迁移到目标计算节点后，依然保证其可信状态的连续性和一致性，以实现虚拟机生命周期内的可信度量。此处的可信状态主要是指与虚拟机绑定的各类密钥AIK(Attestation Identity Key)、存储根密钥、软硬件平台配置信息、隐私数据及其他相关数据。根据可信云平台的不同实现机制，目前虚拟机的可信迁移方案可分为多种类型，如基于vTPM(虚拟TPM)的虚拟机可信迁移、基于密钥管理的虚拟机可信迁移等。

虚拟机的可信迁移是保证虚拟机生命周期内行为可控、可预期的基础，该环节对保证虚拟机的可信至关重要。虚拟机和物理终端相比动态行为更多，因此更加难以对其可信性进行度量和评价。目前研究主要关注虚拟机的可信启动、身份认证和远程认证、可信迁移等，但没有可以全面保证虚拟机可信度的完整机制。因此，构建虚拟机可信度的完整机制，确保虚拟机完整生命周期内的行为可控、可预期，成为目前和未来研究的重点。

12.3 区块链技术及其数据可信与溯源应用

数据可信和溯源过程中存在的安全问题，大多是因为过度依赖第三方服务器，从而导致的中心化问题。为了突破传统中心式系统结构的缺陷，其中一种可行的方法是采用区块链技术。区块链作为去中心化、集体维护、不可篡改的分布式数据库，能够在没有信任基础的大型网络环境下实现安全可信的数据存储与溯源。

12.3.1 区块链技术

区块链技术起源于2008年中本聪发表的*Bitcoin: A Peer-to-Peer Electronic Cash System*论文，是P2P网络、密码学、共识机制以及链上脚本等一系列技术深度结合后的产物。随着区块链技术的发展，其应用不再局限于为比特币等数字货币提供技术支持，开始延伸到金融、物联网、供应链管理、数字资产交易等领域。作为新一代信息技术的重要演进，区块链为数据要素的管理和价值释放提供了新思路和新方法。

1. 数据区块

区块链是一个在 P2P 网络环境下，将数据区块以“链”的形式存储、按照时间顺序连接，并通过密码学方式保证不可篡改和可追溯等特性的分布式账本技术。其中每个区块由区块头与区块体两部分组成，如图 12-11 所示。区块头主要封装了以下 6 个部分的信息：

(1)版本号，用于标识交易版本与参照的规则；

(2)前一区块哈希值，即父哈希值，通过存储前一区块的哈希值可以将区块链中所有区块链接在一起，从而形成一个可以追溯至创世区块的链条；

(3)时间戳，用于记录当前区块数据的写入时间，区块链的链式结构使得时间戳为区块链增加了一个基于时间的维度，实现了链上数据的可追溯性；

(4)随机数，其在矿工挖矿过程中产生，矿工节点通过添加一个随机值使得区块头的哈希值满足预设的难度值；

(5)目标哈希，表示当前区块的哈希值；

(6)Merkle 根，表示 Merkle 树根的哈希值，所有的交易信息都基于 Merkle 树的哈希过程生成一个唯一的 Merkle 根存储在区块头中，用于快速归纳与校验区块中数据的完整性。

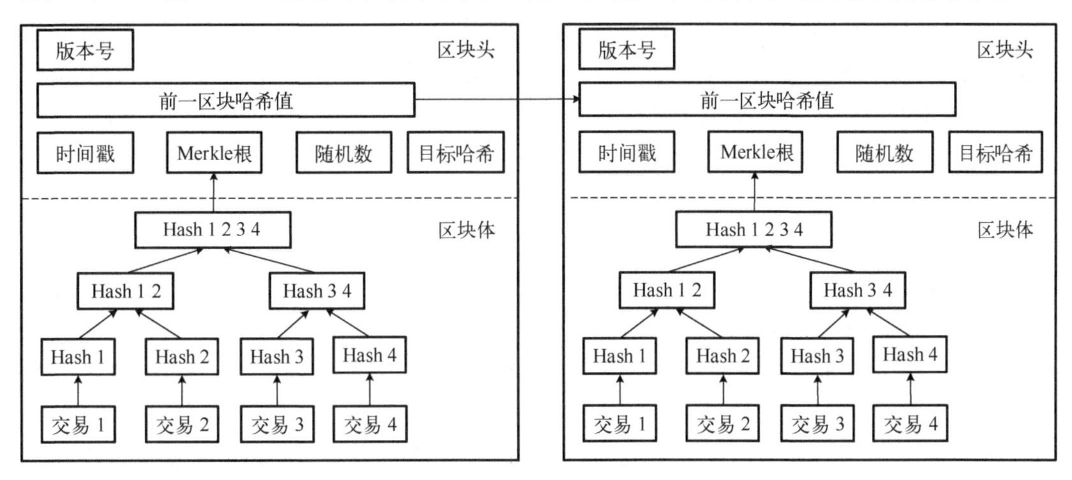

图 12-11　区块结构

区块体中存储着交易计数和交易详情，交易详情永久地记录着每笔交易，以供区块链网络中的所有用户进行查询。所有交易数据会以 Merkle 树的形式予以组织，首先将数据两两分组并分别进行哈希运算，逐步向上递归生成 Merkle 根存储至区块头，构成一个完整的二叉树。

2. 区块分类

按照区块链开放程度的不同，可以将其划分为公有链、私有链和联盟链。

(1)公有链(Public Blockchain)对外公开，用户无须注册与授权即可匿名参与。任何人都可以自由进出网络，公有链上的数据对全网公开，任何人都可以查看区块链上的数据，也可以向公有链发送交易。公有链是一个完全去中心化的分布式账本，由全网所有节点共同维护，适用于虚拟货币、电子商务、互联网金融等应用场景，如比特币与以太坊等都是公有链。

(2)私有链(Private Blockchain)通常是企业内部组织建立的仅供内部使用的区块链，其中记账与读写由企业内部自行决定。虽然私有链可以防范各种攻击，但是不能完全解决信任问题，是一个相对去中心化的区块链。私有链的应用场景一般都是企业内部的数据库管理、审计等。

(3) 联盟链(Consortium Blockchain)是由多个机构联合组成的。联盟链介于公有链与私有链之间，具有多中心或者部分去中心的特征，兼顾公有链与私有链的特点。联盟链通常应用于商品溯源、银行间结算等。

3. 共识机制

共识机制是区块链节点根据事先协定好的规则来确定记账权的方法，在没有中心控制的情况下，使得互相不信任的个体之间达成共识。共识机制使得分布式环境中各个互不信任的节点维护相同的副本，确保了数据的一致性与完整性。共识机制的目的是解决拜占庭将军问题，共识算法主要分为强一致共识算法与最终一致共识算法两类。其中，基于强一致共识算法的共识机制主要用于参与共识节点较少且对一致性与正确性要求较高的联盟链与私有链中，主要包括实用拜占庭容错机制(Practical Byzantine Fault Tolerance，PBFT)、Raft 机制等。最终一致共识算法主要用于参与共识节点较多且对一致性与正确性要求不高的公有链，主要包括工作量证明(Proof of Work，PoW)、权益证明(Proof of Stake，PoS)、授权股份证明(Delegated Proof of Stake，DPoS)等。强一致共识算法的安全性比较强，但是算法的复杂度较高，是一种多中心化机制。相较于强一致共识算法，最终一致共识算法的安全性较低，但是去中心程度高、复杂度较低。

4. 智能合约

20 世纪 90 年代，尼克萨博(Nick Szabo)第一次提出了智能合约的概念。智能合约是一段存储在区块链网络中能够在每个参与节点上自动运行的代码。由于缺乏能够支持可编程合约的数字系统以及相关技术，智能合约迟迟未能落地，直至区块链技术的出现解决了此类问题。区块链的优点为智能合约提供了可信的执行环境。以太坊建立了一个可编程、图灵完备的区块链，极大地扩展了智能合约的应用范围。以太坊智能合约其实就是以太坊虚拟机上的一段可执行代码，由以太坊账户部署到区块链上，并返回唯一的合约地址，用户可通过合约地址查找并调用智能合约。

12.3.2 基于区块链的数据可信溯源

大数据时代，随着数据的生成规模、传播速度急剧增长，数据的来源以及衍生路径呈现出多样化、复杂化的特点，给传统静态的信息资源管理方式带来了挑战。例如，科学研究、健康医学、工业制造等众多领域，对数据的真实性与有效性有着很高的要求。但是，在数据的共享、交换与交易过程中，原生数据常常经过多次流转、复制、迁移、抽取、计算等操作后形成海量派生数据，如果不对原生数据的溯源信息进行记录，将在很大程度上降低派生数据的真实性和有效性。为了增加派生数据的可靠性和可信性，数据溯源技术应运而生。

数据溯源最早应用于 e-Science 领域，具体涉及地理、生物、历史等对数据真实性要求较高的学科。当人们对科研结果质疑时，往往需要对科研人员的研究数据进行回溯，以发现错误源头并对科研结果进行修正。

自从数据溯源的概念被提出后，已经历了一个不断发展完善的过程。数据溯源用于解答数据为什么(Why)是该状态、数据从哪儿来(Where)以及如何(How)获得的问题。它通过记录、访问、验证数据在整个流转过程中的演变，从而获取数据的生产源头和过程化信息。用户可根据要追溯对象的溯源数据对其数据源及数据的流转过程进行追踪，从而判断其真假或者加深对追溯对象的全面了解。

1. 传统的数据溯源

数据的可信溯源是指数据处理流程一旦被确认，便不可篡改和伪造。它要求用户能够从系统中得到正确的数据状态以及数据流转的整个流程，同时也要求系统在遭受攻击时，仍然能够保证数据流转的可信性。目前常见的数据溯源方法有数据引证技术、标注法、反向查询法等，然而这些传统的溯源方法往往需要依赖一个中心化的第三方来存储或验证溯源数据，并不能很好地保护溯源数据本身。因此，传统的数据溯源主要面临以下两类问题。

(1) 中心化数据库中往往只存储和维护数据的当前状态，而数据的历史信息和操作在数据库日志中进行存储，用于故障恢复，并不直接面向诸如商品信息溯源等具体应用提供查询服务。

(2) 中心化存储溯源数据的系统本身存在着三类问题：①中心化存储系统内生性地受制于中心化信任模式，当存储溯源数据时，由于利益驱使可能导致溯源数据的篡改；②当中心化存储系统受到单点故障或者遭受恶意攻击者攻击时，便会造成整个系统的瘫痪，从而导致溯源数据的丢失；③当溯源数据存储在中心化存储系统时，数据拥有者便丢失了溯源数据的控制权，有可能泄露溯源数据。

2. 基于区块链的数据溯源

区块链作为一种特殊的分布式数据库，与传统数据库有着显著的不同：密码学技术、链式数据结构和共识算法不仅保证了数据状态的一致性，还可以用来维护和记录数据的整个流转过程。更为具体地说，区块链所具有的去中心化、不可篡改等特性保证了数据源的真实性和用户身份的可信性以及数据在流转过程中的不可篡改。

1) 数据溯源中的身份真实性验证

数据溯源过程涉及数据源、数据传递方、数据使用方等众多实体，因此如何保证参与主体的身份真实性以及确保每一步操作角色身份的验证成为重中之重。

在区块链网络中，参与主体之间主要通过数据交易达到数据溯源的目的，其中参与主体的身份主要由区块链中公私钥所确定，数据交易的所有权由参与主体的地址和数字签名所建立。接下来以比特币系统为例，阐述如何在区块链网络中利用公私钥对验证参与主体身份的真实性。

在比特币系统中，参与主体首先通过 secp256k1 椭圆曲线密码算法生成唯一公私钥对(PK,SK)，公钥 PK 在区块链网络中进行广播，私钥 SK 只有参与主体拥有。在进行数据交易时，参与主体需要通过私钥 SK 对数据交易进行数字签名，不仅能够确保数据交易的完整性，还能使区块链网络中的其他用户通过参与主体的公钥 PK 对其数字签名进行验证，从而达到对参与主体身份确认的目的。

在比特币系统中，数据交易的前提是货币(比特币)交易，交易双方进行比特币交易时，附带着数据交易。比特币交易主要在区块链网络中交易双方地址之间流转，因此数据交易伴随着比特币交易在参与主体的地址之间进行流转，其中参与主体的地址主要由其公钥 PK 生成，其生成过程如下：公钥首先经过 SHA265 算法与 RIPEMD160 算法生成 20 字节长度的消息摘要作为比特币地址的主体信息，再在前面加上版本号信息，在末尾添加 4 字节的地址校验码，地址校验码通过对摘要结果进行两次 SHA256 运算得到，取哈希值的前 4 字节构成，最后把版本信息、主体信息和地址校验码放在一起通过 Base58 转换为易识别的字符串作为地址，比特币地址生成过程如图 12-12 所示。

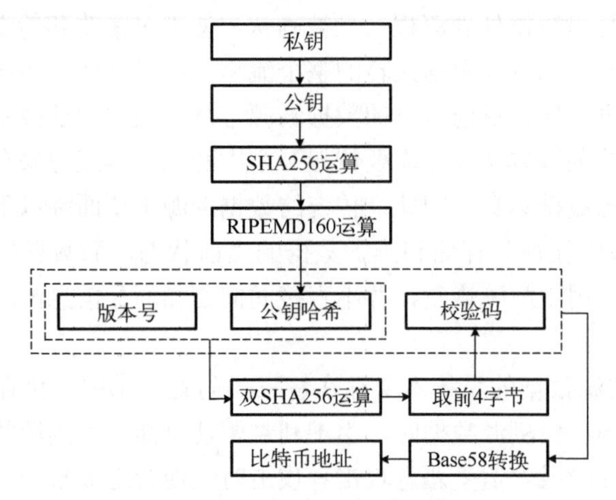

图 12-12　比特币地址生成过程

由非对称密码学生成数字密钥衍生出用户在区块链网络内的地址以及对交易进行的数字签名，为交易的合法性提供了双重保证，从而保证了数据源的真实性以及用户的身份可信，解决了传统溯源系统中追溯对象的身份验证。

2) 数据溯源中的数据流转真实性验证

区块链不仅能够确定数据源的真实性与用户身份的可信性，还能通过其特殊的链式结构和数据的全局共识保证数据在流转过程中的真实性。

在区块链系统中，用户通常以数据交易的形式进行数据流转，当用户在区块链网络发送交易时，该交易需要作为 Merkle 树的叶子节点所连接的数据块存储在区块中，当该区块经过所有节点共识后，才可与上一个区块进行链接，成为当前最新区块，因此在区块链网络中纳入的数据和查询的数据均是全网公认正确的。当存在部分节点区块中的数据出错或被恶意篡改时，该部分节点区块体中 Merkle 树的结构与当前区块哈希结果都会与正确节点所维护区块链不相同，那么便不会通过共识算法，该特性使得所有节点维护同一条区块链。另外，在区块链中，未上链的数据称为待共识数据，需通过各分布式节点的共识机制来保证数据的准确一致性，也是区块链成链的基础，而历史数据为链中数据，已被共识后划分为多个数据区块，再经密码学技术使其顺序相连成逻辑相关的链条状数据。区块链的成链就是不断地把未上链数据转化为历史数据的过程，而溯源就是把历史数据转化为当前数据并以所需形态呈现的过程，如图 12-13 所示。

区块链的链式结构天然地保证了链上溯源数据的不可篡改，实现了链上数据的溯源。但是区块链只能保证链上数据的可信性，不能够保证溯源数据来源的可靠性和数据本身的真实性，即它自身不能判断数据记录是否真实地反映了客观世界和认知世界中的事物的状态、关系和过程的特性，这就需要在链下采用某种方法，将客观世界实体、认知世界中的观点和想法等与数据相绑定，并可在数据生命周期内进行校验。例如，利用主体生物特征进行身份识别，并产生与生物特征相绑定的身份数据用于主体验证；将包含厂家、工匠、生产日期等信息的多维码烧制在瓷器中，以便对瓷器实物进行溯源验证等。

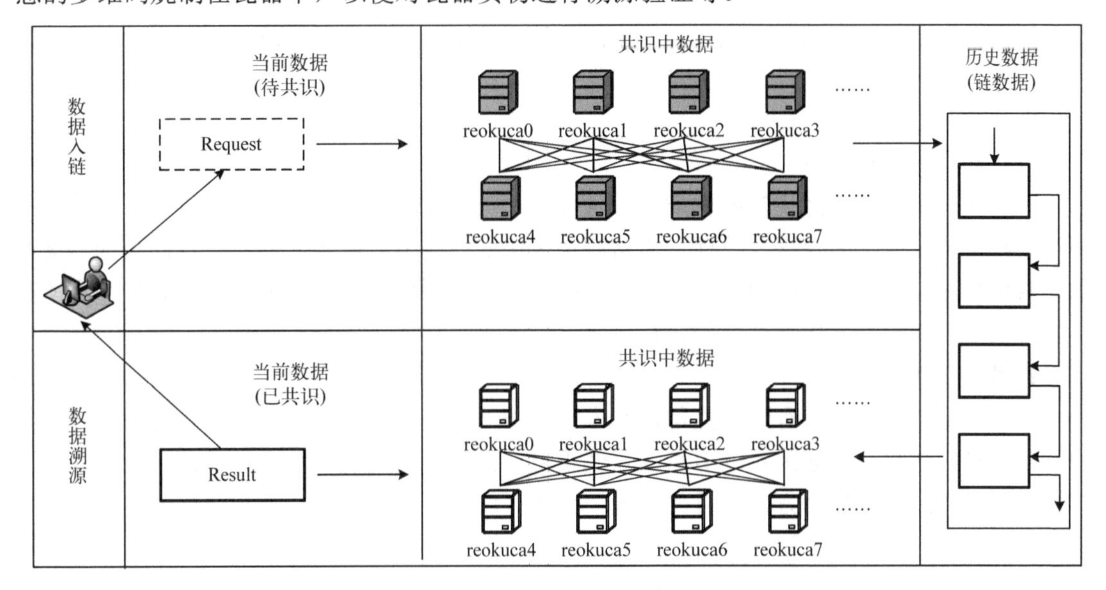

图 12-13　区块链数据溯源

区块链技术与数据溯源相结合，亟须提高区块链交易的处理效率即吞吐量，减少交易成本。每个交易上传至区块链时，所有的节点都需对交易数据以及区块数据进行验证，大大降低了区块链的处理效率。以比特币系统为例，每秒约能支持处理 7 笔交易。目前虽已有实际落地应用，但是都是以联盟链为基础，是面向小范围的，离面向全体社会的实际落地应用仍然相差甚远。另外，当在区块链网络中引入复杂的智能合约之后，随着数据的增多，如何高效地处理数据溯源查询也是面临的难题。

12.3.3　基于区块链的数据可信存储

数据可信存储是指当数据一旦存储于存储系统中，便要保证数据的不可丢失和不可篡改，同时也要求当存储系统受到攻击或者存在通信故障时，存储系统仍然能够保证数据存储的正确性和可用性。

随着数据规模的不断增加，数据所有者通常将数据外包给云服务商。然而，云服务商采用的集中式存储与计算架构容易引起单点故障的问题，导致数据所有者会失去对数据的控制权，从而泄露用户隐私信息。随着比特币和以太坊等加密货币的成功，区块链技术受到了学术界和工业界的广泛关注。区块链是一个去中心化的分布式账本，可以有效地防止单点故障，保证系统的可用性。区块链的不可篡改和不可伪造性保证了数据的完整性，可追溯性和透明性在保证用户对自身数据的控制权的同时也实现了系统和用户的验证与审计。

区块链相对于传统的云服务器而言，能够有效地实现数据的可信存储，但是依旧存在着一些问题。

(1) 交易延迟高，在区块链中通过交易实现数据的存储，为确保区块链中交易的不可篡改，维护区块链的各个节点之间需要频繁的广播交互，这就造成区块链中交易延迟的增大。例如，比特币的出块速度一般为 10 分钟/块，极大地影响了数据的存储效率。

(2) 可扩展性低，区块链作为由多方维护的分布式账本，所有的节点都需要在本地存储一份区块链数据，然而随着区块链中交易的不断增多，这就造成各个节点的本地存储压力大，因此如何减少节点的存储压力也成为基于区块链的数据可信存储亟须解决的问题。

针对上述两类问题，目前大多是从提高交易上块速率以及可扩展性方面进行解决，接下来分别从这两方面进行阐述。

1) 提高交易上块速率

从宏观角度来看，区块链的本质是一种分布式数据库，区块链网络节点必须依据一定的规则来维护整个账本的数据一致性。通常解决区块链网络节点账本之间一致性问题的关键技术是共识算法，一个好的共识算法可以大大减少区块链网络节点达到账本数据同步一致所需要的时间，从而提高区块链系统的运行效率。

2) 提高区块链可扩展性

在区块链网络中，所有的节点都需在本地维护一个完整的账本，随着区块链网络内交易的不断增多，这将会造成区块链节点的存储压力。为了提高区块链的可扩展性，近年来学术界提出了多种区块链扩容方案。总体来说，目前区块链扩容方案主要分为两种：链下存储和链上存储，如图 12-14 所示。

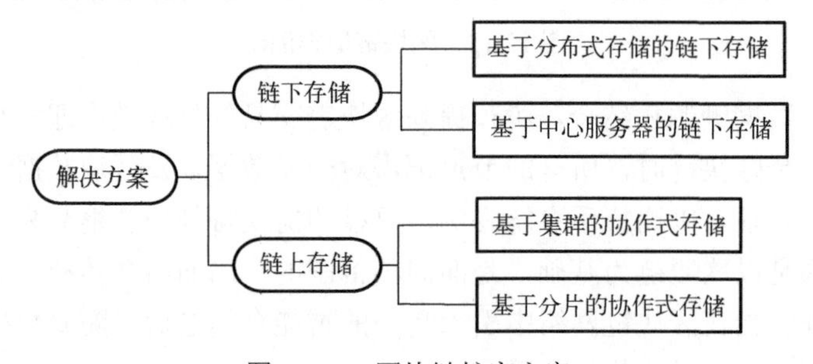

图 12-14　区块链扩容方案

(1) 链下存储。

链下存储的基本思想为在区块链中进行数据存储前，首先将数据存储于链下文件存储系统中，然后将文件存储系统返回的唯一的数据访问地址存储于区块链中的区块体中，从而提高区块链的存储效率。目前链下存储主要分为两类：基于分布式存储的链下存储和基于中心服务器的链下存储。接下来将从这两方面阐述链下扩容方案。

①基于分布式存储的链下存储：最常用的为星际文件传输系统 (Inter Planetary File System，IPFS) 和分布式哈希表 (Distributed Hash Table，DHT)。IPFS 和 DHT 作为一种分布式数据库，可以在不需要中心服务器的情况下，实现数据的安全存储。下面将分别对 DHT 和 IPFS 进行阐述。

DHT 是一种分布式存储方案，可将由键值对来唯一标示的信息按照预先约定存储在多个节点上，从而有效地避免单点故障。在 DHT 中，每个节点负责一个小范围内的路由，并存储一部分数据。资源通过唯一的哈希值来表示，并存储于某个确定的节点上，最常见的 DHT

实现为 Chord 协议。Chord 协议既是一种算法也是一种协议，其拓扑结构是一个环，准确地说，它是将资源环和节点环压缩成一个环，从而保证了一致性哈希。其中，资源环是通过资源的特定信息生成哈希值，来确定资源应该存储的位置，而节点环则是通过节点的信息来确定当前节点在环中的位置，DHT 环的形成过程如图 12-15 所示。在 Chord 协议中将资源和物理存储节点压缩映射到了同一个环中，资源会存储到 ID 值相同的存储节点上，如果对应的存储节点不存在，则存储到该节点之后实际存在的最近的后继节点上。

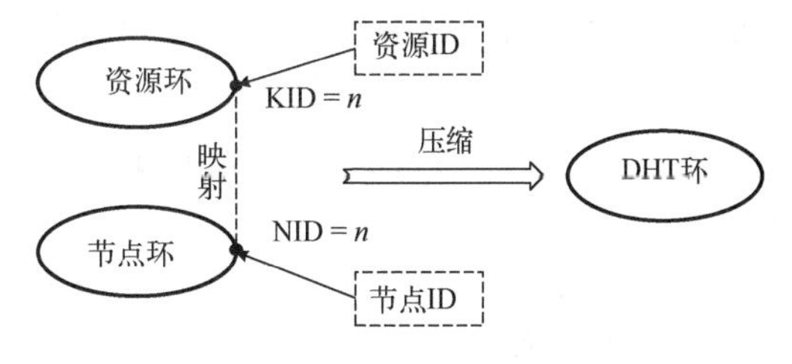

图 12-15　Chord 协议

IPFS 是在 DHT 的基础之上，结合了激励块交换和自认证命名空间等技术，以默克尔有向无环图(Merkle Directed Acyclic Graph，MerkleDAG)为底层的数据结构，提供了一种永久的去中心化的文件存储方法，旨在将所有计算设备与相同文件系统连接起来的点对点分布式文件系统。IPFS 是基于内容寻址的分布式文件存储系统，通过加密算法计算文件的哈希值，并将此哈希值用作唯一访问文件的地址。该字符串既可以作为访问文件的索引，又可以检验文件内容是否被篡改，并且 IPFS 节点在收到文件下载的请求后，会使用底层的 DHT 服务寻找该文件所在的位置并验证数据返回给请求客户端。

②基于中心服务器的链下存储：最常用的便是具有强大存储能力和计算能力的云服务器，但是此种方案一旦中心服务器发生单点故障或者遭到恶意攻击者的攻击，可能会导致数据的丢失。

(2)链上存储。

相对于链下存储而言，链上存储的基本思想是数据依然存储于区块链上，但每个全节点不需要维护完整的区块链账本，每个节点按照既定的规则维护对应的部分账本，然后由若干个节点进行协作，共同维护一条完整的区块链。目前链上存储主要有两种方式：基于集群的协作式存储和基于分片的协作式存储，接下来从这两方面阐述链上扩容方案。

①基于集群的协作式存储：其基本思想为将区块链网络中的节点分成若干个 DHT 集群，每个 DHT 集群中的节点只需要维护完整区块链中区块数据的一部分，一个完整的 DHT 集群维护完整的区块链账本，其中区块链网络中的每个节点都需要维护区块链中的区块头。新区块产生后，根据区块的散列值映射到 Chord 环的对应位置。根据哈希函数的特性来确定 DHT 集群内每个节点存储多少个区块会满足均匀分布的要求。在 DHT 集群内，如果需要重复存储 R 次，则在 Chord 环中的节点后面的 R 个节点分别存储 1 次。如果一个区块在 DHT 集群内的所有节点都重复存储，那么此时 DHT 集群的节点就像全节点一样。

②基于分片的协作式存储：分片是通过改变网络内部各步骤之间的验证方式来提高区块链可扩展性的一种方法，其核心思想是“化整为零”，将区块链网络划分成若干能够处理交易的较小组件式网络，以实现每秒处理数千笔交易的支付系统。实现方式可以分为网络分片、交易分片和状态分片。网络分片是最基础的一种分片方式，就是将整个区块链网络划分成多个子网络，也就是一个分片，网络中所有分片并行处理网络中不同的交易；交易分片是在网络分片的基础之上，将全网交易划分到不同的网络分片中进行分区域共识，每个分片网络可以同时进行共识、验证交易数据，系统由串行事务处理改为并行事务处理

机制；状态分片同样建立在网络分片的基础之上，区别是每个网络分片不再存储账本的全部信息，只存储特定状态的部分账本信息，具体地说，通过将区块链网络划分成若干个子网络，每个子网络中包含一部分节点，其中每个子网络称为一个“分片”，在区块链网络中的交易会被划分到不同的“分片”中进行处理，然后由每个“分片”的领导者节点将子网络中的交易汇总至区块链网络中，这样大部分节点只需要维护“分片”中的交易即可。状态分片能够从根本上解决区块链存储性能的问题，但是目前还存在较高的技术壁垒，实现难度较大。

一般而言，基于分片的协作式存储通常分为分片配置、分片重配置、共识协议三个部分，下面分别进行阐述。

a．分片配置：在区块链分片技术中，首先要实现网络分片。网络分片通常要考虑分片规模、分片安全性和分片方式等因素。分片过程通常使用随机函数来对节点的分片位置进行计算，确定位置后，该节点需要在该分片内进行广播，完成分片内节点的确认。

b．分片重配置：为了保证各个分片的安全性以及防止节点之间作恶的行为发生，在一次分片纪元过后，一部分节点需要从原有分片中分离并与其他分片中的节点进行交换，当区块链网络中有新节点加入时，也需要对新加入的节点进行分配。一般而言，分片重配置方式为全随机分片和部分随机分片。全随机分片是将所有的节点进行重新分配，能够有效地保证各个分片的安全性，但是此类方案在重新分配的过程中会造成区块链网络内交易上链的停滞，大幅度降低了区块链网络的性能。部分随机分片相对于全随机分片而言，只将部分分片节点进行重新分配，在重新分配过程中，分片内的其他节点仍然进行正常的维护区块链的行为，大大提高了重新分配过程中区块链网络的性能。

c．共识协议：在完成分片配置和分片重配置后，区块链网络需要共识协议保证每一分片内部和分片与分片之间的共识，分别称为片内共识和跨片共识。片内共识要求同一分片内部的节点按照其分片内的协议进行共识，维护分片内的账本，目前片内共识协议主要基于 PoW 和 PBFT 共识协议。由于各个分片所存储的账本数据不同，因此不同分片之间各节点需要针对账本的状态进行交流，跨片共识协议可实现各个分片之间实现共识。目前，跨片共识协议主要分为交易原子化、交易集中化和交易类路由协议。

12.3.4 基于区块链的数据可信共享

大数据时代，数据作为一种与矿产和石油同等重要的经济资产被广泛地收集与存储。为了能够充分利用大数据所创造的价值，有偿或无偿的数据共享已成为必然的趋势。在数据共享过程中，数据所有者不希望其共享的数据被未经授权的用户进行访问。然而，随着数据类型和规模的急剧增长，数据的管理场景变得更加复杂，数据安全和隐私保护越来越受到人们的重视。区块链技术凭借其去中心化等特性为数据共享提供了一个可信的分布式环境，为构建安全、高效、可信的访问控制方案提供了技术支持。本节主要从基于区块链与属性基加密的数据共享和基于“区块链+联邦学习”的数据共享两个方面进行介绍。

1. 基于区块链与属性基加密的数据共享

属性基加密(ABE)方案凭借其高安全性、细粒度访问控制能力被广泛地用于数据共享方案。不过，随着数据类型和规模的急剧增长，复杂的加解密算法也影响了其在大数据环境下的应用。此外，集中式存储与计算架构容易受到单点故障的问题，导致用户失去对数据的控制权，存在泄露用户隐私的隐患。区块链技术凭借其去中心化、集体维护、不可篡改、可审计等优势，为数据共享与访问控制提供了一个分布式的可信平台。因此，将区块链技术与属性基加密结合成为数据安全共享的关键。

基于区块链与属性基加密的数据共享方案如图 12-16 所示，由区块链代替云服务器，充当加密数据传输的可信实体，通过区块链的数据交易实现权限的转移，基于区块链的透明性和不可篡改，保证了能够随时查看权限策略并实现权限策略的不可篡改。

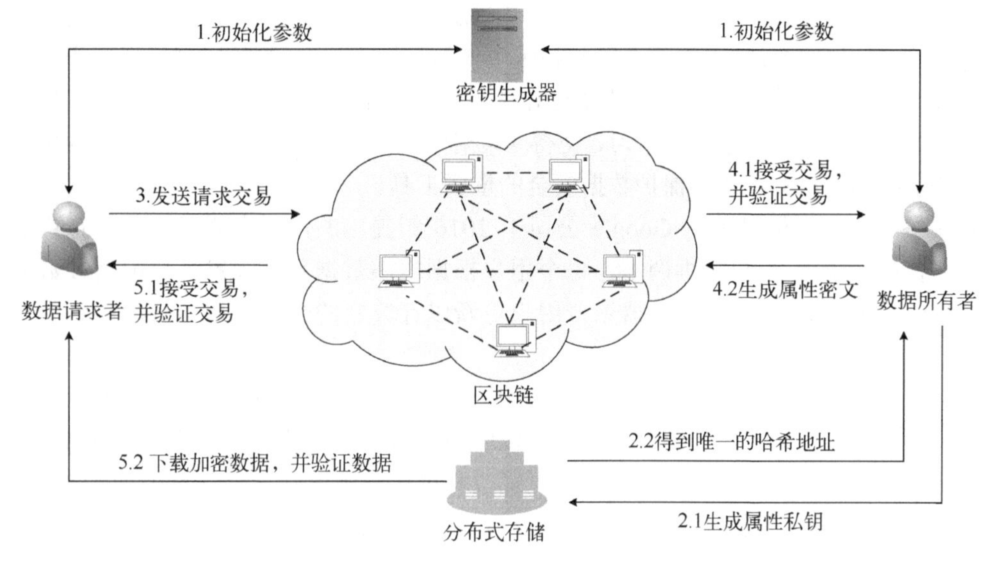

图 12-16　基于区块链与属性基加密的数据共享方案

(1) 在进行数据共享之前，属性权威负责初始化参数，并根据用户的属性生成其独有的属性私钥。

(2) 为了降低区块链中分布式节点的存储压力和保证数据的隐私性，数据所有者使用对称加密算法对要共享的数据进行加密，并将生成的密文存储于链下的分布式存储(如 IPFS、DHT 等)中。数据所有者从分布式存储中获得密文所对应的唯一哈希地址，为确保在数据共享过程中数据的完整性和可用性，需要对数据进行哈希计算得到数据哈希值。

(3) 在区块链网络中，数据请求者可在区块链内部发起交易向数据所有者发送数据访问请求，在发送访问请求时，数据请求者需要利用其在区块链内部的私钥对该交易进行签名。

(4) 数据所有者收到关于数据请求的交易后，首先对数据请求者发送交易的签名进行合法性验证。验证成功后，数据所有者便通过属性基加密算法，根据数据请求者属性集，生成数据请求者的访问策略，并将分布式存储返回的哈希地址、加密数据的解密密钥以及数据本身的哈希值进行属性加密，得到其属性密文。然后使用数据请求者的公钥对密文进行再次加密，生成区块链交易，并利用自身的私钥为该交易进行签名。

(5) 数据请求者收到数据所有者发送的交易后，首先使用数据所有者的公钥对该交易的签名进行验证。验证成功后，使用私钥对该交易进行解密，并使用属性私钥对属性密文进行解密，得到该数据的存储地址、加密数据的解密密钥以及数据的哈希值后，通过哈希地址取出数据，数据请求者利用数据本身的哈希值与得到的数据的哈希值进行验证，验证成功后，数据请求者通过解密密钥成功获取数据。

2. 基于“区块链+联邦学习”的数据共享

目前基于区块链的数据共享模型中共享的数据为数据本身，将原始数据直接传送于数据需求方，如患者将物联网设备上传的健康信息共享给医生、学生将学历证书共享至应聘的公司等。因此，数据会面临再次被售卖、数据隐私得不到保护、数据被篡改等问题。随着数据隐私法律法规的不断完善，如欧盟 2018 年实施《通用数据保护条例》，我国 2021 年颁布的《中华人民共和国数据安全法》《中华人民共和国个人信息保护法》，都规定网络运营商不得私自将收集的数据发送给其他组织，使得大数据共享遇到了合规瓶颈。联邦学习能够在用户原始数据不离本地的情况下进行机器学习，使得“数据可用不可见”，达到数据不离本地依然能够安全地共享数据的目的，成为保护数据安全的重要工具。

联邦学习的概念最早是由 Google 公司于 2016 年提出的，其本质是一种分布式机器学习框架。在中央服务器 S 的协调下，每个用户根据本地数据独立计算当前模型参数的更新值并传到中央服务器 S 中，服务器聚合用户更新以计算新的全局模型，从而达到数据共享的目的。

联邦学习虽然在数据共享过程中不再传输原始数据，但是会通过中心服务器对各个参与方的参数更新值进行聚合，依旧会产生中心化问题。基于区块链和联邦学习的数据共享不仅能够抵抗中心化攻击，而且区块链具有不可篡改和可追溯等特点，能够帮助联邦学习抵御机器学习中的恶意攻击。更具体地说，每个参与方对其本地模型的更新，都可以链接到区块链提供的分布式账本中，以便对模型更新进行审计。此外，每个模型更新的梯度都可以追溯到单个参与方并相互关联，这有助于检测用户对模型的恶意篡改和恶意模型替换。基于区块链与联邦学习的数据共享方案如图 12-17 所示。在联邦学习中，数据拥有者 Q_i 持有本地隐私数据 D_i，所有用户共享模型架构 θ，用户数目为 m。其具体步骤如下：

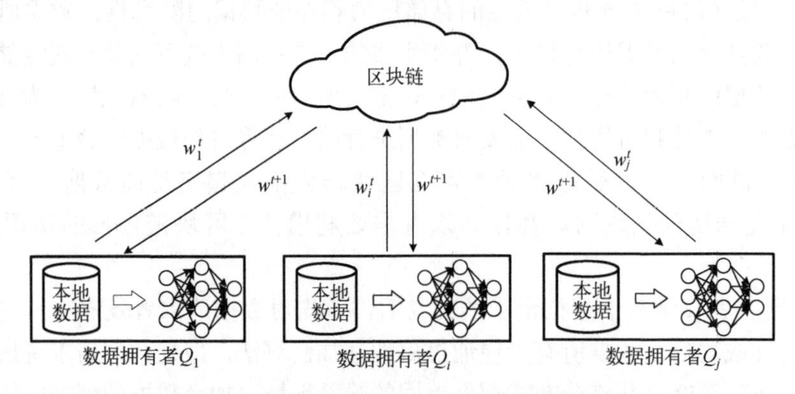

图 12-17　基于区块链与联邦学习的数据共享

(1) 用户 Q_i 基于本地隐私数据 D_i 训练模型架构 θ，计算得到 Q_i 的局部模型参数更新值为 $w_i^t = \text{Train}(\theta, D_i)$；

(2) 用户 Q_i 将本地模型参数 w_i^t 上传至区块链；

(3) 区块链聚合所有用户上传的模型参数，并得到全局模型参数 $w^{t+1}=\sum_{i=1}^{m} w_i^t$；

(4) 区块链将 w^{t+1} 返回给所有用户，用户计算均值，更新本地模型；

(5) 重复步骤 (1)～步骤 (4) 迭代过程，直至模型收敛。

在区块链与联邦学习的结合带来优势的同时，也引入了模型参数泄露威胁。由于区块链的公开透明的特性，区块链账本以明文的形式存储着参与方在每轮训练中用于聚合的局部模型参数，通过区块链公开透明的特性来实现联邦学习的可审计性。最新的研究表明，攻击者从已发布的模型参数中逆向推导出各用户的隐私数据。因此，在利用区块链技术实现数据共享的同时，也应考虑模型参数的安全与隐私保护的问题。

第 13 章　数据隐私保护

大数据、人工智能等技术的快速发展，促使用户数据频繁地跨系统、跨生态交互，使得用户的隐私信息在不同系统中留存，扩大了隐私泄露的风险。随着用户隐私意识的增强，隐私保护在社会上受到越来越多的关注，研究人员也针对此问题展开了广泛的学术研究，并面向不同场景的隐私保护需求给出解决方案。本章将对不同类型的隐私保护技术进行梳理与总结，主要介绍隐私保护概念及相关法律、身份隐私保护技术、区块链隐私保护技术、数据匿名化技术、差分隐私保护技术以及隐私保护应用。

13.1　隐私保护概述

随着人工智能与大数据技术的不断发展，企业对数据的需求也日益增长，一些互联网服务提供商开始大规模违规收集用户隐私数据，并进行违规数据分享，从而导致用户隐私数据的泄露。隐私泄露问题的频发，使得人们更加注重隐私保护。本节将对隐私泄露的主要途径、隐私的定义及分类，以及相关法律法规进行介绍。

13.1.1　隐私泄露的主要途径

随着大数据、通信、物联网技术的不断发展，万物互联的时代已悄然来临，各种各样的数据开始被大量收集。然而，能直接从原始数据中得到的信息是有限的，为深入挖掘海量数据中蕴含的更有价值信息，需要通过集中式数据挖掘或多源联合数据挖掘技术对收集到的海量数据进行数据分析。

通过对数据处理过程进行抽象可知，挖掘大数据中蕴含的信息主要经过数据采集、数据传输、数据存储、数据处理四个阶段，如图 13-1 所示，这将使得数据频繁地跨设备、跨系统、跨生态圈交互。然而，被收集的数据中包括大量用户的隐私数据，如用户的真实姓名、身份证号、家庭住址、图像信息、健康状况等。随着隐私数据在各类文件系统、网络中流转频次的增加，用户数据面临的隐私泄露威胁也就越大。

下面针对以上四个阶段进行详细分析。

1. 数据采集阶段

数据采集是指利用物联网(Internet of Things，IoT)设备、智能终端对用户产生的数据进行记录与处理的过程，是数据安全与隐私保护的第一道屏障。然而，一些企业为节约应用程序或设备的研发成本，会在不做任何处理的情况下，将数据直接上传。数据一旦被上传，则将完全脱离用户的控制，使用户隐私数据长久面临泄露的威胁。在此阶段，可根据数据隐私程度及应用性能需求，结合密码学、安全多方计算或差分隐私技术对用户的原始数据进行保护。

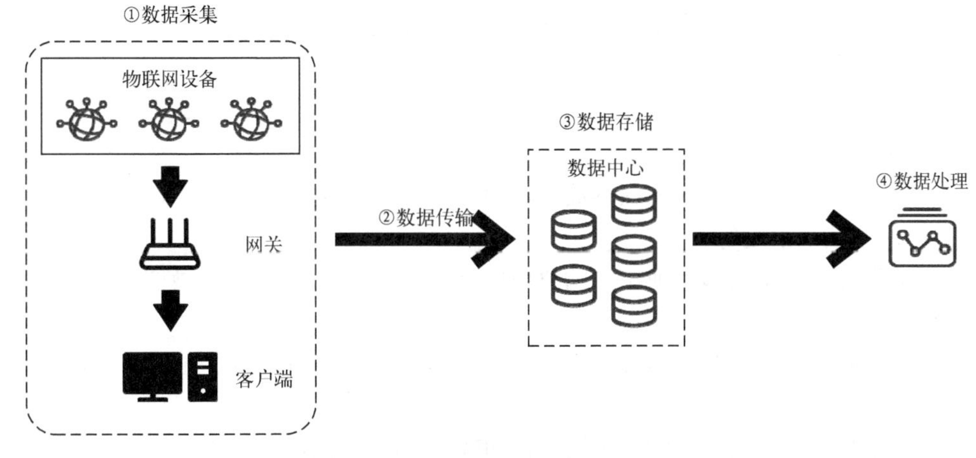

图 13-1　大数据分析流程示意图

2. 数据传输阶段

数据传输是指将采集到的数据由客户端或者网关直接发送至数据中心或服务提供方的过程。为保证数据在传输过程中不被恶意地截获收集或者破坏，需要通过安全技术保证数据在传输过程中的机密性及完整性。目前已有较多成熟解决方案，如普遍采用的 TLS 加密协议、端到端加密协议等。

3. 数据存储阶段

海量数据经采集后，常存储于数据中心中。而海量存储的数据中蕴含的潜在价值常为恶意攻击者所觊觎，故此阶段面临的攻击将会是多方面的，不仅包含外部攻击者(如黑客)，还包括内部攻击者(内部工作人员)窃取数据或越权访问等。由于用户数据在此阶段留存的时间最久，故该阶段发生隐私泄露的可能性也越高，需要对其进行重点保护。可将数据存储系统与访问控制、密码学技术结合，保护该阶段中数据的隐私性。

4. 数据处理阶段

数据处理是释放数据价值最关键的阶段，在此阶段，常通过机器学习、数据挖掘等算法对海量数据进行分析，提取更具价值的潜在信息。本阶段的难点在于如何在保证数据隐私性的同时进行数据挖掘，降低数据挖掘过程中发生的隐私泄露，这也是当下隐私保护领域的研究热点。为保护该阶段数据的隐私性，已有研究者提出了基于同态加密技术的密文机器学习技术、基于多方安全计算技术的多源数据挖掘技术、基于差分隐私的隐私保护数据挖掘等技术。

13.1.2　隐私的定义及分类

隐私的概念需要追溯到 Warren 等于 1890 年出版的《隐私权》一书中，Warren 与 Brandeis 提出，个人隐私是一种独特的权利，应该受到保护，以免他人无端公布个人生活中想要保密的细节。

从某种意义上说，隐私被描述为多维的、灵活的和动态的。它随着生活的经历而变化，与秘密、匿名、安全和道德等概念重叠，所以很难给出通用的定义。表 13-1 给出了信息技术下隐私的演化过程。

目前，通常将隐私定义为用户认为敏感且不愿意公开的信息。Banisar 等提出将个人隐私分为以下四类。

(1)信息隐私：通常指个人的敏感数据，如身份证号、银行卡号、收入、家庭人员信息、医疗信息、网络活动痕迹等。

(2)通信隐私：指个人与其他用户的通信内容，如电话内容、QQ、微信聊天记录、电子邮件内容等。

(3)空间隐私：指个人出入或途径的空间位置信息，如家庭住址、工作单位地址、个人位置信息等。

(4)身体隐私：指个人身体的健康情况，如残疾情况、服用药物情况等。

本书中所讨论的隐私信息，指的是与特定主体的利益或者人身发生联系，且权利人不愿为他人所知晓的私人信息、私人事务与私人领域，如与个人真实身份相关联的年龄或年龄范围、性别、民族、职业、喜好、位置、行踪、健康状况、社会关系等敏感信息。

表 13-1　隐私随着信息技术的演化过程

时代	特性
隐私概念的诞生 1945～1960 年	信息技术发展有限，公众对政府和企业部门的信任度高，对信息收集工作普遍感到满意
第一次隐私革命 1961～1979 年	信息技术开始发展，公众开始意识到隐私数据面临的风险是一个典型的社会、政治和法律问题。美国开始制定 FIPS 并建立政府监管机制来应对此问题。其中，FIPS 的全称为 Federal Information Processing Standards，即联邦信息处理标准，该标准定义了用于政府机关的自动化数据处理及远程通信标准
第二次隐私革命 1980～1990 年	信息技术快速发展，计算机系统、网络系统兴起，美国通过联邦立法的方式，将新技术的监管列入 FIP 中。一些国家也开始针对数据保护问题逐渐立法
第三次隐私革命 1991～2003 年	信息技术井喷时期，互联网技术兴起，数据挖掘技术的快速发展极大地影响了数据收集的方式，开始引起用户与研究人员对隐私的关注
第四次隐私革命 2004～2017 年	进入人工智能时代，Web 2.0、云计算、物联网和大数据的兴起，大量的个人信息被收集。越来越多的人开始关注隐私问题
第五次隐私革命 2018 年至今	人工智能技术快速发展，导致用户的个人信息被过渡收集。同时，也出现了隐私泄露问题，两者使得数据隐私保护上升至国家网络安全层面，各级政府开始针对隐私泄露问题立法

13.1.3　隐私与法律法规

在人工智能时代，人们对于个人隐私与数据安全的重视程度明显提高。随着越来越多的隐私数据泄露事件的发生，用户对隐私保护法规的重视度也在不断提升。本节将对欧盟、美国、中国出台的隐私保护相关法律法规进行简要介绍。

1. 欧盟的隐私保护法规

欧盟在 2016 年发布，并于 2018 年实施的《通用数据保护条例》(General Data Protection Regulation，GDPR)是目前为止最全面、最广泛的隐私保护法规。GDPR 颁布的初衷，是保护居住在欧盟境内的人免受用户隐私即数据安全漏洞的危害，被认为是近 20 年来欧盟隐私法规最大的一次改动。

GDPR 在 2016 年取代了之前发布的《数据保护指令》(Data Protection Directive，DPD) 95/46/EC。欧盟给予各成员国两年时间，以确保 GDPR 在每一个成员国都能有效实施。GDPR 已于 2018 年 5 月 25 日正式生效。

GDPR 的出台，使得用户、承包商和员工对自己的数据有了更多的权力，同时削弱了数据收集与使用方的权力。GDPR 规定，数据的收集方与使用方必须确保数据主体能够人为干涉决策的进行，以及获取自动决策的解释并提出质疑。GDPR 造成的影响是深远的，对于作为数据主体的用户而言，GDPR 非常有利于数据拥有者，赋予了用户发现谁拥有他们的数据、为什么拥有这些数据，数据存储在何处以及谁正在访问与使用这些数据的权利。

GDPR 带来的积极影响如下。

(1) 提高网络安全。GDPR 在直接影响用户隐私与数据安全的同时，也促进了组织开发和改善网络安全措施，起到降低潜在数据泄露风险的作用。

(2) 数据保护标准化。GDPR 确保一旦某个组织遵守 GDPR 规定，该组织即可在欧盟境内自由地运作，而无须再适应每个成员国的数据保护法规。

(3) 品牌安全。如果一个组织能够成为 GDPR 的可信的参与方，它可以更好地与客户建立长期互信互利的关系。

GDPR 在带来积极影响的同时，也带来如下消极影响。

(1) 未遵守的惩罚。不遵守 GDPR 面临的后果十分严重，违反一般条款的，将处以 1000 万欧元或 2%企业的年收入的罚款，执行时取两者中较高者；违反关键条款的，将处以 2000 万欧元或 4%企业的年收入的罚款，同样取两者中的较高者。

(2) 合规的代价。GDPR 合规要求十分高，企业需要投入大量的人力财力，才能确保执行。

GDPR 也对人工智能产业产生了深远的影响。就构建机器学习模型而言，当下我们正在面临"数据孤岛"的挑战，但在 GDPR 的影响下，还会被禁止收集和传输用于建模的数据，这无疑将再次提高建立人工智能模型的难度。

2. 美国的隐私保护法规

与欧盟不同，美国暂无单一的法律或者条例来实施对一般数据的保护。在美国，仅有针对一些特殊行业适用的用户隐私和数据安全国家法律和法规，如仅适用于金融机构、电信公司等特殊行业，以及个人健康信息、信用报告信息等涉及敏感信息的数据中。

受美国联邦制的影响，不同的州分别制定了不同的隐私保护和数据安全法律，在美国的 50 个州中，已有数百条针对隐私保护与数据安全的法律，如数据保护要求、数据的清理、数据隐私政策等。

美国的隐私保护法律是一个极为复杂的体系，包括涉及特定问题或行业的国家隐私法律法规，涉及个人信息的隐私与安全的州法律，以及禁止不公平或欺骗性的数据使用的联邦法律与州禁令等。其中，较有代表性的是 2018 年颁布的《加利福尼亚州消费者隐私法案》(California Consumer Privacy Act，CCPA)，该法案于 2020 年 1 月 1 日生效，适用于多个行业，对个人信息的收集、使用和披露实施了实质性的要求与限制，赋予了消费者对其数据更高程度的管理权。

3. 中国的隐私保护法规

2014 年，中央网络安全和信息化领导小组成立，标志着网络安全正式上升到国家安全战略。自此之后，我国已围绕着网络安全、信息安全逐渐构建完善相关法律体系。数据隐私保护作为其中重要的一部分，在数部法律中都有体现。

2014 年 3 月 15 日起生效的《中华人民共和国消费者权益保护法》中包含了数据保护义务，适用于大多数涉及消费者个人数据的行业。2015 年 3 月 15 日生效的《侵害消费者权益行为处罚办法》进一步完善了《中华人民共和国消费者权益保护法》。2016 年 8 月 5 日发布的《中华人民共和国消费者权益保护法实施条例(征求意见稿)》强调并明确了部分涉及消费者个人信息的数据保护义务。

2017 年 6 月 1 日起实施的《中华人民共和国网络安全法》是我国第一部涉及网络安全与数据保护的法律。此法明确了互联网企业不得泄露或篡改其收集用户的个人信息，在与第三方进行数据交易时，必须确保拟议合同遵守法律规定的数据保护义务。

2017 年 12 月 29 日，我国又发布了个人信息保护国家标准《信息安全技术　个人信息安全规范》，该规范于 2018 年 5 月 1 日实施，主要列出了对公司进行审计并执行中国现有数据保护规定的监督机构期望的最佳做法。

2018 年 8 月 31 日通过并于 2019 年 1 月 1 日实施的《中华人民共和国电子商务法》重申了在电子商务环境下保护个人信息的要求。它不仅涉及电子商务的其他重要方面，还包括虚假广告、消费者保护、数据保护与网络安全等。

2021 年 6 月 10 日，第十三届全国人民代表大会常务委员会第二十九次会议通过《中华人民共和国数据安全法》，自 2021 年 9 月 1 日起施行。此法的出现使得对数据的有效监管实现了有法可依，填补了数据安全保护立法的空白，完善了网络空间安全治理的法律体系。此外，还提高了对国家数据安全的保障能力，在激活数字经济创新、提升数据利用价值的同时，鼓励数据产业发展和商业利用。

2021 年 8 月 20 日，第十三届全国人民代表大会常务委员会第三十次会议通过《中华人民共和国个人信息保护法》，自 2021 年 11 月 1 日正式施行。此法在已有的相关法律基础上，进一步细化和完善个人信息保护的原则和规则，明确个人信息处理活动中的权利和义务边界，明确设定个人信息处理者的义务，完善个人信息保护的体制机制和法律责任。

13.2　身份隐私保护技术

当前网络应用主要采用身份认证和密钥交换的方式为用户提供服务，但是缺少对登录用户身份信息的保护，为隐私泄露埋下了安全隐患。匿名认证技术在传统的认证技术的基础上，通过采用隐藏用户身份信息的方式，达到在保护通信安全的基础上额外为通信方身份隐私提供额外保护的目的。随着人们对个人隐私保护意识的提升，以及《中华人民共和国数据安全法》等对保护用户隐私的要求的提出，匿名认证技术具有很高的研究价值和广泛的应用前景。

13.2.1　匿名身份认证

匿名性是广泛存在于通信、认证等领域的安全需求。生活中诸如投票选举、投递信件、智慧医疗系统中都存在需要匿名完成的场景。匿名身份认证是指用户可以根据具体要求，向服务提供者证明其拥有的身份凭证属于某个特定的用户集合(有资格访问服务的集合)，但攻击者(甚至是服务提供者)无法识别出用户究竟是该特定用户集合中的哪一个具体用户，从而保证攻击者或其他用户无法获知匿名认证用户的真实身份。

从匿名身份认证的安全目标来看，匿名性分为 3 个层级：对于攻击者匿名、对于协议参与者匿名和会话不可链接。对于攻击者匿名是指，除了协议的参与方之外，外部的攻击者和其他的系统参与方都不知道当前用户的身份。对于协议参与者匿名是指，除了外部攻击者和其他参与方之外，当前协议的参与方都不知道用户的具体身份；例如，“用户-服务器”通信架构下的匿名身份认证协议中，要求参与协议的服务器也不能知道用户的具体身份。会话不可链接是比前两种匿名性更强的安全目标，意味着服务器不仅不能知道当前用户的具体身份，而且还不能区分两次会话是否是同一个用户发起的，即不可以将不同会话背后的用户身份链接起来。

匿名身份认证实现的方法有很多，大致可以分为基于非对称密钥的匿名身份认证和基于对称密钥的匿名身份认证。其中，基于非对称密钥的匿名身份认证包括群签名、环签名、盲签名以及零知识证明等方式；基于对称密钥的匿名身份认证包括假名认证、哈希链、基于口令的匿名认证等方式。

下面以基于群签名的认证方法为例简要介绍匿名身份认证的流程。群签名是一种特殊的数字签名，其中一个群体中的任意一个成员都可以对消息进行签名，但是签名接收者和攻击者不能区分不同成员的签名，并且群签名的验证可以用一个统一的公钥来进行，以确保签名只能来自于群体中的某个用户。从群签名的定义可以看出，群签名具有可以保护用户具体身份的特性，即群签名能够提供对签名者的身份匿名性保护。除此之外，群签名还能提供可追踪性，其中群管理者根据需要可以通过签名获得签名者的身份。

具体而言，群签名的基本流程如图 13-2 所示，包含以下 5 个步骤。

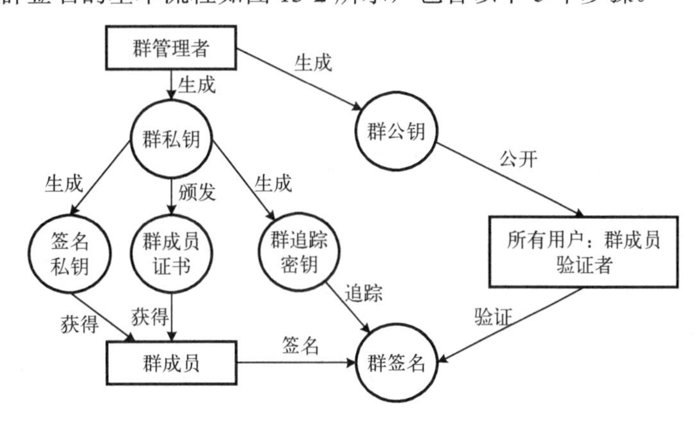

图 13-2 群签名的基本流程

(1) 群创建。群管理者生成群公钥和群私钥，基于群私钥生成群加入密钥和群追踪密钥，并将群公钥向所有用户公开。

(2) 加入群。一个新用户想要加入群时，群管理者为该用户生成群成员证书以及签名私钥，并将该用户身份加入到合法成员列表中。

(3) 签名算法。用于生成消息的群签名，当输入一个消息和一个合法群成员的私钥时，输出对该消息的签名。

(4) 验证算法。用于验证签名是否合法，当给定一个消息、群签名对以及群公钥时，用来验证签名是否正确。

(5) 追踪算法。输入一个群签名以及群追踪私钥，输出生成该签名的具体群成员身份。

在基于群签名的匿名身份认证方案中，除群管理者外，用户不知道真实签名者的身份，确保了用户的匿名性。验证者可以通过验证群签名的有效性达到验证用户是否为合法群成员的目的，实现了对用户的验证。但是该方法不适合成员变动较为频繁的应用场景，因为每次群成员变更，都必须更新群密钥。

13.2.2 匿名凭证系统

凭证系统是通过以电子形式模拟现实世界中的“ID 卡”的一种特殊的认证形式，其中用户仅仅需要出示凭证颁发者颁发的凭证就可以证明其身份满足某个特定需求，如具备进入图书馆的资格等，而无须揭露其他的私密信息。匿名凭证系统是在其基础上进一步增加了对凭证隐私性保护特性的认证机制，其基本结构如图 13-3 所示。通常来说，一个基本的匿名凭证系统包含三类实体，即凭证颁发者 Issuer(身份提供者)、凭证校验者 Verifier(服务提供者)和证明方 Prover(用户)，其中 Issuer 和 Verifier 可以为同一实体，此外还可以包含额外的可信第三方提供凭证撤销、密钥生成等服务。在系统建立后，Prover 首先从凭证颁发者处获取其身份凭证 Cre，之后证明方可通过凭证出示协议，向校验者证明其拥有一个由真实的凭证颁发者颁发的合法凭证，且其中包含的信息满足一定的安全策略。除此之外，该凭证出示协议不会泄露用户的额外信息。

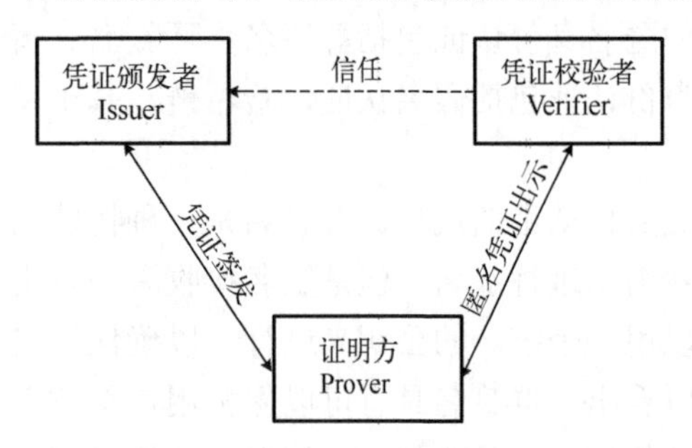

图 13-3 匿名凭证系统基本结构

除了匿名性、不可链接等匿名认证技术通常考虑的以用户为中心的性质外，从保护服务提供者利益、打击非法用户的角度考虑，凭证的撤销、防止凭证出错，以及在特定情况下，允许服务提供者借助可信第三方获取用户真实身份，也是匿名凭证系统应该考虑的问题。

一般来说，匿名凭证系统包含三个基本步骤：系统初始化、凭证颁发和凭证出示。

(1) 系统初始化。在匿名凭证系统的初始化阶段，首先为整个系统生成所需的公共参数 Parames，然后为凭证颁发者 Issuer 生成公私钥对 (SK,PK)。

(2) 凭证颁发。在凭证颁发阶段，凭证颁发者 Issuer 和用户(也是后期的凭证出示协议中的证明方) Prover 执行一个通常是交互的颁发协议，基于凭证颁发者私钥 SK、Prover 的某些秘密信息和属性信息以及凭证有效期等相关信息，为 Prover 生成一个凭证 Cre。

(3) 凭证出示。凭证出示主要是用户 Prover 向凭证校验者 Verifier 出示凭证，以证明其拥有凭证颁发者认可的身份。然而，为了保证出示阶段的凭证安全性以及用户的匿名性，并不能直接将用户凭证发送给校验者，用户 Prover 常常会采用零知识证明协议来向校验者 Verifier 证明凭证的合法性，同时不泄露关于凭证的任何信息。

在基于公钥的匿名凭证(Anonymous Credential)研究领域，IBM 公司和微软公司分别推出了匿名认证系统 Idemix 和 U-Prove，对匿名认证服务进行商业化。

13.3　区块链隐私保护技术

区块链技术是一种结合密码学技术、采用链式结构存储数据的分布式数据管理技术。目前，区块链技术已逐步应用于各行各业，随着区块链应用的不断落地，其安全和隐私漏洞也逐渐暴露。为解决区块链中存在的安全与隐私问题，区块链的底层技术正在不断改进与加强，其中，区块链隐私保护机制以区块链网络层、交易层和应用层为基础，常通过地址混淆、信息隐藏和通道隔离等来实现。

区块链中的隐私保护机制，主要包括身份隐私保护和交易隐私保护两方面。

13.3.1　区块链中的身份隐私保护

关于身份隐私保护的方法主要是混币机制。混币机制将多个交易混合，破坏原有的交易输入输出关系。图 13-4 显示了有混币和无混币机制的区块链交易模式。混币机制中，交易没有在发送方和接收方中直接进行，而是交由第三方节点处理，这样使得恶意攻击者无法通过聚类分析或时间分析等方法来直接判断用户的资金流向，从而实现了对用户身份信息的保护。

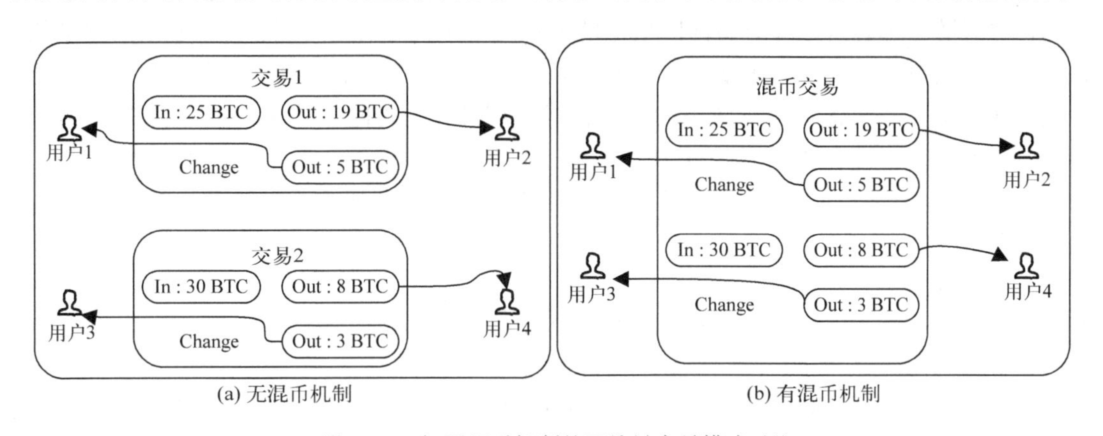

图 13-4　有/无混币机制的区块链交易模式对比

混币机制又可分为中心化混币机制和去中心化混币机制。在中心化混币机制中，存在一个中介节点，负责接受、打乱和分配发送方发来的资金，并将指定数额的资金发送给接收者。而在去中心化的混币机制中，多个参与方通过混币协议来实现混币过程，无需中介节点。Maxwell 在比特币论坛上提出第一种去中心化混币机制 CoinJoin，这种机制通过将多笔交易的输入和输出合并打包，让生成的交易无法溯源，以达到保护交易隐私的目的。

中心化混币机制通过引入中介节点的方式进行混币操作，实现简单，但存在通信效率低、单点故障易受 DoS 攻击、用户需要支付高混合费用等问题。相较而言，去中心化混币机制能够有效避免信息盗窃和额外费用问题。

随着攻击者攻击能力的日益提高，传统的混币机制已不适用于隐私要求高的场景中。为实现更高程度的隐私保护，群签名、环签名和零知识证明等现代密码学技术开始逐步被引入混币机制中，用以保证区块链用户的身份隐私安全。

13.3.2　区块链中的交易隐私保护

传统的区块链系统不会在交易数据上链前进行额外处理，而是直接将明文数据上传并存储在区块链上。随着区块链技术的广泛应用，当区块链应用于金融、医疗等用户数据涉及隐私信息的行业中时，数据隐私保护则显得至关重要。一种直观的数据隐私保护方法是将交易数据的哈希值上链，实际数据则存储在链下中心化的数据库中。这种方法无法发挥区块链分布式存储的优势，可能会导致链下数据的损毁与丢失等。

随后发展出加密后再上链的隐私保护方法，即先在链下通过加密的方式将隐私数据加密后，再将加密得到的密文存储在区块链上。例如，基于区块链的电子病历管理系统 Med Rec，利用对称密钥对数据加密，密钥通过链下的密钥管理中心进行集中式管理。除此之外，还有利用差分隐私保护技术进行隐私保护的方法(具体内容见 13.5 节)，主要做法是在数据上链之前，向数据中加入随机噪声对数据进行扰动，使得恶意攻击者无法根据发布后的结果推测出数据之间的对应关系。

身份数据和交易数据的隐私安全问题是使用区块链系统必须重点研究的问题之一。为了更好地保护用户隐私，在区块链的选用上，国内多采用联盟链和私有链技术。与公有链不同，联盟链与私有链能够对访问区块链的节点进行限制，从而限制恶意节点进入区块链。在身份隐私的保护上，国内主要基于密码学技术，如同态加密、群环签名和零知识证明等，开展相关研究，以满足特定场景下的应用需求。国外在身份隐私的保护上，主要基于混币机制开展研究。对于数据隐私的保护，从链上链下混合存储演化至链下加密链上存储，对数据隐私保护能力逐步增强。从以上研究趋势来看，国内外都在不断进行区块链技术与应用的创新。

13.4　数据匿名化技术

数据匿名化技术主要从两个方面进行隐私保护：一是通过一定的技术，将数据拥有者的个人信息及含有敏感属性的显式标识符进行删除或修改；二是将准标识符匿名化。本节以关系型数据表为例，对数据匿名化技术的基础知识进行介绍与讨论。在关系型数据表中，表是由列属性和行元组等一系列数据元素组成的集合。一般来说，待发布的原始数据表中的属性可分为以下 4 类。

(1) 显式标识符(Explicit Identifier，ID)：能够唯一确定个体属性的标识符，可具体指所属个体，标志个体的身份信息，必须在数据发布之前将其删除。

(2) 准标识符(Quasi Identifier，QID)：能够潜在确认个体属性的集合。虽然它不能唯一标识个体的身份，但可被攻击者结合链接攻击或背景知识攻击等方式推断出个体的身份信息。

(3) 敏感属性(Sensitive Attributes，SA)：信息拥有者不愿公开的秘密信息，指需要保护的敏感信息。

(4) 非敏感属性(Non-Sensitive Attributes，NSA)：不属于以上三类的其他属性，一般可以直接发布。

对于原始数据表(表 13-2)，姓名为显式标识符，性别、年龄、邮编为准标识符，健康情况为敏感属性。

表 13-2　原始数据表

序号	姓名	性别	年龄	邮编	健康情况
1	爱丽斯	女	37	450026	癌症
2	汤姆	男	33	450016	胃炎
3	鲍勃	男	30	450019	肝炎
4	大卫	男	35	450025	胃溃疡
5	约翰	男	23	450014	发烧
6	李莉	女	39	450029	艾滋病
7	马克	男	30	450015	消化不良
8	提姆	男	28	450017	肺炎
9	路西	女	35	450022	流感

定义 13.1　等价类　给定数据表 $T=\{D_1,D_2,\cdots,D_n\}$，记 T 的匿名数据表为 $T'=\{D_1',D_2',\cdots,D_n'\}$。若 $\{D_1',D_2',\cdots,D_j'\}$ 为数据表的准标识符集合，则称 $\{D_1',D_2',\cdots,D_j'\}$ 中属性值相同的记录集合为等价类。

例如，传统数据发布中数据表可归纳为如式(13-1)所示的关系 R，经过数据匿名化技术处理后，关系 R 可变为式(13-2)中的 R'，即成功将代表个人身份信息的显式标识符隐匿掉。

$$R(\mathrm{ID},\mathrm{QID}_1,\mathrm{QID}_2,\cdots,\mathrm{SA}_1,\mathrm{SA}_2,\cdots,\mathrm{NSA}_1,\mathrm{NSA}_2,\cdots) \tag{13-1}$$

$$R'(\mathrm{QID}_1,\mathrm{QID}_2,\cdots,\mathrm{SA}_1,\mathrm{SA}_2,\cdots,\mathrm{NSA}_1,\mathrm{NSA}_2,\cdots) \tag{13-2}$$

基于匿名技术的隐私保护模型主要有 k-匿名、l-多样性、t-紧近邻。

13.4.1　k-匿名

虽然原始数据表中的显式标识符属性在发布前会被删除，但由于准标识符属性集与敏感属性之间可能存在对应关系，攻击者仍然可以通过链接多个外部表来获取个人隐私。k-匿名是解决链接攻击的有效办法之一，其主要原理是打破准标识符属性集与敏感属性值的对应关系。

定义 13.2　k-匿名　假设数据表 T 的匿名数据表为 $T'=\{D_1',D_2',\cdots,D_n'\}$，若 T' 中的每一条记录均至少有 $k-1$ 条的记录与它有相同的准标识符集合，这时就认为数据表 T' 符合 k-匿名的要求。

实现 k-匿名主要有两种方式。一种是使用泛化值代替真实值。例如，在年龄属性中，用年龄区间代替真实的年龄。另一种方式是删除整个数据列，并用星号(*)替换，但是这种方式往往会导致过多的信息丢失，而且有些属性可以在不需要删除整个数据列的情况下达到同样的匿名效果。例如，表 13-2 中的邮编属性，只需删除后几位数字，保留属性值的前几位，就可以做到在减少信息量损失的同时，实现匿名化。

表 13-3 为表 13-2 满足 k-匿名要求的 3-匿名数据表。在未经 k-匿名处理前，攻击者可以通过多表链接的方式获取某个个体的基本信息。假设攻击者获得某个个体的信息是性别为男、年龄为 28、邮编为 450017，则通过对照表 13-2 可以得知该个体患肺炎。但经过 k-匿名处理后，即使知道这条信息，也只能从表 13-3 中推测出此个体处于第 1 个等价类中，无法获得具体的敏感属性值，因此在一定程度上保护了个体的隐私。

表 13-3　3-匿名数据表

所属类别	性别	年龄	邮编	健康情况
1	*	[20-30]	45001*	肝炎
1	*	[20-30]	45001*	发烧
1	*	[20-30]	45001*	肺炎
2	*	[30-35]	4500**	胃炎
2	*	[30-35]	4500**	胃溃疡
2	*	[30-35]	4500**	消化不良
3	*	[35-40]	45002*	癌症
3	*	[35-40]	45002*	艾滋病
3	*	[35-40]	45002*	流感

13.4.2　*l*-多样性

k-匿名在一定程度上避免了个体隐私泄露的风险，然而数据表在匿名化的过程中并未对等价类中的敏感属性值做任何约束，这将带来隐私泄露的可能性。此时，攻击者可以通过足够多的背景知识，以很高的概率确定出敏感属性值与个体的对应关系，从而导致个体的隐私泄露。因此，*k*-匿名容易受到背景知识攻击和同质攻击。鉴于此，Machanavajjha 等基于 *k*-匿名提出了 *l*-多样性模型。

定义 13.3　*l*-多样性　给定匿名数据表 T'，若 T' 满足 *k*-匿名，且任意等价类中不同敏感属性值的个数至少为 l 个，则称匿名数据表 T' 满足 *l*-多样性匿名。

在满足 *k*-匿名的条件下，*l*-多样性模型限制了敏感属性值在等价类中的分布。它要求发布的数据表中的每个等价类都至少包含 l 种不同的敏感属性值，这使得攻击者最多只能确认某个个体的敏感信息取自 l 种属性值之一，从而保证用户的隐私信息无法通过背景知识、同质知识等方法推断出来。

表 13-4 为原始数据表(表 13-2)经过 *l*-多样性方法处理后得到的满足 3-多样性的数据表，该表中有 3 个匿名等价组，且每个等价组内均有 3 种敏感属性值。

表 13-4　3-多样性数据表

所属类别	性别	年龄	邮编	健康情况
1	*	[23-30]	45001*	肝炎
1	*	[23-30]	45001*	发烧
1	*	[23-30]	45001*	肺炎
2	*	[30-35]	4500**	胃炎
2	*	[30-35]	4500**	胃溃疡
2	*	[30-35]	4500**	消化不良
3	*	[35-39]	45002*	癌症
3	*	[35-39]	45002*	艾滋病
3	*	[35-39]	45002*	流感

13.4.3　*t*-紧近邻

l-多样性匿名模型通过限制等价类中的敏感属性的取值，可以有效防御背景知识攻击和同质攻击，但该模型并没有考虑等价类中敏感属性值的语义关系。假设等价类中每条记录的敏感属性值不同，但语义相似，那么数据将很容易受到相似攻击。为了解决 *l*-多样性中的相似攻击问题，Li 等于 2007 年提出了 *t*-紧近邻匿名准则。

定义 13.4　*t*-紧近邻　给定匿名数据表T'，若T'满足 *l*-多样性的要求，且等价类中敏感属性的分布与整个数据表的分布接近，差异不超过阈值 *t*，则称匿名表T'满足 *t*-紧近邻匿名。

t-紧近邻要求发布的数据既要满足 *k*-匿名的原则，又要保证一个等价组中敏感属性值的分布接近整个表中敏感属性值的分布，且不超过阈值 *t*。为了度量匿名化数据表中等价类和敏感属性值之间的分布差异，Rubner 等于 2020 年引入了一种距离度量方式 Earth Mover's Distance，对分类型敏感属性值和数值型敏感属性值定义了相应的计算方法，提升了 *t*-紧近邻针对相似攻击的抵御能力。

13.5　差分隐私保护技术

由于现有的基于数据泛化的隐私保护技术都依赖于攻击者的背景知识和特殊攻击假设，无法提供有效且严格的方法证明其隐私保护水平。因此，研究人员试图在攻击者拥有最大背景知识的前提下，找到一个鲁棒性足够好的隐私保护模型来抵御各种攻击。差分隐私的出现，使这一想法成为可能。该模型建立在坚实的数学基础之上，通过添加随机噪声的方式，来确保攻击者无法根据发布后的结果推测出哪一条结果对应于哪一个数据集，并对隐私保护水平进行了严格的定义和量化评估，使得不同参数处理下的数据集提供的隐私保护程度具有可比较性。

13.5.1　差分隐私模型

定义 13.5　相邻数据集　设数据集 D 和 D' 具有相同的属性结构，两者的对称差记作 $D\Delta D'$，$|D\Delta D'|$表示 $D\Delta D'$ 中记录的数量。若$|D\Delta D'|=1$，则称 D 和 D' 为相邻数据集。

如表 13-5 中，数据集 D 和 D' 中仅仅相差爱丽斯这条数据，根据定义 13.5 可知 D 和 D' 为相邻数据集。

表 13-5　相邻数据集实例

a. 数据集 D

姓名	诊断结果
爱丽斯	0
鲍勃	1
杰克	1
汤姆	0
马克	1
大卫	0

b. 数据集 D'

姓名	诊断结果
鲍勃	1
杰克	1
汤姆	0
马克	1
大卫	0

定义 13.6 ε-差分隐私 设有随机算法 M，P_M 为 M 所有可能的输出构成的集合。对于任意两个相邻数据集 D 和 D' 以及 P_M 的任何子集 S_M，若算法 M 满足：

$$\Pr[M(D)\in S_M]\leqslant e^{\varepsilon}\Pr[M(D')\in S_M] \tag{13-3}$$

则称算法 M 提供 ε-差分隐私保护，其中参数 ε 称为隐私保护预算。

从式(13-3)中可以看出，当参数 ε 越小时，作用在一对相邻数据集上的差分隐私算法返回的查询结果的概率分布越相似，攻击者就越难以区分这一对相邻数据集，隐私保护程度就越高。反之，参数 ε 越大时，隐私保护程度越低。

13.5.2 差分隐私技术

噪声机制是实现差分隐私保护的主要技术，Laplace 机制与指数机制是两种最基础的噪声添加机制。其中，Laplace 机制适用于对数值型结果的保护，指数机制则适用于对非数值型结果的保护。

1. Laplace 机制

Laplace 机制是由 Dwork 首次提出的，通过全局敏感度来控制生成的噪声大小，使加入的噪声既能保护用户隐私，又不会出现因加入的噪声过大而导致数据不可用的情况。

定义 13.7 全局敏感度 对于一个查询函数 f，它的形式为：$f:D\to R^d$，其中 D 为一数据集，R^d 是查询函数的返回结果集合。它的全局敏感定义为

$$\Delta f=\max_{D,D'}\left\|f(D)-f(D')\right\|_1 \tag{13-4}$$

式中，D 和 D' 是相邻数据集；$\left\|f(D)-f(D')\right\|_1$ 是 $f(D)$ 和 $f(D')$ 之间的 1-范数距离。函数的全局敏感度由函数本身决定，反映了一个查询函数在相邻数据集上进行查询时变化的最大范围。

Laplace 机制通过向确切的查询结果中加入服从 Laplace 分布的随机噪声来实现 ε-差分隐私保护。记位置参数为 0、尺度参数为 b 的 Laplace 分布为 $\mathrm{Lap}(b)$，那么加入的随机噪声的概率密度函数为

$$p(x)=\frac{1}{2b}\exp\left(-\frac{|x|}{b}\right) \tag{13-5}$$

定义 13.8 Laplace 机制 给定数据集 D，设有函数 $f:D\to R^d$，其全局敏感度为 Δf，若随机噪声 Y 为取值服从尺度参数为 $\frac{\Delta f}{\varepsilon}$ 的 Laplace 分布，即 $Y\sim \mathrm{Lap}\left(\frac{\Delta f}{\varepsilon}\right)$ 为随机噪声，则随机算法 $M(D)=f(D)+Y$ 满足 ε-差分隐私保护。

图 13-5 展示了不同参数 ε 下的 Laplace 噪声的概率密度函数。从图中可以看出，ε 越小，所加入的 Laplace 噪声的概率密度越平均，所加入噪声为 0 的概率就越小，对输出的混淆程度就越大，保护程度也就越高。

2. 指数机制

由于 Laplace 机制只能针对数值型数据进行隐私保护，而在许多实际应用中，查询结果

可能为非数值型结果，对此 McSherry 提出了指数机制，采用满足特定分布的随机抽样来实现差分隐私，取代了添加噪声的方法，使得差分隐私的适用范围更广。

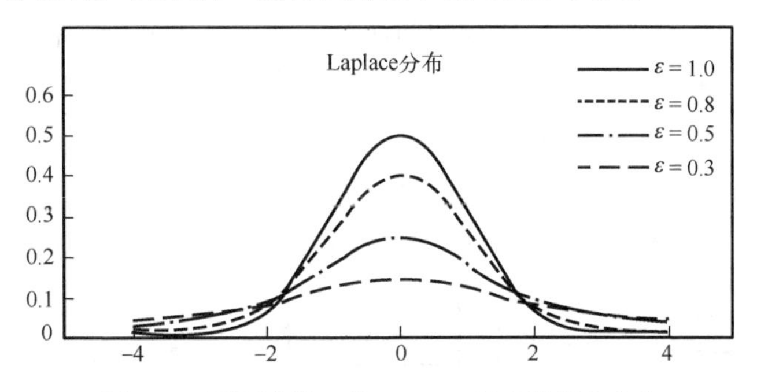

图 13-5　不同参数 ε 的 Laplace 噪声的概率密度

假设所有可能的输出集合为 O，指数机制的目的是使输出结果满足一定的概率分布。用可用性函数 q 来衡量每一个输出项的价值。q 定义为 $q:(D\times o)\to R$，其中 D 和 $o\in O$ 为输入的数据集和可能的输出集合中的项，函数 q 返回一个实数用来表示这一项的价值。当 q 的值越高时，这一项的价值越大，被输出的概率也就越大。

定义 13.9　指数机制　对于任意一个可用性函数 q 和一个差分隐私预算 ε，如果随机算法 M 以正比于 $\mathrm{e}^{\frac{\varepsilon\times q(D,o)}{2\Delta q}}$ 的概率输出一个 $o\in O$ 作为结果，其中 Δq 为可用性函数 q 的全局敏感度，则随机算法 M 满足 ε-差分隐私保护。

以下是一个指数机制的应用实例。假如拟举办一场体育比赛，可供选择的项目来自集合｛足球，排球，篮球，网球｝，参与者为此进行了投票，现要从中确定一个项目，并保证整个决策过程满足 ε-差分隐私保护要求。以得票数量为可用性函数，显然 $\Delta q=1$。那么按照指数机制，在给定的隐私保护预算 ε 下，可以计算出各种项目的输出概率，如表 13-6 所示。

表 13-6　指数机制应用示例

项目	可用性 $\Delta q=1$	概率		
		$\varepsilon=0$	$\varepsilon=0.1$	$\varepsilon=1$
足球	30	0.25	0.424	0.924
排球	25	0.25	0.330	0.075
篮球	8	0.25	0.131	1.5E-05
网球	2	0.25	0.105	7.7E-07

可以看出，在 ε 较大时(如 $\varepsilon=1$)，可用性最好的选项被输出的概率被放大。当 ε 较小时，各选项在可用性上的差异则被平抑，其被输出的概率也随着 ε 的减小而趋于相等。

13.5.3　差分隐私应用

由于理论上的可证明性与应用上的通用性，差分隐私保护方法迅速得到了业内学者的认可，现已成为数据隐私保护技术应用中较为广泛的一种。

1. 面向数据发布的差分隐私保护

面向数据发布的差分隐私保护研究的问题是如何在满足差分隐私的条件下保证发布数据或查询结果的准确性。根据实现环境的不同可分为两种，即交互式数据发布和非交互式数据发布。其中，交互式的差分隐私保护框架可以称为在线查询框架，其基本结构如图 13-6 所示。非交互式的差分隐私保护框架也称为离线发布框架，其基本结构如图 13-7 所示。

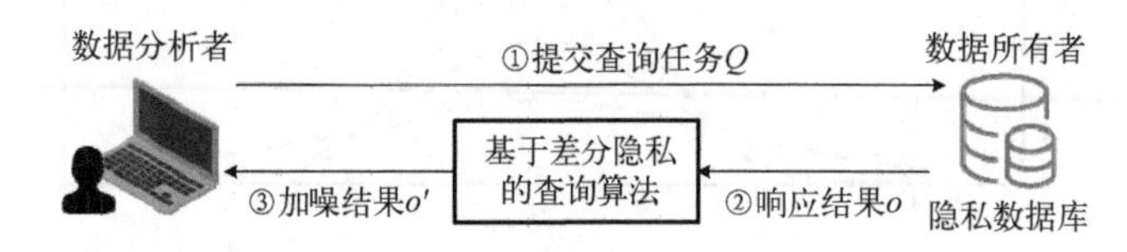

图 13-6　交互式的差分隐私保护框架

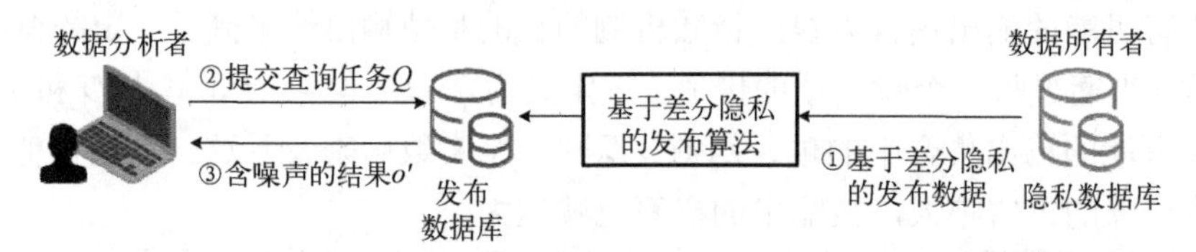

图 13-7　非交互式的差分隐私保护框架

在交互环境中，用户向数据所有者提出查询请求，数据所有者根据查询请求对数据集进行操作，并在必要的干扰后将结果反馈给用户，使用户看不到数据集，从而保护了数据集中个体的隐私。然而，用户提交的查询请求往往包含一定的语义约束，使得返回结果的可用性较低。通常需要使用后处理技术来降低噪声对结果的影响。因为交互式数据发布框架只允许用户向数据所有者提交查询请求，而查询的数量决定了框架的误差和性能，因此如果提交的查询请求数量超过某个上限，隐私预算就会耗尽，该框架则无法满足差分隐私。其中，交互式隐私保护数据发布的研究主要集中在发布机制和基于直方图的发布方法上。两者的区别在于，前者是直接对数据集进行操作来响应查询，而后者是先根据数据集建立直方图分布，再根据直方图分布来响应查询。

在非交互环境下，数据所有者在满足差分隐私的条件下，一次性发布所有可能查询的结果。或者，数据所有者发布一个不准确的原始数据集版本，用户可以自行查询该版本的数据集。其中，非交互式数据发布的研究主要集中在批量查询、列联表发布、基于分组的发布和纯化数据集发布。另外，数据所有者常使用数据压缩、数据转换与采样过滤等技术对原始数据进行处理以达到缩减发布误差和查询误差的目的。

2. 面向位置与轨迹服务的差分隐私保护

随着无线通信技术和定位技术的不断发展，基于位置的服务(Location Based Service，LBS)已经广泛应用于交通出行、外卖餐饮、物流跟踪等领域。位置服务的广泛使用会产生大量的个人数据，其中包括个人位置与轨迹数据。由于个人位置与轨迹数据中隐藏着用户的家庭住址和工作单位等敏感信息，一旦泄露，用户的隐私安全将会遭受到严重的威胁。因此如何在使用位置与轨迹服务时保证用户的隐私安全成为亟待解决的一个问题。

差分隐私自提出起，就被广泛应用于位置隐私保护领域中。目前主流的面向位置与轨迹服务的差分隐私保护技术主要有两种：基于 Laplace 机制和指数机制的差分隐私保护技术和基于随机应答策略的本地化差分隐私保护技术。

在基于 Laplace 机制和指数机制的差分隐私保护技术中，最常见的技术就是 k-means 聚类算法与差分隐私技术的结合。首先通过 Laplace 机制为聚类中心添加噪声，然后根据距离划分聚类，从用户所属聚类中挑选 k 个位置发送给 LBS 服务器。2015 年 Hua 等提出一种提供差分隐私保护的位置泛化算法，该算法基于轨迹距离并利用指数机制来概率地合并位置，然后以差分隐私化的方式发布泛化后的位置轨迹信息。

基于随机应答策略的面向位置与轨迹服务的本地化差分隐私保护技术目前虽然处于起步阶段，但其良好的性能吸引了大量学者的注意。H. To 等在 2014 年提出了一种基于本地化差分隐私技术的个性化位置隐私保护方法。该方法根据不同用户的隐私保护需求，定义了安全区域的概念，利用本地化差分隐私随机扰动用户的安全区域，使得攻击者很难识别出某一用户的安全区域。2019 年高志强等提出了一种基于本地化差分隐私的位置数据采集方案，以保护位置数据采集过程中的敏感信息。该方案采用随机应答机制采集位置数据，并采用直接统计法和期望最大法对位置数据进行分析，保证数据收集者能够根据扰动数据进行正常的分析。

虽然目前的研究在解决因位置和轨迹数据稀疏性引起的噪声量过大和数据的敏感度过高等方面取得了较好的效果，但是对于位置和轨迹数据集还没有专门的语义工作。并且目前仍缺乏成熟完整的隐私保护位置与轨迹服务系统，此类应用系统在隐私保护的完整性和适用数据的可扩展性等方面还需要进一步研究。

3. 面向社交网络的差分隐私保护

传统的差分隐私旨在保护数据库数据的隐私，使得向数据集添加、修改或删除一条数据不会影响查询结果，从而保证这条数据的隐私不会被泄露。与数据库的组织形式不同，社交网络通过大量的节点和边来构建整个社交网络图。因此，在分析社交网络的数据时，通常使用图结构来描述社交网络的活动，图中的节点表示用户，边表示用户之间的关系或社交活动。因此，将差分隐私应用于社交网络相当于将其应用于图结构，主要有基于节点的差分隐私保护和基于边的差分隐私保护两种方式。

为了保护目的节点的隐私，Javidbakh 等于 2016 年研究了差分隐私保护下目的节点的最优路由开销方案，采用使数据经过多个目的节点的策略，对目的节点的信息进行差分化，实现网络路由中的数据保护。在基于边的差分隐私保护方法中，Costea 等于 2013 年在不考虑目标节点和边中的信息是否敏感的情况下，利用 Laplace 机制将随机噪声添加到边权重中生成新图，并利用 Dijkstra 算法计算原始图和生成图之间的最短路径来评估差分隐私保护效果。

在社交网络环境下，以图结构来重构社交网络，开展差分隐私保护应用研究，必然会面临与差分隐私保护在分布式计算应用中类似的通信开销过大的问题；同时，社交网络中各个节点的数据是相关的，这也将不可避免地需要更多的噪声。未来可以考虑寻求一种新的差分隐私保护策略，使其能够在充分考虑社交网络中数据相关性的同时，减少重复数据传输带来的通信开销。

13.6　隐私保护应用

随着人工智能应用的不断发展，企业对数据的需求也随之增加。部分模型的构建需要使用用户的敏感数据，如医疗电子记录、互联网搜索历史、社交网络浏览记录、用户实时位置等。恶意的数据分析者可利用先进的攻击手段，在人工智能模型的训练、发布过程中挖掘用户的隐私数据，这会给用户的数据隐私带来严峻的挑战。

本节将分别介绍用户隐私数据中的关系数据、社交网络和位置轨迹数据的隐私保护技术。

13.6.1　关系数据隐私保护

关系数据是现代操作系统中极为常见的一种数据类型。因其依靠关系模型组织数据，故将保存在此类数据库中的数据称为关系数据。近年来，大量隐私保护的相关研究围绕着关系数据展开，关系数据库中的隐私保护技术的研究也成为研究其他数据类型隐私保护的基础。

1. 常见攻击模型

1) 背景知识攻击

背景知识攻击(Background Knowledge Attack)，指攻击者在攻击前已拥有了数据表中某用户的一些基本信息，如性别、年龄、籍贯等，攻击者可通过这些信息，在数据表中找到相关的记录组，结合用户的其他背景知识，攻击者将有很大概率推断出用户的隐私数据，达到侵犯用户隐私的目的。

如表 13-7 中的数据所示，假设攻击者在获取数据表之前已拥有目标用户的部分背景知识：性别为女，年龄为 35，邮编为 450022，则可推断表中第 9、10 行可能为目标个体的数据，再结合一些其他背景知识，如该女性有家族心脏病史，结合表中第 10 行数据，即可推测出该个体也患有心脏病。

表 13-7　背景知识攻击示例数据表

序号	性别	年龄	邮编	健康情况
1	女	37	450026	癌症
2	男	33	450016	胃炎
3	男	30	450019	肝炎
4	男	35	450025	胃溃疡
5	男	23	450014	发烧
6	女	39	450029	艾滋病
7	男	30	450015	消化不良
8	男	28	450017	肺炎
9	女	35	450022	流感
10	女	35	450022	心脏病

2) 链接攻击

链接攻击(Linking Attack)通常不需要攻击者具有一定的背景知识，在关系型数据库中，数据分别存放在不同的数据表中，但不同的数据表可能会存储相同的属性列，以此作为两张数据表的链接点，攻击者可将不同的数据表进行链接，再通过分析链接后的表数据，可推断出个体的部分隐私数据。

例如，在某个地区，攻击者得到了当地人的医疗数据表，表中字段如下{邮编，性别，生日，诊断结果，药物，流程，费用，日期}，同时从网络上获取了当地选民的公开信息，并将其整理成一张数据表，表中字段包括{邮编，性别，生日，地址，日期，姓名，民族}，通过观察上述两张表字段构成的集合，可以看出，两张表字段集合的子集为{邮编，性别，生日}，存在三个相同的非主属性。攻击者可通过公共的非主属性，对上述的两张表进行链接，如图 13-8 所示，就有可能建立实体隐私属性与身份信息的对应关系，从而获取某个特定选民的健康信息。

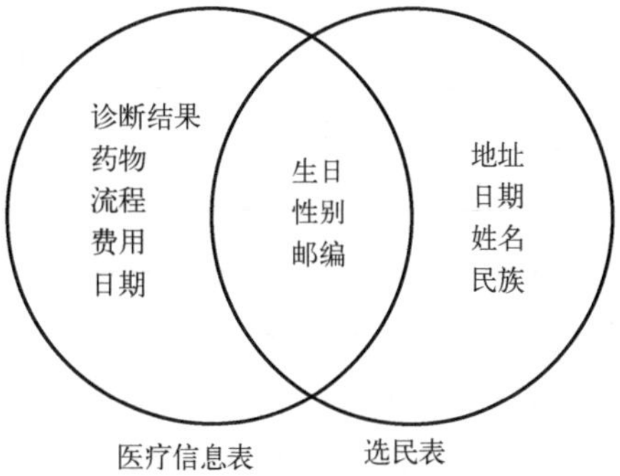

图 13-8　链接攻击示意图

3) 同质攻击

在数据发布之前，发布方会使用匿名化技术对数据进行处理，如泛化操作等。这些操作会使数据表中存有多条具有相同属性的信息，且这些信息所对应的敏感属性完全相同，无法区分。同质攻击(Homogeneity Attack)指的是攻击者在具有目标个体的一些背景信息条件下，结合发布数据的相同敏感属性推断出目标个体数据的攻击手段。

如表 13-8 所示，假如攻击者知道用户 A 和 B 都在表中，还拥有以下部分数据：用户 A，性别男，年龄 27，邮编 460127；用户 B，性别女，年龄 31，邮编 461172。因此，可结合表中数据推断出，用户 A 已购房，而用户 B 还未购房，可据此进行精准的房地产推销。

表 13-8　同质攻击示例数据表

序号	性别	年龄	邮编	购房情况
1	男	≥25	460***	已购
2	男	≥25	460***	已购
3	男	≥25	460***	已购
4	女	≥30	46****	未购
5	女	≥30	46****	未购
6	女	≥30	46****	未购

4) 偏斜攻击

偏斜攻击(Skewness Attack)主要针对当前敏感数据存在分布不均的问题提出。可将其看为同质攻击的一种特殊情况，与同质攻击相似，攻击者在数据发布之前已经掌握了个人的一些背景信息，但经匿名技术处理过后的数据表对应的敏感属性存在明显的分布不均匀，攻击者能够以不可忽略的概率推断出个体的部分隐私信息。

如表 13-9 所示，在数据发布前，攻击者已经得知的背景知识如下：性别女，年龄 35，邮编 467723，可能对应该数据表中的{3, 4, 5, 6}条数据，其中，未购房情况占总体数据的 3/4，则能够推断出，该个体有 75%的概率未购房，有 25%的概率已购房。相较于同质攻击，偏斜攻击无法精确地推断出个体的隐私数据，但能够推断出用户隐私数据的概率分布。

表 13-9　偏斜攻击示例数据表

序号	性别	年龄	邮编	购房情况
1	男	≥25	460***	已购
2	男	≥25	460***	已购
3	女	≥30	46****	已购
4	女	≥30	46****	未购
5	女	≥30	46****	未购
6	女	≥30	46****	未购

5)相似攻击

数据表经匿名技术处理后，会存在隐私数据两两各不相同，但在语义上近似的情况。相似攻击(Similarity Attack)指的是攻击者能够在具有个体的背景知识，并且确定该个体的数据存储在此数据表中的条件下，结合已掌握的个体背景知识及发布数据，推断出目标个体的隐私数据的一种攻击手段。

如表 13-10 所示，攻击者知道个体在此数据表中，且个体的相关背景数据有：性别女，年龄 30，邮编 468856，可对应表中数据{3, 4, 5, 6}。{3, 4, 5, 6}对应的疾病都不相同，但都属于胃病的范畴，可推断出目标个体患有胃病的隐私信息。

表 13-10　相似攻击示例数据表

序号	性别	年龄	邮编	疾病情况
1	男	≥25	460***	胃病
2	男	≥25	460***	胃溃疡
3	女	≥30	46****	胃炎
4	女	≥30	46****	消化不良
5	女	≥30	46****	胃痛
6	女	≥30	46****	胃痉挛

2. 关系数据的隐私保护技术

关系数据的隐私保护研究主要分为泛化、扰动两大类，涉及的技术有 *k*-匿名、*l*-多样性、*t*-紧近邻、差分隐私等。上述技术均已在 13.4 节和 13.5 节中进行了介绍，需要回顾其细节的读者可移步至这两节中进行学习。

关系数据的隐私保护技术主要用于数据发布中，按照数据发布的频次，可将其分为静态数据发布与动态数据发布，顾名思义，静态数据发布表示该数据集仅发布一次，发布后便不再进行重复发布。动态数据发布，指的是会在一定的周期内，连续发布同一个数据集中的数据，之后发布的数据，可视为在数据集的垂直或水平方向上进行了更新。

静态数据发布中常用的隐私保护方法有 k-匿名、l-多样性、t-紧近邻、差分隐私等，数据发布的流程如图 13-9 所示。

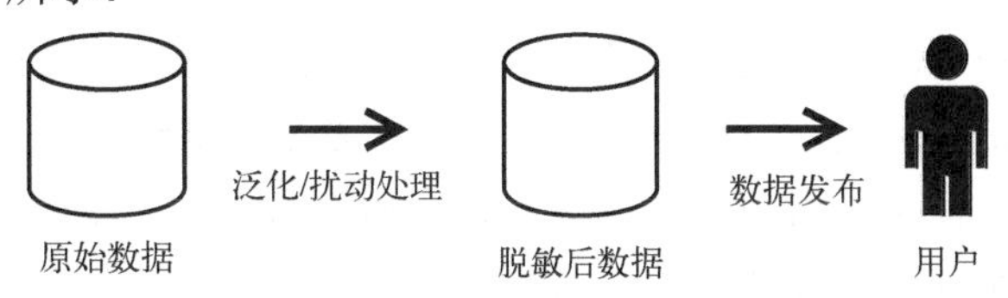

图 13-9　静态数据发布示意图

首先，使用 k-匿名、l-多样性、t-紧近邻、差分隐私等技术对原始数据进行处理，得到脱敏后的数据；然后，数据发布者根据此次发布任务的需求，选择目标数据进行发布。

近年来，关系数据隐私保护的大量相关研究都是基于泛化、扰动的衍生。其中，基于扰动技术方案已在 13.5.3 节中详细介绍，此处不再赘述。以下将主要介绍基于泛化的关系数据隐私保护技术。2018 年，Wang 等提出的针对多敏感属性的改进 t-紧近邻算法，根据敏感属性分别采用聚类算法、主成分分析算法实现对数据集的划分，第一种方法虽在运算时间方面长于第二种方案，但其能够保留更多的原始信息，且所提两种算法均能够实现更强的隐私保护。Campan 等于 2010 年提出了 P-Sensitive k-匿名微数据算法，该算法显示指定准标识符的泛化约束，并在施加的约束内实现 P-Sensitive k-匿名，其所提算法能够与现有的 P-Sensitive k- 匿名算法相媲美，并且能够保证微数据满足用户所设定的泛化约束。

以上研究多面向静态数据发布场景，不适用于动态数据发布的隐私保护。由于动态数据具有定期发布的特点，攻击者可以通过对信息更新的变化进行分析从而找出对应的标识符进而窃取隐私。其示意图如图 13-10 所示。

图 13-10　动态数据发布中的攻击

为了保护动态发布中的隐私安全，Wang 和 Fung 于 2006 年对数据重发布(连续发布)可能存在的隐私泄露进行了研究，他们试图引入一个候选集，仅在候选集中增加的记录满足 l- 多样性时才允许进行数据发布，这样攻击者就无法以大于 $1/l$ 的概率判断出新增加的记录信息，从而实现对用户隐私的保护。然而，这种针对动态数据发布的模型，只允许添加数据，而不考虑删除或者修改数据。2007 年，Xiao 等提出通过 m-不变性来处理连续发表的数据的方法。m-不变性要求每个等价类中只有 m 个不同的敏感属性值。然后通过添加虚假元组，使得动态发布中现有等价类中的敏感值保持不变，使得攻击者无法判断哪些数据被更新，使得攻击者无法从动态发布的数据中推断出用户的隐私数据。

两类隐私保护技术的优缺点对比如表 13-11 所示。

表 13-11　两类隐私保护技术对比

隐私保护技术	计算开销	信息损失	隐私保护度	典型技术
扰动	低	高	中	差分隐私
泛化	中	中	中	k-匿名，l-多样性等

13.6.2 社交图谱中的隐私保护

随着移动互联网技术的不断发展，社交网络结构日益复杂。社交图谱成为数据挖掘、社会学、数据库领域的研究热点，吸引了较多的专家学者来对其进行深入的研究与分析，其结构如图 13-11 所示。但社交图谱中通常包括大量隐私信息，如个体的属性与个体间的关系、图特征等。在不对原始数据进行任何处理的情况下，直接对社交图谱数据进行数据分析，会侵害社交图谱中用户的隐私。因此，如何在不侵犯隐私的同时进行有效的数据挖掘，成为目前社交图谱领域中一个重要的研究课题。

隐私数据发布(Privacy-Preserving Data Publication，PPDP)技术已被广泛地应用于数据库数据的隐私保护中。面向传统数据时，常通过对压缩、随机化、泛化等技术实现对原始数据的隐私保护，这些方法产生的影响不会扩散至其他元组中。但是，对社交图谱的图数据使用泛化或增加扰动的方法会面临更大的困难，因为对图数据直接进行处理，也可能会影响扩散到其余的图节点上，造成信息损失，进而影响数据挖掘的结果。

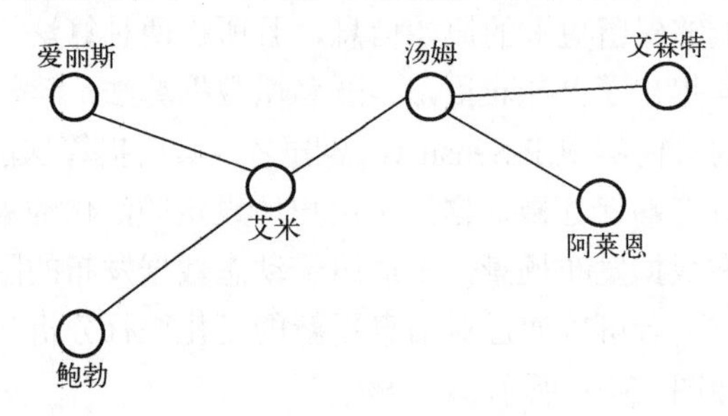

图 13-11　社交图谱

1. 社交图谱中的隐私数据

社交图谱模型可以抽象为带权图，即 $G=(V,E)$，节点 $V=(v_1,v_2,\cdots,v_n)$ 表示实体的集合，以 $E=\{e\mid((v_i,v_j),v_i,v_j\in V)\}$ 表示连接节点的边所构成的集合，其中，连接任意两个节点的边上的权重，常用来表示用户在社交关系上的亲密程度。

社交图谱中的主要组成元素包括以下两类。①节点：社交图谱中的节点对应现实世界的用户或者团体，是构成社交图谱的基本元素。②边：常用于表示社交图谱中用户间的关系，不同类型的边表示的意义也不尽相同，通常使用有向边来表示用户之间的特殊关系，如 TikTok 中用户之间的关注，可通过单向边表示单向关注，双向边来表示互相关注。无向边常在不需要表示用户间主次关系的场景下使用，结合权值还可用于表示用户之间的好友关系及亲密度。

社交网络中的隐私数据主要有 3 类：身份、社交关系与属性。其中，身份指的是用户的真实身份信息，通常会在发布前被互联网服务提供商隐匿，如使用假名(昵称)进行替换；社交关系是反映用户某种社会关系的信息，在很多情况下，用户不愿其社交关系被公开，故用户的社会关系也被视为隐私；属性反映的是用户的某些特征信息，可直接或间接地暴露用户隐私，故也需对其进行保护。

2. 社交图谱面临的隐私威胁

目前社交图谱面临的隐私威胁主要分为身份数据泄露、社会关系泄露、属性泄露三大类。身份数据泄露指的是社交网络中个体 ID 与节点关联关系被揭露；社会关系泄露指的是不同个体间的社会关系被揭露；属性泄露指的是与节点或边关联的隐私属性被揭露。

社交图谱面临的隐私保护的主要挑战在于如何模型化攻击者的背景知识，以及量化将匿名处理后的信息损失。因此，需结合社交网络中的隐私定义、攻击者背景知识及对匿名社交网络的有效性进行度量，才能设计出有效的隐私保护方案。

3. 社交图谱中的隐私保护技术

1) 基于 K-Candidate 匿名模型的隐私保护技术

定义 13.10　K-Candidate 匿名　对节点 X 进行结构查询，若存在至少 $K-1$ 个其他节点与之匹配，即称该节点满足 K-Candidate Anonymity。

Hay 等于 2010 年提出了随机修改技术，如图 13-12 所示，使得经过处理后的图结构满足 K-Candidate Anonymity，从而实现对图谱中数据的隐私保护。

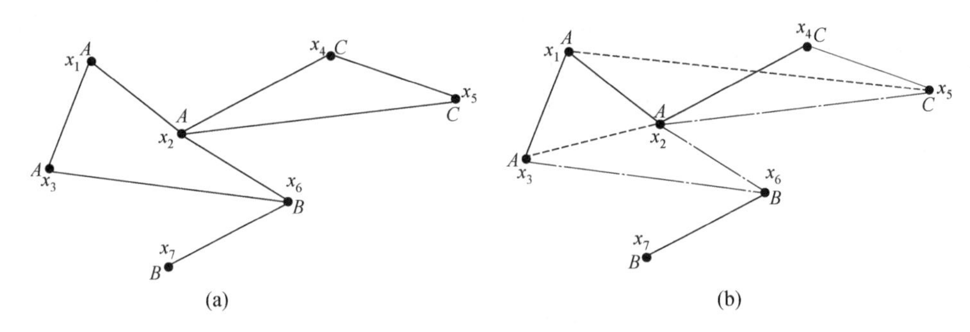

图 13-12　随机修剪前后的社交图谱

其中，图 13-12(a) 为原始的社交图谱，图 13-12(b) 为通过对原始图谱进行添加删除操作后的社交图谱，其目的是抵抗拥有目标节点 1-neighborhood 背景知识的敌手的攻击，其中 1-neighborhood 指的是与目标节点直接连接的节点的集合。我们希望通过随机修剪后的图谱，对 neighborhood 背景知识攻击是 2-Candidate 匿名的，这意味着，对于任何的 1-neighborhood N，至少有 2 个节点的 1-neighborhood 为 N。

在图谱的匿名化中，添加了一条边 (x_2,x_3)，删除了四条边 (x_2,x_4)、(x_2,x_5)、(x_2,x_6)、(x_3,x_6)。若攻击的节点为 x_1，将其简记为 A，将连接到 A 的两个节点作为 A 的邻居，通过再次观察图 13-12 可知，有 3 个节点，即 x_1、x_2、x_3 拥有相同的 1-neighborhood，若攻击的节点为 x_7，记为 B，显然 x_6、x_7 也有相同的 1-neighborhood，则对于 1-neighborhood 的攻击，该图是 2-Candidate 匿名。

2) 基于随机化的隐私保护技术

对社交图谱而言，通常使用随机化方法达到扰动图中数据的目的，采用较多的随机化方法有以下两种。

(1) Rand Add/Del：随机删除图中 k 条真实存在的边，并随机添加 k 条虚假的边，修改前后图中所包含的总边数不变。

(2) Rand Switch：随机将图中 k 对现存的边进行重新链接，将现存的一对边 (t,v) 与 (u,w) 转换为 (t,v)、(u,w)（需要保证边 (t,v) 与 (u,w) 在图中不存在），将上述过程重复 k 次。该方法的优点是能够保持节点的度，对边的随机化操作能够看作一种向图中添加噪声形成扰动的过程，通过向图中添加扰动，导致最后得到的随机化图与原始图在结构上相异，从而保护节点实体及节点间的隐私关系。

随机化方法能有效对抗基于概率的去匿名攻击，但不能保证处理后得到的随机化图满足 K-Anonymity 条件。随机化方法的一个重要优点是施加随机化操作的图可以很好地重构图特征，但重构图特征的方法会因为选用不同的随机化过程而不同，一些对图数据进行随机化处理的方法，会对图的结构特征造成严重破坏，降低图数据的可用性。

3) 具有图谱特征的隐私保护技术

通过直接对图数据进行随机化处理，能在很大程度上对图数据造成破坏。在进行社交图谱隐私保护的同时，也需要保证图数据的可用性，图的特征主要由其的聚合特性决定，故在对图数据进行随机化处理的时候，需降低对图聚合特征的破坏程度，或者使这些特征能够从处理过后的图中重构出来。因此，具有图谱特征的隐私保护技术在算法复杂度上比其余方法高。

图的谱矩阵与图的一些重要拓扑特征有紧密关系，如图的直径、聚类系数、路径长度以及图的随机性等。Ying 等于 2008 年通过在随机化处理过程中，对图邻接矩阵的最大特征值与 Laplace 矩阵的第二小特征值进行最大限度的保留，降低对图谱特征的破坏。

单纯的随机化技术，倾向于将特征向一个方向移动，并且随机化处理后的特征值与原始图的特征值明显不同。作者提出了两种改进的随机化算法，即 Spctr Add/Del 算法与 Spctr Switch 算法，希望能够尽可能多地保留新图与随机化后图的重要特征。

4) 基于聚类的隐私保护技术

聚类技术的做法是将特定的节点与边归于特定的集合，将这些集合称为超点与超边，个体的细节将会被隐藏在集合之中，并且能够保留图的整体结构特征，但会丧失一些图的局部结构特征，如图 13-13 所示。

图 13-13 展示了一个简单的例子，在这个例子中，使用了一种称为广义匿名化图的方法，如上半部分所示，首先通过原始图生成一个样本匿名化图，在这个过程中，由于边是随机插入的，所以单个广义图的属性可能会发生较大的变化。图中的实心黑色节点代表此网络中影响力较大的社会角色个体。虽然样本匿名化图保留了一些本地结构，但大部分高级图结构都丢失了。2009 年，Thompson 等提出了一种称为簇间匹配的方案，采用聚类图，并有策略地添加和删除边以匿名化图，如图 13-13 下半部分所示，提出基于度和基于 1 跳度的隐私模型的算法。

2007 年，Zheleva 针对单一类型节点、多类型边的社交网络，开展了匿名方法的研究。假设在所有边中，只有某些特定类型的边是敏感的，蕴含着隐私数据，需要对其进行隐私保护。又因为隐私的破坏程度与被解匿名的敏感边条数成正比，故其尝试通过非敏感边对敏感边的存在性提供预测信息，联合 Noisy-or 模型进行敏感边的预测。类似 Noisy-or 模型的概率预测方法还有 Bayesian 网络及 Markov 网络等。

为防止基于敏感边的预测攻击，常通过删除部分边的方式，抵御该类攻击，其中较常使用的两种策略如下：①移除所有敏感边，即将可能发生隐私泄露的所有敏感边移除，只保留非敏感边；②移除部分非敏感边，即将可对敏感性边的存在性预测提供增益的非敏感边进行删除。

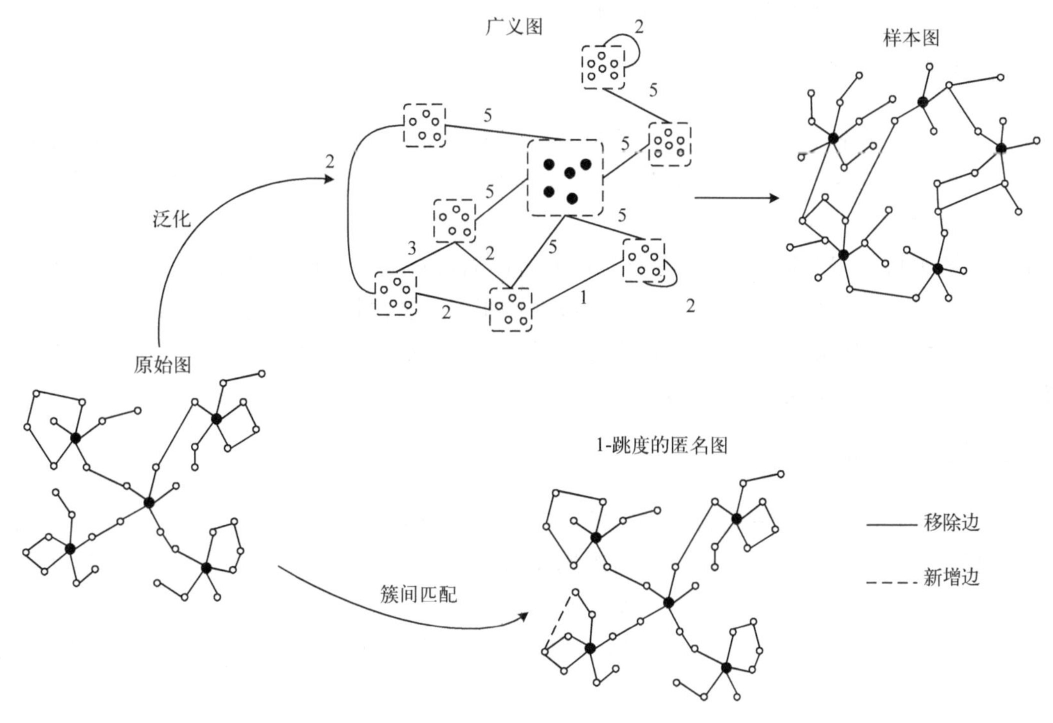

图 13-13　匿名化的广义图方法

4. 隐私保护方法的比较

基于 K-Candidate 匿名模型的隐私保护技术会对原始数据产生一定的破坏，影响数据的可用性；基于随机化的隐私保护技术会对原始数据造成破坏，且会因为图数据的特殊性，影响图的整体结构特征；相较于随机化方法，基于谱特征的方法会将图的一些结构特征保留下来。基于聚类的隐私保护技术则会保留图的宏观整体结构特征。其优缺点如表 13-12 所示。

表 13-12　四种隐私保护方法优缺点对比

方法	优点	对图结构的影响
K-Candidate 匿名	实现简单，隐私保护效果明显	对图结构的影响较大
随机化法	实现简单，隐私保护效果明显	对图结构的影响较大
谱特征法	保留图的部分特征结构	对图结构的影响较小
聚类法	保留图的宏观整体结构特征	对图结构的影响较小

13.6.3　位置轨迹隐私保护

随着定位技术的不断发展，大量的轨迹数据被收集。轨迹数据的分析挖掘可以为人们提供更加便捷的服务。例如，在城市道路规划中，能够通过历史数据的分析结果，合理地规划城市交通从而避免交通拥堵；此外，地图软件的道路拥堵实时可视化功能，也是从轨迹数据的分析结果中得来的。

然而，轨迹数据中蕴含大量的用户隐私信息，其中包含轨迹的出发位置、轨迹的终点位置，也可能包含用户的真实家庭住址、工作单位详细地址等，未经任何处理直接将轨迹数据发布，会导致用户真实住址与工作地址的泄露。

1. 位置轨迹的隐私保护问题

位置轨迹的隐私保护问题主要分为两类。一类是面向位置服务的隐私保护，如基于位置的服务(Location Based Service，LBS)，首先获取用户的实时位置，然后根据用户的实时位置，向用户提供服务。例如，通过当前对象的位置，寻找附近范围内的所有餐馆。移动对象需要将实时位置上传给服务提供商，即将用户目前所在的真实地理位置信息发送给第三方服务器，因此存在隐私泄露的隐患。另一类是面向数据发布的隐私保护，位置轨迹数据不仅是用户的隐私数据，还是数据的准标识符，若位置轨迹数据在未经任何处理的情况下直接进行数据发布，将会直接导致用户隐私的泄露。

2. 轨迹隐私数据

轨迹隐私指用户轨迹中蕴含的隐私信息，如停留的位置、轨迹起始点等，其中可能蕴含用户的真实住址及工作地址，通过数据挖掘算法，能够从轨迹数据中挖掘出更多有价值的数据，如生活习惯等。

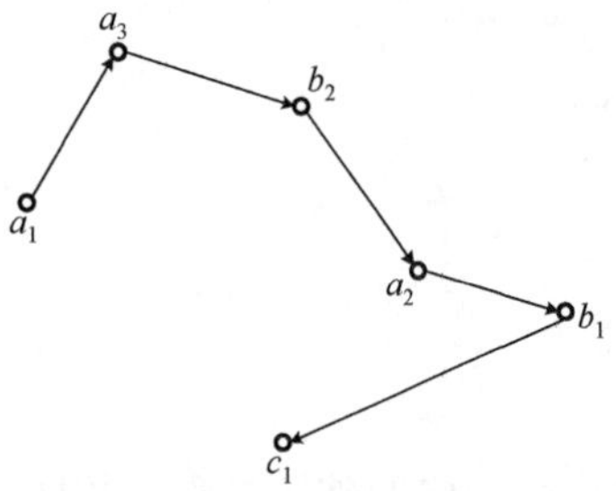

轨迹数据集的一条记录表示的是三维空间中的一条折线，记为 $\mathrm{tr}=\{p_1,p_2,\cdots,p_m\}$，其中 $p_k=(x_k,y_k,t_k)$ 表示轨迹 tr 在 t_k 时刻的位置为 (x_k,y_k)，$t_1<t_2<\cdots<t_m$，为轨迹 tr 的点数，轨迹数据集 D 是轨迹的集合，记 $D=\{\mathrm{tr}_1,\mathrm{tr}_2,\cdots,\mathrm{tr}_n\}$，$n$ 为轨迹数据库中轨迹的条数，其结构如图 13-14 所示。

图 13-14　轨迹数据图

3. 面向位置服务的隐私保护技术

对于面向位置服务的隐私保护方法可以大致分为三类：基于匿名方法的 k-匿名的隐私保护技术、基于数据扰动的空间混淆的隐私保护技术，以及基于加密技术隐私保护技术。

1) 基于 k-匿名的隐私保护技术

基于泛化的隐私保护技术具体可体现在时空掩盖(Spatial and Temporal Cloaking)方面，目的是保证每个查询在时间或/和空间上混淆在其他查询之中。该方案的主要原理是 k-匿名原理，要求用户发出的每一个查询请求都能与其他 k–1 个用户的请求混淆。在位置隐私保护中体现为空间隐匿 K-ASR，即在一个泛化的匿名区域中，需要包含用户本身与其他 k–1 个用户，使得攻击者识别查询用户的概率为 1/k，同时保护了身份隐私与位置隐私，时空掩盖体现在时间掩盖(Temporal Cloaking)与空间掩盖(Spatial Cloaking)两个方面，时间掩盖通过匿名服务器，对用户请求增加一定的时延，使其与 k–1 个用户相混淆；空间掩盖即保证掩盖区域内的用户能够与其他的 k–1 个用户相混淆。

k-匿名技术首先被 Gruteser 等于 2003 年引入位置隐私保护中，主要通过用户向客户端上传一个包含自己及其他 k–1 个用户位置的掩盖区域，替代自己的精确位置。此时，LBS 作为可信的匿名服务器计算 k 个用户的集合，以及根据已知用户的位置去计算的掩盖区域。通过这样的手段，计算出匿名集合中的所有 k 个用户发送给客户端的信息中都是共享的掩盖区域，使得客户端无法通过用户标识联系到用户的家庭住址、工作地点等敏感位置信息。

如图 13-15 所示，k-匿名通常需要一个可信第三方 TTP（Trusted Third Party），记录所有用户的精确位置，并充当匿名服务器的角色。当用户发出位置请求后，匿名服务器对其进行泛化处理，将处理后的结果发送给 LBS，再将 LBS 处理后的结果返还给用户。

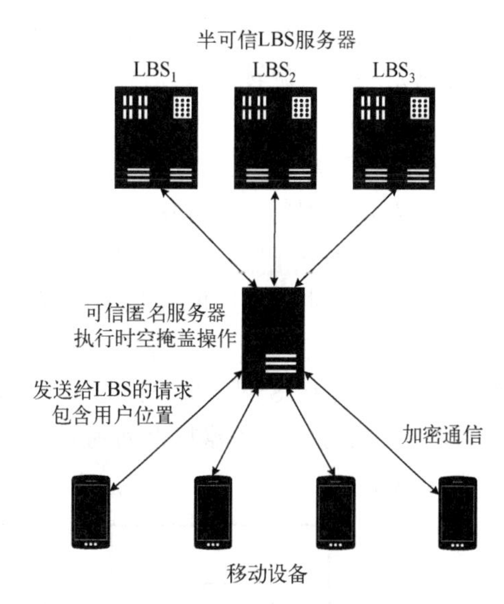

图 13-15　一个 k-匿名的系统架构

2006 年 Mokbel 等通过用户定义 k 值与 Amin 值(表示用户想在最小值为 Amin 大小的区域中掩藏自己的区域)，形成该用户的 Casper 框架：利用空间区域四分法，将平面递归地进行四分，划成大小不一的格子，直到格子的大小满足最小匿名区域的要求，找到包含查询用户在内的小于 k–1 个用户的格作为匿名区域。2005 年，Gedik 等提出了 Clique Cloak，使用时空泛化的方法计算 k-匿名集；每个用户以当前位置为中心，形成一个矩形区域作为不定区域，通过延迟更新，观察是否有 k 个用户在彼此的不定区域内，若存在 k 个用户在彼此的不定区域内，则形成一个包含这 k 个用户在内的共同匿名区域。

2）基于空间混淆的隐私保护技术

基于空间混淆的隐私保护技术，是通过人为地降低用户发送给 LBS 位置信息的精度来保护隐私的，反之，对于客户端也是一样的。经典的空间混淆技术是 Ardagna 等于 2007 年提出的，将用户发送给 LBS 的准确位置用一个环形区域替代。图 13-16 是三种空间混淆的例子。

其中图 13-16（a）是通过扩大半径进行混淆，图 13-16（b）是通过变换中心混淆，图 13-16（c）是通过缩小半径混淆。

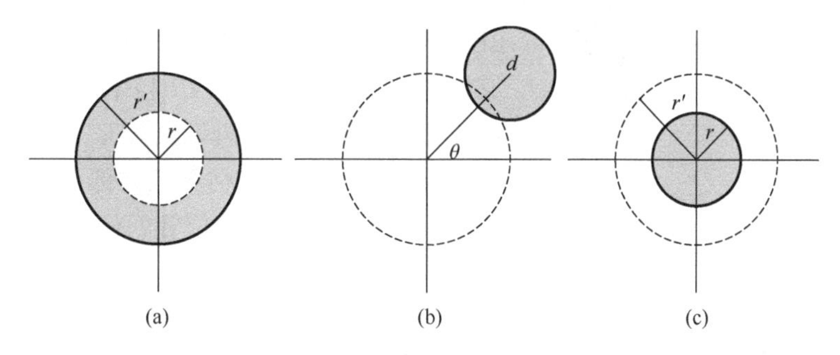

图 13-16　空间混淆的例子

空间混淆的优点在于，不需要依赖可信第三方来提供位置隐私保护，因为用户能够自行定义混淆区域。然而，这个优点的代价是客户端不能获取用户的精确位置。2006 年，Cheng 等研究了如何在隐私保护程度与精确度之间达到平衡，他们根据查询区域和模糊处理的重叠大小的查询形状，提出了一种使用概率范围查询的模型。

此外，还有坐标转换的方法。在用户向LBS发送当前位置之前，执行一些简单的几何操作(通常是移位与旋转)，之后将处理结果发还至客户端后，客户端再进行逆转换，得到查询结果。

在基于空间混淆的方法中，还有一类典型的代表是曲线填充转换方法，通过Hilbert曲线(图13-17)，映射将数据库中的兴趣点(Point of Interest，POI)进行转换，将二维地理空间映射到一维 Hilbert 曲线填充空间，在预处理阶段，通过一个可信的实体将数据库中的每一个POI_i转换为其对应的Hilbert值$H(POI_i)$，之后将转换的结果上传至LBS服务器，其中曲线转换的参数，如方法、阶数等信息对LBS服务器是保密的；在查询时，用户计算转换后的位置$H(u)$，并向LBS服务器发出查询，LBS服务器在一维Hilbert曲线填充空间中查询与用户最邻近的数据值；服务器将查询到的结果返回给用户，用户用H映射的逆映射H^{-1}得到实际的邻近POI。

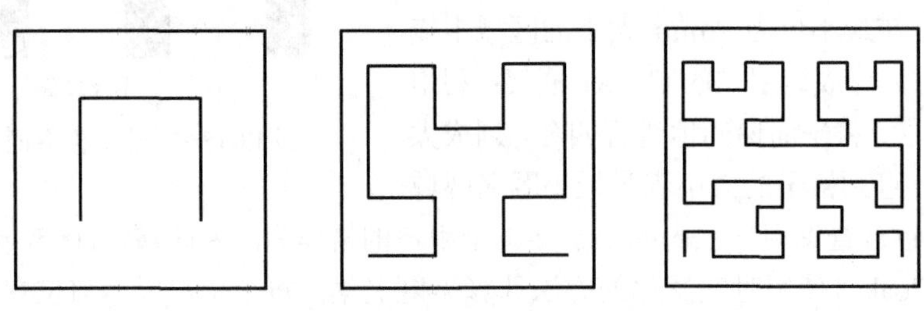

图 13-17　Hilbert 曲线的前三级

3)基于加密技术的隐私保护技术

加密位置隐私的方法通过对用户上传的位置信息进行加密，达到保护用户位置隐私的目的。

2008年Ghinita等提出了一种能够使用私有信息检索(Private Information Retrieval，PIR)技术来提供位置隐私保护的方法。利用私有信息检索技术，用户能够在LBS服务器不得知和透露任何查询信息的情况下响应相应查询，PIR查询系统的基本框架如图13-18所示，查询用户检索查询内容与数据库中数据位置i(即查询X_i)对应后，向LBS发送加密后的查询请求$q(i)$，LBS服务器在不知道具体i的情况下利用PIR技术查询出$R(X,q(i))$，用户能够很容易地得到查询结果X_i。在该框架中，包括LBS服务器在内的任何第三方都无法获取i的明文信息，无法获取任何用户位置的信息及查询信息，较大程度实现了隐私保护。

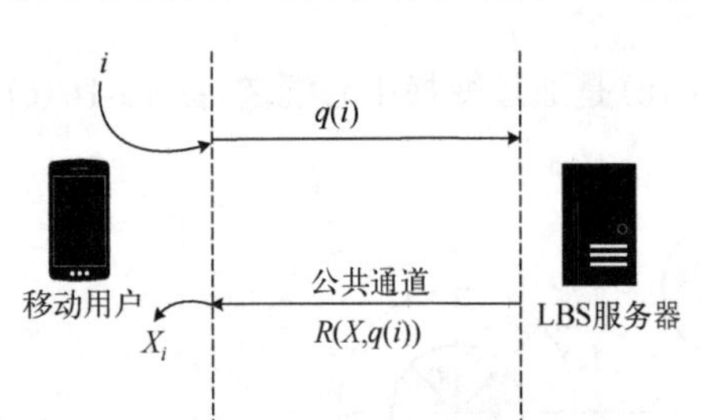

图 13-18　PIR 隐私查询方案

上述方法的优缺点如表13-13所示。

表 13-13　三类隐私技术的对比

方法	优点	缺点
k-匿名	隐私保护程度较高，能同时保护位置隐私与身份隐私	时延可能较大
空间混淆	隐私保护程度较高	返回的精度难以保证
加密技术	隐私保护程度较高，攻击者很难得到查询内容	能够处理查询局限，无法广泛应用

4. 面向位置轨迹数据发布的隐私保护

位置轨迹隐私保护技术源自数据库隐私保护，同样以 k-匿名技术为基础。而位置与轨迹隐私保护的特殊之处在于，位置轨迹在作为隐私数据的同时，也是该条数据的准标识符。这将会带来一系列新的挑战：若将所有位置轨迹数据作为准标识符进行处理，将会造成严重的数据失真，进而极大地影响数据的可用性；此外，一条轨迹数据中可能包含大量相互关联的点，仅对部分数据进行处理将无法满足 k-匿名的隐私保护要求。

通常有基于泛化和抑制等匿名技术的轨迹隐私保护方法、基于虚假数据的轨迹隐私保护方法、基于差分隐私的轨迹隐私保护方法等。

1)基于泛化和抑制等匿名技术的轨迹隐私保护

在基于泛化的轨迹隐私保护方法中，最常见的使用方法是轨迹 k-匿名方法，其类似于数据 k-匿名。其做法是：在轨迹数据集中搜索相似的 k 条轨迹，并利用搜集到的所有相似轨迹，构造匿名集，使其满足轨迹 k-匿名的定义，使得攻击者在没有额外背景知识的情况下识别目标轨迹的概率小于 $1/k$(顾贞等，2019)。

主要分为轨迹预处理、构建 k-匿名数据集、轨迹数据发布三个阶段，流程如图 13-19 所示。

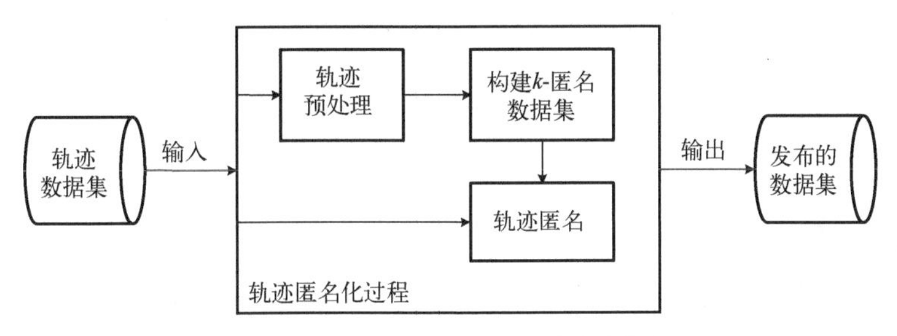

图 13-19　轨迹 k-匿名方法流程图

(1)轨迹预处理。该阶段的主要工作是将所有起止时间相同的轨迹进行分组，即将轨迹数据集中起止时间相同的轨迹划分到一个等价类中。但是，在实际应用中，不能保证每条轨道之间的采样置位点是同时的。为了增加等价类中的轨迹数量，常通过对部分轨迹进行同步或修剪方式，保证轨迹在时间上的相似性。

(2)构建 k-匿名数据集。通常，轨迹的 k-匿名集合是通过聚类的方法构建的。如图 13-20 所示，每个等价类中的轨迹被聚集形成一个 k-匿名集。研究者尝试了不同的聚类方法，如贪婪聚类、密度聚类、层次聚类等。在聚类过程中，以轨迹间的距离作为衡量轨迹间相似性的尺度，从而找出等价类中最相似的 k 条轨迹，形成 k-匿名集。

(3)轨迹数据发布。在前一步骤中形成轨迹 k 的匿名集合之后，发布轨迹数据。在这个阶段，可以选择由每个采样时间点的位置平均值形成的代表性轨迹，或者在匿名集合中选择代表性轨迹进行发布。

轨迹的经典 k-匿名隐私保护方法是 Abul 等提出的(k-δ)匿名模型，其利用了定位系统等设备无法准确定位自身的特点。如图 13-21 所示，它也被称为 NMA(Never Walk Alone，NWA)算法。该算法利用贪婪算法形成 k-匿名轨迹集。如果第一预处理阶段形成的等价类中轨迹位置的采样点形成的轨迹圆柱的半径小于预先设定的不确定度阈值，匿名集将自动构成。否则，每

一时刻 k 条轨迹的位置点将通过空间变换被平移到轨迹圆柱中，形成轨迹 k-匿名集。由于运动轨迹的不确定性，轨迹圆柱中的 k 条轨迹变得不可区分，从而达到 k-匿名的效果(顾贞等，2019)。

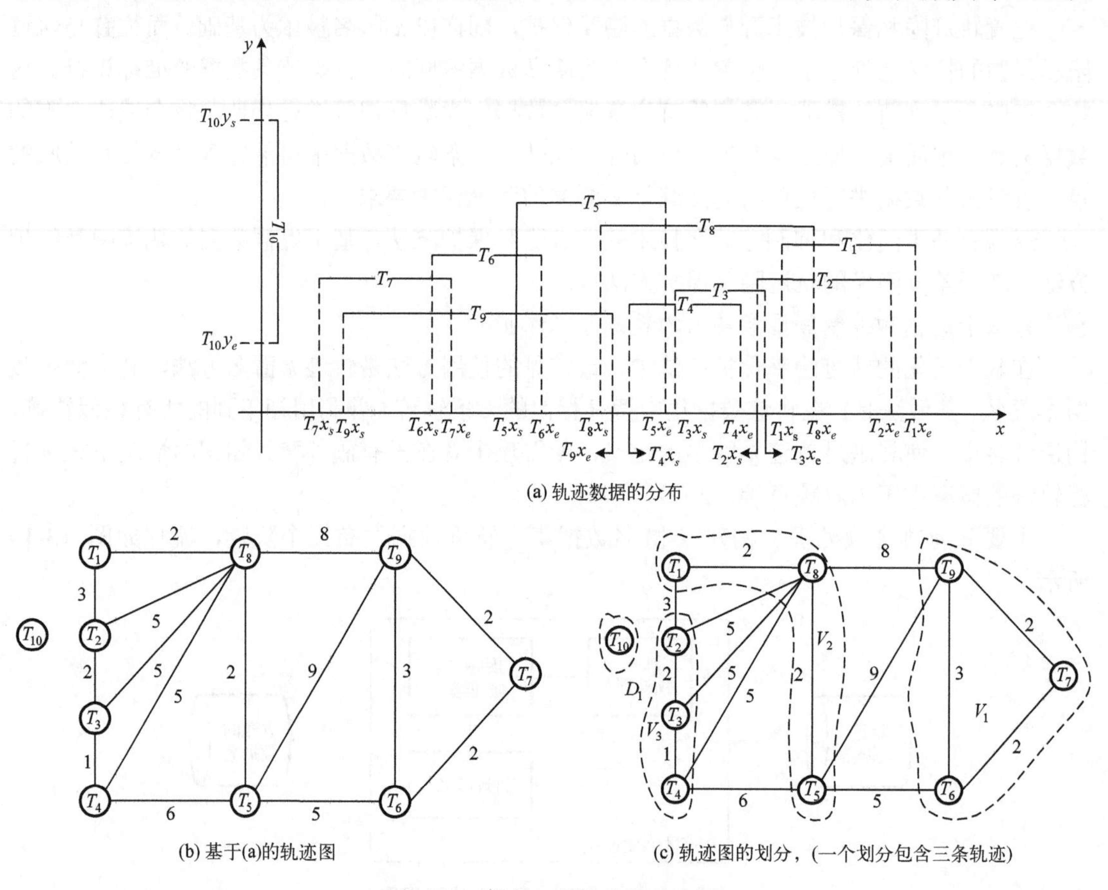

(a) 轨迹数据的分布

(b) 基于(a)的轨迹图

(c) 轨迹图的划分，(一个划分包含三条轨迹)

图 13-20　轨迹 k-匿名集构建实例

抑制的思想则是在数据正式发布之前，删去现有轨迹中的频繁访问位置或者敏感位置。此类方法的缺点是容易导致原始数据和数据特征被破坏，处理后的数据可用性会明显降低。其中最具代表性的是翁国庆等提出的基于扰动的轨迹隐私保护方法，该方法试图将存在隐私泄露风险的节点替换为出现频率最低的同类节点，从而抑制存在隐私泄露风险的节点，在保持原有数据结构的同时尽可能保留数据的可用性。

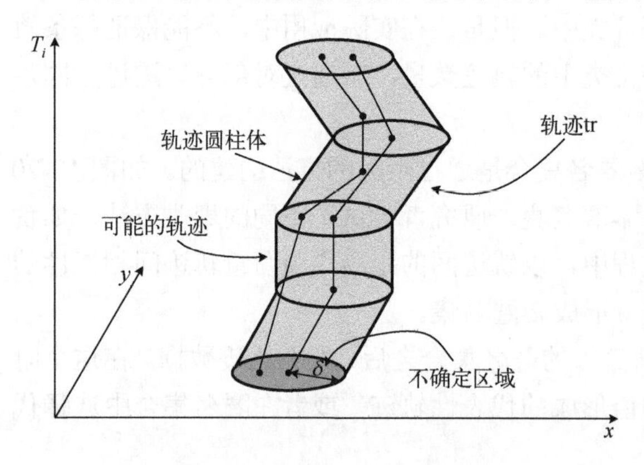

图 13-21　轨迹不确定性模型

2) 基于虚假数据的轨迹隐私保护

与社交图谱中的随机化方法类似，该技术也是通过向原有数据集中加入虚假数据，从而起到对原始数据的扰动作用。这种方法实现起来比较简单，但是需要考虑轨迹数据的可用性，同时满足虚假轨迹的移动状态与真轨迹相近。常用的生成虚假轨迹的方法有随机生成法与旋转模式生成法。随机生成法是指在轨迹的起点和终点之间随机生成与原轨迹相似的虚假轨迹。旋转生成法是指在真实轨迹的基础上旋转原轨迹，之后将旋转后得到的假轨迹与真轨迹放在一起，达到混淆的目的。

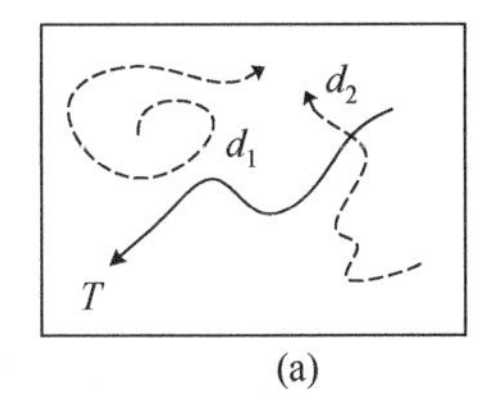

(a)

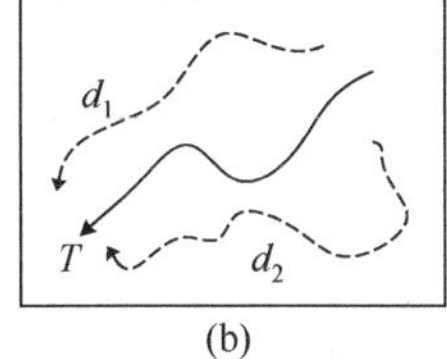

(b)

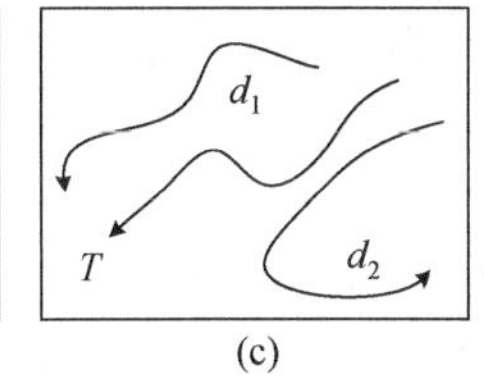

(c)

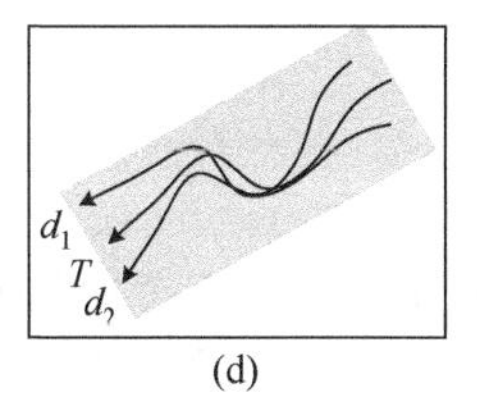

(d)

图 13-22　用户轨迹与假轨迹

如图 13-22 所示，图中的实线 T 表示真实用户的轨迹，而虚线 d_1、d_2 表示随机生成的假轨迹，由于真实用户通常表现出符合人运动特征的轨迹，与随机生成的轨迹相差较为显著，因此能够根据人类的运动特征(图 13-22(a))，将实线 T 识别为真实的用户。在图 13-22(b)中则考虑根据人运动的特征生成假轨迹，尽管这种做法会降低识别用户真实轨迹的机会，但仍可根据长期收集的运动模式来过滤不一致的轨迹，将当前轨迹(图 13-22(c))与不同日期收集到的轨迹(图 13-22(b))进行比较，可以看出 T 为用户的真实轨迹，当用户的真实轨迹被识别，用户的位置也随即被公开。在图 13-22(d)中 d_1、d_2 可看作由 T 旋转所得到的，这种方法将使得假轨迹与真轨迹更加接近，但存在将整个阴影覆盖的路径暴露的危险。

3)基于差分隐私的轨迹隐私保护

近年来，随着差分隐私技术应用研究的不断深入，出现了基于差分隐私的轨迹数据发布方法。差分隐私由于其数学形式严谨，可以保证无条件隐私，即使攻击者有一些背景知识，也难以有效进行推理攻击。近年来，已有不少研究者尝试将差分隐私技术应用到轨迹的隐私保护研究中，此部分已在 13.5.3 节中详细讨论，在这里不再赘述。

5. 隐私保护方法的比较

在前面共提到了四种针对轨迹的隐私保护方法，分别是抑制法、假轨迹法、泛化法和差分隐私法，其中，抑制法与假轨迹法的计算量较小，实现较为简单，但两种方法都会降低数据的可用性。泛化法的实现也不复杂，数据可用性相较前两种方法较好。差分隐私法是四种方法中隐私保护程度最高的方法，但会造成一定程度的信息损失，从而降低数据的可用性。其优缺点对比如表 13-14 所示。

表 13-14　四种隐私保护方法优缺点对比

方法	优点	缺点
抑制法	计算量小，实现简单	数据的可用性较低
假轨迹法	计算量小，实现简单	存在数据失真的问题
泛化法	数据较为完整，实现简单	有遭受推理攻击的风险
差分隐私法	隐私保护程度高，可抵御背景知识攻击	信息损失较大，数据的可用性较低

第 14 章　数 据 对 抗

近年来，人工智能(Artificial Intelligence，AI)技术飞速发展，广泛应用于图像识别、语言翻译、无人驾驶等各个领域。然而，目前的人工智能技术普遍以深度学习为核心，在推动社会智能化发展的同时，也面临着严重的安全性威胁，以数据投毒、对抗样本为代表的数据对抗攻击正成为阻碍深度学习技术广泛应用的重要因素，这也促进了数据对抗技术的快速发展，使之成为近年来人工智能领域研究的热点。本章从人工智能面临的安全问题入手，重点介绍数据对抗中数据投毒、对抗样本的攻击原理、方法及其防御技术。

14.1　数据对抗概述

14.1.1　人工智能面临的安全问题

当前，人工智能技术在图像识别、语言翻译、无人驾驶等领域得到了广泛应用。人工智能技术不仅在民用领域取得了巨大进展，而且在军事智能化发展中也发挥了极其关键的作用。为了提高国家发展实力，取得科技领先地位，保障国家安全，当前，全球主要大国已经把发展人工智能作为重大战略规划，针对自身情况制定和发布相关文件或政策。

人工智能技术的飞速发展是大数据时代各种因素共同作用的结果。目前，以深度学习为代表的机器学习算法在各类任务上超越传统算法，日趋成熟的互联网、大数据技术带来了海量数据积累，不断提升的计算能力摆脱了传统复杂计算带来的困扰，与此同时，5G 技术、云计算及移动互联网的发展也在推动人工智能技术向各行各业渗透。

然而，在推动当今社会从信息化向智能化发展的同时，人工智能也面临着严重的安全问题，尤其是国防、金融、交通等安全相关场景对安全性、可靠性、可控性提出了更高要求。当前基于大数据训练和经验规则的人工智能算法在面对开放场景时，由于环境的变化和输入条件的改变，加上恶意攻击者的存在，导致人工智能系统频频出现安全性和可靠性问题，甚至会对社会稳定、公共安全乃至国际政治产生重大影响。国内外众多研究机构和相关企业针对人工智能的安全性、可靠性开展了大量研究，发布了多项研究报告，如全国信息安全标准化技术委员会发布的《人工智能安全标准化白皮书(2019 版)》、中国信息通信研究院发布的《人工智能安全白皮书(2018 年)》、2019 年世界人工智能大会上发布的《人工智能数据安全风险与治理》、浙江大学联合蚂蚁科技集团股份有限公司发布的《人工智能安全白皮书(2020)》等。

人工智能系统涉及数据、算法、模型、基础设施、业务应用等多个环节，这些环节中存在难以避免的脆弱性，尤其是新的安全威胁利用这些脆弱性引发的人工智能安全风险已经成为制约其快速发展和深度应用的重要因素。

1. 模型安全风险

《人工智能安全标准化白皮书(2019 版)》指出，模型是人工智能系统的核心，而模型中的安全隐患则可能给人工智能系统带来致命的安全后果。人工智能系统中的算法模型存在数据依赖、稳健性不足、可解释性和透明性欠缺等问题。

首先，数据集的数量和质量影响模型质量。环境变化会产生数据集噪声，模型训练所采用的数据集和测试输入数据可能存在分布偏移，恶意攻击导致的训练和测试数据样本集合被污染，都会导致模型产生不可预计的输出甚至伤害性的结果。其次，模型的准确性和稳健性存在折中。当前基于深度学习的人工智能模型主要基于概率统计方法构建，从数据中提取的特征可能并不稳健，模型准确性的提升可能会带来稳健性的下降。最后，模型算法隐藏的恶意行为给模型应用带来巨大的安全隐患。随着预训练模型的普遍应用，攻击者有机会对开源模型注入恶意行为，生成变异的模型并再次共享，当用户下载和使用此类携带恶意行为的模型后，会引起重大安全隐患。

人工智能模型普遍被认为是“黑盒”模型——决策过程不透明，结果难以解释。深度学习算法中，典型的深度神经网络模型通常拥有数百万参数，最新的一些大型预训练模型参数甚至达到上千亿乃至万亿，使人类难以理解其内部工作机理。当人工智能模型被应用于医疗、交通、军事等安全攸关领域时，算法的透明度和可解释性严重影响人们对模型的信任感和认同度。

2. 数据安全风险

数据是人工智能技术的核心驱动力，为获得相当精度的模型，普遍需要大规模、多类型的数据进行训练。随着大规模数据的采集和使用，数据安全风险问题日益突出，《人工智能数据安全风险与治理》将人工智能中的数据安全风险分为数据隐私问题、数据质量问题和数据保护问题。

(1) 数据隐私问题：指在人工智能的开发、测试、运行过程中存在的隐私侵犯问题，这一类问题是当前人工智能应用需要解决的关键问题之一；

(2) 数据质量问题：主要指用于人工智能的训练数据集以及采集的现场测试数据存在的潜在质量问题，以及可能导致的后果，这是人工智能特有的一类数据安全问题；

(3) 数据保护问题：主要指人工智能开发及应用企业对持有数据的安全保护问题，涉及数据采集、存储、处理、传输、交换等全生命周期，以及人工智能开发和应用等各个环节。

3. 基础设施安全风险

基础设施，是人工智能产品和应用普遍依赖的基础物理设备和软件架构，是人工智能模型数据收集存储、执行算法、上线运行等所有功能的基础。与传统的计算机安全威胁相似，它会导致数据泄露、信息篡改、服务拒绝等安全问题，包括软件系统和硬件设施两个层面。

(1) 软件系统层面，包含主流人工智能模型的工程框架、实现人工智能技术算法的开源软件包和第三方库、部署人工智能软件的操作系统，这些软件可能会存在重大的安全漏洞；

(2) 硬件设施层面，包含数据采集设备、GPU 服务器、端侧设备等，某些基础设备缺乏安全防护容易被攻击者侵入和操纵，进而可被利用施展恶意行为。

4. 业务应用安全风险

在数据、模型、基础设施等支撑下建立的业务应用，由于底层单元固有的安全隐患，各类因素交叉影响、相互关联，人工智能业务应用的安全风险呈现出安全问题更加多样、威胁更为隐蔽、影响更为严重等特点，如在自动驾驶、智能推荐、深度伪造等领域都存在这样的问题。

(1) 自动驾驶系统。自动驾驶系统在传统车辆的基础上增加了数据自动处理、远程连接、辅助决策等功能，新增的功能不仅附加了信息系统的传统安全隐患，也大大增加了通过网络攻击物理系统的可能，恶意攻击者能够通过攻击数据源、采用数据欺骗等手段远程控制汽车系统，并且自动驾驶系统可能会错误识别目标，导致发生严重的安全事故。

(2) 智能推荐。个性化智能推荐融合了人工智能相关算法，依托用户浏览记录、交易信息等数据，对用户兴趣爱好、行为习惯进行分析与预测，根据用户偏好推荐信息内容。智能推荐一旦被不法分子利用，将使虚假信息、涉黄涉恐、违规言论等不良信息内容的传播更加具有针对性和隐蔽性，在扩大负面影响的同时减少被举报的可能。

(3) 深度伪造。运用人工智能技术合成的图像、音视频等已经达到以假乱真的程度，可被不法分子用来实施诈骗活动。制造虚假视频以及其他采用人工智能技术伪造特定情报甚至可以危害国家安全。

随着人工智能在国防、医疗、交通、金融等重要行业领域的深入应用，如果出现严重安全事件或被不当利用，可能会对国家安全、社会伦理、网络安全、人身安全与个人隐私等造成极大影响，因此人工智能安全问题的研究成为近年来人工智能领域的研究热点。本章重点从数据角度对人工智能安全进行介绍。

14.1.2　人工智能数据安全

现代人工智能技术对数据的依赖性极强，以深度学习为代表的人工智能技术需要海量数据作为支撑，数据越多，训练得到的模型效果越好，模型的泛化能力越强。数据安全对人工智能的安全、健康、快速发展非常重要，一方面人工智能依赖数据，数据会对人工智能安全造成影响，另一方面人工智能也为数据安全带来挑战。

人工智能导致的数据安全风险由两方面因素促成：首先，人工智能技术的广泛应用促进了数据井喷式增长，反过来数据作为机器学习等人工智能技术的根基，又推动了人工智能技术的进一步广泛应用，形成更大的数据资源；其次，随着人工智能技术的发展，对数据的分析和挖掘能力也在迅速增强，这将给个人隐私、社会安全以及国家安全带来风险。

人工智能数据安全涉及数据采集、数据传输、数据存储、数据处理、数据交换、数据销毁等各阶段。

1. 数据采集阶段

人工智能系统需要采集大量训练数据和测试数据，用于模型训练和推断预测。由于数据集规模、多样性等的不足以及数据中可能存在噪声和遭到恶意篡改，数据质量面临潜在风险。另外，由于数据的过度采集，可能会侵犯用户的隐私。

2. 数据传输阶段

人工智能系统通常部署在云侧和端侧，云和端之间存在大量的数据传输，因此存在传统的数据泄露、数据遭篡改等安全风险。

3. 数据存储阶段

在数据存储阶段，安全隐患主要体现在数据、模型的存储媒介安全方面，如果存储系统存在安全漏洞或模型存储文件被破坏都可能会造成数据泄露或模型损坏。

4. 数据处理阶段

在数据预处理阶段，通常使用数据预处理技术来提升数据质量，这个过程会把外部获取的数据和用户自己的数据进行合并，可能导致已经被匿名化的数据再次被识别。实际数据处理阶段，由于人工智能算法模型的黑箱特征，数据处理过程无法解释。

5. 数据交换阶段

海量数据的采集和标注依靠人工标注和第三方或众包方式相结合的方式实现，容易带来数据泄露和滥用隐患。基于深度神经网络等人工智能算法可以记住训练数据集的细节信息，通过分析系统的输入输出和其他外部信息，可以推测系统模型的参数及训练数据中的隐私信息。

6. 数据销毁阶段

在数据销毁阶段，若没有安全可信的销毁监督机制，则存在敏感数据泄露问题。

以上主要是人工智能技术的应用给数据安全带来的风险及挑战，相应地，数据对人工智能系统也会产生影响甚至是攻击，这就是数据对抗要介绍的内容。

14.1.3 数据对抗的概念

什么是数据对抗？从狭义上讲，数据对抗是信息领域的一种新型攻防斗争样式，是基于数据实施的针对人工智能系统或模型的攻击与防御的相关手段和方法，是斗争双方为争夺人工智能优势而进行的斗争。从广义上讲，数据对抗是斗争双方基于数据或数据处理、分析等相关技术所开展的攻防斗争活动。

以深度学习为代表的机器学习模型在应用时主要包含训练和预测两个过程。在训练过程中，首先划分训练样本集合，然后将训练样本输入模型，利用反向传播等算法对模型参数进行更新，由此不断循环迭代，最后得到训练后的模型。在模型预测过程中，通过向模型送入需要分析、预测的业务数据，在模型的推理运算下得到相应的预测或判别结果。这也是典型的机器学习的一般过程。

在以上过程中，若数据由用户自己提供，且模型训练和使用也由用户自身完成，此时模型和数据安全能够得到一定保障。但在当前机器学习模型生成和使用过程中，数据提供者、机器学习算法及模型训练服务提供者和模型使用者彼此独立或分离，那么同传统的信息安全一样，由于可能存在恶意的攻击者，因而在机器学习模型的生成及应用的各阶段均面临安全风险，特别是有针对深度学习模型的一些特定攻击。

如图 14-1 所示，模型训练和预测都面临着攻击问题，从数据的角度看，机器学习模型面临针对训练数据的数据投毒攻击、针对测试数据的对抗样本攻击以及针对模型参数和数据集信息泄露的数据隐私攻击。数据投毒攻击主要是指在训练或再训练过程中，通过攻击训练数据集或算法来操纵机器学习模型的预测。对抗样本攻击主要是指在正常测试数据的基础上通过添加扰动而形成恶意样本，诱导目标模型产生错误的预测。数据隐私攻击主要是指攻击者可以利用模型产生的计算结果提取模型和数据相关的隐私信息，可以发生在训练和预测阶段。

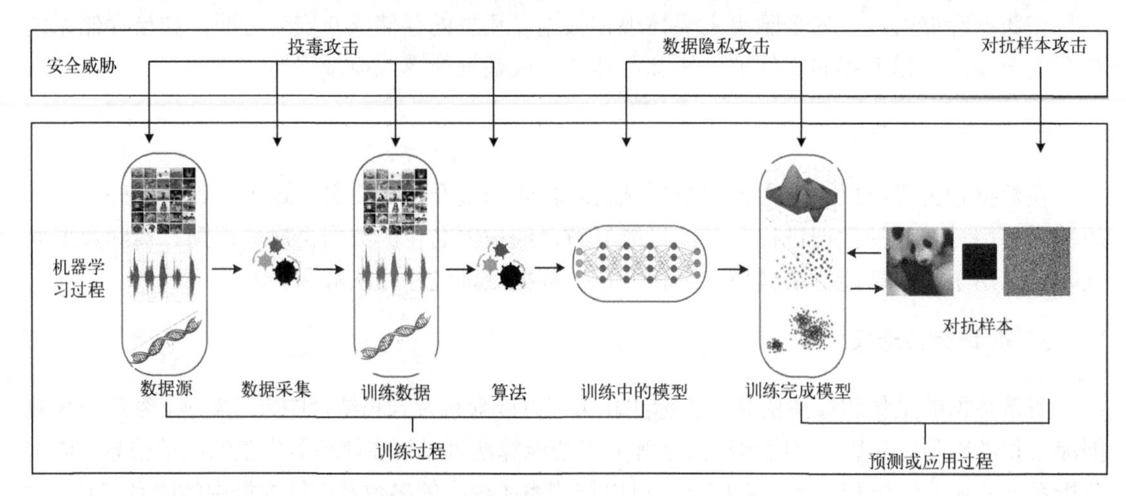

图 14-1　机器学习模型面临的安全威胁

从模型使用者的角度来看，要保护和防范的对象分别是已知合法数据和未知恶意数据。已知合法数据是系统中原本存在的合法数据(如所收集的训练数据集、模型的参数信息、用户提交的预测数据以及模型的预测结果等)，是隐私保护的对象。未知恶意数据是本不应该在系统中存在的数据，由于恶意攻击者的存在，系统中的正常数据集受到篡改或被添加进可能引起模型出错的恶意扰动，是要防范的对象。其中，围绕未知恶意数据展开的攻击与防御是数据对抗的重点内容。从图 14-1 可以看出，数据对抗的两种主要攻击手段是投毒攻击和对抗样本攻击，而相应的防御手段也主要围绕这两种攻击展开。

数据对抗攻击威胁引发了学术界和工业界对于人工智能模型在安全方面的广泛关注，新的数据对抗攻击方法不断涌现，应用场景覆盖了计算机视觉、自然语言处理、语音处理、图数据处理以及网络安全等领域。以下各节将分别针对数据投毒攻击和对抗样本攻击介绍相关技术和相应的防御手段。

14.2　数据投毒攻击

人工智能模型的决策与判断能力来源于对海量数据的训练和学习过程。因此，数据是模型训练过程中一个非常重要的部分，模型训练数据的全面性、无偏性、纯净性很大程度上影响了模型的准确性和可用性。一般来说，一个全面的、无偏的、纯净的大规模训练数据集可以使模型很好地抽取数据特征，通过学习获得近似于人类甚至超越人类的决策与判断能力。但是，如果训练数据受到攻击者的恶意篡改，那么模型经过学习和训练过程后，可能会出现错误的预测行为。这类由数据全面性、无偏性、纯净性引起的安全威胁本质上破坏了模型的训练过程，使模型通过常规的学习和训练过程无法具备正确的决策、判断能力。在模型训练阶段发生的攻击主要是投毒攻击。投毒攻击是指攻击者通过在模型的训练集中加入少量精心构造的毒化数据，使模型在测试阶段无法正常使用或协助攻击者在没有破坏模型准确率的情况下入侵模型。

14.2.1　数据投毒攻击原理及分类

1. 攻击原理

因为数据的收集、传输途径不可靠，或数据进入模型前的存储不安全，攻击者可以修改训练数据或者模型，对其发动投毒攻击。投毒攻击基本贯穿了深度学习系统的整个生命周期，包含了对模型的修改过程，具有主动性，能够影响训练数据和测试数据，而对抗样本攻击在模型的预测阶段进行攻击，不涉及对模型的修改，具有被动性，只能影响测试数据。

根据不同的攻击方式，投毒攻击分为标签投毒、数据投毒和模型投毒；根据攻击危害，投毒攻击分为破坏完整性目标的投毒攻击、破坏可用性目标的投毒攻击；根据攻击目标的专一性，投毒攻击分为针对性攻击、无差别攻击；根据攻击目标的错误专一性，投毒攻击分为特定目标攻击、非特定目标攻击。

2. 攻击分类

1) 按攻击方式分类

(1) 标签投毒。攻击者通过直接修改训练数据的标签信息，使训练数据对应到错误的标签，模型学习到错误的对应关系，在面对新的测试数据时偏离正常判断，准确率降低。在攻击者拥有训练数据访问权时，修改训练数据标签是很容易发动的攻击。

(2) 数据投毒。攻击者通过将毒化数据注入训练集，使模型基于含有毒化数据的训练集进行训练。投毒攻击破坏了训练集中的数据，降低了使用毒化数据训练的模型的整体功能。数据投毒在实现时不需要修改目标模型结构，能够对大部分模型进行攻击。

(3) 模型投毒。模型投毒是指直接对模型进行投毒攻击的方法，在一般情况下通过直接向用户提供中毒模型实现攻击。由于此类攻击的攻击者直接提供模型，因此可以任意修改训练数据、模型结构和模型参数等。此类中毒模型可以以极高的准确率实现用户的要求，但是只会对指定的样本显示中毒行为，即可以输出攻击者预先设定的结果。

2) 按攻击危害性分类

(1) 破坏完整性目标的投毒攻击。破坏完整性目标的投毒攻击使被投毒的模型对干净数据表现出正常的预测能力，只对攻击者选择的目标数据输出错误结果。

(2) 破坏可用性目标的投毒攻击。破坏可用性目标的投毒攻击主要是使模型不可用。该类攻击主要是通过破坏原来训练数据的概率分布，使得训练出的模型决策边界偏离或者使得模型精度降低。

3) 按攻击专一性分类

(1) 针对性攻击。针对性攻击即攻击者有目的地降低模型对某些特定数据样本的分类性能。

(2) 无差别攻击。无差别攻击即针对任何样本而发起的攻击。以破坏算法性能为目的，往往会导致分类器对各种样本的混淆。

4) 按攻击目标错误专一性分类

攻击目标错误专一性主要是针对多分类问题。

(1) 特定目标攻击。特定目标攻击是指攻击者使一个样本被模型误分类为特定的类别。

(2) 非特定目标攻击。非特定目标攻击是指攻击者使一个样本被模型误分类为不同于真实类别的任何类别。

14.2.2　数据投毒攻击典型方法

1. 标签翻转攻击

用户的原始数据集为D，给定攻击者对目标系统的知识$\boldsymbol{\theta}=(\hat{D},X,M,\hat{\boldsymbol{w}})$，$X$表示特征集合，$M$表示目标系统学习算法且有目标损失函数$L$，$\hat{\boldsymbol{w}}$表示目标系统训练后得到的模型参数，尖帽号表示攻击者对于目标系统组成部分的有限知识。攻击者能够操纵的数据集$\hat{D}$被划分为$\hat{D}_{\mathrm{tr}}$和$\hat{D}_{\mathrm{val}}$，攻击者在模型的正常训练集中加入精心构造的毒化数据，使得毒化后的模型将攻击者选定的数据$\boldsymbol{x}_s$分类到目标类别y_t，而不影响模型在选定数据以外正常测试集的准确率。构造毒化数据的过程可以看作一个双层优化的问题，表示如下：

$$D_c^* \in \underset{D_c'\in\Phi(D_c)}{\arg\max}\quad A(D_c',\boldsymbol{\theta})\qquad \text{s.t.}\quad \hat{\boldsymbol{w}}\in\underset{\boldsymbol{w}'\in W}{\arg\min}\quad L(\hat{D}_{\mathrm{tr}}\cup D_c',\boldsymbol{w}') \tag{14-1}$$

式中，$D_c=\{\boldsymbol{x}_c,y_c\}$为初始的毒化数据集合；$\Phi(D_c)$表示在一定限制条件(如输入扰动的范数)下对$D_c$进行某种调整，调整后的毒化数据集合为$D_c'\in\Phi(D_c)$。其中，外层优化通过最大化攻击目标函数$A$得到毒化数据集合$D_c^*$，内层优化通过最小化$\hat{D}_{\mathrm{tr}}\cup D'$数据集上的目标函数得到毒化模型参数$\hat{\boldsymbol{w}}$。

如果攻击者进行非特定目标攻击，则外层优化目标函数可记为

$$A(D_c',\boldsymbol{\theta})=L_{\mathrm{adv}}(\hat{D}_{\mathrm{val}},\hat{\boldsymbol{w}}) \tag{14-2}$$

如果攻击者进行特定目标攻击，则外层优化目标函数可记为

$$A(D_c',\boldsymbol{\theta})=L_{\mathrm{adv}}(\hat{D}_{\mathrm{val}}',\hat{\boldsymbol{w}}) \tag{14-3}$$

$\hat{D}_{\mathrm{val}}'$的数据来自$\hat{D}_{\mathrm{val}}$，但具有攻击者所期望的误分类标签y_t。

考虑一次只得到一个毒化数据样本$\boldsymbol{x}_c^*$，则上述双层优化问题简化为

$$\boldsymbol{x}_c^* \in \underset{\boldsymbol{x}_c'\in\Phi(\{\boldsymbol{x}_c,y_c\})}{\arg\max}\quad A(\{\boldsymbol{x}_c',y_c\},\boldsymbol{\theta})\qquad \text{s.t.}\quad \hat{\boldsymbol{w}}\in\underset{\boldsymbol{w}'\in W}{\arg\min}\quad L(\hat{D}_{\mathrm{tr}}\cup\{\boldsymbol{x}_c',y_c\},\boldsymbol{w}') \tag{14-4}$$

目标梯度$\nabla_{\boldsymbol{x}_c}L_{\mathrm{adv}}$同时由内外层目标函数决定，由于模型的目标函数为非凸函数，以上双层优化问题无法直接求解，因此可以采用反向传播中的梯度优化(Back-gradient Optimization)技术来快速且高效地求解上述的双层优化问题，步骤如下：

(1) 通过对内层进行T轮迭代展开并优化得到$\hat{\boldsymbol{w}}$，其中每一轮的反向传播都会计算并更新外层优化所需要的梯度$\mathrm{d}\boldsymbol{x}_c$；

(2) 利用内层优化得到的$\hat{\boldsymbol{w}}$来计算$\nabla_{\boldsymbol{x}_c}L_{\mathrm{adv}}$，并与$\mathrm{d}\boldsymbol{x}_c$求和得到最终的目标梯度；

(3) 优化得到$\boldsymbol{x}_c^*$，并将$\boldsymbol{y}_c$的标签翻转到目标类别y_t。

基于标签翻转的数据投毒攻击可以显式地改变模型的决策边界，这种方法虽然简单且高效，但会导致数据与类别标签不对应。模型训练者会把这种不对应的数据当作异常点从数据集中剔除。

2. 标签不变攻击

标签不变攻击去除了攻击者可以控制训练数据标签的假设，使得攻击假设更加符合实际场景。标签不变攻击策略假定攻击者不了解训练数据，但是对模型及其参数信息具有一定程度的知识，例如，在迁移学习条件下，在经典数据集上进行预训练的分类网络经常作为特征提取器。

标签不变攻击采取特征碰撞的方法来生成毒化数据，通过优化在特征空间上与目标样本图片一致的毒化数据，与此同时保证毒化数据在输入空间上与干净基类样本尽可能地相似，如式(14-5)所示：

$$\boldsymbol{p} = \underset{\boldsymbol{x}}{\operatorname{argmin}} \left\| f(\boldsymbol{x}) - f(\boldsymbol{t}) \right\|_2^2 + \beta \left\| \boldsymbol{x} - \boldsymbol{b} \right\|_2^2 \tag{14-5}$$

式中，$f(\cdot)$代表模型在倒数第二层(在 Softmax 层之前)的特征空间；$\boldsymbol{t}$代表攻击者的目标样本；$\boldsymbol{b}$代表干净基类样本。等式(14-5)右边的第一项使得中毒样本在特征空间上靠近目标样本，第二项使得中毒样本$\boldsymbol{p}$看起来像干净基类样本$\boldsymbol{b}$，而β控制这种像的程度。上述攻击能够隐蔽地影响模型的决策边界，使得攻击者可以在较小比例的毒化数据下完成攻击。

攻击者通过特征碰撞构造的中毒样本，在外表上属于干净基类样本的标签，而特征却接近攻击者选定的目标样本图片，当人类对这类图片进行标注时，就会将这些样本标注为干净基类样本的标签。模型一旦在混有这些样本的图片上进行训练，就会学习到目标样本特征与基类样本标签的因果关系。

3. 后门神经网络攻击

后门神经网络攻击的攻击者在模型的正常训练集中加入精心构造的毒化数据集，使得毒化后的模型将加入攻击者选定的后门触发器的数据分类到攻击者的目标类别y_t，而不影响模型的正常性能。

在图片$\boldsymbol{x}_i$上加入后门触发器Δ的操作表示如式(14-6)所示：

$$\boldsymbol{x}_i + \Delta = \boldsymbol{x}_i \odot (\boldsymbol{I} - m) + \Delta \odot m \tag{14-6}$$

式中，$\odot$表示元素积；m代表图像掩码，其大小与$\boldsymbol{x}_i$和Δ一致，值为$\boldsymbol{I}$表示图像像素由对应位置Δ的像素取代，而0则表示对应位置的图像像素保持不变。

后门神经网络攻击适用于外包训练和迁移学习场景。在外包训练场景下，恶意训练服务提供者掌控训练过程，可以在满足用户对模型架构和准确性要求的前提下，以任何对自己有利的方式对模型进行训练，包括对训练过程进行任意干扰甚至直接调整模型参数。

对用户来说，用户希望采用训练数据集D_{tr}对神经网络参数F_Θ进行训练，用户将模型F架构相关信息发送给服务商，服务商返回训练后的参数Θ'给用户，用户会检查训练后的模型$F_{\Theta'}$在验证集D_{val}上的准确率，只有模型在验证集上达到所希望的准确度后，用户才会接受该模型。

对于攻击者来说，返回给用户的是一个后门模型$\Theta' = \Theta_{\text{adv}}$，将诚实训练的模型记为$\Theta^*$。攻击者有两个目标，首先，$F_{\Theta_{\text{adv}}}$不应减少在验证集$D_{\text{val}}$上的准确度，否则将会被用户拒绝；其次，$F_{\Theta_{\text{adv}}}$对于带有后门触发器的输入，其产生的输出不同于$F_{\Theta^*}$在此输入上产生的输出。

攻击者可以是非特定目标攻击，即只要对于后门输入，$F_{\Theta_{adv}}$ 与 F_{Θ^*} 的输出不同即可；也可以是特定目标攻击，即 $F_{\Theta_{adv}}$ 对后门输入的输出标签不仅与 F_{Θ^*} 不同，还需要输出攻击者指定的目标标签。

后门神经网络攻击是在同样的架构下构造一个会对后门输入敏感的模型，作为后门识别模型。将该后门识别模型与原模型以合适的方式合并，获得一个对正常输入上以原模型正常预测、在后门输入上按照后门识别模型进行预测的模型。综合来看，合并后的模型就相当于一个在特定输入上发生误分类的后门模型。该攻击的实现通过数据投毒实现，攻击者可以不受限地选择毒化数据和标签对训练过程进行修改，使模型基于正常输入与后门输入的合集进行训练，即可自然地达到将后门识别模型与原模型以合适的方式合并的效果。

4. 特洛伊木马攻击

特洛伊木马攻击是在白盒场景下对预训练模型的后门攻击。攻击者可以访问预训练模型的体系结构和参数，攻击者可能是恶意的第三方，其可以通过下载开放的预训练模型并对模型进行修改后发布模型的"改进"版本。在这种场景下，攻击者不能访问原始训练集和验证集，但拥有对目标神经网络模型的完全访问权限，可以自由选取或生成训练数据对预训练模型进行重训练。

攻击者首先在预训练模型中选择某个中间层，并选择与上一层连接权重较大的 k 个神经元作为后门特征嵌入的位置，然后对后门触发器进行优化使选择的神经元激活值尽可能地大。攻击分为 3 个步骤：后门触发器生成、训练数据生成及模型再训练。

(1) 后门触发器生成。选择初始后门触发器，确定与该后门触发器有密切关联的神经元；然后调整该后门触发器，对模型进行操作，直到使选定的神经元达到最大值。

(2) 训练数据生成。由于不能访问原始训练数据，需要对原始训练集进行逆向工程以便对模型进行重训练，使得重训练后的模型不改变对正常样本的分类准确率。对于每个输出节点，获取强烈激活该节点的输入。具体而言，选取某图像，模型对该图像在输出节点生成非常低的分类置信度(如 0.1)；然后调整该图像的像素值，直到在目标输出节点达到大于其他输出节点的置信度值(如 1.0)。将调整后的图像视为目标输出节点对应的原始训练集中图像的替换。

(3) 模型再训练。使用后门触发器和生成的逆向训练数据来对模型中选定神经元所在层与输出层之间的部分重新训练。对每个逆向训练数据，生成一对训练数据，一个是具有预期分类结果的正常输入，另一个是指向目标标签的嵌入后门触发器的输入；然后以原始模型的参数作为初始化，使用这些训练数据重新训练模型。在完成重训练后，可以使模型正确检测正常的输入数据，但对带有后门触发器的输入输出异常。

5. 隐藏后门攻击

隐藏后门攻击是迁移学习场景下将模型作为后门载体的后门攻击。攻击者是发布预训练模型的一方，可以按照需求对预训练模型进行训练，在预训练模型中提前嵌入后门，然后将其发布到网上，当用户在本地对含有攻击者指定目标类别的训练任务进行微调后，后门才会被触发。

在该攻击中，由攻击者发布的预训练模型称为教师模型，而经过用户基于教师模型迁移学习后生成的模型称为学生模型。

攻击者训练的教师模型通过迁移学习被学生模型学习与继承。在教师模型中，嵌入了隐藏后门，但不包含目标标签，当学生模型具备了目标标签 y_t 后(如 y_t 是某个政治人物，教师模型任务是名人识别，不包含 y_t，而学生模型用来进行政治人物面部识别且把 y_t 当作其中一个目标类)，此时后门被激活。

该攻击的重点是教师模型的生成，其包含以下5个步骤。

(1) 调整教师模型。对原始教师模型进行调整，用 y_t 对应的目标任务替换教师模型原本的任务。当教师模型的任务与 y_t 对应的目标任务不同时，使用干净的目标样本数据集 X_{y_t} 与对应相同目标任务的非目标样本数据集 $X_{\setminus y_t}$ 对原始教师模型进行重训练。重训练时首先需要用支持两个新训练数据集的新分类层替换原始教师模型的分类层，然后在两个数据集的组合上进行。

(2) 生成触发器。针对确定的后门触发器位置和形状，选定 K_t 层的特征空间，计算对应的后门触发器的图案和颜色强度，使任何带有后门触发器的输入在 K_t 层的特征表示都与 y_t 对应的干净样本数据类似。

(3) 植入后门。通过优化过程更新模型的权重，使带有后门触发器的输入在 K_t 层的特征与目标标签的相应特征相匹配，从而植入后门。

(4) 隐藏后门。将被植入后门的教师模型最后的分类层替换为原始教师模型的分类层，从而隐藏后门的痕迹并恢复教师模型的原始任务，这一步保护注入的隐藏后门不会被后门检测方法检测到。

(5) 发布模型。在发布文档中指定在迁移学习时应冻结不少于 K_t 层的前 K 个层，使第 K_t 层被冻结，从而防止后门在迁移学习的过程中被破坏。

14.2.3　数据投毒攻击防御

传统的特定目标投毒攻击可以看作后门攻击的一种特殊情况，根据防御技术的部署场景，《人工智能安全白皮书(2020)》将后门攻击的投毒攻击防御方法分为面向训练数据的防御和面向模型的防御。面向训练数据的防御部署在模型训练数据集上，适用于训练数据的来源不被信任的场景；面向模型的防御主要应用于检测预训练模型是否被毒化，若被毒化则尝试修复模型中被毒化的部分，其适用于模型中可能已经存在投毒攻击的场景。

1. 面向训练数据的防御

面向训练数据的防御试图保护模型在使用不信任来源的数据训练后，不受到后门攻击的影响。

1) 基于频谱特征的毒化数据清理方法

训练集中如果同时含有干净数据和毒化数据，毒化数据中的后门会在分类过程中提供一个很强的信号，只要这个信号足够大，就可以使用频谱特征进行奇异值分解来区分毒化数据和干净数据。防御者首先使用含有后门的数据集 D_{tr} 训练得到模型，提供特征表示 $\boldsymbol{R}$，并对每一个类别 y 中的所有数据计算特征表示的期望：

$$\hat{\boldsymbol{R}}=\frac{1}{n}\cdot\sum_{i=1}^{n}\boldsymbol{R}(\boldsymbol{x}_i) \tag{14-7}$$

式中，$n=\left|D_y\right|$，随后，计算标准化后的特征矩阵 $\boldsymbol{M}=[\boldsymbol{R}(\boldsymbol{x}_i)-\hat{\boldsymbol{R}}]_{i=1}^{n}$ 的最大奇异值向量 v 以及每一个数据的异常值得分 $\tau_i=((\boldsymbol{R}(\boldsymbol{x}_i)-\hat{\boldsymbol{R}})\cdot\boldsymbol{v})^2$。最后，按参数 ε 的一定比例从 D_y 中去除异常值得分靠前的数据并重新训练得到模型，其中 ε 表示含有后门的毒化数据占全部数据比例的上界。

2) 基于激活值聚类的后门数据检测

若含有后门的任意类别样本与不含后门的目标类别样本能得到相同的分类结果，会在神经网络的激活值中体现出差异。在使用收集的数据训练得到模型后，将数据输入到模型并提取模型最后一层的激活值，然后使用独立成分分析方法将激活值进行降维，最后使用聚类算法来区分含有后门的数据和正常的数据。

3) 基于 STRIP 算法的后门数据检测

对输入数据进行有意图的强扰动(将输入的数据进行叠加)，利用含有后门的任意输入都会被分类为目标类别的特点(若模型含有后门，含有后门的输入数据在叠加后都会被分类为目标类别，而正常数据叠加后的分类结果则相对随机)，通过判断模型输出分类结果的信息熵来区分含有后门的输入数据。

2. 面向模型的防御

面向模型的防御试图检测模型中是否含有后门，若含有则将后门消除，主要分为剪枝防御(Pruning Defense)、微调防御(Fine-tuning Defense)、精细剪枝防御(Fine-pruning Defense)等。

1) 剪枝防御

基于后门触发器会在模型的神经元上产生较大的激活值从而使得模型发生误分类的现象，可以通过剪枝的操作来删除模型中与正常分类无关的神经元来防御后门攻击。剪枝技术早期用于减少深度神经网络的计算消耗，并可以在不影响分类准确率的情况下修剪大部分神经元。剪枝防御通过消除干净输入上处于休眠状态的神经元来减少后门网络的大小，从而禁止投毒攻击行为，增强深度神经网络的安全性。

剪枝防御的工作原理：防御者首先使用验证数据集的正常输入执行来自攻击者的深度神经网络模型，并记录每个神经元的平均激活值；然后，防御者以平均激活的递增顺序迭代地修剪来自深度神经网络的神经元，并在每次迭代中记录剪枝网络的准确性，当验证数据集的准确度降至预定阈值以下时，终止剪枝防御。

剪枝防御计算简单，仅需防御者通过每个验证输入执行通过网络的单个前向传递过程来评估(或执行)经验证数据训练的深度神经网络模型。然而，若攻击者意识到防御者可能采取剪枝防御操作，将后门特征嵌入到与正常特征激活的相关神经元上，这种防御策略将会失效。

2) 微调防御

微调防御使用预训练的深度神经网络模型权重作为初始化，并设置较小的学习率，相比于从头训练能够缩短模型的训练时间。微调防御意味着继续训练中毒的神经网络，使得后门触发器无效，但仍能正常使用合法数据。但在部分稀疏网络上进行微调是无效的，因为中毒神经元不会被纯净的数据激活，因此这些神经元的梯度接近 0 并且在很大程度上不受微调的影响。

3) 精细剪枝防御

精细剪枝防御首先修剪神经网络中休眠的神经元，然后用干净的数据集进行微调，使涉及中毒行为的神经元权重被更新。在此过程中，剪枝防御和微调防御起着互补作用，剪枝防御可以删除休眠的神经元，使得投毒攻击集中到较少的神经元中，微调防御可以重新训练神经元，消除投毒对深度神经网络模型的影响。

14.3　对抗样本攻击

14.3.1　对抗样本概述

1. 对抗样本生成原理

数据投毒攻击理论相对简单，但实现相对困难，因为攻击者一般很难接触到模型的训练数据。与数据投毒攻击相比，对抗样本攻击具体实施相对简单。对抗样本攻击主要是对模型的测试数据进行修改，从而让目标模型进行预测时失效。

对抗样本一般是指在输入数据样本上叠加微小扰动的样本，叠加扰动后的样本不影响人类的正常判断，但能够使得基于深度学习的模型或系统出现误判，即：通过对正常样本 $\boldsymbol{x}$ 添加扰动 $\boldsymbol{\eta}$，使得分类模型 F 对新生成的样本产生错误的判断，表示为

$$\boldsymbol{x}' = \boldsymbol{x} + \boldsymbol{\eta} \tag{14-8}$$

如图 14-2 所示，在 ImageNet 数据集上训练的 GoogLeNet 模型能将图像 $\boldsymbol{x}$ 以置信度 57.7% 识别为“熊猫”，但在加入很小的扰动后，模型却将叠加后的图片识别为“长臂猿”，置信度达到了 99.3%。

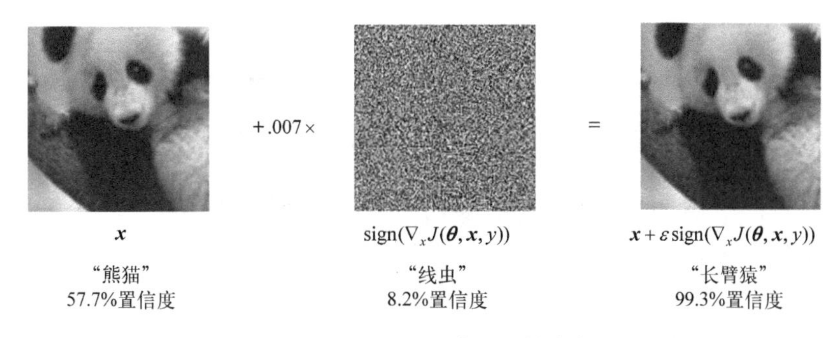

图 14-2　GoogLeNet 中对抗样本生成

对抗样本的成因包括盲区假设、高维线性假设和决策面假说等多种解释。盲区假设是指，对抗样本是分布在低概率区域的数据，属于样本数据的盲区，由于深度学习模型的泛化性不够，盲区数据成为对抗样本，如图 14-3 所示。神经网络的高维线性假设是指，输入数据的微小变化，经过网络线性放大，就可能造成判决失误。决策面假说是指，存在一个低维子空间包含了决策边界的大多数法向量，而属于该子空间的对抗扰动便可以干扰大多数分类模型。

由于深度学习模型的高度复杂性使其难以进行数学描述，因此不同的假说往往具有不同的侧重点，很难达成数理层面的统一认识，这也为对抗样本攻击提供了空间，使其难以防御。

2. 对抗样本典型样式

机器学习模型能够处理的数据种类非常丰富，针对不同的数据类型都可以实施对抗样本攻击。当前比较典型的对抗样本样式有文本对抗样本、图像对抗样本、音频对抗样本、图数据对抗样本等。

在自然语言处理中我们经常会对文本数据进行分析，如对句子进行情感分类等，如果对文本中的某些字母实施顺序颠倒就很可能造成模型的误判(图 14-4)；同样对图像添加干扰后，也可能造成模型对图像的识别发生错误(图 14-5)；音频数据也可以通过添加人类难以察觉的干扰使得模型对语言的识别发生错误(图 14-6)；在图数据中，如社交网络、电商场景的买家卖家网络、支付场景的交易网络等，基于图卷积网络的模型很容易被攻击(图 14-7)。因此，只要是机器学习模型能够处理的数据，都可以实施对抗样本攻击，如激光雷达产生的点云数据等也可以受到攻击。

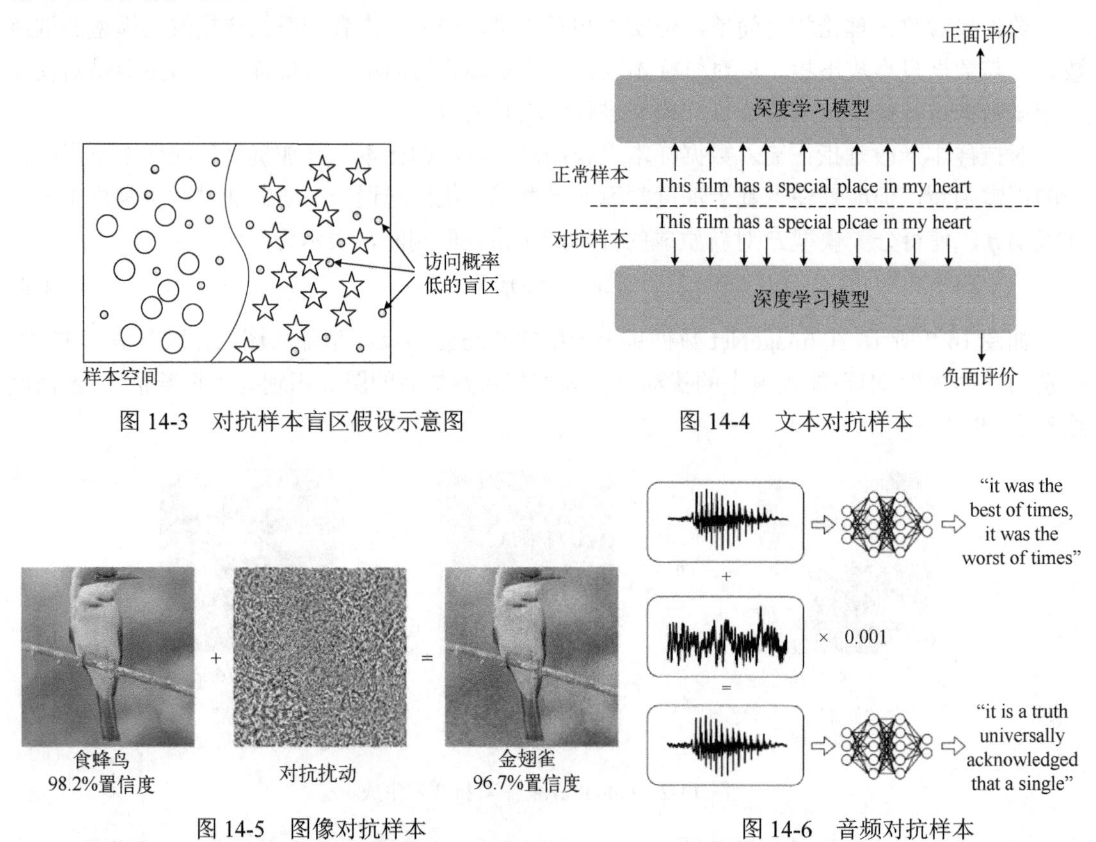

图 14-3　对抗样本盲区假设示意图

图 14-4　文本对抗样本

图 14-5　图像对抗样本

图 14-6　音频对抗样本

3. 对抗样本攻击分类

对抗样本攻击能够使得深度学习模型产生误判，依据攻击者对目标模型信息的了解情况可以将攻击分为白盒攻击与黑盒攻击；依据攻击者的攻击目的，可以将攻击划分为有目标攻击和无目标攻击；依据攻击者生成扰动大小的范数不同，可以分为 L_0、L_2、L_∞ 范数攻击；依据攻击发生的环境不同可以分为数字攻击与物理攻击。

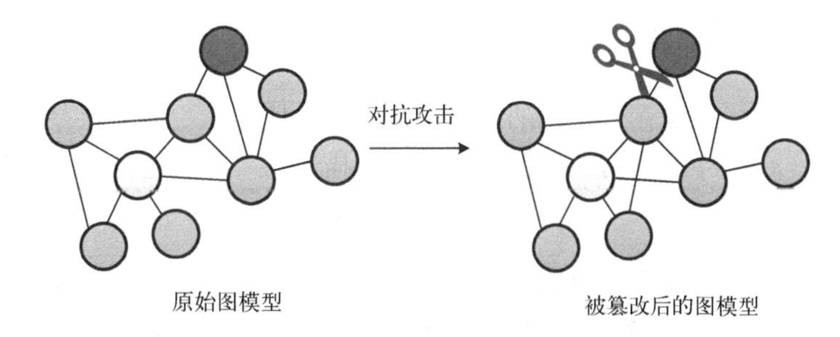

图 14-7 图数据对抗样本

1) 白盒攻击与黑盒攻击

在白盒攻击中，攻击者需要对目标模型有着准确的把握，如掌握目标模型的网络结构、参数、应用场景等。而在黑盒攻击中，通常假设攻击者对目标模型内部并不了解，只能通过不断向模型进行数据输入，然后观察模型的输出来实现与模型的互动。

2) 有目标攻击与无目标攻击

有目标攻击也称为针对性攻击，是指攻击者可以设定攻击范围和攻击效果，从而使被攻击模型不但对样本进行错误分类，而且把样本分类为攻击者想要的类别。无目标攻击也称为可靠性攻击，攻击者的攻击目的只有一个，就是使被攻击模型出现决策错误，但并不指定分类的类别。

3) L_0、L_2、L_∞ 范数攻击

范数是一种强化了的距离概念，在对抗样本中用于测量扰动的大小，范数的定义为

$$L_p = \|\boldsymbol{x}\|_p = \sqrt[p]{\sum_{i=1}^{n} x_i^p} \tag{14-9}$$

以图像数据为例，L_0 范数攻击指的是对抗样本在原始图像上修改像素的数量，这种攻击对像素的修改数量进行了限制，但并不限制每个像素的更改幅度；L_2 范数攻击指的是对抗样本相对原始图像所修改像素的变化量的平方和再开平方，这种攻击限制总体的变化量，力求在修改数量与程度之间达到平衡；L_∞ 范数攻击指的是对抗样本所修改的像素中修改量的最大值，该攻击限制了修改的幅度，但却不限制修改像素的数量。

4) 数字攻击与物理攻击

对抗样本在计算机、数字世界中的攻击行为被称为数字攻击。基于数字世界中的对抗样本，设计生成能够物理实现的对抗样本并对深度学习等模型进行攻击的方式称为物理攻击，例如，利用对抗样本技术设计具有特殊图案的眼镜对深度学习人脸检测系统进行干扰使其识别错误。

以上是对抗样本攻击常见的分类方法，从不同的攻击角度可以有不同的攻击方法。下面将重点介绍白盒攻击和黑盒攻击的具体方法与相关防御策略。

14.3.2 白盒攻击

当前较为主流的白盒攻击方法包括 FGSM 攻击、C&W 攻击、DeepFool 攻击等。主要攻

击思路是依据神经网络输入对输出结果影响的梯度更新输入图像，逐步迭代从而产生最终的攻击样本。

1. FGSM 攻击及其拓展

对抗样本的生成，关键在于扰动的产生。FGSM 对抗样本生成方法是基于神经网络的高维线性这一假设，在扰动阈值内，最优化扰动可以描述为

$$\boldsymbol{\eta} = \varepsilon \operatorname{sign}(\nabla_x J(\boldsymbol{\theta}, \boldsymbol{x}, y)) \tag{14-10}$$

式中，$J(*)$ 为模型的损失函数；$\boldsymbol{\theta}$ 是模型参数；$\boldsymbol{x}$ 是输入模型的数据；y 是数据标签；ε 是扰动的最大值；sign(*) 是符号函数。FGSM 通过阈值和符号来确定梯度，也就是说，通过修改输入数据 $\boldsymbol{x}$，FGSM 想让损失函数增大，$\boldsymbol{x}$ 修改的大小为 $\boldsymbol{\eta}$。这种扰动生成方法只需要进行一次求导操作即可，因此能够快速生成对抗样本。该方法在使用线性激活函数和决策函数时总能找到有效的对抗样本。但 FGSM 生成的对抗样本只是一阶近似最优解，而并非最优解，且 FGSM 的阈值 ε 是超参数，是人为选择的，因此在使用非线性决策函数时，FGSM 的效用将降低。如图 14-8 所示，$f(x)=a$ 为模型分类面，当阈值设为 ε_2 时，样本 x 能够沿梯度方向找到有效对抗样本 x_2'，但设为 ε_1 时，则不能。

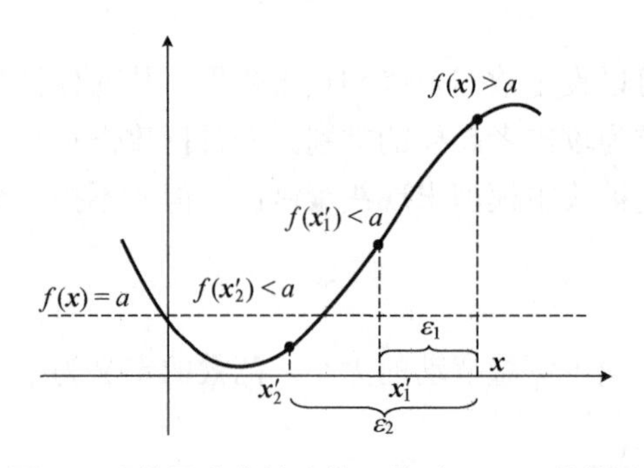

图 14-8　使用非线性决策函数时 FGSM 的效果

由于 FGSM 方法在创建对抗样本时需要知道模型的损失函数等细节信息，因此属于白盒攻击。图 14-2 就是基于 FGSM 攻击方式对 GoogleNet 图像识别模型进行攻击的效果，其中 ε 为 0.007。针对 FGSM 生成的扰动并非最优等问题，很多基于 FGSM 的衍生扰动生成方法被提出。

一类是引入迭代思想。相比于 FGSM 只经过一次梯度运算就完成干扰计算，基础迭代法（Basic Iterative Method，BIM）是在 FGSM 的基础上加入了多次迭代过程，也就是通过多次梯度运算来产生更接近最优解的对抗样本。BIM 方法对抗样本生成的表达式如式（14-11）所示：

$$\boldsymbol{x}_0^{\text{adv}} = \boldsymbol{x}, \quad \boldsymbol{x}_{N+1}^{\text{adv}} = \text{Clip}_{\boldsymbol{x},\varepsilon}\{\boldsymbol{x}_N^{\text{adv}} + \alpha \operatorname{sign}(\nabla_x J(\boldsymbol{x}_N^{\text{adv}}, y_{\text{true}}))\} \tag{14-11}$$

另一类是引入随机性。Random Initialized FGSM（R+FGSM）方法在生成对抗扰动之前对样本进行了单步随机步长变换操作，此方法有助于绕过依赖于梯度掩蔽的防御。投影梯度下降（Projected Gradient Descent，PGD）方法与 R+FGSM 方法同样在生成对抗扰动之前引入了单步随机变换，不同之处在于 PGD 方法使用多步迭代生成对抗扰动，一旦扰动超过预先设定的最大值，则进行投影操作将扰动噪声约束到有效的限制范围内。

2. C&W 攻击

C&W 方法基于不同距离度量，通过限制 L_0、L_2 和 L_∞ 范数使得扰动无法被察觉，并按攻击目标类别分为三类：随机目标、最易攻击的类别、最难攻击的类别。

C&W 攻击将生成对抗样本的过程看作是箱约束的优化问题：

$$\begin{aligned}&\min\{\|\boldsymbol{\eta}\|_p + c\cdot f(\boldsymbol{x}+\boldsymbol{\eta})\}\\ &\text{s.t.}\quad \boldsymbol{x}+\boldsymbol{\eta}\in[0,1]^m\end{aligned} \tag{14-12}$$

将对抗样本 $\boldsymbol{x}+\boldsymbol{\eta}$ 映射到 $[0,1]^m$ 区间内，确保添加了 $\boldsymbol{\eta}$ 扰动后的数据不会超出图像像素点的范围，从而求取最优解。目标函数中，c 为常量，p 表示 p 范数。与前期的对抗样本生成技术不同的是，C&W 首次将扰动最小化和损失函数最大化这两个优化问题结合为一个目标函数。

基于 L_2 范数的攻击，在给定输入 $\boldsymbol{x}$、选定目标 t 的情况下，寻找变量 $\boldsymbol{w}$ 满足：

$$\min\left\|\frac{1}{2}(\tanh(\boldsymbol{w})+\boldsymbol{I}-\boldsymbol{x}\right\|_2^2 + c\cdot f\left(\frac{1}{2}(\tanh(\boldsymbol{w})+\boldsymbol{I}\right) \tag{14-13}$$

式中，$\frac{1}{2}(\tanh(\boldsymbol{w})+\boldsymbol{I}-\boldsymbol{x}))$ 计算的是加入的扰动，各种对比实验结果显示模型效果最好时 f 定义为

$$f(\boldsymbol{x}')=\max(\max\{Z(\boldsymbol{x}')_i : i\neq t\}-Z(\boldsymbol{x}')_t,-k) \tag{14-14}$$

式中，$\boldsymbol{x}'$ 为对抗输入；t 为特定分类目标；k 为置信度。

L_0 距离度量的不可微性导致其不适用于梯度下降法，因此 C&W 攻击通过寻找、固定对分类输出无大影响的像素点，在不断迭代中增加无用像素点集合，直至无点可优化。

L_∞ 范数函数并不全可微分，无穷阶范数是由最大量决定的，因此对应的梯度下降只会影响最大改变量的像素点，结果模型很容易陷入次优解。

为避免陷入次优解，解决方法并非只惩罚最大点，而是设置一个阈值表征大点，惩罚所有大点。C&W 可以实现置信度的调节，生成的扰动小，可以破解很多防御方法，也是现有防御模型常用来测试的攻击方法。不足的是，C&W 在强调优化的基础上损失了一定的计算性能，不能实现快速攻击。

3. DeepFool 攻击

DeepFool 攻击是一种针对 FGSM 在非线性模型中出现的问题而提出的适应性更强的方法。该攻击使用点到决策边界的距离来最小化扰动。图 14-9 表示一个四分类问题，图中的三条线分别对应前三类的参数超平面与第四类相减得到的参数超平面，样本 x_0 属于第 4 类。通过计算 x_0 与每个决策边界的距离确定最小扰动。

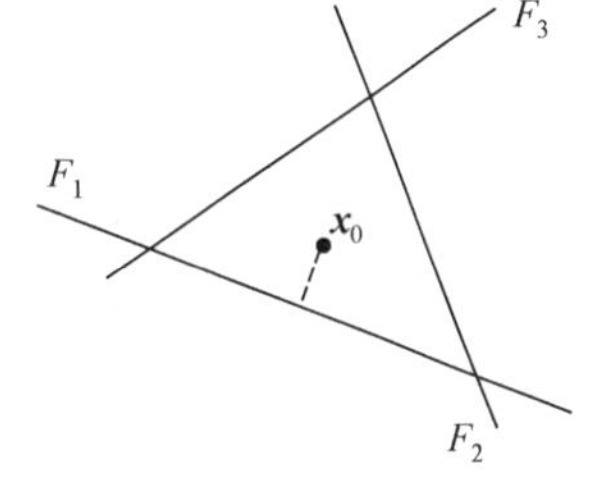

图 14-9　四分类问题 DeepFool 攻击方法示意图

进一步将线性分类器推广到非线性分类器，将围绕 x_0 的各类别决策边界线性化，通过迭代移动 x_0 至决策边界，直至样本被分类器错误分类。

DeepFool 攻击解决了 FGSM 需要人工设置合理阈值 ε 的问题，适应性更强，DeepFool 已成功攻击各类模型，如 LeNet、GoogLeNet 等。在性能上，MNIST 和 CIFAR10 数据集上 DeepFool 算法所产生的扰动比 FGSM 所产生的扰动降低 80%，计算速度达到 L-BFGS 的 30 倍，是目前防御方法评估中常用对抗的攻击模型之一。

14.3.3 黑盒攻击

相对于白盒攻击，黑盒攻击把模型当成一个黑盒来处理，对模型内部的结构细节不了解，仅能控制模型的输入，攻击难度明显上升。目前常见的黑盒攻击算法主要分为两类，一类算法是基于一定的算法构造输入，然后根据模型的反馈不断迭代修改输入，比较典型的是单像素攻击等；另一类算法是基于对抗样本的迁移性，使用与白盒攻击类似的开源模型，之后用生成的对抗样本进行黑盒攻击，比较典型的有替代黑盒攻击等。

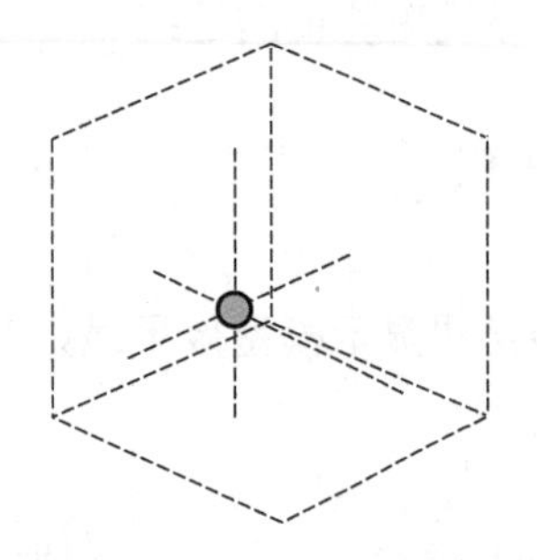

图 14-10　三维输入空间使用单像素扰动攻击示意图

1. 单像素攻击

单像素攻击是通过只改变一个像素来生成对抗样本的方法。这是一种基于目标非定向性的黑盒方法，其使用差分进化的算法策略来求解对抗扰动，在改变少量像素的情况下实现误分类。以 3 维输入空间中使用单像素扰动攻击为例，如图 14-10 所示，圆点表示自然图像。在单像素扰动情况下，搜索空间是自然图像点相交的三条垂直线，即在原始输入空间的一维切片上搜索扰动。

单像素攻击方法表示为

$$\max f_{\text{adv}}(\boldsymbol{x}+e(\boldsymbol{x})) \quad \text{s.t.} \ \|e(\boldsymbol{x})\|_0 \leqslant d \tag{14-15}$$

与其他方法改变整张图片的全部像素或者部分像素不同，单像素攻击只改变一个像素，故将公式中的 d 设定为 1。

改变一个像素造成扰动实际上是沿着平行于 n 维中的一个轴方向进行数据点的干扰，将对抗扰动编码为一个数组(候选解)，该数组通过差分运算进行优化。一个候选解包含固定数量的扰动，并且每个扰动都是一个元组，该元组包含 5 个元素：x 坐标、y 坐标和扰动的 R(Red)、G(Green)、B(Blue)值。对每个像素进行如式(14-16)所示的迭代操作：

$$x_i(g+l)=x_{r_1}(g)+F(x_{r_2}(g)+x_{r_3}(g)), \quad r_1 \neq r_2 \neq r_3 \tag{14-16}$$

式中，x_i 是候选解的元素；r_1、r_2、r_3 是随机的数字；F 是比例参数，设定为 0.5；g 是当前迭代的索引数。生成后，每个候选解决方案将根据总体指数与其相应的父代竞争，获胜者将生存下来进行下一次迭代。如果没有优于父结果，则父结果进入迭代，以此选出最好的单像素扰动样本结果。

单像素攻击的优势在于能够产生极小的扰动，但单像素攻击的成功率与图像的大小相关，图像越大，攻击效果越差。

2. 替代黑盒攻击

替代黑盒攻击是基于对抗样本的迁移性，其原理是通过训练替代模型来模拟黑盒模型，并在此替代模型上使用白盒攻击方法。

对抗样本的可迁移性是一种现象，即用于特定模型攻击的对抗样本能够实现对其他模型的攻击。按照数据与结构的不同，对抗样本的可迁移性主要分为：基于相同训练数据的不同模型之间的可迁移性和执行不同任务的模型之间的可迁移性。利用对抗样本的可迁移性，能够将对未知模型的攻击转化为已知模型的攻击，从而实现黑盒攻击，这就是替代黑盒攻击的核心思想。

替代黑盒攻击首先收集合成数据集，从目标模型获得对合成数据集的预测，然后训练替代模型以模仿目标模型的预测。鉴于所训练的替代模型结构已知，因此训练替代模型后可以使用任意白盒攻击方法生成对抗样本。

但在实践中，攻击者不能对目标模型进行无限制地测试。基于雅可比矩阵的数据集增强技术可以在一个小的初始合成数据集周围生成有限数量的额外样本，以此有效复制目标模型的决策边界。给定原始样本 $\boldsymbol{x}$，计算目标模型 $f(\boldsymbol{x})_{(y)}=\max_c f(\boldsymbol{x})_{(c)}$ 相对于输入 $\boldsymbol{x}$ 的预测类 c 的雅可比矩阵。由于攻击者无法分析目标模型的反向传播，因此使用替代模型 $f'(\boldsymbol{x})$ 来计算梯度 $\nabla_{\boldsymbol{x}} f'(\boldsymbol{x})$。然后向输入 $\boldsymbol{x}$ 添加沿着梯度符号的一个小步长 α 扰动，生成对抗样本 $\boldsymbol{x}'$。这个过程类似于 FGSM，但目的是创建以高置信度分类的样本 $f'(\boldsymbol{x}')\approx f(\boldsymbol{x}')$。

这种方法的成功取决于使用与目标分类器的数据样本高度相似的合成数据以及替代模型的架构设置。因此，对目标模型的了解程度会影响攻击成功率。

14.4 对抗样本检测与防御技术

对抗样本检测与防御技术分为检测与防御两部分，检测技术从早期的探索对抗样本与原始样本的特征或数字特征之间的区别，到近期的与防御技术相结合，通过解离输入将输入的某个特征或某部分作为检测器的输入，从而检测出对抗样本。最早的防御技术是对抗训练，但对抗训练依赖于训练数据集，因而会产生过拟合问题，可以通过知识迁移提升模型泛化能力。降噪是较为热门的防御技术，但降噪依赖于梯度掩蔽，这一问题尚未得到解决。

14.4.1 对抗样本检测

1. 特征学习

特征学习主要用于对抗样本检测，这种方法基于对抗样本与原始样本的不同特征，通过降维将高维的复杂数据转化为低维数据，从而降低检测难度，如主成分分析。

主成分分析(Principal Components Analysis，PCA)通过对信息量较少的维度进行特征学习，白化操作则降低数据的冗余性。实验发现，对抗样本会异常强调 PCA 中排名较低的主要成分，因此可以通过 PCA 成分来检测对抗样本是否存在。这种方法可用于检测 MNIST、CIFAR10 和 Tiny-ImageNet 数据集上的 FGSM 和 BIM 对抗样本，但前提是攻击者不了解该防御措施，否则就可以绕过检测。

2. 分布统计

分布统计的核心思想是利用对抗样本与原始样本的不同数字特征，通过检测输入是否符合原始样本的分布，从而判断输入是否具有对抗性，如 Softmax 分布。许多分布外样本与分布内样本具有不同的 Softmax 输出向量，因此通过检测对抗样本的 Softmax 分布，可以检测图像是否具有对抗性。但此方法仅适用于输入对抗样本后即停止的特定攻击，且预测置信度较低。在种类过多的数据集上(如 ImageNet)，Softmax 概率并不十分准确。

3. 输入解离

输入解离是一种检测与防御相结合的方式，其核心思想是通过分解输入，将其某层特征作为检测器的输入，从而检测出对抗样本，如对手检测器网络。

对手检测器网络(Adversary Detection Network，ADN)是一个二进制网络，它将分类器隐藏层的某层输出作为输入，从而区分原始输入和对抗样本。对手检测器网络的训练关键在于生成对抗样本作为检测器网络训练集。为了提高检测器网络的适应性，根据式(14-17)生成专门用于训练的对抗样本：

$$\boldsymbol{x}'_{i+1} = \mathrm{Clip}_{\varepsilon}\{\boldsymbol{x}'_i + \alpha[(1-\sigma)\cdot \mathrm{sign}(\nabla_{\boldsymbol{x}} L(\boldsymbol{x}'_i, y)) + \sigma \cdot \mathrm{sign}\nabla_{\boldsymbol{x}} L(\boldsymbol{x}'_i, y_{\mathrm{adv}})\} \tag{14-17}$$

式中，$\boldsymbol{x}$表示原始样本；$\boldsymbol{x}'$表示对抗样本，且$\boldsymbol{x}'_0 = \boldsymbol{x}$；$y$ 表示原始样本的标签；y_{adv}表示对抗样本的标签；α是超参数；σ用来控制攻击者的目标是攻击分类器或检测器，在每次迭代时随机选择。

在 CIFAR10 和 ImageNet 的 10 类子集中通过 ADN 训练深度神经网络，能够训练出高精度检测对抗扰动的检测器网络。为了使检测器能够适应未来的攻击，可以在 ADN 中加入生成对抗样本的过程。在 CIFAR10 和 ImageNet 的 10 类子集中进行评估，该方法对 FGSM、DeepFool、BIM 攻击有效，但检测 C&W 攻击时有较高的错误率。

14.4.2 对抗样本防御

1. 对抗训练

对抗训练的核心思想在于将对抗样本加入训练集训练分类器，从而提升模型的稳健性。不同对抗训练之间的差异主要在于训练集对抗样本的生成方式，这导致其存在训练数据集依赖问题。目前，结合知识迁移技术可以提升模型的泛化能力。

Goodfellow 提出的 FGSM 对抗训练是最早的对抗样本防御技术，其核心思想是将 FGSM 方法生成的对抗样本加入训练集训练分类器，从而提高模型的稳健性。增加了对抗样本训练的分类器实际上是引入了正则化：

$$\tilde{J}(\boldsymbol{\theta}, \boldsymbol{x}, y) = \alpha \cdot J(\boldsymbol{\theta}, \boldsymbol{x}, y) + (1-\alpha)\cdot J(\boldsymbol{\theta}, \boldsymbol{x} + \varepsilon \mathrm{sign}(\nabla_{\boldsymbol{x}} J(\boldsymbol{\theta}, \boldsymbol{x}, y)) \tag{14-18}$$

式中，J表示目标函数；$\boldsymbol{\theta}$为参数；$\boldsymbol{x}$表示输入数据。这类防御技术对训练数据具有依赖性，因此对未训练过的数据类型仍有很高的误分类率。例如，单步 FGSM 对抗样本训练出的模型无法抵抗 BIM 对抗样本的攻击。

2. 知识迁移

知识迁移是一种能提升网络泛化能力的技术，通过训练数据集以外的样本来平滑训练过程中学到的模型。防御蒸馏是运用这种技术防御对抗样本的一种方法。

防御蒸馏是一种将知识从深度神经网络集成到单个神经网络的防御方法。对抗训练对数据集的依赖性，启示学者通过平滑训练所学模型提升模型泛化能力。为了实现平滑，防御蒸馏首先按照正常的方式训练分类网络，然后用从初始网络中学到的概率向量训练另外一个完全相同架构的蒸馏网络，如图 14-11 所示。

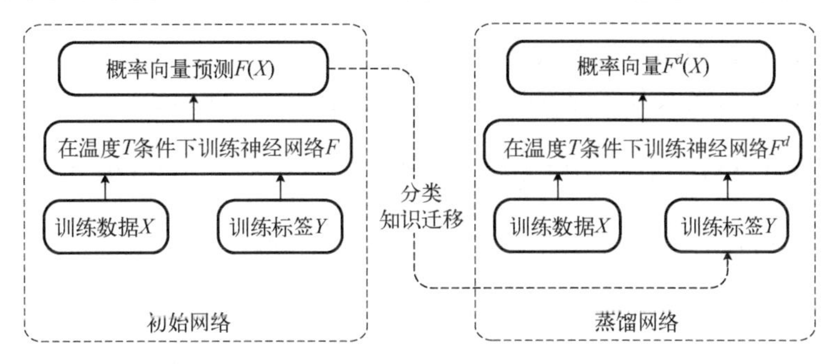

图 14-11　防御蒸馏工作机制

防御蒸馏在输出层使用改进的 Softmax 函数训练初始网络，其中温度 T 为超参数：

$$\mathrm{Softmax}(Z(\boldsymbol{x}))=\frac{\mathrm{e}^{Z(\boldsymbol{x})_{(i)}/T}}{\sum_{c=0}^{C}\mathrm{e}^{Z(\boldsymbol{x})_{(c)}/T}} \tag{14-19}$$

作为早期的防御方法，防御蒸馏使用知识迁移的方法降低深度神经网络对输入扰动的敏感性，在保持原始深度神经网络准确率的同时，能够将 MNIST 数据集上对抗样本致错的成功率降到 0.5%，CIFAR10 数据集上降到 5%，提升了网络的泛化能力和防御对抗性干扰的能力，但是后续出现的 C&W 攻击可以完全攻击防御蒸馏网络。

3. 降噪

降噪法的核心思想是：通过对对抗样本施加变换，破坏附加的噪声，从而消除扰动的影响，提高分类器的准确性。根据神经网络的结构，降噪法可以二次细分为输入层降噪和隐藏层降噪两类，但无论是哪种降噪方法，都依赖于梯度掩蔽，后向传递可微近似(Backward Pass Differentiable Approximation，BPDA)方法通过利用防御模型的可微近似来获得有意义的对抗梯度估计来修改对抗攻击以绕过此类防御，这就意味着目前基于降噪技术的防御方法对 BPDA 等攻击方式都显示出脆弱性。

MagNet 是一种双管齐下的防御方法，其由两部分组成：一个基于重构误差的检测器(D)和重整器网络(R)，两者都经过训练以构造干净样本，如图 14-12 所示。其中，检测器(D)用于检测输入是否是对抗性的，而重整器(R)用于从对抗样本中消除对抗性扰动，从而将样本移回原始数据集。

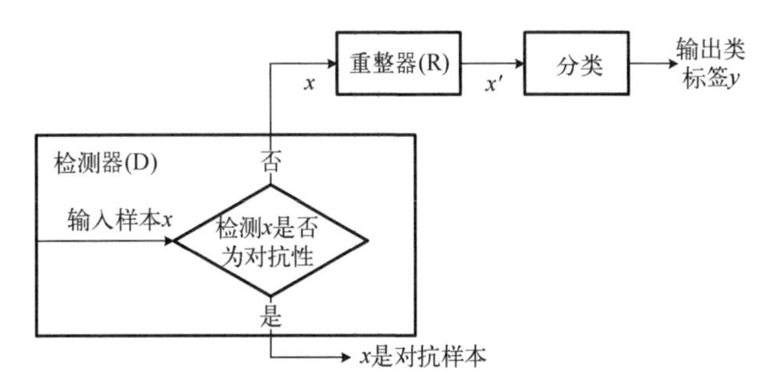

图 14-12　MagNet 检测器和重整器的工作机制

检测器通过测量重建误差来检测对抗样本，首先设置误差阈值，当输入样本与原始样本的误差大于阈值时，检测结果为对抗样本。检测算法中使用了分类器网络 f。目标函数为输入原始样本时的输出与输入对抗样本时的输出之间的 Jensen-Shannon 散度：

$$D_{\mathrm{JS}}(f(\boldsymbol{x}) \| f(D(\boldsymbol{x}))) = \frac{1}{2} D_{\mathrm{KL}}(f(\boldsymbol{x}) \| M) + \frac{1}{2} D_{\mathrm{KL}}\left(f(D(\boldsymbol{x})) \| M\right) \tag{14-20}$$

式中，$M = (f(\boldsymbol{x}) + f(D(\boldsymbol{x}))) / 2$；$D_{\mathrm{KL}}$ 是 Kullback-Leibler 散度，$D_{\mathrm{KL}}(P \| Q) = \sum_i P(i) \log(P(i) / Q(i))$。

重整器(R)是在正常样本上训练得到一个自动编码器，无论是干净样本还是对抗样本输入，自动编码器都能将其输出为一个与干净样本流形接近的样本。重整器网络的目标函数为

$$\sum_{i=1}^{n} \|\boldsymbol{x} - C_i(\boldsymbol{x})\|_2 - \lambda \sum_{i=1}^{n} \left\| C_i(\boldsymbol{x}) - \frac{1}{n} \sum_{j=1}^{n} C_j(\boldsymbol{x}) \right\|_2 \tag{14-21}$$

式中，n 是候选解数量；C_i 表示第 i 个候选解。目标函数第一项为重建损失，第二项为鼓励候选解多样性的惩罚项。

MagNet 在抵御黑盒攻击方面非常有效，但在白盒攻击中，因攻击者也了解检测器和重整器的参数，其防御性降低。

防御性 GAN(Defense-GAN，D-GAN)：D-GAN 利用 GAN 学习原始输入的分布，将输入样本映射成满足原始输入分布的近似样本，再将处理后的样本输入到分类器进行分类，如图 14-13 所示。

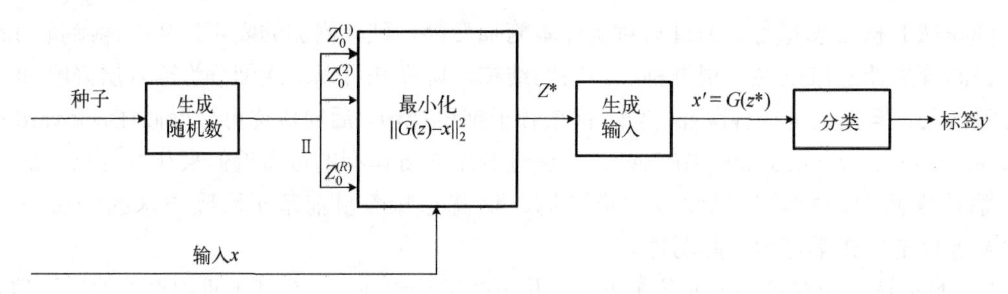

图 14-13　D-GAN 的工作机制

D-GAN 网络不修改分类器网络和训练结构，因此可以与任何分类模型相结合。

将 D-GAN 与对抗训练和 MagNet 两种防御方法的效果相比，D-GAN 明显优于其他两个防御方法，不足之处在于 D-GAN 的性能依赖于 GAN 的效果。如果 GAN 没有得到适当的训练和调整，则 D-GAN 的性能将受到原始样本和对抗样本的影响。

参 考 文 献

陈晋音, 邹健飞, 苏蒙蒙, 等, 2020. 深度学习模型的中毒攻击与防御综述[J]. 信息安全学报, 5(4): 14-29.

陈岳峰, 毛潇锋, 李裕宏, 等, 2019. AI 安全——对抗样本技术综述与应用[J]. 信息安全研究, 5(11): 1000-1007.

付钰, 俞艺涵, 吴晓平, 2019. 大数据环境下差分隐私保护技术及应用[J]. 通信学报, 40(10): 12.

高志强, 崔翛龙, 杜波, 等, 2019. 满足本地差分隐私的位置数据采集方案[J]. 清华大学学报(自然科学版), 59(1): 23-27.

顾贞, 马春光, 宋蕾, 等, 2019. 轨迹数据隐私保护综述[J]. 网络空间安全, 10(11): 32-40.

洪延青, 2021. 国家安全视野中的数据分类分级保护[J]. 中国法律评论, (5): 71-78.

胡桉瑜, 2018. 基于 MSBR 编码的云数据存储及修复研究[M]. 哈尔滨: 哈尔滨工程大学.

江茜, 2019. 大数据安全审计框架及关键技术研究[J]. 信息安全研究, 5(5): 400-405.

李超零, 2014. 云存储中数据完整性与机密性保护关键技术研究[M]. 郑州: 解放军信息工程大学.

李超零, 陈越, 谭鹏许, 等, 2013. 基于同态 Hash 的数据多副本持有性证明方案[J]. 计算机应用研究, 30(1): 265-269.

李欣姣, 吴国伟, 姚琳, 等, 2021. 机器学习安全攻击与防御机制研究进展和未来挑战[J]. 软件学报, 32(2): 406-423.

任燕, 唐春明, 2020. 可公开验证的属性基数据可恢复性证明方案[J]. 计算机应用研究, 37(2): 544-546.

石永, 2021. 数据安全审计方法与内容的探索[J]. 中国内部审计, (2): 40-42.

田雪, 徐震, 陈驰, 2013. 若干新型数据库隐蔽信道应用场景研究[J]. 中国科学院研究生院学报, 30(3): 403-409.

王丽娜, 张焕国, 叶登攀, 2012. 信息隐藏技术与应用[M]. 武汉: 武汉大学出版社.

熊平, 朱天清, 王晓峰, 2014. 差分隐私保护及其应用[J]. 计算机学报, 37(1): 101-122.

赵梓桐, 周睿康, 李钰嘉, 等, 2021. GB/T 32919—2016 和 GB/T 22239—2019 对比分析[J]. 信息技术与标准化, (9): 65-70, 78.

周小为, 2007. PKI、PMI 技术研究[J]. 计算机安全, (2): 35-37.

朱彧, 陈越, 严新成, 等, 2020a. 基于功能性最小存储再生码的数据可恢复验证方案[J]. 信息工程大学学报, 21(1): 68-75.

朱彧, 陈越, 严新成, 等, 2020b. 一种带权单链表多分支树云数据完整性验证方案[J]. 小型微型计算机系统, 41(3): 575-580.

ARDAGNA C A, CREMONINI M, DAMIANI E, et al. Location privacy protection through obfuscation-based techniques: Proceedings of the IFIP Annual Conference on Data and Applications Security and Privacy, December 26-29, 2007[C]. Berlin, Heidelberg: Springer, 2007.

ATALLAH M J, PANTAZOPOULOS K N, RICE J R, et al., 2002. Secure outsourcing of scientific computations[J]//Advances in Computers. Elsevier, 54: 215-272.

ATENIESE G, FU K, GREEN M, et al., 2006. Improved proxy re-encryption schemes with applications to secure distributed storage[J]. ACM transactions on information and system security (TISSEC), 9 (1): 1-30.

ATTRAPADUNG N, IMAI H. Dual-policy attribute based encryption: Proceedings of the Applied Cryptography and Network Security 7th International Conference, June 2-5, 2009[C]. Berlin Heidelberg: Springer, 2009.

BETHENCOURT J, SAHAI A, WATERS B. Ciphertext-policy attribute-based encryption: Proceedings of the IEEE Symposium on Security and Privacy, 2007 [C]. Piscataway: IEEE, 2007.

BLAZE M, BLEUMER G, STRAUSS M. Divertible protocols and atomic proxy cryptography: Proceedings of the Advances in Cryptology, 1998[C]. Berlin: Springer, 1998: 127-144.

CHEN X F, SUSILO W, LI J, et al., 2015. Efficient algorithms for secure outsourcing of bilinear pairings[J]. Theoretical computer science, 562: 112-121.

CHENG R, ZHANG Y, BERTINO E, et al. Preserving user location privacy in mobile data management infrastructures: Proceedings of the International Workshop on Privacy Enhancing Technologies, 2006.[C]// Berlin, Heidelberg: Springer, 2006: 393-412.

COSTEA S, BARBU M, RUGHINIS R. Qualitative analysis of differential privacy applied over graph structures: Proceedings of the 2013 11th RoEduNet International Conference, 2013[C] Piscataway: IEEE, 2013:1-4.

DELERABLÉE C. Identity-Based Broadcast Encryption with Constant Size Ciphertexts and Private Keys: Proceedings of the Advances in Cryptology – ASIACRYPT, 2007[C]. Berlin Heidelberg: Springer, 2007: 200-215.

DODIS Y, FAZIO N. Public Key Broadcast Encryption for Stateless Receivers: Proceedings of the Computer and Communications Security, 2002[C]. Berlin Heidelberg: Springer, 2003.

GEDIK B, LIU L. Location privacy in mobile systems: A personalized anonymization model: Proceedings of the 25th IEEE International Conference on Distributed Computing Systems(ICDCS'05), 2005.[C] Piscataway: IEEE, 2005: 620-629.

GHINITA G, KALNIS P, KHOSHGOZARAN A, et al. Private queries in location based services: anonymizers are not necessary: Proceedings of the 2008 ACM SIGMOD international conference on Management of data, 2008[C]. New York: ACM, 2006: 121-132.

GOYAL V, PANDEY O, SAHAI A, et al. Attribute-based encryption for fine-grained access control of encrypted data: Proceedings of the 13th ACM conference on Computer and communications security, 2006[C]. New York: ACM, 2006: 89-98.

GROVER K, LIM A, 2015. A survey of broadcast authentication schemes for wireless networks[J]. Ad Hoc networks, 24: 288-316.

GRUTESER M, GRUNWALD D. Anonymous usage of location-based services through spatial and temporal cloaking: Proceedings of the 1st international conference on Mobile systems, applications and services, 2003[C]. New York: ACM, 2003: 31-42.

HANAWA M, MORI K, NAKAMURA K, et al. Dispersion tolerant UWB-IR-over-fiber transmission under FCC indoor spectrum mask: Proceedings of the Conference on Optical Fiber Communication, 2009[C]. Piscataway: IEEE, 2009: 1-3.

HUA J, GAO Y, ZHONG S. Differentially private publication of general time-serial trajectory data: Proceedings of the IEEE conference on computer communications, 2015[C]. Piscataway: IEEE, 2015: 549-557.

JAVIDBAKHT O, VENKITASUBRAMANIAM P. Differential privacy in networked data collection: Proceedings of the 2016 Annual Conference on Information Science and Systems(CISS), 2016[C]. Piscataway: IEEE, 2016: 117-122.

KOCH E, 1998. A generic digital watermarking model[J]. Computers & graphics, 22(4): 397-403.

LI N H, LI T C, VENKATASUBRAMANIAN S. T-closeness: privacy beyond k-anonymity and ldiversity: Proceedings of the IEEE 23rd international conference on data engineering, 2006[C]. Piscataway: IEEE, 2007: 106-115.

LIANG X, LU R, LIN X, 2008. Ciphertext policy attribute based encryption with efficient revocation[J]. IEEE symposium on security & privacy, 321-334.

LIN S Q, ZHANG R, WANG M S, 2016. Verifiable attribute based proxy re-encryption for secure public cloud data sharing[J]. Security and communication networks, 9(12): 1748-1758.

MARKS D G, 1996. Inference in MLS database systems[J]. IEEE transactions on knowledge and data engineering, 8(1): 46-55.

MELLIAR-SMITH P M, MOSER L E. Protection against covert storage and timing channels: Proceedings of the computer security foundations workshop IV, 1991[C]. Piscataway: IEEE, 1991: 209-214.

MOKBEL M, CHOW C Y, AREF W G. The new casper: query processing for location services without compromising privacy: Proceedings of the VLDB, 2006[C]. Piscataway: IEEE , 2006: 763-774.

MUÑOZ-GONZÁLEZ L, BIGGIO B, DEMONTIS A, et al. Towards poisoning of deep learning algorithms with back-gradient optimization: Proceedings of the 10th ACM workshop on artificial intelligence and security, 2017[C] New York: ACM, 2017: 27-38.

NAOR D, NAOR M, LOTSPIECH J. Revocation and tracing schemes for stateless receivers: Proceedings of the Advances in Cryptology—21st Annual International Cryptology Conference, August 19–23, 2001[C]. Berlin Heidelberg: Springer, 2001: 41-62.

NING J T, CAO Z F, DONG X L, et al. Large universe ciphertext- policy attribute-based encryption with white-box traceability: Proceedings of the European symposium on research in computer security, 2014[C] Piscataway: IEEE, 2014: 55-72.

OSTROVSKY R, SAHAI A, WATERS B. Attribute-based encryption with non-monotonic access structures: Proceedings of the 14th ACM conference on computer and communications security, 2007[C]. New York: ACM, 2007: 195-203.

RUBNER Y, TOMASI C, GUIBAS L J, 2000. The earth mover's distance as a metric for image retrieval[J]. International journal of computer vision, 40(2): 99-121.

SHACHAM H, WATERS B. Compact proofs of retrievability: Proceedings of the International conference on the theory and application of cryptology and information security, 2008[C] Berlin Heidelberg: Springer, 2008: 90-107.

SU T A, OZSOYOGLU G, CONTROLLING F D, 1991. Controlling FD and MVD inferences in multilevel relational database systems[J]. IEEE transactions on knowledge and data engineering, 3(4): 474-485.

SUN M S, GE C P, FANG L M, et al., 2018. A proxy broadcast re-encryption for cloud data sharing[J]. Multimedia tools and applications, 77(9): 10455-10469.

THOMPSON B, YAO D F. The union-split algorithm and cluster-based anonymization of social networks, Proceedings of the 4th international symposium on information, computer and communications security,

2009[C]. New York: ACM, 2009: 218-227.

TO H, GHINITA G, SHAHABI C, 2014. A framework for protecting worker location privacy in spatial crowdsourcing[J]. Proceedings of the VLDB endowment, 7(10): 919-930.

WANG K, FUNG B C M. Anonymizing sequential releases: Proceedings of the 12th ACM SIGKDD international conference on knowledge discovery and data mining, 2006[C]. New York: ACM, 2006: 414-423.

WANG Q, WANG C, LI J, et al. Enabling public verifiability and data dynamics for storage security in cloud computing: Proceedings of the European symposium on research in computer security, 2009[C]. Berlin: Springer, 2009: 355-370.

WESOLOWSKI B, JUNOD P, 2015. Ciphertext-policy attribute-based broadcast encryption with small keys[J]. IC ISC 2015, LNCS 9558, 2016: 53-68.

XIAO X K, TAO Y F. M-invariance: towards privacy preserving re-publication of dynamic datasets: Proceedings of the 2007 ACM SIGMOD international conference on management of data, 2007 [C]. New York: ACM, 2007: 689-700.

YING X W, WU X T. Randomizing social networks: a spectrum preserving approach: Proceedings of the 2008 SIAM international conference on data mining, society for industrial and applied Mathematics, 2008[C]. New York: ACM, 2008: 739-750.